U0245516

实战MATLAB之

文件与数据接口技术

江泽林　刘　维　编著

北京航空航天大学出版社

内 容 简 介

本书系统介绍了在 MATLAB 环境下通过 M 语言、C/C++ 语言、动态链接库、COM 组件等方法操作文件、串口、网络接口和采集卡等常见的文件与数据接口的技术和方法。主要内容包括：MATLAB 程序设计基础，MAT 文件的操作方法，MATLAB 环境下文本文件操作，MATLAB 环境下二进制数据文件操作，MATLAB 环境下 Excel 和 Word 文件操作，MATLAB 环境下内存映射文件操作，MATLAB 中调用外部程序操作文件，MATLAB 环境下串口操作，MATLAB 环境下网络接口操作，以及使用 MATLAB 进行数据采集和输出等。

出版社网站的下载中心和 MATLAB 中文论坛（www. iLoveMatlab. cn）中包含了书中所列的主要程序代码，便于读者学习和研究。

本书可作为本科生、研究生学习 MATLAB 的参考书籍，同时对于使用 MATLAB 的科研人员和工程技术人员也具有较高的参考价值。

图书在版编目(CIP)数据

实战 MATLAB 之文件与数据接口技术 / 江泽林，刘维编著. -- 北京 ：北京航空航天大学出版社，2014.3
　ISBN 978 - 7 - 5124 - 1332 - 0

Ⅰ. ①实… Ⅱ. ①江… ②刘… Ⅲ. ①Matlab 软件②接口技术 Ⅳ. ①TP317②TP334.7

中国版本图书馆 CIP 数据核字(2013)第 293714 号

实战 MATLAB 之文件与数据接口技术

江泽林　刘　维　编著

责任编辑　宋淑娟

*

北京航空航天大学出版社出版发行

北京市海淀区学院路 37 号(邮编 100191)　http://www.buaapress.com.cn
发行部电话：(010)82317024　传真：(010)82328026
读者信箱：bhpress@263.net　邮购电话：(010)82316936
涿州市新华印刷有限公司印装　各地书店经销

*

开本：710×1 000　1/16　印张：28.5　字数：607 千字
2014 年 3 月第 1 版　2014 年 3 月第 1 次印刷　印数：4 000 册
ISBN 978 - 7 - 5124 - 1332 - 0　定价：55.00 元

前　　言

MATLAB 是一款由美国 MathWorks 公司研发的商用数学软件。从 1984 年首次面向市场推出至今, MATLAB 已经发展成为科学研究、高等教育、工程技术等领域最重要的数学软件之一。"数值计算"和"数据可视化"是 MATLAB 环境提供的最基本且应用最广泛的两类功能。无论是"数值计算",还是"数据可视化",数据都是重中之重。在实际工作中,很多 MATLAB 的使用者都有被"MATLAB 环境下数据导入和导出问题"折磨的经历。合理地处理数据导入和导出问题,对提高 MATLAB 程序的开发效率和执行效率非常重要。

在 MATLAB 环境下,数据输入和输出一般通过两种方式进行,即文件和数据接口。文件操作的烦琐性在于如何应对纷繁复杂的数据格式。特别是在科学计算领域,数据格式的种类很多,文件结构复杂,在很多情况下都成为制约 MATLAB 程序效率的一大拦路虎。数据接口虽然大都是标准的,但 M 语言是解释性语言,在操作串口、网络接口等数据接口时需要利用 MATLAB 的工具箱或外部扩展。可以看出, MATLAB 环境下的文件和数据接口操作具有很强的技巧性。然而,目前很难找到能系统介绍 MATLAB 环境下文件和数据接口操作的图书,互联网上相关内容繁多,但常常是针对某个具体问题而言的,缺乏系统性、概括性和全面性。高校学生、科研人员在刚开始使用 MATLAB 操作文件和数据接口时往往不能对症下药,不能迅速找到适合自己的技术和方法。

针对上述问题,笔者结合十多年在 MATLAB 环境下软件开发的经验撰写了这本书,以期系统、全面地介绍在 MATLAB 环境下对文件和数据接口进行操作的技术和方法。使用 MATLAB 经常处理的科学数据,其文件格式复杂多变,既有标准的文件格式(如图像和多媒体文件),更有非标准的文件格式(如用户自己生成或存储的数据文件)。因此,对于 MATLAB 使用者而言,关键是选择合适的方法来读/写不同的文件格式。对于数据接口而言,多数情况下用户选择标准的数据接口,因此重点是通过 MATLAB 内置的工具箱和合理使用外部扩展(如 MEX 文件、动态链接库等)来对标准数据接口进行操作。

由于文件和数据接口是两类不同的读/写数据的方式,因此全书按照先对各类文件读/写进行介绍,再对各类数据接口操作进行介绍的思路进行编排。按照这种思路,全书可以划分为三个部分。

第一部分是基础知识部分,包含第 1 章和第 2 章。第 1 章介绍文件与数据接口的基本概念,给出 MATLAB 操作文件和数据接口的基本思路。第 2 章是 MATLAB 程序设计基础,介绍 MATLAB 环境、M 语言、常用的数据类型、面向对象的程序设计以及数据显示函数等。

第二部分是 MATLAB 操作各类文件的方法,包含第 3 章至第 8 章。其中第 3 章介绍 MATLAB 操作 MAT 文件的技术和方法。MAT 文件是 MATLAB 支持的标准二进制文件,该章给出多种导入、导出 MAT 文件的方法,还给出在 C/C++ 程序中操作 MAT 文件的方法。第 4 章介绍 MATLAB 操作文本文件的方法,包括导入文本文件,将数据输出至文本文件,以及文本文件数据与 MATLAB 阵列转换等内容。第 5 章介绍 MATLAB 操作二进制文件的方法,包括二进制文件的低级操作函数,以及使用高级函数操作二进制多媒体文件。第 6 章介绍 MATLAB 操作 Excel 文件和 Word 文件的方法,其中操作 Excel 文件的方法包括 MAT-LAB 函数、COM 技术,以及 MATLAB 提供的一款 Spreadsheet Link EX 工具箱。操作 Word 文件则使用了 COM 组件技术。第 7 章介绍 MAT-LAB 环境下内存映射文件的读/写,MATLAB 主要利用 memmapfile 对象来操作内存映射文件。第 8 章介绍 MATLAB 调用外部程序来操作文件的方法,主要包括三类:通过调用动态链接库、直接调用外部程序,以及调用 ActiveX 控件等。

第三部分是 MATLAB 对几类数据接口的操作方法,包含第 9 章至

第11章。其中第9章介绍串口的操作方法，主要有MATLAB利用串口对象来操作串口，MATLAB调用C/C++程序操作串口。第10章介绍网络接口的操作方法，主要是MATLAB利用tcpip对象和udp对象来操作网络数据。第11章介绍使用MATLAB进行数据采集和输出的方法。

全书在编排上结构清晰合理，系统性强，按照"文件"和"数据接口"两大类的数据操作方式进行编排，在每个大类方式中对常见的和重要的类别进行详细介绍。

MATLAB是一种操作性强的工具，本书包含了大量MATLAB代码，以进一步说明所涉及的技术和方法。为了方便读者学习和使用本书，书中凡是包含题注（如"程序5-1　RGB_channel.m"）的程序均可从北京航空航天大学出版社下载中心和MATLAB中文论坛（http://www.iLoveMatlab.cn）中下载。书中使用的程序和命令实例，均在MATLAB 2013a的32位版本下通过了执行和测试，使用的计算机操作系统是Windows 7的32位版本。书中还涉及其他软件：与C/C++混合编程时使用的是Visual Studio 2010版本，涉及Excel和Word的操作时使用的是Microsoft Office 2007版本，涉及ActiveX控件的操作时使用的是Adobe Acrobat 9 pro版本。

为了便于与读者交流，作者在MATLAB中文论坛开设了相关版面（http://www.iLoveMatlab.cn/forum-229-1.html），可及时为读者解答疑惑，并听取读者的意见和建议。

由于作者水平有限，书中错误和不当之处在所难免，敬请广大读者批评指正和不吝赐教，以便今后改正。

作　者
2013年11月

目　　录

第 1 章　文件与数据接口基础

MATLAB 具有强大的数据处理和数据显示功能,数据是 MATLAB 操作的主要对象。在 MATLAB 程序中,如何获取数据是一个重要的问题。一般来说,获取数据的方式有两种:一种是通过文件获取数据;另一种是通过相关设备获取数据。通过文件获取数据的方式即读取各种格式的文件得到文件中存储的数据;通过设备获取数据的方式与通过文件的类似,但操作方法不同,比如通过串口、网口、采集设备等方式获取数据。为了叙述方便,在后续章节中,分别采用文件和数据接口来标志上述两种获取数据的方式。

本章首先介绍文件和数据接口的基本概念,其次给出 MATLAB 对文件和数据接口进行操作的基本思路,最后给出 MATLAB 支持的数据文件格式和数据接口类型。

1.1　文　　件

文件是一个逻辑概念,一个文件对应存储设备中的一系列数据块,这里的存储设备可以是硬盘、光盘、软盘、磁带等。一般情况下,操作系统采用统一的接口来操作不同存储设备中的文件。因此,除了存取速度之外,从文件中读取数据一般不需要考虑不同存储设备在硬件层面的差别。对利用 MATLAB 进行科学计算的工程师和科学家而言,文件的主要用途是存储数据。在操作文件时,最关键的问题有两个:一个是文件中数据的编码方式;另一个是文件中数据的组织结构。

计算机操作中存在一些基本的数据类型,例如 8 位无符号整型、16 位无符号整型、单精度浮点型、双精度浮点型等。如果文件中的数据均以基本类型的形式存在,并且此基本类型用二进制表示,则将此类文件称为二进制文件。由于涉及的基本数据类型较多,而且每种数据类型的字节数不完全相同,因此从二进制文件中读取数据时必须了解文件的结构(至少计算机程序了解文件结构)。假定用户向文件中写入的数据(类型)依次为 50(8 位有符号整型)、31 000(16 位有符号整型)、123.456(32 位单精度浮点型),则写入完成后,文件中对应的二进制数据如图 1-1 所示(采用十六进制表示)。其中第一个字节 0x32 表示第一个数据单元(即十进制数 50),第二和第三个字节表示第二个数据单元(即十进制数 31 000),剩余四个字节表示最后一个数据单元(即十进制数 123.456)。

除了二进制文件之外,另外一种文件类型即文本文件。文本文件中的数据也是以二进制形式存在,但只有一种数据类型即字符类型(单字节或双字节)。文本文件中的数据均以字符形式存在,而且字符与二进制数据均采用标准编码方式。假定将数据 123.45 写入到文本文件中,则文本文件中实际保存的内容为 6 个字符,字符采用 ASCII 编码,如图 1-2 所示。从第一个字节至第六个字节,分别表示字符"1","2","3",".","4","5"。

```
       0  1  2  3  4  5  6
      32 18 79 66 E6 F6 42
```

```
Offset   0  1  2  3  4  5
00000000  31 32 33 2E 34 35
```

图 1-1　二进制文件内容示例　　　　**图 1-2　文本文件内容示例**

　　综合来看,文本文件与二进制文件的不同点是:

　　① 文本文件和二进制文件在计算机中均以二进制编码的方式存储,但文本文件中的数据类型均为字符型,而且字符可以采用标准化的编码方式。而二进制文件中的数据类型复杂,不同数据类型的组合有很多种,文件中的数据组织结构多样,因此必须已知二进制文件的格式才能读取和处理二进制文件中存储的数据。数据块是二进制文件中信息的最小单位,理论上数据块的大小是任意的。

　　② 文本文件和二进制文件均需要通过应用软件来查看和处理,但应用软件的复杂程度不同。由于文本文件的编码相对单一,而且大都是标准编码方式,所以从信息查看的角度看,可以使用简单的应用软件打开几乎所有的文本文件。例如在 Windows 系统中,使用记事本就可以打开大部分的文本文件。典型的文本文件如 C 程序文件、HTML 文件、XML 文件、MATLAB 的 M 程序文件等。而不同类型的二进制格式文件通常需要使用不同的应用程序进行查看和处理。例如图像文件(如 JPG 文件等)可以使用图像类的应用程序打开,但是一般不能被音频数据处理软件打开等。

　　③ 文本文件和二进制文件的存储效率差异较大。由于可以使用不同的编码方式,所以二进制文件能够灵活使用数据类型,从而节省存储空间,最大效率地存储适应需求的数据。例如存储整数 32 767,在二进制文件中使用双字节整型数据即可保存,而在文本文件中则需要 5 个字符("3","2","7","6","7"),至少需要 5 个字节的空间才能存储。对于精度更高的浮点型数据,存储效率的差异将更大。

　　④ 文本文件和二进制文件存储数据的灵活性不同。二进制文件的编码方式、二进制数据块的组织方式以及不同数据类型的组合方式较多,可以灵活选择多种方式来存储数据。而文本文件的编码方式单一,并且通常整个文件使用同一种编码方式,所以二进制文件更灵活。例如,当在二进制文件中记录不同时间段的气温信息时,可以使用 2 字节长的整型数据存储年、月、日、时、分、秒等值,使用 4 字节长的单精度浮点型(float)数据来存储温度信息。

　　由此可以看出,二进制文件的数据存储效率较高,文本文件的数据存储效率较低。但是文本文件中的数据类型单一,字符编码方式均为标准化编码方式,因此文本文件数据的读取方法简单,一般情况下,采用文本文件工具(如记事本、UltraEdit 等)查看文本文件中存储的数据。而二进制文件虽然数据存储效率高,但是文件中的数据类型复杂,文件结构形式多样,因此二进制文件的数据存储和读取都较复杂。用户在操作二进制文件之前,需要充分了解二进制文件中的数据类型和文件中数据的组织结构。

　　文本文件中只有一种数据类型,即字符,因此文本文件的数据格式非常简单。而二进制文件中信息存储的方式多种多样,因此在实际应用中当遇到文件格式问题时通常与二进制文件相关。不同格式的文件构成不同类型的文件,一般情况下文件类型与文件格式是一一对应的。在大多数操作系统中,均采用特定的名称对文件类型进行标识,这个标识就称为扩展名。由文件名、扩展名和界定符"."构成某一文件的唯一标志。例如对于名称"data.txt",其中"data"为文件名,"txt"为扩展名。扩展名给出了文件的类型,通过扩展名,用户编写的计算机程序可以判断文件的格式,并以正确的方法读取文件中存储的数据,或者以正确的格式向文件中写入数据。

1.2　数据接口

　　除了文件之外,MATLAB 程序获取数据的另外一种方式是外部传感器或接口。常见的外部传感器有数据采集设备、视频设备、声音采集设备等,常见的外部接口有串口、网口等。为了便于说明,在后续章节中,将各种外部传感器和数据接口均用数据接口进行统一描述。这里数据接口的含义如图 1-3 所示,计算机与计算机之间、计算机与外部传感器之间、计算机与外部设备之间均可以通过数据接口连接。

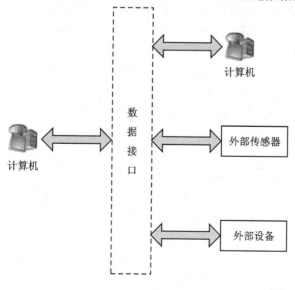

图 1-3　数据接口

在软件层面上,MATLAB 操作数据接口的逻辑如图 1-4 所示,MATLAB 的 M 语言不能直接操作数据接口。一般情况下,MATLAB 通过与其他语言(如 C/C++)混编(直接调用其他语言编写的模块,如动态链接库和 MEX 文件等)来操作数据接口。以 PCI 采集卡为例,用户如果希望利用 MATLAB 获取 PCI 采集卡采集的数据,则需要调用 C/C++开发的动态链接库或 MEX 文件,即利用 C/C++语言调用 PCI 采集卡设备附带的采集卡操作函数,附带的采集卡操作函数则调用 PCI 采集设备的驱动软件来获取采集数据。如果是商用产品,则生产厂商一般会提供驱动程序和采集卡操作函数(往往以动态链接库的形式提供);如果是用户自己研发的采集卡,则需要开发相应的驱动程序和采集卡操作函数。

图 1-4　　MATLAB 操作数据接口

1.3　MATLAB 文件和数据接口操作思路

在 MATLAB 中,操作文件和数据接口一般有如下几种思路:
① 采用 MATLAB 界面来操作数据的导入和导出;
② 利用 MATLAB 提供的高级函数直接对文件和数据接口进行操作;
③ 采用 MATLAB 提供的低级函数来操作文件和数据接口;
④ 利用 MATLAB 调用其他语言编写的外部模块来操作文件和数据接口,如 MEX 文件、动态链接库、COM 组件、可执行文件等。

采用上述四种思路,利用 MATLAB 可以读入和生成任意格式的文件,可以对各种不同类型的数据接口进行操作。在实际操作过程中,用户实践上述思路的基本原则是尽量利用前两种方式完成所需的功能,因为前两种方式可以充分利用MATLAB 内置的文件和数据接口函数,降低软件开发的复杂度。

如果用户需要实现的文件和数据接口相关功能比较复杂,而且已经拥有 C/C++语言开发的功能模块,则用户可以优先考虑第四种操作方式。在 MATLAB 中通过 MEX 文件可以直接调用 C/C++源代码(如函数、类等),也可以调用 C/C++语言编写的动态链接库、可执行文件、COM 组件等软件模块。

由于 MATLAB 是解释性语言,所提供的操作文件的低层函数效率较低,而且处理 C/C++语言结构体等类型时非常不方便,因此一般只用于操作格式较简单的文件。如果用户对文件操作效率要求较高,而且文件格式较复杂,则用户最好采用 C/C++语言开发,然后再由 MATLAB 调用。这样可以充分发挥两种语言的优势。

1.4　MATLAB 支持的数据文件格式

　　MATLAB 操作文件的能力非常强大,它支持多种常见的文件格式。在 MATLAB 中内置了多种格式的文件操作模块,因此在用户通过 MATLAB 操作这些文件时并不需要了解这些文件的格式。对于不同格式的文件,MATLAB 提供了丰富的文件读/写函数。通过直接而简单的调用,即可实现多种格式文件中数据的导入和导出。

　　MATLAB 还提供一种自己的标准数据文件格式,即 MAT 文件。MAT 文件以.mat 作为扩展名,是一种二进制文件,因此文件的利用率较高。作为 MATLAB 提供的标准文件格式,MAT 文件的导入和导出非常方便。相对 MATLAB 来说,其他格式的文件为非标准的格式文件。

　　MATLAB 支持的非标准文件类型如表 1-1 所列。

表 1-1　MATLAB 支持的非标准文件类型

文件内容	扩展名	导入函数	导出函数
MATLAB 标准数据	MAT	load	save
文本	任意	load, dlmread,textscan	save -ascii, dlmwrite
电子表格(含有相关 COM 接口的 Windows 平台)	XLS,XLSX,XLSM, XLSB	xlsread	xlswrite
	XLTM,XLTX	xlsread	无
	ODS	xlsread	无
电子表格(不含相关 COM 接口的 Windows 平台,Mac 和 Linux 平台)	XLS,XLSX,XLSM, XLTM,XLTX	xlsread	无
扩展标记语言	XML	xmlread	xmlwrite
数据采集工具箱文件	DAQ	daqread	无
科学数据	CDF,FITS,HDF, H5,NC	无	无
图像	BMP,GIF,HDF,JPEG, JPG,JP2,JPF,JPX,J2C, J2K,PBM,PCX,PGM, PNG,PNM,PPM,RAS, TIFF,TIF,XWD	imread	imwrite
	CUR,FITS,FTS,ICO	imread	无

文件内容	扩展名	导入函数	导出函数
音频(所有平台)	AU,SND,FLAC,OGG,WAV	audioread	audiowrite
音频(Windows 平台)	M4A,MP4	audioread	audiowrite
	微软多媒体开发库支持的所有格式	audioread	无
音频(Mac 平台)	M4A,MP4	audioread	audiowrite
音频(Linux 平台)	GNOME 桌面下多媒体框架 GStreamer 支持的所有文件	audioread	无
视频(所有平台)	AVI,MJ2	VideoReader	VideoWriter
视频(Windows 平台)	MPG, ASF, ASX, WMV 以及微软 DirectShow 支持的所有文件类型	VideoReader	无
视频(Windows7 平台)	MP4,M4V	VideoReader	VideoWriter
	MOV 以及微软多媒体库支持的所有文件类型	VideoReader	无
视频(Mac 平台)	MP4,M4V	VideoReader	VideoWriter
	MPG,MOV 以及 Quick-Time 支持的所有文件类型	VideoReader	无
视频(Linux 平台)	所有安装的 GStreamer 插件支持的文件格式	VideoReader	无

1.5　MATLAB 支持的数据接口类型

在早期的 MATLAB 版本中,数据接口操作并不是 MATLAB 的强项。随着 MATLAB 的发展,它在数据接口方面的功能不断完善。对于不同的数据接口, MATLAB 通过创建相应的数据接口对象来实现接口操作。目前已经支持大部分常见的数据接口,如串口、网口、USB 接口、GPIB 接口等。此外,通过 Acquisition Toolbox 和 Instrument Control Toolbox,MATLAB 还可以对多种数据采集卡(如声卡等)进行控制和数据传输操作。

第 2 章　MATLAB 程序设计基础

本书重点说明 MATLAB 文件与数据接口相关的操作,在进入正题之前,首先介绍 MATLAB 程序设计基础。由于 MATLAB 文件与数据接口操作需要涉及数据类型、程序控制结构、数据显示等多种操作,因此有必要对 MATLAB 程序设计基础进行说明。在本章中,针对 MATLAB 环境、MATLAB 的 M 语言、MATLAB 的常用数据类型、面向对象的程序设计和 MATLAB 的数据显示等内容进行说明。本章所述内容是后续章节实例程序的基础。

2.1　MATLAB 环境

MATLAB 的前身是一组用 FORTRAN 语言编写的矩阵计算函数库。调用 FORTRAN 或 C 语言函数库的一个缺点是函数接口不统一,数据类型复杂。例如同样是矩阵求和操作,整型和浮点型需要调用不同的函数。MATLAB 的出现很好地解决了这一问题,在 MATLAB 中只有一种基本数据类型,即阵列。同时,MATLAB 将各种逻辑上相同的矩阵操作的函数接口通过合理的软件设计进行封装,极大地方便了用户的使用。

发展到今天,MATLAB 已成为一个非常庞大的应用系统。通常说的 MATLAB 是一个笼统的概念,利用 MATLAB 解决某一问题,一般可以有如下两种含义:

① 通过图形化操作,利用 MATLAB 环境提供的工具或应用解决某一问题。

② 通过 MATLAB 编程语言来开发或调用其他开发者编写的程序(工具箱)去解决某一问题。

为了避免混淆,对 MATLAB 环境和 MATLAB 语言分别进行说明如下(后续章节均遵循这一说明)。

(1) MATLAB 环境

MATLAB 环境指 MATLAB 软件可提供的一切非可编程的工具和应用的总称。

工具和应用包括命令行窗口(Command Window)、代码编辑器(Editor)、历史命令窗口(Command History)、菜单、工具条等。随着 MATLAB 的不断升级换代,MATLAB 环境可提供的功能越来越丰富,越来越强大。即使用户不编写代码,只通过界面操作也可以完成很多功能。

MATLAB 环境是开发、运行和调试 MATLAB 代码的主要场所,MATLAB 环境提供的与程序设计密切相关的工具主要包括：编辑器（Editor）、命令行窗口（Command）、工作空间（Workspace）窗口、代码分析器（Profiler）等。下文将一一进行介绍。

(2) MATLAB 语言

MATLAB 语言指可以在 MATLAB 环境中执行，符合 MATLAB 环境语法要求的计算机语言。

MATLAB 语言有时简称为 M 语言，MATLAB 语言可以直接输入到命令行窗口中执行，也可以保存在扩展名为 .m 的文本文件中通过 MATLAB 命令行窗口执行，或者由 MATLAB 提供的 pcode 函数编译为扩展名为 .p 的加密文件通过 MATLAB 命令行窗口执行。在 MATLAB 环境中，可以混合使用 M 语言、C/C++ 语言、FORTRAN 语言等进行数值计算和数据可视化功能，通过多语言混合程序设计，可以增强和扩展 MATLAB 的功能。非 M 语言一般被编译为 MEX 文件，MEX 文件在 MATLAB 环境中的调用方式与 M 语言的函数相同。

2.1.1 命令行窗口（Command Window）

在介绍命令行窗口之前，首先需要明晰一个概念。在 MATLAB 程序设计中，命令和语句的界限比较模糊。因此在本书中规定，凡是通过命令行窗口直接输入的代码统称为命令；凡是通过代码编辑器或者其他文本编辑器保存在 *.m 文件中的代码统称为程序语句或代码。

命令行窗口可能是用户最先使用且打交道最多的 MATLAB 工具窗口之一。原则上，用户在 MATLAB 命令行窗口中通过输入指令可以完成 MATLAB 环境支持的所有功能。所有的 MATLAB 代码或命令均可以通过命令行窗口执行。通过 MATLAB 命令行窗口可以执行单条命令、多条命令以及符合 MATLAB 语法要求的任何程序代码。例如：

```
>> a = 1;
>> b = 2;
>> c = a + b
c =
    3
```

上述命令中，">>"为 MATLAB 命令行窗口命令输入提示符。

在上述代码段中，a=1 和 b=2 表示为变量 a 和变量 b 赋值，c=a+b 表示执行变量 a 和变量 b 的求和操作。每条命令或语句后面的";"用于控制命令的输出结果。如果命令或语句后面带";"，则不输出命令或语句的执行结果；反之，输出命令或语句的执行结果。从上述代码段中可以看出，M 语言应用非常灵活，用户不需要编译程序就可以单条执行语句或命令。

　　MATLAB 命令的种类繁多,具有强大的功能。在 Windows 操作系统中,在 MATLAB 命令行窗口中甚至可以通过输入"dos"命令来执行 DOS 指令。比如通过 dos 命令查看当前工作机的主机名,其命令如下所示。

```
>> dos('hostname');
THINK
```

　　或者通过 dos 命令执行 Windows 关机命令(下述第一条命令通知 Windows 一小时后关机,第二条命令取消执行 Windows 关机命令)。

```
>> dos('shutdown /s /f - t 3600');
>> dos('shutdown /a');
```

2.1.2　代码编辑器(Editor)

　　在 MATLAB 命令行窗口中执行单条语句适用于简单的应用。对于复杂的应用,如果也通过单条语句的方式来执行,则非常费时费力。用户可以通过创建脚本(script)文件或函数(function)文件的方法来解决这一问题。编辑脚本文件或函数文件的工具即代码编辑器。启动代码编辑器有多种方式:第一种是通过执行 edit 命令启动;第二种是通过工具栏的工具启动,包括 New Script 工具,以及 New 和 Open 下拉菜单等;第三种是直接双击工作文件夹中的.m 文件。启动后的代码编辑器界面如图 2-1 所示,用户可以在代码编辑器中完成程序代码的编辑、调试和性能分析等操作。

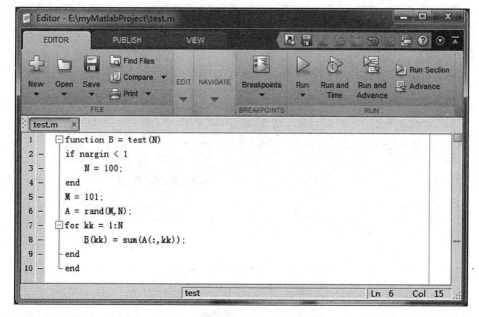

图 2-1　MATLAB 代码编辑器窗口

　　MATLAB 代码编辑器的代码编辑功能与普通文本编辑器的类似,但增加了自动注释(Ctrl＋R 快捷键和 Ctrl＋T 快捷键)、代码错误自动提示等功能。除此之外,采用代码编辑器可以完成的最常用的功能是代码调试和代码性能分析,下面进行说明。

1. 代码调试

　　通过 F12 快捷键可以在当前光标所在处插入一个断点,这样,当通过快捷键 F5执行当前函数文件或脚本文件时,程序会在断点处停止,用户可以通过命令行窗口或工作空间窗口查看 MATLAB 变量的内容,以完成程序调试功能。在断点处,可通过快捷键 F10 或 F5 继续执行后续 MATLAB 代码。

2. 代码性能分析

　　通过代码编辑器可以直接启动 MATLAB 代码分析器(Profiler)。通过代码分析器,用户可以对 M 程序中耗时较长的语句进行分析,找到程序执行效率比较低的部分,然后决定是否改进算法或程序结构来提高程序的执行速度。

　　在 EDITOR 菜单组中单击 Run and Time 菜单项,打开代码分析器,在代码编辑器中输入待分析的函数或命令(这里采用 test 函数作为分析对象,见图 2-1),然后按 Enter 键执行此命令。待命令执行完毕后,MATLAB 代码分析器会生成分析结果。如图 2-2 和图 2-3 所示,其中图 2-2 展示了 test 函数执行的信息概要,图 2-3展示了 test 函数各行代码性能分析的结果。

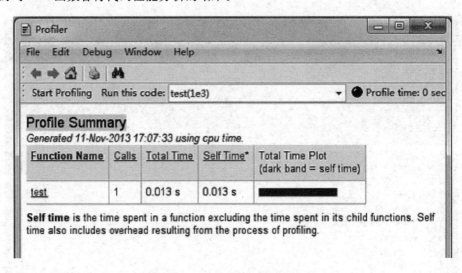

图 2-2　　MATLAB Profiler 窗口一

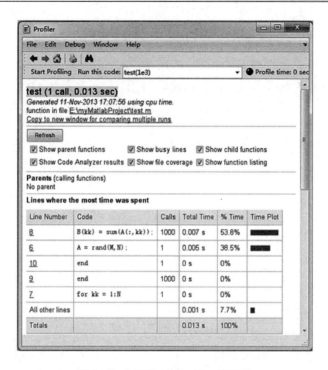

图 2 - 3　MATLAB Profiler 窗口二

2.1.3　工作空间窗口(Workspace)

　　为了便于对变量的管理,MATLAB 引入了工作空间的概念,在 MATLAB 环境中创建的所有变量均由 MATLAB 工作空间管理。在命令行窗口中通过 workspace 命令打开 MATLAB 工作空间窗口,打开后的 MATLAB 工作空间窗口如图 2 - 4 所示。通过 MATLAB 工作空间窗口可以查看和编辑 MATLAB 变量,双击变量名称可以打开变量编辑器编辑变量,在变量上右击可以通过右键快捷菜单完成多种对 MATLAB 变量的操作,如图 2 - 5 所示。

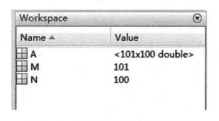

图 2 - 4　MATLAB 工作空间窗口

图 2 - 5　MATLAB 工作空间窗口(变量的右键选项)

2.1.4　历史命令窗口(Command History)

　　MATLAB 历史命令窗口如图 2－6 所示。MATLAB 历史命令窗口保存了在 MATLAB 命令行窗口中输入的所有命令(上次清空 MATLAB 历史命令窗口之后)。可以通过鼠标左键和右键快捷菜单来操作 MATLAB 历史命令。

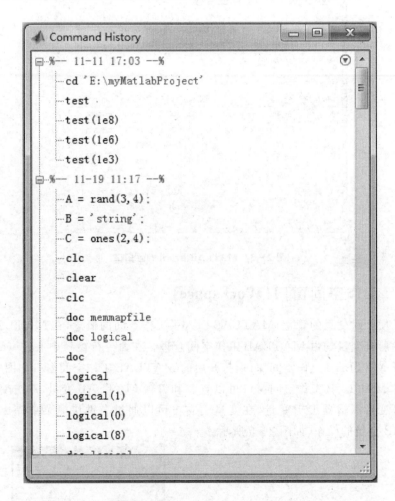

图 2－6　MATLAB 历史命令窗口

　　通过左键在历史命令窗口中选中需要重复执行的命令,然后将其拖放至 MATLAB 命令行窗口,如图 2－7 所示。

　　通过右键快捷菜单可以对 MATLAB 历史命令进行复制、删除、执行等多种操作,如图 2－8 所示。

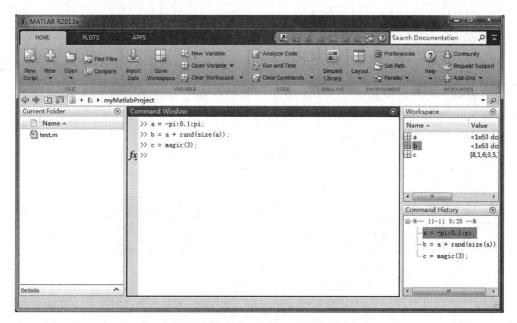

图 2 - 7　MATLAB 历史命令窗口(拖放)

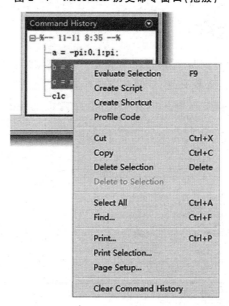

图 2 - 8　MATLAB 历史命令窗口(右键快捷菜单)

2.1.5　MATLAB 帮助(Help)

　　MATLAB 帮助是最权威的学习 MATLAB 的参考资料。无论是使用 MATLAB 工具,还是利用 MATLAB 语言来开发用户自己的应用,查看 MATLAB 帮助均非常重要。下面列出几种常见的利用 MATLAB 帮助的方法。

(1) 打开 MATLAB 帮助窗口

在命令行窗口中输入 doc 命令或者通过选择工具栏的 help 下拉菜单中的 Documentation 选项打开 MATLAB 帮助窗口。

(2) 打开 demo 窗口

在命令行窗口中输入 demo 命令或者通过选择工具栏的 help 下拉菜单中的 Examples 选项打开 MATLAB 的 Examples 窗口。

(3) 查看函数帮助

通过 help funcname 命令查看函数帮助,其中 funcname 表示函数名。比如查看 sin 函数的帮助,可以采用如下命令:

```
>> help sin
SIN    Sine of argument in radians.
    SIN(X) is the sine of the elements of X.
    See also asin, sind.
    Overloaded methods:
        codistributed/sin
        gpuArray/sin
    Reference page in Help browser
        doc sin
```

2.1.6 代码输入提示

在 MATLAB 命令行窗口或者代码编辑器中,可以通过 Tab 键打开代码输入提示功能,以帮助用户快速查找和输入 MATLAB 命令或函数,如图 2-9 所示。

图 2-9 代码提示示意图

2.2　MATLAB M 语言基础

　　MATLAB 的程序设计语言有时也被称为 M 语言,是一种解释性的高级语言,它拥有独立的数据结构、程序流控制及文件输入/输出等功能。M 语言入门比较容易,关键是掌握和熟悉程序控制和数据类型两部分内容。MATLAB 语句可以在控制台窗口中直接执行,也可以采用脚本(script)＊.m 文件和函数(function)＊.m 文件的形式来实现。其中脚本文件工作于基础工作空间,脚本文件中创建的所有变量均可以在基础工作空间中查看。函数文件工作于函数工作空间,函数工作空间中创建的所有变量(除返回参数外)在函数执行结束后全部清除。

2.2.1　MATLAB 脚本文件(Script 文件)

1. 脚本文件实例

　　采用 MATLAB 脚本文件,可以一次执行多条 MATLAB 语句,这是一种比较简单的实现方式。由于 MATLAB 的变量不需要定义,因此可以很方便地按照程序的计算流程编写 MATLAB Script 文件。如下面的 testscript.m 文件就是一个采用脚本文件一次执行多条 MATLAB 语句的实例。

程序 2 - 1　testscript.m

```
% 保存为 testscript.m 文件
% 生成一个矢量数据,数据范围从 - pi 至 pi,间隔 0.01
x = - pi:0.01:pi; % pi 在 MATLAB 中是常量,代表圆周率
y = sin(x); % 生成绘制数据
ynoise = y + (rand(1,length(y)) - 0.5) * 0.2; % 加均匀噪声
% 绘制曲线数据,x 表示横坐标数据,y 表示纵坐标数据
% 'r.' 表示采用红色作为曲线颜色,每个坐标点采用"."符号表示
plot(x,y,'r.');
hold on; % 重复绘制不擦除背景
% 绘制曲线,x 表示横坐标数据,ynoise 表示纵坐标数据
% 曲线颜色和坐标点均采用默认形式,即蓝色和连续曲线
plot(x,ynoise);
hold off;
```

　　上述 Script 文件的执行结果如图 2 - 10 所示。

2. MATLAB 脚本文件的组成部分

　　观察 testscript.m 文件实例可以看出,脚本文件主要由注释、变量、表达式和语句等部分组成。

(1) 注　释

　　MATLAB 程序中的注释有两种格式,第一种格式是行注释方式;第二种格式是

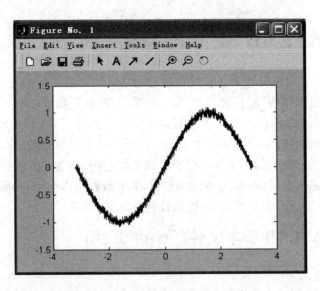

图 2 - 10　testscript. m 文件的执行结果

分段注释方式。其中行注释采用"％"声明,分段注释采用"％{"和"％}"配对使用,如下所示。

```
%行注释的方式
%行注释的方式
%{
分段注释的方式
分段注释的方式
%}
```

(2) 变　量

在 MATLAB 程序中,变量不需要声明,可以直接通过赋值操作或通过函数来创建。例如:

```
a = 1;%通过赋值创建变量 a
b = zeros(3,3);%通过函数 zeros 创建变量 b
```

(3) 表达式

表达式从形式上看,就是为了实现一定的功能而将变量与运算符(参见 2.2.2 小节)连接。

(4) 语　句

MATLAB 语句是组成 MATLAB 程序的基本单元,而变量、表达式和函数是组成 MATLAB 语句的基本元素。MATLAB 语句可以采用";"作为结束符,也可以不设结束符。如果将";"作为 MATLAB 语句的结束符,此时 MATLAB 不输出语句的执行结果;反之,如果 MATLAB 语句不设结束符,则 MATLAB 语句的执行结果会自动输出到 MATLAB 命令行窗口中。

如果 MATLAB 语句过长,可以采用"..."续写。比如表 2-1 的左侧是无效的 MATLAB 语句,而右侧由于使用了"..."操作符,因而是有效的 MATLAB 语句。

表 2-1 MATLAB 语句续行

无效 MATLAB 语句	有效 MATLAB 语句
a = sin(-pi:0.1:pi) . * cos(-pi:0.1:pi);	a = sin(-pi:0.1:pi)... . * cos(-pi:0.1:pi);

2.2.2 MATLAB 运算符

MATLAB 的主要运算符如表 2-2 所列。运算符应用的对象是数值阵列,阵列是 MATLAB 数据类型的专用名词。一维数据(如矢量)对应一维数值阵列,二维数据(如矩阵)对应二维数值阵列,依次类推。阵列与普通矩阵的区别在于,阵列元素可以是任意数据类型,普通矩阵的元素一般都是数值类型(如整型、浮点型等)。

表 2-2 MATLAB 的主要运算符

算术运算符		关系运算符		逻辑运算符	
+	数值阵列元素加	<	小于	&	与
-	数值阵列元素减	<=	小于或等于	|	或
. *	数值阵列元素乘	>	大于	~	非
. /	数值阵列元素右除	>=	大于或等于	xor	异或
. \	数值阵列元素左除	==	相等	&&	逻辑"与"
:	冒号运算符	~=	不相等	||	逻辑"或"
.^	数值阵列元素幂				
.'	数值阵列转置				
'	数值阵列转置(对于实数,与".'"相同;对于复数,转置的同时对复数求共轭)				
*	数值阵列乘				
/	数值阵列右除				
\	数值阵列左除				
^	数值阵列幂				

1. MATLAB 的算术运算符

MATLAB 的算术运算符针对矢量和矩阵运算进行了特殊优化,是 MATLAB 表达式的基础。根据运算符操作对象的不同,可以大致将其分为针对"数值阵列元素"和针对"数值阵列整体"的两类算术运算符。其中针对"数值阵列元素"的算术运算符的运算方式可以理解为是数值阵列的单个元素逐个按顺序进行运算,而针对"数值阵列整体"的算术运算符的运算对象则是数值阵列整体(一般情况下为矩阵和向量)。MATLAB 的运算符与普通高级语言的运算符有一些不同之处,下面重点针对冒号(:)、点号(.)、左除(\)和右除(/)运算符进行说明。

(1) 冒号(:)运算符

冒号(:)运算符是 MATLAB 编程最常用的运算符之一,其主要功能是产生等间距的一个数值向量。合理使用冒号(:)运算符可以使 MATLAB 程序非常简洁。冒号运算符最常见的两个用途如下所述。

1) 产生循环控制变量

```
for i = 1:100
    % 循环程序
end
```

2) 生成数据时产生自变量

```
x = -pi:0.01:pi; % pi 在 MATLAB 中是常量,代表圆周率
y = sin(x);
```

(2) 点号(.)运算符

点号(.)运算符与其他运算符联合使用,表示对阵列的元素进行操作。如 A. * B 表示 A 与 B 的相同位置元素进行相乘,而 A * B 则表示阵列 A 与 B 相乘(矩阵相乘或者向量相乘)。

(3) 左除(\)和右除(/)运算符

左除(\)和右除(/)运算符分别表示 MATLAB 数值阵列左除和右除,其中 A/B 表示线性方程 BX=A 的解,A\B 表示线性方程 AX=B 的解;如果"/"或"\"与"."配合使用,则表示数值阵列相同位置的元素分别进行左除或右除,其中 A. \B 表示 B(i)/A(i),A. /B 表示 A(i)/B(i),其中 i 表示向量或矩阵索引。

下面一组 MATLAB 语句说明了 MATLAB 算术运算符的使用方法。

程序 2-2 testoperator. m

```
% 保存为 testoperator. m 文件
A = [1 2 3;4 5 6;7 8 9;];
B = [1 1 1;1 1 1;1 1 1;];

% 矩阵元素相加、减、乘
C = A + B;
D = A - B;
E = A. * B;
% 矩阵元素左除和右除
```

```
%其中 F 和 G 的结果相同
%均为:
%    1.0000      0.5000      0.3333
%    0.2500      0.2000      0.1667
%    0.1429      0.1250      0.1111
F = A.\B;
G = B./A;

%冒号运算符
N = 1:100;

%幂运算符
A1 = A.^2;

%转置
%Z1 为:
%1.0000 + 1.0000i    4.0000 + 1.0000i    7.0000 + 1.0000i
%2.0000 + 1.0000i    5.0000 + 1.0000i    8.0000 + 1.0000i
%3.0000 + 1.0000i    6.0000 + 1.0000i    9.0000 + 1.0000i
%Z2 为:
%1.0000 - 1.0000i    4.0000 - 1.0000i    7.0000 - 1.0000i
%2.0000 - 1.0000i    5.0000 - 1.0000i    8.0000 - 1.0000i
%3.0000 - 1.0000i    6.0000 - 1.0000i    9.0000 - 1.0000i
Z = A+B*i;%构造复数
Z1 = Z.';
Z2 = Z';

A = [1 1 1;2 1 2;1 2 3;];
B = [1 1 1]';
%计算方程 AX = B 的解
%x + y + z = 1;
%2x + y + 2z = 1;
%x + 2y + 3z = 1;
%X =
%    [0.5000 1.0000 - 0.5000]'
X = A\B;
%计算方程 XA = B' 的解
%x + 2y + z = 1;
%x + y + 2z = 1;
%x + 2y + 3z = 1;
%X =
%[1 0 0]
X = B'/A;
```

2. MATLAB 的关系运算符和逻辑运算符

　　MATLAB 的关系运算符和逻辑运算符操作与 C 语言的类似,只是 C 语言中表示"非"的"!"运算符在 MATLAB 中用"～"来代替。MATLAB 的逻辑运算符可以直接对数值阵列进行操作,如下所示。

```
A = [1 1 0 0 1];
B = [0 1 0 0 1];
C = A&B; % C = [0 1 0 0 1];
D = A|B; % D = [1 1 0 0 1];
E = ～A; % E = [0 0 1 1 0];
F = xor(A,B); % F = [1 0 0 0 0];
```

2.2.3 MATLAB 函数

　　除了采用脚本文件编写 MATLAB 程序以外,也可以通过函数的形式编写 MATLAB 程序,通过 MATLAB 函数编写的 MATLAB 程序便于维护。对于用户而言,只需要了解函数的输入和输出即可,所以 MATLAB 函数比脚本文件容易使用。MATLAB 函数文件的主要组成部分与脚本文件的基本相同,但 MATLAB 函数文件比脚本文件增加了函数定义部分。

　　MATLAB 函数的定义方法如图 2-11 所示。

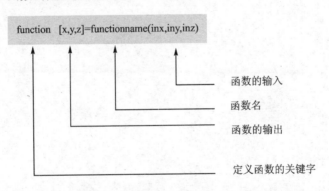

图 2-11　MATLAB 函数定义方法

　　MATLAB 函数体的写法与脚本文件的写法类似,编写 MATLAB 函数时需要注意以下两点:

　　① 保存 MATLAB 函数时必须采用函数名作为文件名,其扩展名为. m。

　　② MATLAB 函数输入的外部变量即使在函数体中被改变,函数结束时,外部变量的值也不受影响,即输入参数采用值传递的方式。

　　如编写下面的函数,试图调换 x 和 y 的值,实际上这样做是不能实现的。

程序 2 - 3　change. m

```
% 保存为 change.m 文件
function [] = change(x,y)
t = x;
x = y;
y = t;
```

测试程序如下所示。

程序 2 - 4　testchange. m

```
% change 函数测试程序,保存为 testchange.m
x = 10;
y = 1;
change(x,y); % 此时 x = 10,y = 1;
```

此外,MATLAB 有两个函数 nargin 和 nargout 可以分别返回 MATLAB 函数的输入和输出参数的个数。同时,将输入参数设置为 varargin,可以使函数接收可变数目的输入参数。将输出参数设置为 varargout,可以使函数输出参数的个数可变。下面的例子 testnargin_out 用来说明 varargin 和 varargout 这两个变量的用法。

程序 2 - 5　testnargin_out. m

```
% 保存为 testnargin_out.m 文件
function [varargout] = testnargin_out(varargin)
% function [varargout] = testnargin_out(m,n,k)
% testnargin_out.m
disp('输入参数的个数');
disp(nargin);
disp('输出参数的个数');
disp(nargout);
if(nargout>nargin)
    error('输出参数的个数不能大于输入参数的个数!');
end
varargout{1:nargout} = varargin{1:nargout};
```

函数 testnargin_out 的测试程序如下:

```
m = rand(1,10);n = randn(5);z = magic(4);
testnargin_out(m,n);
x = testnargin_out(m,n);
[x,y,z] = testnargin_out(m,n);
```

测试程序运行结果如下所示:

```
输入参数的个数
2
输出参数的个数
0
输入参数的个数
2
输出参数的个数
1
输入参数的个数
2
输出参数的个数
3
??? Error using == > testnarin_out
输出参数的个数不能大于输入参数的个数!
```

2.2.4　MATLAB 的向量运算

　　MATLAB 程序设计语言是解释性语言,其循环语句的执行效率比较低。但是,由于在算法上进行了特殊优化,并且采用了内置函数,所以 MATLAB 程序设计语言对于向量和矩阵运算的效率反而很高。因而在进行 MATLAB 程序设计时,一个很重要的原则就是尽量少地使用循环语句。下例的 testfor 程序通过执行乘法运算,对 for 循环和向量运算符".＊"进行了对比,其执行时间可以相差数倍。

程序 2 - 6　testfor. m

```
% testfor.m
% 清空 Workspace 的变量
clear all;
clc;
% MATLAB 循环语句与向量运算的测试语句
N = 1e7;
a = 1:N;
b = N: -1:1;

tic;% 计时开始
sum_axb1 = zeros(1,N);
for i = 1:N
    sum_axb1(i) = a(i) * b(i);
end;
time1 = toc;% 计时结束并输出采用循环语句进行运算的时间
tic;% 计时开始
sum_axb2 = a. * b;
time2 = toc;% 计时结束并输出采用向量运算消耗的时间
result1 = strcat('采用循环语句运算消耗的时间为:',num2str(time1),'秒');
result2 = strcat('采用向量运算消耗的时间为:',num2str(time2),'秒');
disp(result1);
disp(result2);
```

测试结果(下述结果仅供参考,不同平台的测试结果差异较大)如下:

```
采用循环语句运算消耗的时间为:0.21094 秒
采用向量运算消耗的时间为:0.074922 秒
```

将 MATLAB 循环运算转换为向量运算需要在 MATLAB 程序编写过程中加入一些技巧,其中最常见的形式如下所述。

1. 用向量化运算代替 for 和 while 循环运算

例如:

```
for i = - pi:0.1:pi
    y(i) = sin(i);
end
```

可以用下面的向量运算来代替:

```
x = - pi:0.1:pi;
y = sin(x);
```

另外,类似 testfor.m 文件中的两个向量之间的运算,可以用类似".＊"的"数值阵列元素"运算函数来代替 for 循环,即代码段

```
for i = 1:1000000
    sum_axb(i) = a(i) ＊ b(i);
end;
```

可以用

```
sum_axb = a.＊ b;
```

来代替。

2. 采用一些经过优化的向量运算函数

MATLAB 中用于执行向量运算的函数如表 2 - 3 所列。

表 2 - 3　MATLAB 常用向量函数

函数名	函数功能
all	判断数值阵列是否全部非零
any	判断数值阵列是否有非零元素
reshape	变换数值阵列的各维元素数目
find	返回非零元素在阵列中的位置及其值
sort	将数组按升序排序
sum	对数组求和
repmat	扩展阵列
bsxfun	虚拟扩展阵列

除了 repmat 和 bsxfun 函数外，表 2-3 中的其他函数都比较容易理解。下面以 repmat 和 bsxfun 函数为例，说明采用 MATLAB 向量函数替换循环语句的技巧。

repmat 函数用于扩展 MATLAB 阵列，对于矩阵

$$A = \begin{bmatrix} 1 & 2 \\ 3 & 4 \end{bmatrix}$$

其扩展矩阵 B 为

$$B = \mathrm{repmat}(A,5,3) = \begin{bmatrix} 1 & 2 & 1 & 2 & 1 & 2 \\ 3 & 4 & 3 & 4 & 3 & 4 \\ 1 & 2 & 1 & 2 & 1 & 2 \\ 3 & 4 & 3 & 4 & 3 & 4 \\ 1 & 2 & 1 & 2 & 1 & 2 \\ 3 & 4 & 3 & 4 & 3 & 4 \\ 1 & 2 & 1 & 2 & 1 & 2 \\ 3 & 4 & 3 & 4 & 3 & 4 \\ 1 & 2 & 1 & 2 & 1 & 2 \\ 3 & 4 & 3 & 4 & 3 & 4 \end{bmatrix}$$

下段程序给出了一个利用 repmat 函数构造三维曲面网格数据的实例，三维曲面绘制的结果如图 2-12 所示。

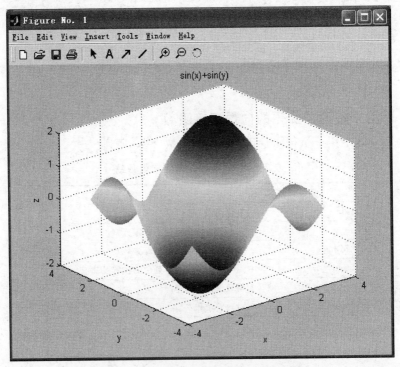

图 2-12　sin(x)＋sin(y) 的三维曲面图

程序 2 - 7　testrepmat. m

```
% 保存为 testrepmat. m 文件
% 运用 repmat 函数
% 绘制 sin(x) * sin(y)的三维曲面图
% 首先清空 Workspace 的变量
clear all;
clc;
x = - pi:0.01:pi;
y = - pi:0.01:pi;
y = y';
x1 = repmat(x,length(x),1);
y1 = repmat(y,1,length(y));
z = sin(x1) + sin(y1);
mesh(x1,y1,z);
xlabel('x');
ylabel('y');
zlabel('z');
title('sin(x) + sin(y)');
```

　　其实,采用向量运算代替循环的本质是用牺牲内存空间的做法来换取计算效率的提高。这是因为所有 MATLAB 的内置函数都针对向量和矩阵运算进行了优化,因而对于 MATLAB 的内置函数来说,只有当输入的数据是向量或者矩阵的形式时,其计算效率才是最高的。为了提高效率,就必须满足 MATLAB 内置函数的这种要求,在调用 MATLAB 函数之前,根据函数输入参数的要求,利用适当的技巧构造输入向量或矩阵,这就是 MATLAB 程序设计向量化的本质所在。

　　当使用 repmat 函数时,为了完成阵列扩展功能,需要在物理上创建内存,并执行复制操作。因此,其执行的效率受到一定影响。为了解决这一问题,MATLAB 引入了 bsxfun 函数。该函数可以对阵列进行虚拟扩展,避免物理上创建内存,从而进一步提高执行效率。bsxfun 函数用于完成阵列间的元素操作,其功能与点号(.)操作符的功能类似。但是 bsxfun 函数具备阵列扩展功能,其具体的扩展方式如图 2 - 13 所示。

　　bsxfun 函数的调用方式如下所示。

```
>> C = bsxfun(fun,A,B);
```

　　以"加"功能为例,在 MATLAB 中,"加"功能采用 plus 函数或"+"符号来实现。对于 plus 函数,如果阵列 A 与阵列 B 的元素个数相同,则 bsxfun 函数直接调用 plus 函数;如果阵列 A 与阵列 B 的元素个数不同,则 bsxfun 函数自动将阵列 B 虚拟扩展为与阵列 A 元素个数相同的阵列后执行 plus 函数。例如:

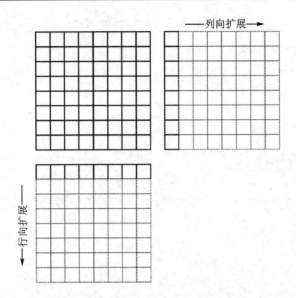

图 2 - 13　bsxfun 函数的虚拟阵列扩展方式

```
>> A = [1 2 3;4 5 6;7 8 9];
>> B = [1 2 3];
>> C = bsxfun(@plus,A,B);
>> disp(C)
     2      4      6
     5      7      9
     8     10     12
```

在上例中,A 为 3×3 的数值阵列,B 为 1×3 的数值阵列,则 bsxfun 函数将 B 沿行方向自动扩展为 3×3 的数值阵列,并执行 plus 函数后返回结果。在上述实例中,"@plus"返回 plus 函数的句柄。在 bsxfun 函数中可以使用多种函数,如完成乘操作的"times"函数,完成最大值操作的"max"函数等。具体可通过输入命令"doc bsxfun"查看 MATLAB 的帮助文档。

下面给出两段实例程序,进一步说明 bsxfun 函数和 repmat 函数的特点。对执行结果进行分析后可知:由于具备虚拟扩展功能,因此 bsxfun 函数在执行操作时占用的内存远远小于 repmat 函数,而且具有较高的执行效率,在实际应用中推荐使用 bsxfun 函数替代 repmat 函数。第一段程序代码如下。

```
% 测试 repmat 函数的效率
N = 100;
num = 3e3;
A = rand(num,num);
B = rand(1,num);
tic;
```

```
for kk = 1:N,
    C = A + repmat(B,num,1);
end;
toc;
```

执行结果如下。

```
>> Elapsed time is 3.517998 seconds.
```

第二段程序代码如下。

```
% 测试 bsxfun 函数的效率
N = 100;
num = 3e3;
A = rand(num,num);
B = rand(1,num);
tic;
for kk = 1:N
    C = bsxfun(@plus,A,B);
end;
toc;
```

执行结果如下。

```
>> Elapsed time is 2.807037 seconds.
```

2.2.5　MATLAB 的程序控制

MATLAB 用于程序控制的关键字及其功能如表 2-4 所列。

表 2-4　MATLAB 常用的控制关键字

关键字	关键字的功能描述
if	与 else 和 elseif 关键字联合使用,根据设定的逻辑条件执行不同的代码
switch	与 else 和 otherwise 关键字联合使用,根据设定的变量值的不同来执行不同的代码
while	根据设定的逻辑条件来执行循环次数不定的循环模块
for	执行循环次数一定的循环模块
continue	适用于 for 或者 while 循环中,中止当前循环体语句的执行,直接进行下一次循环
break	退出当前层的循环体
return	直接返回到当前函数的调用函数中

下面分别举例说明 MATLAB 程序控制关键字的使用方法。

1. if 和 switch 语句

if 和 switch 语句是 MATLAB 程序设计中选择结构的两个关键字。其中 if 语句根据设定的逻辑条件来执行不同的代码,而 switch 语句则根据设定变量值的不同来执行不同的代码。

(1) if 语句

if 可以单独使用,也可以与 else 和 elseif 联合使用,其使用方式有如下 3 种。

1) 单独使用

if 逻辑表达式

　　语句

end

例如:

```
if A>B
    disp('A 大于 B');
end
```

2) 与 else 联合使用

if 逻辑表达式

　　语句 1

else

　　语句 2

end

例如:

```
if A>B
    disp('A 大于 B');
else
    disp('B 大于等于 A');
end
```

3) 与 elseif 联合使用

if 逻辑表达式

　　语句 1

elseif

　　语句 2

else

　　语句 3

end

例如:

```
if A>B
    disp('A 大于 B');
elseif A == B
    disp('A 等于 B');
else
    disp('B 大于 A');
end
```

(2) switch 语句

switch 语句的使用方式如下：

switch 表达式

    case 数值 1

        语句 1 % 当表达式的值为数值 1 时执行语句 1

    case 数值 2

        语句 2 % 当表达式的值为数值 2 时执行语句 2

    ...

    ...

    ...

    otherwise

        语句 n+1 % 当表达式的值与数值 1 至数值 n 皆不相等时执行此语句

end

(3) if 语句与 switch 语句的差异

switch 语句与 if 语句均是 MATLAB 选择结构的关键字，但是两者的应用场合略有不同。下面给出一个判断输入变量符号的例子，分别用 if 语句和 switch 语句来实现。通过下面的例子，读者可以大致了解 if 语句和 switch 语句在使用上的不同特点。

程序 2-8   showInputSign_if. m

```
% if 语句的使用方法测试，保存为 showInputSign_if.m 文件
function [] = showInputSign_if(input)
% 根据输入数据的正负不同，给出不同的输出
nlen = length(input);
if ~isreal(input)                                  % 如果输入数据为复数，则退出程序
    display('输入数据为复型!');
    return;
end
if nlen>1
    disp('输入的数据不是 1x1 的数值阵列!');
else
```

```matlab
    if input ~ = 0 %"~ ="表示"不等于"
        if input > 0
            disp('输入数据大于 0');
        else
            disp('输入数据小于 0');
        end
    else
        disp('输入数据等于 0');
    end
end
```

执行下列命令进行测试。

```matlab
>> showInputSign_if(1)
输入数据大于 0
>> showInputSign_if( - 3)
输入数据小于 0
```

程序 2 - 9   showInputSign_switch. m

```matlab
% switch 语句的使用方法测试,保存为 showInputSign_switch.m 文件
function [] = showInputSign_switch(input)
% 根据输入数据的正负不同,给出不同的输出
nlen = length(input);
if ~isreal(input)
    display('输入数据为复型!');
    return;
end
if nlen>1
        disp('输入的数据不是 1x1 的数值阵列!');
else
    signinput = sign(input);
    switch signinput
        case 0
            disp('输入数据等于 0');
        case 1
            disp('输入数据大于 0');
        case - 1
            disp('输入数据小于 0');
        otherwise
            disp('不可能!!!!');
    end
end
end
```

执行下列命令进行测试。

```
>> showInputSign_switch(- 3)
输入数据小于 0
>> showInputSign_switch(0)
输入数据等于 0
```

2. for 和 while 语句

for 和 while 语句是 MATLAB 程序设计中用于循环结构的关键字,其中 for 循环用于执行指定次数的 MATLAB 循环语句,while 循环用于执行不定次数的 MATLAB循环语句。for 循环和 while 循环的使用方法都比较简单,如下所示。

(1) for 循环语句的使用方式

for 循环由循环变量和循环体组成,其中循环变量采用":"运算符生成,如下所示。

for 索引 = 开始:步长:结束

　　　循环体

end

例如:

```
for i = 3:2:9
    x(i) = 2 * x(i - 2);
end
```

(2) while 循环语句的使用方式

while 循环与 for 循环不同,while 循环不是采用循环变量控制循环体的执行次数,而是采用逻辑表达式控制循环体的执行次数。因此,for 循环体的执行次数是确定的,而 while 循环体的执行次数可以不确定。while 循环的使用方式如下所示。

while 逻辑表达式

　　　循环体

end

例如:

```
sum = 0;
while x(i)>0
    sum = sum + x(i);
end
```

(3) break 和 continue 关键字

在 for 和 while 循环结构中需要经常使用 break 和 continue 这两个关键字,其中 break 关键字表示退出当前循环,而 continue 关键字则表示结束当前循环语句的执行,进入下一次循环。

2.2.6　面向对象的程序设计

基于过程的程序设计方法将数据和功能分开处理,主要依靠函数调用来完成功能封装。如果用户编写的 MATLAB 程序比较复杂,涉及的函数比较多,那么采用基于过程的程序设计方法会造成代码管理难度加大,函数输入参数过多等问题。通过应用面向对象的程序设计方法,可以有效缓解这一问题。采用面向对象的程序设计方法,将数据和功能通过创建类的方式结合在一起,如果应用得当,可以有效提高代码复用的比例,同时降低代码管理的难度。由于面向对象程序设计涉及的内容较多,所以本节只做简要介绍,以使读者对 MATLAB 面向对象的程序设计有一个初步的了解。

1. MATLAB 中类的定义方法

类是对一组具有共同特征(数据和操作)的对象抽象的产物。由于 MATLAB 是解释性语言,所以不能像 C++语言那样通过声明来定义类,而是通过代码段的方式来定义类。MATLAB 类由属性、方法、事件等元素构成。其中 MATLAB 类由 classdef 关键字定义,属性由 properties 关键字定义,方法通过 methods 关键字定义,事件由 events 关键字定义。为了说明 MATLAB 中类的定义方法,下面构建一个图像类 imgclass,此图像类可以显示图像数据,并且可以根据用户的操作来调节图像的亮度。图像类 imgclass 最终创建完成后,其操作界面如图 2-14 所示。

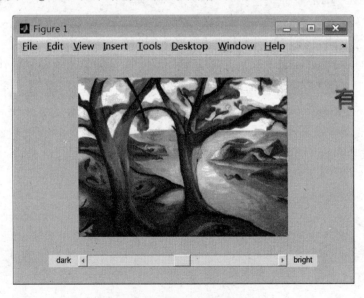

图 2-14　imgclass 类对象界面

为了实现 imageclass 类,需要完成如下工作。

(1) 采用 classdef 关键字定义 imgclass 类

classdef imgclass　　<handle

　　　其他代码

end

其中符号"<"表示继承关系，handle 表示基类（在 MATLAB 中称为 super-class）。MATLAB 类一般分为 value 和 handle 两种类型，其中 value 类型的 MATLAB 类包含实体数据；handle 类型的 MATLAB 类只包含一个指向实体数据的引用。为了说明 value 类和 handle 类的区别，定义了 myvalue 和 myhandle 两个测试类。测试类的定义代码、测试代码和测试结果如表 2-5 所列。对照 myvalue 和 myhandle 可以看出，value 类包含类对象的实体数据，所以当 v1 和 v2 对应不同的类对象实体数据时，v2 的变化不会影响 v1 的属性值。而 handle 类不包含类对象的实体数据，只包含类对象实体数据的引用，所以 v1 和 v2 对应的是相同的实体数据，v2 的变化会影响 v1 的属性值。value 类和 handle 类应用的场合不同，handle 类一般用在不希望对象数据可复制的场合，以保证对图形窗口、硬件、文件和网络端口等操作的一致性。

表 2-5　value 类与 handle 类的区别

定义代码	测试代码及测试结果
classdef　myvalue 　　properties 　　　　data=1; 　　end end	» v1 = myvalue; » v2 = v1;v2. data = 2; » [v1.data v2.data] ans = 　　　　1　　　　2
classdef　myhandle　<handle 　　properties 　　　　data=1; 　　end end	» v1 = myhandle; » v2 = v1;v2. data = 2; » [v1.data v2.data] ans = 　　　　2　　　　2

(2) 采用 properties 关键字定义 imageclass 类的属性

为了完成 imageclass 类的功能，需要利用 properties 关键字定义 img(保存图像数据)、map(保存调色板数据)、hf(保存图形窗口句柄)、himg(保存图像对象 handle)和 hslider(保存滚动条控件 handle)属性等。

(3) 采用 methods 关键字定义 imageclass 类的方法

为了完成 imageclass 类的功能，需要利用 methods 关键字定义的方法如表 2-6 所列。

表 2 - 6　methods 关键字定义的方法

方　法	说　明
function [obj] = imageclass(img,map)	imageclass 类的构造函数,创建类对象时 MATLAB 自动调用
function [obj] = initimg(obj)	imageclass 类的私有函数(private),只在类内部调用
function obj = updateimgdata(obj,timg,map)	更新 imageclass 对象的图像和调色板数据
function [] = slidercallback(obj,src,event)	回调函数,当滚动条变化时,修改图像显示
function updateimg(obj,src)	imageclass 类的私有函数(private),只在类内部调用
function [] = delete(obj)	重载基类的 delete 函数,删除 imageclass 对象时关闭图形窗口

完成后的 imageclass 类的代码如下所示。

程序 2 - 10　imageclass. m

```
% 保存为 imageclass.m 文件
classdef imageclass < handle
    properties
        img
        map
        hf
        himg
        hslider
    end
    methods (Access = private)
        function [obj] = initimg(obj)
            timg = obj.img;
            timg = double(timg);
            timg = timg/max(timg(:));
            timg = timg * size(obj.map,1);
            obj.img = timg;
            obj.hf = figure;
            obj.himg = imshow(obj.img,obj.map);
            pos = get(obj.hf,'position');
            width = pos(3);
            posgca = get(gca,'position');
            pos(1) = round(posgca(1) * pos(3)); pos(2) = 20;
            pos(3) = round(posgca(3) * pos(3)); pos(4) = 20;
            obj.hslider = uicontrol('style','slider','position', pos);
            set(obj.hslider, 'Value',0.5, 'Callback', @(src,event) slidercallback(obj,src,event));
            uicontrol('style','text','string','dark','position',[max(pos(1)-50,1) 20 min(50,pos(1)) 20]);
```

```matlab
                uicontrol('style', 'text', 'string', 'bright', 'position', [pos(1) + pos(3) 20
min(50,width - pos(1) - pos(3)) 20]);
            end
            function updateimg(obj,src)
                set(obj.himg,'CData',obj.img);
                colormap(obj.map);
                v = get(src,'Value');
                v = (v - 0.5) * 2;
                brighten(v);
            end
        end
        methods
            function [obj] = imageclass(img,map)
                if nargin == 0
                    in = load('trees');
                    img = in.X;
                    map = in.map;
                end
                if nargin == 1
                    map = gray(255);
                end
                obj.img = img;
                obj.map = map;
                obj = initimg(obj);
            end
            function obj = updateimgdata(obj,timg,map)
                timg = double(timg);
                timg = timg/max(timg(:));
                timg = timg * size(obj.map,1);
                obj.img = timg;
                if nargin == 3
                    obj.map = map;
                end
                updateimg(obj,obj.hslider);
            end
        end
        methods
            function [] = slidercallback(obj,src,event)
                updateimg(obj,src);
            end
            function [] = delete(obj)
                if ishandle(obj.hf)
                    close(obj.hf);
                end
            end
        end
    end
end
```

2. MATLAB 中类的使用方法

下面利用前面定义的 imageclass 类来说明 MATLAB 中类的使用方法。

(1) 创建类对象

如果类构造函数可以处理无参数输入的情况(如 imageclass 类),那么直接采用如下方法创建类对象:

```
>> im = imageclass;
```

否则使用输入参数来调用类构造函数,如下例所示。

```
>> data = peaks(300);
>> map = jet(255);
>> im = imageclass(data,map);
```

(2) 调用类的方法

类对象创建完成后,可以通过两种方式完成类方法的调用:一种是采用点号".",调用类方法;另一种是采用普通函数的调用方式调用类方法。

采用"."调用类方法的实例如下。

```
im = imageclass;
onion = imread('onion.png');onion = rgb2gray(onion);
im.updateimgdata(onion,jet(255));
```

采用普通函数的调用方式调用类方法的实例如下。

```
im = imageclass;
onion = imread('onion.png');onion = rgb2gray(onion);
updateimgdata(im,onion,jet(255));
```

采用"."调用类方法的方式比较容易理解,但是通过普通函数的调用方式调用类方法的方式可能会比较令人费解。实际上,在 MATLAB 中,当调用方法 updateimgdata 时,已经将对象句柄 im 作为第一个参数输入,这样 MATLAB 就可以判断出应当调用 im.updateimgdata 方法。

2.3　MATLAB 常用的数据类型

广义上讲,MATLAB 语言只存在一种数据类型,称为阵列(array)。实际上,根据阵列中保存的数据类型的不同,MATLAB 阵列又可分为不同的类型。书中凡是涉及 MATLAB 数据类型的讨论,其讨论对象均是 MATLAB 阵列的类型,在概念上不再区分"数据类型"和"阵列类型"。MATLAB 阵列已经全部采用面向对象设计,因此 MATLAB 阵列类型也被称为数据类型(英文原词语分别为 data types 和 data classes)。在本书的后续章节中,如无特别说明,"数据类型"与"阵列类型"的概念相同。

常用的 MATLAB 阵列类型有数值类型(numeric array)(整型、单精度型和双精度型)、元组类型(cell array)、结构体类型(structure array)、字符类型(char array)和逻辑类型(logical array),另外还有其他一些 MATLAB 阵列类型,如图 2-15 所示。

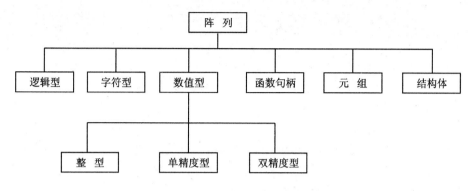

图 2-15　MATLAB 阵列数据类型

MATLAB 阵列类似于数组的概念,一个 MATLAB 阵列可以看做是某一种MATLAB 数据类型(狭义的)的数组。举例来说,一个 $M \times N$ 的结构体阵列类似于一个 $M \times N$ 的结构体数组,一个 $M \times N$ 的双精度型阵列类似于一个 $M \times N$ 的双精度类型数据的数组。如果 $M=1$, $N=1$,则此时的 1×1 阵列相当于一个标量阵列。对于多维数组,MATLAB 阵列在内存中都是按列存储的,在编写 MEX 文件时需要注意这一点。

各种类型的阵列在 MATLAB 中使用时是不用声明的,熟悉和掌握 MATLAB数据类型的特点是掌握 M 语言的关键之一。下面就 MATLAB 几种主要阵列类型的使用进行说明。

2.3.1　数值阵列

MATLAB 的核心就是高效率的数值计算,因而数值类型的 MATLAB 阵列也是 MATLAB 开发环境中最常用的阵列类型。MATLAB 的数据类型大致有整型、单精度浮点型和双精度浮点型三类,其中整型又有 8 位、16 位、32 位、64 位及无符号和有符号之分。由于 MATLAB 的大部分运算都采用浮点型,因而如果整型阵列要参加运算的话,一般需要先转换为双精度浮点型或单精度浮点型。同样,由于 MAT-LAB 所有的运算都采用浮点型,因此,MATLAB 数值阵列中最常用和最方便的阵列是双精度浮点型阵列。MATLAB 数值阵列的初始值可以直接设定,也可以通过其他函数生成。例如:

```
A = [1 2 3;4 5 6;7 8 9;];       % 直接设定双精度数值阵列 A 的值
B = rand(3,3);                   % 通过函数生成双精度阵列 B 的值
```

其中"[""、"]"和";"是 MATLAB 比较常用的符号。"["和"]"表示 MATLAB 阵列构造的开始和结束。";"在"["和"]"之间表示 MATLAB 阵列一行的结束。如果";"放在

一条语句的末尾,则表示本条语句的输出不在 MATLAB Command 窗口中显示;否则在 MATLAB Command 窗口中显示。比较下面两条语句在 MATLAB Command 窗口中执行结果的不同:

```
>> C = magic(3)
C =
     8     1     6
     3     5     7
     4     9     2

>> C = magic(3);
>>
```

实际上,MATLAB 数值阵列与 C 语言数组的概念类似,只不过在存储方式上,MATLAB 与 FORTRAN 相同,多维数组采用按列存储的方式,而 C 语言则是按行存储,在编写 MEX 文件时,特别需要注意这一点。

下面给出一个利用 MATLAB 读取灰度位图的数据,并进行二值化的例子。通过这个实例,读者可以熟悉 MATLAB 数值阵列的使用。为了便于用户理解,将 processgrayimage 函数的基本操作说明如下:

① 利用 MATLAB 文件选择函数 uigetfile 打开一个 BMP 类型的图像文件;

② 利用 imread 函数读取用户选择的图像文件,并对图像数据进行预处理后转换为 double 型数据;

③ 根据设定的阈值(本例中设为 100),将大于阈值的图像数据和小于阈值的图像数据分离;

④ 将分离后的图像数据重新转换为 8 位无符号整型(uint8)数据并显示。

processgrayimage 函数的代码和执行结果如下所示。

程序 2 - 11   processgrayimage. m

```
% 保存为 processgrayimage.m 文件
function [] = processgrayimage()
% function [] = processgrayimage()
% processgrayimage.m
% 说明:
%     MATLAB 读取的位图图像数据是 8 位无符号整型
%     MATLAB 显示和存储图像时也应该是 8 位无符号整型
%     或者将所有的数据归一到[0 1]之间
%     因而采用 double 和 uint8 进行整型和双精度型之间的转换就比较方便
[name,path] = uigetfile({'*.bmp','请选择一个位图文件(*.bmp)'},'请打开一个位图文件');
file = strcat(path,name);
[I,map] = imread(file);
```

```
if size(I,3) == 3
    I = rgb2gray(I);
end
% 将图像数据转换为 double 型数据以方便处理
I = double(I);
I1 = I - 100;
signI1 = sign(I1);
coefI1 = (signI1 + abs(signI1))/2;
% 大于 100 的图像部分
I1 = I. * coefI1;
% 小于 100 的图像部分
I2 = I. * (1 - coefI1);
I1 = (I1/max(max(I1))) * 255;
I2 = (I2/max(max(I2))) * 255;
% 将数据转换为 unsigned int8 型数据,以方便进行显示
I1 = uint8(I1);
I2 = uint8(I2);
figure;
h1 = subplot(1,2,1);
subimage(I1);
h2 = subplot(1,2,2);
subimage(I2);
truesize;
```

processgrayimage 函数的执行结果如图 2 - 16 和图 2 - 17 所示。

图 2 - 16　选择要处理的文件

图 2 – 17　processgrayimage 函数的执行结果

2.3.2　字符阵列

　　MATLAB 的字符数据均用双字节表示。在必要的情况下,MATLAB 字符阵列可转换为相应的 ASCII 码阵列,普通数值阵列也可以转换为字符型阵列。MAT-LAB 提供了常用的字符串操作函数。在 MATLAB 中,通过符号"'"来标志字符串,比如 '123','硬币的反面'等。如果用户希望输入"'"字符,则需要同时输入两个"'"符号,即"''",如下所示。

```
>> '''硬币的反面'''
ans =
'硬币的反面'
>>
```

　　下面通过 teststring 实例使读者进一步熟悉 MATLAB 中字符串的操作。

程序 2 – 12　teststring.m

```
% 保存为 teststring.m 文件
function [] = teststring()
% function [] = teststring()
% teststring.m
% MATLAB 字符操作函数
% mat2str 函数生成 eval 可以执行的字符串
data = rand(3,3);
sdata = mat2str(data);
eval(sdata);

% 掷硬币的游戏,如果 is 是 '1' 则为正面,否则为反面
% 字符串比较
% 字符和数字之间的转换
str = '1';
is = num2str(round(rand));
if strcmp(str,is)
    disp('硬币的正面');
else
    disp('硬币的反面');
```

```
end
%输出 26 个字母的 ASCII 码值
strLetter = 'ABCDEFGHIJKLMNOPQRSTUVWXYZ';
valLetter = double(strLetter);
disp(valLetter);
```

程序运行结果如下所示。

```
>> teststring;
ans =
    0.8241    0.6195    0.9029
    0.2182    0.1038    0.3125
    0.0996    0.7991    0.2816
硬币的反面
  Columns 1 through 13
    65    66    67    68    69    70    71    72    73    74    75    76    77
  Columns 14 through 26
    78    79    80    81    82    83    84    85    86    87    88    89    90
>>
```

2.3.3　逻辑阵列

与 C 语言中的布尔型类似,MATLAB 中的逻辑类型也是用于表示 true 和 false 的二值数据类型。在 MATLAB 程序设计中,逻辑阵列可以用于完成多种功能。逻辑变量最突出的特点是节省内存。下面通过一个实例来说明逻辑阵列在 MATLAB 程序设计中的应用,实例采用逻辑阵列作为数值阵列的索引,获取数值阵列的数据。实例 testlogical 的代码如下,执行结果如图 2 - 18 所示。

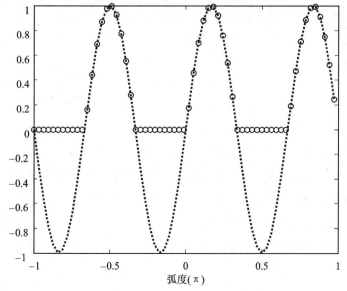

图 2 - 18　testlogical 实例的执行结果

程序 2 - 13　testlogical. m

```
% 保存为 testlogical.m 文件
clear all;
theta = - pi:0.1:pi;
a = sin(3 * theta);% 生成测试数据
% 创建逻辑变量索引,flag 与 a 大小相同
% 如果 a(i)>0,则 flag(i) = true
% 如果 a(i)< = 0,则 flag(i) = false;
flag = a > 0;
% 获取变量 a 大于零的部分
a1(flag) = a(flag);
plot(theta/pi,a1,'o','linewidth',2);
hold on;
plot(theta/pi,a,':','linewidth',2);
hold off;
xlabel(' 弧度(\pi)');
```

2.3.4　元组阵列

在 2.3.1～2.3.3 小节中介绍的 MATLAB 数值阵列、字符阵列和逻辑阵列有一个共性,即阵列中存储的元素的类型是统一的。MATLAB 数值阵列中存储的数据或者是双精度型,或者是单精度型,或者是整型,但只能存储其中一种,不能混合存储。同样,MATLAB 字符阵列中只能存储字符类型的数据,MATLAB 逻辑阵列中只能存储逻辑类型的数据。下面介绍的元组阵列和结构体阵列有一个全新的特点,即元组阵列和结构体阵列中存储的数据元素可以是不同类型的。

MATLAB 元组是 MATLAB 特有的数据结构,它是一种特殊的阵列。MATLAB 元组阵列采用数值索引,其元素可以是任意一种 MATLAB 类型的阵列。如图 2 - 19 所示是一个 2×3 的元组阵列,包括结构体阵列、数值型阵列、字符型阵列及元组阵列,它们都可以作为元组阵列的一个元素。

元组阵列的索引方式与数值型阵列、结构体阵列及字符型阵列不同,可以采用"{"和"}"及"("和")"两种索引方式,不同的是,通过"{"和"}"得到的是相应的元组阵列元素,通过"("和")"得到的是一个包含相应元组阵列元素的 1×1 元组阵列。下面的实例 testcell 给出了图 2 - 19 中元组阵列的创建过程,并说明了上述两种索引方式的用法。

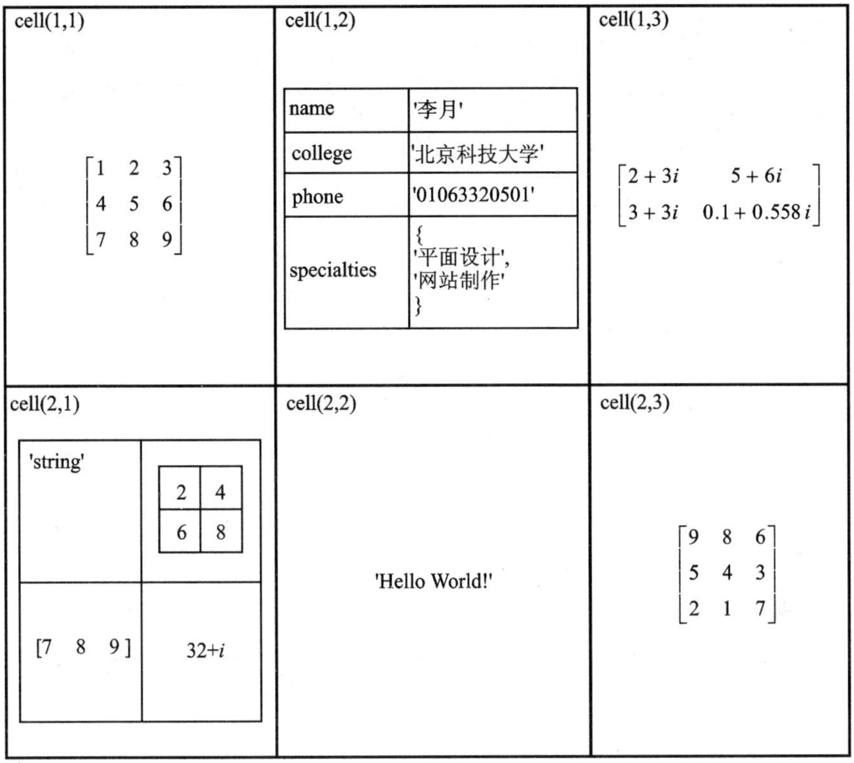

cell(1,1)	cell(1,2)	cell(1,3)
$\begin{bmatrix} 1 & 2 & 3 \\ 4 & 5 & 6 \\ 7 & 8 & 9 \end{bmatrix}$	name '李月' college '北京科技大学' phone '01063320501' specialties {'平面设计', '网站制作'}	$\begin{bmatrix} 2+3i & 5+6i \\ 3+3i & 0.1+0.558i \end{bmatrix}$
cell(2,1)	cell(2,2)	cell(2,3)
'string' $\begin{array}{\|c\|c\|}\hline 2 & 4 \\\hline 6 & 8 \\\hline\end{array}$ [7　8　9]　　32+i	'Hello World!'	$\begin{bmatrix} 9 & 8 & 6 \\ 5 & 4 & 3 \\ 2 & 1 & 7 \end{bmatrix}$

图 2 - 19　2×3 元组阵列结构示意图

程序 2 - 14　　testcell. m

```
% 保存为 testcell.m 文件
function [] = testcell()
% function [] = testcell()
% testcell.m
tcell = cell(2,3);
tcell{1,1} = [1 2 3;4 5 6;7 8 9;];
% ... 表示续行符号
tcell{1,2} = struct('name','李月',...
        'college','北京科技大学',...
        'phone','01063320501',...
        'specialties',{'平面设计','网站制作'});
tcell{1,3} = [2+3*i 5+6*i;3+3*i 0.1+0.558*i;];
tempcell = cell(2,2);
tempcell{1,1} = 'string';
tempcell{1,2} = [2 4;6 8;];
tempcell{2,1} = [7 8 9];
```

```matlab
tempcell{2,2} = 32 + i;
tcell{2,1} = tempcell;
tcell{2,2} = 'Hello World!';
tcell{2,3} = [9 8 6;5 4 3;2 1 7;];

% 采用"{"和"}"索引得到相应元组阵列元素
for ii = 1:2
    for jj = 1:3
        disp(tcell{ii,jj})
    end
end
% 通过"("和")"索引得到 1x1 的相应元组阵列
for ii = 1:2
    for jj = 1:3
        disp(tcell(ii,jj))
    end
end
end
```

testcell 程序的运行结果如下所示。

```matlab
>> testcell;
    1        2        3
    4        5        6
    7        8        9
1x2 struct array with fields:
    name
    college
    phone
    specialties
    2.0000 + 3.0000i    5.0000 + 6.0000i
    3.0000 + 3.0000i    0.1000 + 0.5580i
    'string'                [2x2 double]
    [1x3 double]    [32.0000 + 1.0000i]
Hello World!
    9        8        6
    5        4        3
    2        1        7
    [3x3 double]
    [1x2 struct]
    [2x2 double]
    {2x2 cell}
    'Hello World!'
    [3x3 double]
>>
```

2.3.5 结构体阵列

在 2.3.4 小节中提到元组阵列和结构体阵列与其他类型阵列的不同,即可以存储不同类型的数据元素。对于元组阵列而言,数据元素采用数值方式进行索引;对于结构体阵列而言,数据元素采用字符型的域名进行索引。MATLAB 结构体与 C 语言结构体类似,结构体由不同的域(field)组成,其中每个域由域名和域值组成。MATLAB 结构体阵列则是 MATLAB 结构类型的数组,MATLAB 结构体阵列的结构示意图如图 2-20 所示。

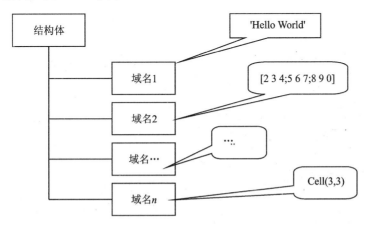

图 2-20 结构体示意图

下面通过以下实例来说明结构体阵列的构成和基本操作方法。

程序 2-15 teststruct.m

```
% 保存为 teststruct.m 文件
function [] = teststruct()
% function [] = teststruct()
% 构造个人通讯录结构体
% 个人情况
%           姓名 name
%           地址 addr
%           联系电话 phone
%           爱好 hobby

info(1).name = '李芳';
info(1).addr = '南京市南京大学数学系 3#335';
info(1).phone = '02552528888'
info(1).hobby = {'旅游','音乐','书法'};

info(2).name = '欧阳';
```

```
info(2).addr = '哈尔滨市哈尔滨工业大学计算机系 99 - 335';
info(2).phone = '045182589666'
info(2).hobby = {'篮球','游泳','游戏'};

disp(info(1));
disp(info(2));

% 删除域
info = rmfield(info,'hobby');

disp(info(1));
disp(info(2));
```

函数 teststruct 的运行结果如下所示。

```
>> teststruct
info =
    name: '李芳'
    addr: '南京市南京大学数学系 3♯335'
    phone: '02552528888'
info =
1x2 struct array with fields:
    name
    addr
    phone
    hobby
    name: '李芳'
    addr: '南京市南京大学数学系 3♯335'
    phone: '02552528888'
    hobby: {'旅游'  '音乐'  '书法'}
    name: '欧阳'
    addr: '哈尔滨市哈尔滨工业大学计算机系 99 - 335'
    phone: '045182589666'
    hobby: {'篮球'  '游泳'  '游戏'}
    name: '李芳'
    addr: '南京市南京大学数学系 3♯335'
    phone: '02552528888'
    name: '欧阳'
    addr: '哈尔滨市哈尔滨工业大学计算机系 99 - 335'
    phone: '045182589666'
>>
```

2.3.6　函数句柄阵列

一般情况下通过函数名来调用函数。在某些特殊情况下,采用函数名调用函数的方法不能满足需求。例如用户需要将函数作为参数传递给另外一个参数。为了解决此类问题，MATLAB 提供了另一种调用函数的方法，即通过函数句柄的方法调用函数。由函数句柄作为元素而构成的阵列即为函数句柄阵列。函数句柄的定义方法非常简单，一种是通过函数名定义，另一种是通过匿名函数（anonymous function）定义。下面分别进行说明。

1. 利用函数名定义函数句柄

利用函数名定义函数句柄的格式是：

```
handle = @functionname
```

其中 handle 表示函数句柄，而 functionname 表示函数名。函数句柄定义完成后，与函数名的使用方法类似。在下述代码段中，通过 @sin 定义了 sin 函数的函数句柄 hsin，函数句柄定义完成后，hsin 与 sin 在使用上完全等价。

```
% 定义函数句柄
hsin = @sin;
% 调用函数句柄
x = -pi:0.1:pi;
y = hsin(x);
plot(x,y);
```

2. 利用匿名函数定义函数句柄

利用匿名函数定义函数句柄的格式是：

```
fhandle = @(arglist) expr
```

其中 arglist 为匿名函数的参数列表，expr 为匿名函数对应的表达式，fhandle 为函数句柄。在下述代码段中，利用 fmax = @(x,y,z)max(x,max(y,z)) 定义一个函数句柄 fmax，函数句柄定义完成后，fmax(x,y,z) 的功能为求 x,y,z 中的最大值。

```
>> fmax = @(x,y,z)max(x,max(y,z));
>> fmax(1,2,3)
ans =
     3
```

函数句柄的主要优势是可以将函数作为普通变量使用。例如在下述代码段中将函数句柄存储在结构体阵列 S 和元组阵列 C 中，结构体阵列 S 和元组阵列 C 均可以作为参数传递到其他函数中。

```
>> S.a = @sin; S.b = @cos; S.c = @tan;
>> C = {@sin,@cos,@tan};
>> S
S =
```

```
        a: @sin
        b: @cos
        c: @tan
>> C
C =
        @sin      @cos      @tan
>>
```

下例利用函数句柄和匿名函数的特点,实现多个函数同时运行。

```
>> S.a = @sin;  S.b = @cos;  S.c = @tan;
structfun(@(x)x(linspace(1,4,3)),S,'UniformOutput',false)
ans =
        a: [0.8415 0.5985 - 0.7568]
        b: [0.5403 - 0.8011 - 0.6536]
        c: [1.5574 - 0.7470 1.1578]
>>
```

上例中,structfun(func,S)函数的功能是将函数 func 依次作用在结构体 S 的各个域上。这里结构体 S 的三个域包含三个函数句柄,以 S.a＝@sin 为例,在 structfun 函数的命令中,匿名函数为@(x)x(linspace(1,4,3)),输入参数为@sin,此时实际执行的代码如下所示。

```
sin(linspace(1,4,3))
```

'UniformOutput' 参数设为 false,其含义为将每个函数执行的结果输出为一个结构体,结构体的域名与 S 的域名相同,结构体域的值为函数的执行结果。

2.4　MATLAB 常用数据显示函数

除了数值计算之外,数据可视化是 MATLAB 的另外一项重要功能。掌握数据可视化的基本函数和概念是进行 MATLAB 程序设计的基本要求。常用的数据显示函数主要包括绘制曲线、显示图像、绘制三维曲面等。下面选择其中常用的一些函数或功能进行简要说明,以帮助读者掌握 MATLAB 数据可视化的一些基本操作。

2.4.1　figure 窗口

figure 窗口是所有 MATLAB 数据可视化函数显示数据的窗口,可以通过如下命令创建 figure 窗口。

```
>> hf = figure;
```

通过如下命令将句柄为 hf 的 figure 窗口设为当前窗口。

```
>> figure(hf)
```

当利用 figure 函数创建图像窗口时,可以通过属性来控制图像窗口的特性,比如通过 position 属性可以设置图像窗口的位置,通过 Name 属性可以设置图像窗口的标题等。用户可以通过 get 函数获取 figure 窗口的所有属性。具体操作如下所示,创建的图像窗口如图 2-21 所示。

```
% 利用 position 控制窗口位置
hf = figure('position',[304 476 356 222]);
% 通过 set 设置图像窗口的标题
set(hf,'Name','图像窗口标题');
% 获取图像窗口的所有属性
get(hf)
```

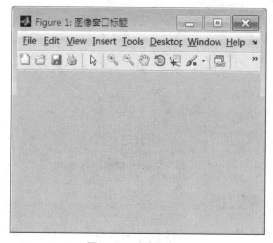

图 2-21　图像窗口

2.4.2　绘制曲线

二维曲线对应的数据一般是两个向量,一个向量表示横坐标,另一个向量表示纵坐标。在 MATLAB 程序设计中,绘制曲线最常用的方法是联合使用 plot 和 hold 函数。其中 plot 函数用于绘制二维曲线,hold 函数用于控制多个 plot 函数绘制的曲线是否叠加在同一 figure 窗口中。plot 函数常见的使用方法如 testplot.m 实例所示(执行结果见图 2-22)。

程序 2-16　testplot.m

```
% 保存为 testplot.m 文件
% 生成测试数据
x = -pi:0.1:pi;
y1 = sin(x);
y2 = cos(x);
% 绘制 sin 曲线
h1 = plot(x,y1);
```

```
hold on;%在同一窗口重复绘制
h2 = plot(x,y1,'o');%绘制数据点,数据点采用"o"表示
%改变曲线线性,':'表示虚线
%同时改变曲线宽度
h3 = plot(x,y2,':','linewidth',2);
hold off;
xlabel('横坐标(弧度)');%设置横坐标标记
legend([h1 h2 h3],{'sin','sin 数据点 ','cos 虚线 '});%设置图例
```

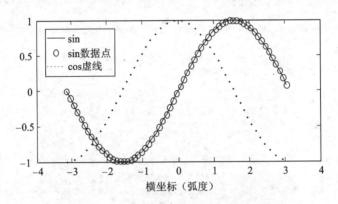

图 2 - 22   testplot 实例运行结果

2.4.3 显示图像数据

图像数据一般由一个二维或三维数值阵列和两个向量组成,其中向量分别表示图像数据的横坐标和纵坐标,数值阵列表示图像中每个像素的像素值。如果为灰度图像,数值阵列为二维;如果为 RGB 图像,数值阵列为三维。三维图像数据可以通过 rgb2gray 函数转换为灰度图像数据。图像数据采用 imshow、image 或 imagesc 函数进行显示。为了便于在 MATLAB 中显示,如果是 double 型图像数据,一般将图像数据归一化到[0 1]区间;如果是 8 位无符号整型数据,一般将图像数据调整到[0 255]区间。下述 testimage. m 文件给出了一个利用 imagesc 函数显示图像数据的实例,实例的运行结果如图 2 - 23 所示。

程序 2 - 17   testimage. m

```
%保存为 testimage.m 文件
out = load('trees');
img = out.X;
map = out.map;
clear out;
xdata = [0 30];
ydata = [0 10];
```

```
imagesc(img,'xdata',xdata,'ydata',ydata);
colormap(map);
xlabel('x 轴(米)');
ylabel('y 轴(米)');
```

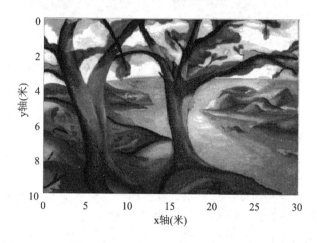

图 2 - 23　　**testimage 实例运行结果**

2.4.4　显示三维曲面数据

在常见的应用中,三维曲面数据一般通过两种方式表示。一种方式是利用 x 轴、y 轴、z 轴网格数据表示。下例利用 peaks 函数生成了一组三维曲面数据。

```
>> [x,y,z] = peaks;
>> size(x)
ans =
    49    49
>> size(y)
ans =
    49    49
>> size(z)
ans =
    49    49
```

上述程序段采用 peaks 函数生成三维曲面数据,并采用 49×49 的网格来表示该三维曲面数据。采用网格表示的三维曲面数据可以使用 surf 函数绘制。下面的实例采用 peaks 函数生成三维曲面数据,并调用 surf 函数绘制如图 2 - 24 所示的三维曲面。

```
>> surf(x,y,z,'edgecolor','none');
>> shading interp;
>> axis off;
```

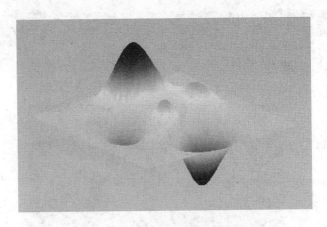

图 2 - 24   surf 函数运行结果

三维曲面数据的另一种表示方式是利用面片。面片数据由两部分组成,一部分是顶点数据,另一部分是面片顶点索引数据。如果要构造一个立方体,需要已知立方体所有顶点的坐标和组成立方体各个面片的顶点的索引。

如图 2 - 25 所示,将立方体结构的 8 个顶点坐标设为变量 verts。verts 为一个二维数值阵列,其中每行表示一个顶点坐标,如下所示。

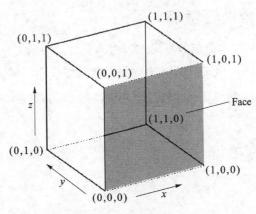

图 2 - 25   面片实例

```
>> verts = [0 0 0;1 0 0;1 1 0;0 1 0;0 0 1;1 0 1;1 1 1;0 1 1;]
```

然后设置立方体的 6 个面片为变量 faces。faces 的每行构成 1 个面片,每个面片由 4 个顶点组成,所以每行由 4 个顶点的索引组成。比如,第 1 行的[1 2 6 5]表示第 1,2,6,5 行顶点数据组成的面片,如下所示。

```
>> faces = [1 2 6 5;2 3 7 6;3 4 8 7;4 1 5 8;1 2 3 4;5 6 7 8;]
```

最后通过 patch 函数绘制立方体曲面,如下所示。绘制出的立方体图像如图 2 - 26 所示。

```
>> patch('Vertices', verts, 'Faces', faces, 'FaceVertexCData', hsv(6), 'FaceColor',
'flat');
>> view(56,28);  % 调整视角
```

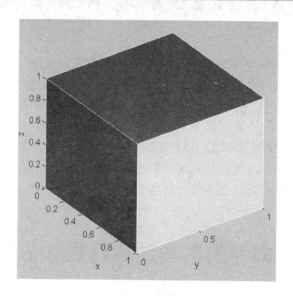

图 2 - 26   利用 patch 函数绘制立方体

第3章　MATLAB 环境下操作 MAT 文件

　　MAT 文件是一种 MATLAB 支持的标准二进制数据文件。在 MAT 文件中,数据均以 MATLAB 变量的形式存在。利用 MAT 文件可以存储 MATLAB 工作区的任何数据,也可以将其他格式的数据文件转换为 MAT 文件以方便 MATLAB 操作。MAT 文件一般以".mat"作为后缀名。由于 MAT 文件是 MATLAB 支持的标准数据文件,因此 MAT 文件是 MATLAB 环境中最容易使用的数据文件。

　　本章首先介绍 MAT 文件的基本结构及操作思路,其次介绍将阵列保存至 MAT 文件以及将 MAT 文件中的数据导入的各种方法,最后介绍在 C/C++程序中操作 MAT 文件的方法。

3.1　MAT 文件的基本结构及操作思路

　　在 MAT 文件中,阵列是组成数据文件的基本元素。MAT 文件中几乎可以保存 MATLAB 环境支持的所有阵列类型。因此,当从 MAT 文件中加载数据或将数据保存到 MAT 文件中时,阵列是构成 MAT 文件的最小单元。用户可以将 MAT 文件看做是一组 MATLAB 阵列的组合,在该组合中可以保存相同类型的 MATLAB 阵列,也可以保存不同类型的 MATLAB 阵列。

　　MAT 文件是一种格式比较复杂的二进制文件,由于 MathWorks 没有公开 MAT 文件的文件格式,因此用户需要调用 MATLAB 提供的函数或 API 函数来完成 MAT 文件的操作。

　　如果用户只希望将 MAT 文件加载到工作空间中,或者将工作空间中的变量保存到 MAT 文件中,则可以通过 MATLAB 桌面工具利用图形界面操作来完成 MAT 文件的加载和写入。

　　如果用户希望在 M 语言编写的程序(或命令行窗口)中操作 MAT 文件,则需要通过 load 和 save 函数来操作。

　　如果用户希望在 C/C++语言中读取 MAT 格式数据,或者在 C/C++语言中创建 MAT 文件,则需要调用 MATLAB 提供的 mat- API 函数。所谓 mat- API 函数,即一组以"mat"开头的可供 C/C++语言调用的 API 函数。在 C/C++语言中,当通过 mat- API 函数创建或读取 MAT 文件时,一般还需要调用 mx- API 函数。因为 MAT 文件中保存的是 MATLAB 阵列,所以在写入之前需要调用 mx- API 函数创建 MATLAB 阵列;在读取之后需要调用 mx-API 函数从 MATLAB 阵列中获取数据。

3.2　将工作区中的 MATLAB 阵列保存至 MAT 文件中

在 MATLAB 中,阵列变量由工作空间管理,对 MATLAB 阵列变量的操作限制在代码可访问的工作区中。因此,当用户利用桌面工具或调用函数将 MATLAB 变量保存至 MAT 文件中时,应当保证当前操作可以访问相关的 MATLAB 变量。

3.2.1　利用桌面工具将当前工作区中的所有变量保存至 MAT 文件

利用 MATLAB 桌面工具将当前工作区的所有变量保存至 MAT 文件的方法非常简单,具体操作方式有:

① 单击 MATLAB 工具栏中的 Save Workspace 工具按钮;

② 使用快捷键 Ctrl+S。

在采用上述方式打开 MAT 文件存储对话框后,用户在对话框中输入指定的 MAT 文件的名称,单击"保存"按钮即可将当前工作区中的所有变量保存到指定 MAT 文件中,如图 3-1 所示。

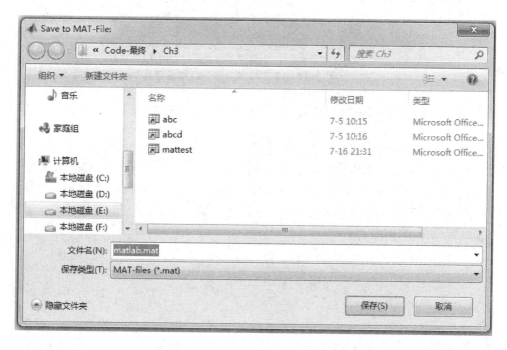

图 3-1　将当前工作区所有变量保存至 MAT 文件的对话框

3.2.2 利用桌面工具将当前工作区中的指定变量保存至 MAT 文件

将工作区中指定变量保存至 MAT 文件中的操作流程如下（图 3-2）：

① 在工作区窗口中配合使用 Shift 键和 Ctrl 键来选择指定 MATLAB 阵列变量。

② 在工作区窗口中，已经选择的变量会加深显示，此时右击指定变量，选择快捷菜单中的 Save As 菜单项即可打开 MAT 文件存储对话框。

③ 用户在 MAT 文件存储对话框中输入待创建的 MAT 文件名称，然后单击"保存"按钮即可将指定变量保存到用户指定的 MAT 文件中。

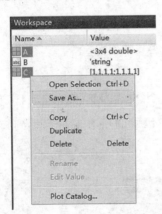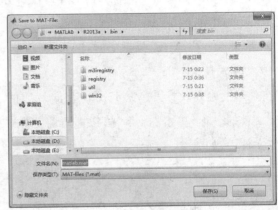

图 3-2　MATLAB 工作区右击保存指定变量

3.2.3 利用 uisave 函数将工作区中的变量保存至 MAT 文件

如果在代码段中，用户希望弹出一个保存工作变量至 MAT 文件的对话框，可以采用 uisave 函数完成此项功能。uisave 函数的调用方式如表 3-1 所列。在表 3-1 中，variables 和 filename 是两个变量，其中 variables 为元组阵列变量，用于声明待保存阵列的名称；filename 为字符型阵列，用于声明 MAT 文件名。下面通过一个实例来说明 uisave 的使用方法。

```
clear all;
a = rand(3,3);b = rand(4,4);c = rand(5,5);
save_vars = {'a','c'};
matfilename = 'd:\dat.mat';
uisave(save_vars,matfilename);
```

表 3 - 1　uisave 函数的调用方式

函数调用方式	说　明
uisave	弹出 MAT 文件保存对话框,将当前工作区中的所有变量保存至用户指定的 MAT 文件中
uisave(variables)	弹出 MAT 文件保存对话框,将当前工作区中 variables 元组指定的变量保存至用户指定的 MAT 文件中
uisave(variables,filename)	弹出 MAT 文件保存对话框,将当前工作区中 variables 元组指定的变量保存至用户指定的 MAT 文件中。在 MAT 文件保存对话框中,将 filename 作为默认的文件名

3.2.4　利用 save 函数将工作区中的变量保存至 MAT 文件

桌面工具保存变量的方式操作简单,但是在命令行窗口、MATLAB 代码、脚本文件(.m)或函数文件(.m)中,如果插入一个桌面图形界面操作,则不利于完成无人值守的自动数据处理功能。此时,可以利用 save 函数实现相同的功能。save 函数的特点是不弹出任何对话框,根据用户输入的参数直接将当前工作区中的阵列变量保存至 MAT 文件中。save 函数的功能非常强大,既可以将数据保存到 MAT 文件中,也可以将数据保存为 ASCII 文本文件。下面针对将变量保存至 MAT 文件的常见操作进行说明。

1. 将当前工作区中的所有阵列变量保存至 MAT 文件

使用 save 函数将当前工作区中的所有变量均保存至 MAT 文件的调用方法是:

```
save(filename)
```

其中,filename 为字符型阵列,用于指定 MAT 文件的名称。用户创建 MAT 文件之后,可以通过 whos 命令查看 MAT 文件中保存的阵列变量。whos 命令的调用方法如下所示:

```
whos('-file',filename)
```

或者直接在命令行窗口中输入命令

```
whos -file 'filename'
```

下面通过一段实例代码说明如何利用 save 函数将当前工作区中的所有变量保存至 MAT 文件。

```
>> t=[0:0.01:2*pi];
>> y1 = sin(t);
>> y2 = cos(t);
>> save('data.mat');
```

```
>> whos('-file','data.mat')
  Name      Size        Bytes    Class      Attributes
  t         1x629       5032     double
  y1        1x629       5032     double
  y2        1x629       5032     double
```

在上述代码段中,通过 save 命令将当前工作空间中的三个变量 t、y1 和 y2 存储到 data.mat 文件中。通过 whos 函数查看 data.mat 文件中存储的阵列变量内容。

2. 将指定变量存储到 MAT 文件中

如果存储指定的变量,则可以通过在 save 函数的输入参数中添加变量的名称来实现,其调用方法是:

```
save(filename,variable1,variable2,...)
```

其中,filename、variable1 等均为字符阵列,表示 MAT 文件名和待存储的变量名称。下面通过一段实例代码来说明利用 save 函数将指定变量存储到 MAT 文件中的操作方法,如下所示。

```
>> clear
>> S = 'Hello World!';
>> A = rand(3,4);
>> C = {'abc',rand(2,3)};
>> save('mydata.mat');
>> whos('-file','mydata');
  Name      Size        Bytes    Class      Attributes
  A         3x4         96       double
  C         1x2         174      cell
  S         1x12        24       char
>> save('mydata2.mat','A','C');
>> whos('-file','mydata2');
  Name      Size        Bytes    Class      Attributes
  A         3x4         96       double
  C         1x2         174      cell
```

在上述代码段中,第一次调用 save 命令将当前工作空间中的三个变量 S、A 和 C 全部存储到 mydata.mat 文件中。第二次调用 save 命令将当前工作空间中的变量 A 和 C 存储到 mydata2.mat 文件中。

3. 向 MAT 文件中追加 MATLAB 阵列

在某些情况下,用户希望将现有的数据保存到已经存在的 MAT 文件中,或者向已经存在的 MAT 文件中增加数据,此时可以利用 save 命令和"-append"选项完成此项任务。具体使用方式如下所示。

```
save(filename,...,'-append')
```

下面给出一个利用"- append"选项向 mydata.mat 文件中追加数据的实例。
首先创建一个 MAT 文件 mydata.mat，其中包含 t、y1 两个变量。

```
>> clear
>> t = [0:0.01:2 * pi];
>> y1 = sin(t);
>> y2 = cos(t);
>> save('mydata.mat','t','y1');
>> whos('- file','mydata.mat')
  Name      Size        Bytes    Class      Attributes
  t         1x629       5032     double
  y1        1x629       5032     double
```

通过"- append"选项向 mydata.mat 中追加 y2 变量：

```
>> save('mydata.mat','y2','- append');
>> whos('- file','mydata.mat')
  Name      Size        Bytes    Class      Attributes
  t         1x629       5032     double
  y1        1x629       5032     double
  y2        1x629       5032     double
```

4. 存储结构体阵列

在 MATLAB 中，结构体阵列是一类特殊的阵列。利用结构体阵列，用户可以将不同类型的阵列整合到一起，并将不同的数据采用字符串进行命名。对于结构体阵列而言，每个结构体域均可以存储任意类型的 MATLAB 阵列数据，结构体域采用字符串进行索引。由于结构体阵列的特殊性，MATLAB 提供多种方式将结构体存储至 MAT 文件。以 save 命令为例，对结构体类型的数据，save 命令提供了以下三种不同的操作方式。

（1）save(filename,structname)

```
save(filename,structname)
```

在上述参数中，structname 为待存储的结构体名称。在这种操作方式中，将结构体看做普通阵列存储，即将结构体阵列变量自身存储到 MAT 文件中，如下所示。

```
>> clear S
>> S.name = 'LiHua';
>> S.age = 20;
>> S.score = {'math',85;'english',90};
>> save('mystruct.mat','S');
>> whos('- file','mystruct.mat')
  Name      Size      Bytes   Class      Attributes
  S         1x1       668     struct
```

在上述实例代码段中，将创建的结构体 S 存储至 MAT 文件 mystruct.mat 中。

通过 whos 命令查看后可知,mystruct.mat 只有一个结构体变量 S。

(2) save(filename,' - struct' ,structname)

```
save(filename,' - struct',structname)
```

与方式(1)相比,方式(2)在 save 函数的输入参数中增加了' - struct' 选项。在这种方式下,save 函数将结构体的各个域分别存储到 MAT 文件中,具体操作方式如下所示。

```
>> save('mystruct.mat',' - struct','S');
>> whos(' - file','mystruct.mat')
  Name      Size          Bytes      Class        Attributes
  age       1x1           8          double
  name      1x5           10         char
  score     2x2           278        cell
```

从上述操作结果可以看出,如果采用' - struct' 选项,则当结构体阵列 S 存储到 mystruct.mat 文件中之后,就已经不以结构体的形式存在了,而是将各结构体域分离,各结构体域以独立变量的方式存在于 mystruct.mat 文件中。

(3) save(filename,' - struct' ,structname,field1,field2,field3...)

```
save(filename,' - struct',structname,field1,field2,field3...)
```

与方式(1)和方式(2)相比,save 命令的这种调用方式应用起来更灵活,即用户可以指定存储结构体的某些域。例如,下例采用' - struct' 选项并且输入结构体域名"name"和"age",指定将结构体 S 包含的名称为"name"和"age"的结构体域存储到文件 mystruct.mat 中。

```
>> save('mystruct.mat',' - struct','S','name','age');
>> whos(' - file','mystruct.mat')
  Name      Size          Bytes      Class        Attributes
  age       1x1           8          double
  name      1x5           10         char
```

3.3 将 MAT 文件中的 MATLAB 变量导入到工作区中

MAT 文件与 MATLAB 工作空间可以无缝连接。在 MAT 文件中,数据均以变量的方式存在;在 MATLAB 工作空间中,数据也均以变量的方式存在。因此,可以直接将 MAT 文件中的所有变量加载到 MATLAB 工作空间中。MAT 文件与 MATLAB 工作空间在变量存储方面存在很强的相似性,只是在 MAT 文件中,变量存储在硬盘上,在 MATLAB 工作空间中,变量存储在内存中,因此在 MATLAB 环境中使用 MAT 文件具有极大的便利性。从 MAT 文件中导入数据的操作方法的详细说明如下。

3.3.1　使用桌面工具读入 MAT 文件中的所有阵列

使用桌面工具读入 MAT 文件中全部 MATLAB 阵列的方法有三种：
① 在当前工作目录窗口中直接双击 MAT 文件。
② 在当前工作目录窗口中右击 MAT 文件，选择 Load 菜单项，如图 3-3 所示。

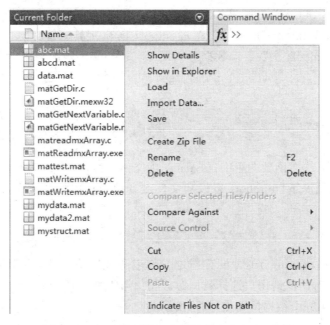

图 3-3　在 MATLAB 工作目录下右击 MAT 文件

③ 单击 Open 工具按钮或者使用 Ctrl＋O 快捷键打开文件选择对话框，选择 MAT 文件，如图 3-4 所示。

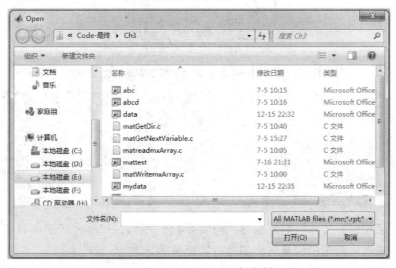

图 3-4　打开 MAT 文件对话框

3.3.2　使用数据导入向导有选择地加载 MAT 文件中的阵列数据

　　数据导入向导的灵活性较高,用户可以有选择地加载 MAT 文件中的阵列数据。启动数据导入向导的方式有两种:

　　① 通过 MATLAB 图形界面启动数据导入向导。在当前工作目录下,右击 MAT 文件,选择 Import Data;或者单击 Import Data 工具按钮。

　　② 通过 uiimport 函数启动数据导入向导。uiimport 函数常用的调用方式如下所示。

```
uiimport
uiimport(filename)
uiimport('-file')
```

　　在上述 uiimport 函数调用中,filename 为文件名称,"-file"表示从文件加载数据选项。在默认情况下,uiimport 可以从文件或者剪切板中加载数据,调用命令如下所示。

```
>> uiimport;
```

　　如果用户启动 uiimport 时没有指定文件名称或"-file"选项,将会弹出一个如图 3-5 所示的对话框请用户选择数据源。相比第①种方式,uiimport 函数还可以将导入数据集成为一个结构体输出,如下所示。

图 3-5　uiimport 函数启动的数据源选择对话框

```
>> s = uiimport('mydata.mat');
>> s
s =
    a: [3x3 double]
    b: [3x3 double]
    c: [3x3 double]
```

　　无论采用哪种方式启动数据导入向导,均会显示如图 3-6 所示的界面,用户可以方便地通过鼠标选中变量名称实现指定变量的导入。

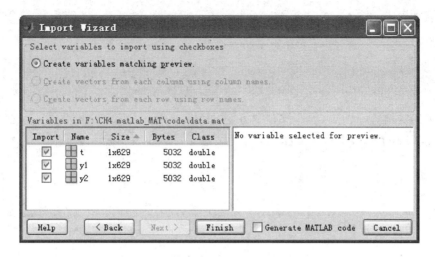

图 3-6　从 MAT 文件中导入数据向导

3.3.3　使用 load 函数加载 MAT 文件中的 MATLAB 阵列

使用桌面工具或数据导入向导导入数据的方法虽然比较简单,但是此方法应用的灵活性不足,无法实现无人值守情况下的数据自动加载。如果用户需要在 MAT-LAB 代码段中导入 MAT 文件中的数据,则可以利用 load 函数实现 MAT 数据的导入。

1. 将 MAT 文件中的所有阵列加载到工作区中

利用 load 函数将 MAT 文件中的所有数据加载到工作区中的基本用法如下所示。

```
load(filename)
```

实例代码如下所示。

```
>> clear
>> A = rand(3,4);
>> S = 'Hello';
>> C = {'Mon',16;'Tue',16.5};
>> save('mydata.mat');
>> clear
>> load('mydata.mat')
```

上述代码段执行完毕后,通过 MATLAB 工作区窗口可以看到加载的变量名称,如图 3-7 所示。

2. 将 MAT 文件中指定的阵列加载到工作区中

利用 load 函数,并输入变量的名称,可以读入指定的变量,其用法如下所示。

```
load(filename,variable1,variable2,...);
```

例如：

```
>> clear
>> load('mydata.mat','A','S')
```

上述实例从 mydata.mat 文件中将变量 A 和变量 S 加载到工作区中。上述命令执行完毕后，工作区中将会增加 A 和 S 两个变量，如图 3 - 8 所示。

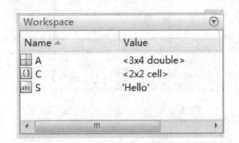

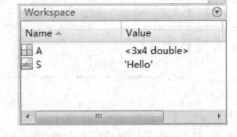

图 3 - 7　MATLAB 工作区　　　　　　图 3 - 8　MATLAB 工作区

3. 从 MAT 文件中批量加载 MATLAB 阵列

如果用户待加载的阵列变量名称具有一定的规律，则当调用 load 函数指定变量名称时，可以通过通配符或正则表达式来批量加载 MAT 文件中的阵列。下面对通配符和正则表达式进行简要说明。

(1) 通配符"*"

通配符"*"是用来替代任何字符的一个特殊字符，在多数情况下，"*"可以匹配任意数目的字符（包括 0 个）。例如表达式"str*"可以匹配"str"、"strP"、"str_pointer"等字符串。load 函数中的变量名支持通配符"*"，例如导入 mydata. mat 中以 str 开头的所有变量的命令如下所示。

```
load('mydata.mat','str*');
```

(2) 正则表达式

通过使用"- regexp"控制参数，load 函数中的变量名可以通过正则表达式来匹配，其用法是：

```
load(filename, '- regexp', expr);
```

其中 expr 是正则表达式。正则表达式是一个用来描述或匹配一系列符合某个语法规则的字符串的单个字符串。关于正则表达式的详细内容，可以参见本书附录 B。例如，载入以"Mon"、"Tue"、"Wed"开头的变量的命令如下。

```
>> load('mydata.mat','- regexp','^Mon|^Tue|^Wed');
```

3.4　MAT 文件的版本问题

在操作 MATLAB MAT 文件时,特别需要注意 MATLAB 版本的问题。目前,操作 MAT 文件的 MATLAB 版本如表 3 - 2 所列。从该表可以看出,不同版本的 MAT 文件具有不同的特点。高版本的 MAT 文件可以支持较多功能,但在低版本的 MATLAB 中却不能加载。在应用不同版本的 MATLAB 程序时,需要考虑不同 MAT 文件版本的影响。另外,如果在外部程序中加载 MAT 文件(比如在 C/C++ 程序中加载 MAT 文件),也需要考虑 MAT 文件版本的问题,因为外部程序加载 MAT 文件的引擎并不一定总能支持最新版本的 MAT 文件。因此,在实际操作中,当保存数据时需要考虑 MATLAB 版本的问题,比如当采用 save 命令保存文件时,如果希望保存所有 MATLAB 版本均可加载的 MAT 文件,则可以采用命令 save MATLAB. mat - v4 或者命令 save('MATLAB. mat','- v4')。

表 3 - 2　操作 MAT 文件的 MATLAB 版本及特点

选　项	操作 MAT 文件的 MATLAB 版本	版本特征
'- v7.3'	7.3 之后版本的 MATLAB 可以加载	在 64 位操作系统中增加了对大于 2 GB 数据的支持
'- v7'	7.0 之后版本的 MATLAB 可以加载	增加了数据压缩和 Unicode 字符编码支持
'- v6'	5 之后版本的 MATLAB 可以加载	① 增加了对 N 维阵列、元组阵列和结构体阵列的支持; ② 增加了超过 19 个字符的变量名的支持
'- v4'	所有版本的 MATLAB 都可以加载	支持二维双精度型、字符型和稀疏矩阵阵列类型

3.5　在 C/C++ 程序中操作 MAT 文件

MAT 文件是 MATLAB 支持的标准数据格式,因此,通过外部程序操作 MAT 文件具有重要意义。一方面,MATLAB 中数据处理的结果可以方便地存储为 MAT 文件,如果外部程序可以读取和支持 MAT 文件,用户可以在不安装 MATLAB 的环境中,处理其他用户利用 MATLAB 生成的数据。另一方面,利用外部程序采集或者处理后得到的数据,可以在外部程序中直接存储为 MAT 文件格式,这样当其他用户使用 MATLAB 程序查看或处理这些数据时不再需要转换数据格式或编写读取数据的程序。C/C++ 语言是当前应用最广泛的计算机语言之一;特别是在数据采集和数值处理方面,C/C++ 在灵活性和效率方面具有很强的优势。因此,这里选择 C/C++ 语言作为一种典型的外部程序语言,介绍如何在外部程序中操作 MAT 文件。MATLAB 提供了一组 API 函数供外部程序调用,以操作 MAT 文件,下面进行详细介绍。

3.5.1　操作 MAT 文件的 mat- API 函数

MAT 文件格式是 MATLAB 独有的二进制数据格式，如果外部数据与 MAT-LAB 进行复杂格式的数据交换，则 MAT 文件是最好的选择。MATLAB 提供了一系列进行 MAT 文件操作的 API 函数，这些函数都以 mat 开头，被称之为 mat 函数。mat 函数及其功能分类如表 3 - 3 所列。

表 3 - 3　MAT 文件及其功能分类

编　号	函数名称	功能分类
1	matOpen	MAT 文件操作
2	matClose	
3	matGetFp	
4	matGetNextVariable	循环获取 MAT 文件中的变量及变量信息
5	matGetNextVariableInfo	
6	matGetVariable	获取 MAT 文件中的变量目录、变量及变量信息
7	matGetVariableInfo	
8	matGetDir	
9	matPutVariable	向 MAT 文件中写入变量
10	matPutVariableAsGlobal	
11	matDeleteVariable	从 MAT 文件中删除变量

下面对表 3 - 3 中 mat 函数的使用方法进行详细说明。

1. MAT 文件打开和关闭等操作函数

MAT 文件的打开和关闭操作比较简单，即使用 matOpen 函数打开 MAT 文件，使用 matClose 函数关闭 MAT 文件。当用户操作 MAT 文件时，可采用 MATFile 数据结构来标志不同的 MAT 文件。MATFile 为一种隐式数据结构指针，其指向的内存区域保存了 MAT 文件的描述信息。如果确有必要，用户可以采用 matGetFp 函数获取 C 语言类型的 MAT 文件指针（FILE *），并通过此指针对 MAT 文件进行操作。

(1) MATFile * matOpen(const char * filename, const char * mode)

函数功能：

打开一个 MAT 文件。

参数说明：

const char * filename：MAT 文件名。

const char * mode：打开 MAT 文件选项。

附加说明：

matOpen 可以采用不同的选项，如表 3 - 4 所列。

表 3 - 4　matOpen 函数的选项及其含义

选　项	含　义
r	以只读方式打开 MAT 文件
u	以更新文件的方式打开 MAT 文件，可以读/写文件。如果要打开的 MAT 文件不存在，则不创建新的文件
w	以只写的方式打开文件，如果已经存在一个与待打开文件同名的文件，则覆盖原文件并删除原文件的内容
w4	创建一个与 MATLAB 4.0 及其以前所有的 MATLAB 版本兼容的 MAT 文件
wL	采用此选项创建的 MAT 文件采用本机的默认字符集，而不是默认情况下采用的 Unicode 字符集。采用此选项创建的 MAT 文件只能被 MATLAB 6.5 以后版本的 MATLAB 读取
wz	采用此选项创建的 MAT 文件采用压缩格式存储数据
w7.3	采用基于 HDF5 格式的文件可以存储大于 2 GB 的对象

(2) int matClose(MATFile * mfp)

函数功能：

关闭 MAT 文件。

参数说明：

MATFile * mfp：待关闭的 MAT 文件指针。

(3) FILE * matGetFp(MATFile * mfp)

函数功能：

返回 MAT 文件的 C 语言类型文件指针(FILE *)。

2. 循环获取 MAT 文件中的变量及其信息

用户可以通过函数 matGetNextVariable 和 matGetNextVariableInfo 遍历访问 MAT 文件的所有阵列变量。上述两个函数均返回一个用 mxArray 类型表示的 MATLAB 阵列变量，但前者返回的 mxArray 阵列包含阵列数据；而后者返回的 mxArray 阵列仅包含阵列的维数、类型和各维的大小等信息，不包含阵列数据。

(1) mxArray * matGetNextVariable(MATFile * mfp, const char ** name)

函数功能：

得到 MAT 文件阵列变量列表中的下一个阵列变量。

参数说明：

MATFile * mfp：MAT 文件指针。

const char ** name：返回包含阵列变量名的字符串指针。

附加说明：

此函数必须紧接着 matOpen 函数调用成功之后使用，如果在 matOpen 函数和 matGetNextVariable 函数之间还有另外的 mat-函数调用，则此函数的返回值是不可预测的。另外，在使用此函数时，需要调用函数 mxDestroyArray 来释放 MATLAB 的 mxArray 类型变量指针所指向的内存空间。

(2) mxArray * matGetNextVariableInfo(MATFile * mfp, const char ** name)

函数功能：

得到 MAT 文件中 mxArray 类型变量的指针，在此指针中只包含 MATLAB 阵列变量的头信息。

参数说明：

MATFile * mfp：MAT 文件指针。

const char ** name：返回包含变量名称的字符串指针。

附加说明：

返回 mxArray 类型的 MATLAB 阵列，且该阵列只包含阵列维数和各维的大小等阵列信息描述项，而不包含 pr、pi、ir 和 jc 等阵列数据信息描述项。

3. 获取 MAT 文件中的变量及信息

(1) char ** matGetDir(MATFile * mfp, int * num)

函数功能：

得到 MAT 文件的变量列表。

参数说明：

MATFile * mfp：MAT 文件指针。

int * num：整型变量指针，返回 MAT 文件存储的阵列变量个数。

附加说明：

matGetDir 返回一个 MAT 文件中的 MATLAB 变量列表，其中每个变量名称的最大长度为 mxMAXNAM(在 matrix.h 中定义，其值默认为 64)。如果函数调用失败，则此时 * num＝－1，并且返回空值。如果 MAT 文件中不包含任何 MATLAB 变量，则 * num＝0。

(2) mxArray * matGetVariable(MATFile * mfp, const char * name)

函数功能：

从 MAT 文件中读取指定名称的阵列变量。

参数说明：

MATFile * mfp：MAT 文件指针。

const char * name：阵列变量名称。

附加说明：

可采用函数 mxDestroyArray 来释放返回的 mxArray 类型指针所指向的内存。

(3) mxArray * matGetVariableInfo(MATFile * mfp, const char * name)

函数功能:

从 MAT 文件读取指定名称的阵列变量信息。与函数 matGetVariable 不同,此函数只返回 mxArray 类型变量的头信息,即 mxArray 类型变量只包含维数、各维的大小和阵列类型等信息,而不包含阵列的数据信息。

4. 将阵列写入 MAT 文件或删除 MAT 文件中的变量

(1) int matPutVariable(MATFile * mfp, const char * name, const mxArray * mp)

函数功能:

向 MAT 文件中写入变量。

参数说明:

MATFile * mfp:MAT 文件指针。

const char * name:要写入的变量的名称。

const mxArray * mp:要写入的变量的 mxArray 类型指针。

函数返回值:

函数调用成功返回 0,否则返回非零值。

(2) int matPutVariableAsGlobal(MATFile * mfp, const char * name, const mxArray * mp)

函数功能:

向 MAT 文件写入变量,并使此变量具备全局工作区(global workspace)变量的特性。当用户使用 load 函数加载时,采用函数 matPutVariableAsGlobal 保存的阵列变量会被加载到全局工作区中。

参数说明:

MATFile * mfp:MAT 文件指针。

const char * name:要写入的变量的名称。

const mxArray * mp:要写入的变量的 mxArray 类型指针。

函数返回值:

函数调用成功返回 0,否则返回非零值。

(3) int matDeleteVariable(MATFile * mfp, const char * name)

函数功能:

删除 MAT 文件中名称为 name 的变量。

参数说明:

MATFile * mfp:MAT 文件指针。

const char * name:要删除的变量名称。

3.5.2　向 MAT 文件中写入 mxArray 类型变量

如果用户希望在 C/C++ 程序中直接将数据保存为 MAT 文件,则需要通过

mat- API 函数将阵列变量直接写入 MAT 文件中。在 C/C++程序中,将数据写入 MAT 文件中的一般步骤如下:

① 利用 C/C++程序中获得的数据和 mx- API 函数构造 mxArray 数据类型。

② 打开或创建 MAT 文件。

③ 利用 matPutVariable 函数将阵列变量写入 MAT 文件中。

④ 关闭 MAT 文件。

下面通过实例说明如何在 C/C++程序中将 MATLAB 阵列写入 MAT 文件中。

程序 3 - 1   matWritemxArray. c

```
/* matWritemxArray.c 文件内容 */
# include "memory. h"
# include "mat. h"

# ifndef NULL
# define NULL 0
# endif

int main( int argc, char * argv[])
{
    MATFile * pmat;
    mxArray * pa1, * pa2, * pa3;
    double * pdata = NULL;
    double data[9] = { 1.0, 2.0, 3.0, 4.0, 5.0, 6.0, 7.0, 8.0, 9.0};
    const char * file = "mattest.mat";
    char ** dir;
    int ndir;
    int status,i;
    printf("正在创建文件 %s...\n\n", file);
    pmat = matOpen(file, "w");
    if (pmat == NULL)
    {
        printf("文件 %s 创建出错\n", file);
        return - 1;
    }

    pa1 = mxCreateDoubleMatrix(3,3,mxREAL);
    if (pa1 == NULL)
    {
        printf("创建 mxArray 结构失败,pa1.\n");
        matClose(file);
        return - 1;
    }
```

```
/ * 构造阵列 pa1 的数据 * /
pdata = mxGetPr(pa1);
for(i = 0;i<mxGetM(pa1) * mxGetN(pa1);i + +)
{
    pdata[i] = mxGetM(pa1) * mxGetN(pa1) - i + 1;
}


pa2 = mxCreateDoubleMatrix(3,3,mxREAL);
if (pa2 == NULL)
{
    printf("创建 mxArray 结构失败,pa2.\n");
    matClose(file);
    return - 1;
}
/ * 构造 pa2 数据 * /
memcpy((void * )(mxGetPr(pa2)), (void * )data, sizeof(data));

pa3 = mxCreateString("MATLAB: the language of technical computing");
if (pa3 == NULL)
{
    printf("创建 mxArray 结构失败,pa3.\n");
    matClose(file);
    return - 1;
}


status = matPutVariable(pmat, "LocalDouble", pa1);
if (status != 0)
{
    printf("% s :  matPutVariable 函数出错, % d 行\n", __FILE__ , __LINE__);
    return - 1;
}


status = matPutVariableAsGlobal(pmat, "GlobalDouble", pa2);
if (status != 0)
{
    printf("% s: matPutVariableAsGlobal 出错, % d 行\n", __FILE__ , __LINE__);
    return - 1;
}

status = matPutVariable(pmat, "LocalString", pa3);
if (status != 0)
{
    printf("% s :  matPutVariable 函数出错, % d 行\n", __FILE__ , __LINE__);
```

```
            return −1;
        }
    mxDestroyArray(pa1);
    mxDestroyArray(pa2);
    mxDestroyArray(pa3);
    printf("文件 %s 创建成功!\n\n", file);
    if (matClose(pmat) != 0)
    {
        printf("关闭 %s 文件出错!\n",file);
        return −1;
    }
    /*重新打开生成的 MAT 文件,并将其中的变量显示出来*/
    pmat = matOpen(file, "r");
    if (pmat == NULL)
    {
        printf("打开文件 %s 出错!\n", file);
        return −1;
    }
    dir = matGetDir(pmat, &ndir);
    if (dir == NULL)
    {
        printf("MAT 文件 %s 没有变量存在!\n", file);
        return(1);
    }
    else
    {
        printf("MAT 文件 %s 中的变量有:\n", file);
        for (i = 0; i < ndir; i++)
        {
            printf("\t%s\n",dir[i]);
        }
    }
    if (matClose(pmat) != 0)
    {
        printf("关闭 %s 文件出错!\n",file);
        return(EXIT_FAILURE);
    }
    return 0;
}
```

下面利用命令 mbuild 将文件 matWritemxArray. c 编译为可执行文件。在第一次使用 mbuild 命令编译 C/C++文件之前,需要为 MATLAB 平台配置 C/C++编译器。在命令行窗口中输入 mbuild – setup 命令,之后按照提示输入"y",将会显示当前计算机上的编译器,用户输入待使用编译器的序号,如下列命令中选择的是 Visual C++ 2010 编译器。输入"y"确认所选择的编译器,当最后显示"Done..."提示时表示编译器已经配置好。命令及结果如下所示。

```
>> mbuild – setup
Welcome to mbuild – setup.  This utility will help you set up
a default compiler.  For a list of supported compilers, see
http://www.mathworks.com/support/compilers/R2013a/win32.html
Please choose your compiler for building shared libraries or COM components:
Would you like mbuild to locate installed compilers [y]/n? y
Select a compiler:
[1] Microsoft Visual C++ 2010 in C:\Program Files\Microsoft Visual Studio 10.0
[0] None
Compiler: 1
Please verify your choices:
Compiler: Microsoft Visual C++ 2010
Location: C:\Program Files\Microsoft Visual Studio 10.0
Are these correct [y]/n? y
Trying to update options file: C:\Users\jzl\AppData\Roaming \MathWorks\MATLAB\R2013a\
compopts.bat
From template:D:\PROGRA~1\MATLAB\R2013a\bin\win32 \mbuildopts\msvc100compp.bat
Done . . .
```

为 MATLAB 配置好 C/C++编译器后,就可以利用 mbuild 命令来编译 C/C++程序了,例如编译程序 3 – 1 的命令如下。

```
>> mbuild matWritemxArray.c libmat.lib libmx.lib
```

将 matWritemxArray. c 编译为可执行文件(其中 libmat. lib 和 libmx. lib 表示与 mat-函数和 mx-函数相关的库文件)后,即可在 MATLAB 命令行窗口中通过"!"符号来运行,运行命令和结果如下所示。

```
>> mbuild matWritemxArray.c libmat.lib libmx.lib
>> !matWritemxArray
正在创建文件 mattest.mat...

文件 mattest.mat  创建成功!
MAT  文件 mattest.mat  中的变量有:
    LocalDouble
    GlobalDouble
    LocalString
```

采用 whos 命令查看生成的 mattest. mat 文件,运行结果如下所示。

```
>> whos - file mattest.mat
Name              Size            Bytes    Class       Attributes
GlobalDouble      3x3             72       double      global
LocalDouble       3x3             72       double
LocalString       1x43           86       char
```

3.5.3 从 MAT 文件中读取 mxArray 类型变量

如果想将 MATLAB 开发环境的数据输出到其他开发环境中,则可以通过直接将 MATLAB 阵列数据存储为文本文件、二进制文件等通用的文件格式来实现。但是,如果数据输出为 MAT 文件,就需要采用相应的以"mat-"开头的 API 函数将数据从 MAT 文件中以 mxArray 阵列变量的方式读出来,然后再转换为开发者需要的数据格式。在 C/C++程序中读取 MATLAB 阵列变量的一般步骤是:

① 打开 MAT 文件。

② 利用函数 mxGetVariable 获取 MAT 文件中存储的阵列变量。

③ 关闭 MAT 文件。

④ 利用 mx- API 函数和 mxArray 结构获取阵列中存储的数据。

⑤ 在 C/C++程序中对获取的数据进行操作。

下面通过一个实例来说明从 MAT 文件中读入 MATLAB 阵列变量的方法,读入的 MATLAB 变量在 C/C++程序中采用 mxArray 类型来表示。

程序 3 - 2   matReadmxArray. c

```c
/* matReadmxArray.c 文件内容 */
# include <stdio.h>
# include "string.h"
# include "mat.h"

# define _FILE_NAME_LEN 100

int analyze_matfile(const char * file)
{
    MATFile * pmat;
    char ** dir;
    const char * name;
    int ndir;
    int i;
    mxArray * pa;
    printf("开始读取 MAT 文件 %s...\n\n", file);
    pmat = matOpen(file, "r");
    if (pmat == NULL)
    {
```

```
    printf("文件 % s 打开出错!\n", file);
    return(1);
}

dir = matGetDir(pmat, &ndir);
if (dir == NULL)
{
    printf("当前 MAT 文件 % s 中没有任何变量!\n", file);
    return(1);
}
else
{
    printf("MAT 文件 % s 的变量为:\n", file);
    for (i = 0; i < ndir; i++)
    {
        printf(" % s\n", dir[i]);
    }
}
mxFree(dir);

if (matClose(pmat) != 0)
{
    printf("关闭文件 % s 出错!\n",file);
    return(1);
}
/ * 重新打开 MATLAB MAT 文件 * /
pmat = matOpen(file, "r");
if (pmat == NULL)
{
    printf("打开文件 % s 出错!\n", file);
    return(1);
}

for (i = 0; i < ndir; i++)
{
    pa = matGetNextVariableInfo(pmat, &name);
    if (pa == NULL)
    {
        printf("读取文件 % s 出错!\n", file);
        return(1);
    }

    printf("MATLAB 数组 % s 的:\n\t 维数为: % d\n",
        name, mxGetNumberOfDimensions(pa));
```

```
        printf(" \t 行数 x 列数为 % dx % d\n",
            mxGetM(pa),mxGetN(pa));

        mxDestroyArray(pa);
    }


    if (matClose(pmat) != 0)
    {
        printf("关闭文件 % s 出错!\n",file);
        return(1);
    }
    printf("文件 % s 分析完毕!\n",file);
    return(0);
}
int main(int argc, char ** argv)
{
    char name[_FILE_NAME_LEN];
    int num = 0;
    int nFlag1,nFlag2;
    printf("请输入要读取的文件名称( * .mat):");
    scanf(" % s",name);
    while((name[num ++ ]! = '\0') && (num< = _FILE_NAME_LEN - 1));
    num = num - 1;
    if(num > = _FILE_NAME_LEN - 5)
    {
        printf("输入的文件名太长!\n");
        return 0;
    }

    nFlag1 = strcmp(name + num - 4,".MAT");
    nFlag2 = strcmp(name + num - 4,".mat");

    if(nFlag1 && nFlag2)
    {
        name[num] = '.';
        name[num + 1] = 'M';
        name[num + 2] = 'A';
        name[num + 3] = 'T';
        name[num + 4] = '\0';
    }
    analyze_matfile(name);
    getchar();
    return 0;
}
```

在 MATLAB 命令行窗口中通过命令

```
>> mbuild matReadmxArray.c libmat.lib libmx.lib
```

编译上述程序,并运行 matReadmxArray. exe 文件。在命令行中利用 cd 命令打开
EXE 文件所在的文件夹,执行命令 matReadmxArray. exe,当提示输入要读取的文件
名时,输入在该目录下已经存在的文件 mattest(类型为 MAT 文件),则开始读入该
文件,执行结果如图 3-9 所示。

图 3-9   读 MAT 文件实例运行结果

另外,如果在执行 matReadmxArray. exe 程序时提示找不到 libmat. dll 文件,则
需要将 MATLAB 安装目录下的 bin\win32 子目录(例如 C:\Program Files\MAT-
LAB\R2013a \bin\win32)添加到系统环境变量的 Path 变量下。

3.5.4   查看 MAT 文件中的阵列变量列表

利用 matGetDir 函数,用户可以直接得到 MAT 文件的变量列表。下面的实例
利用 matGetDir 函数来显示 MAT 文件中存储的阵列变量名称。

程序 3-3   matGetDir. c

```
/* matGetDir.c 文件内容 */
# include "mex. h"
# include "mat. h"

int listvariable(const char * file)
{
    MATFile * pmat;
    const char ** dir;
```

```
    const char * name;
    int      ndir;
    int      i;
    /* 打开 MAT 文件 */
    pmat = matOpen(file, "r");
    if (pmat == NULL)
    {
        mexPrintf("打开文件: % s 出错!\n", file);
        return(1);
    }
    /* 得到 MAT 变量的目录列表 */
    dir = (const char ** )matGetDir(pmat, &ndir);
    if (dir == NULL)
    {
        mexPrintf("读取文件 % s 的变量列表出错!\n", file);
        return(1);
    }
    else
    {
        mexPrintf("MAT 文件 % s 中的变量如下:\n", file);
        for (i = 0; i < ndir; i++ )
        {
            mexPrintf(" % s\n",dir[i]);
        }
    }
    mxFree(dir);
    /* 关闭 MAT 文件 */
    if (matClose(pmat) != 0)
    {
        mexPrintf("关闭文件 % s 出错!\n",file);
        return(1);
    }
    return(0);
}
void mexFunction(int nlhs,mxArray * plhs[],int nrhs,const mxArray * prhs[])
{
    int i = 0;
    char * buff = NULL;
    buff = mxCalloc(200,sizeof(char));
    for(i = 0;i<nrhs;i++ )
```

```
{
    if(mxIsChar(prhs[0]))
    {
        mxGetString(prhs[i], buff, 200);
        listvariable(buff);
    }
    else
    {
        mexPrintf("输入的第%d个变量不是字符类型阵列!\n");
    }
}
mxFree(buff);
}
```

上述程序的测试命令及结果如下：

```
>> clear all
>> mex matGetDir.c
>> a = rand(1,1);b = magic(5);c = 'nothing';
>> save 'abc.mat';matGetDir('abc.mat')
    MAT 文件 abc.mat 中的变量如下：
    a
    c
    b
```

3.5.5　遍历 MAT 文件中的所有阵列变量

如果要对 MAT 文件中的所有阵列变量进行处理，则需要利用阵列变量的遍历功能。下面的实例就是利用 matGetNextVariable 函数来遍历 MAT 文件中的所有变量，并显示各变量的维数信息。

程序 3 - 4　matGetNextVariable. c

```
/*matGetNextVariable.c 文件内容*/
#include "mex.h"
#include "mat.h"

int listvariabledims(const char *file)
{
    MATFile *pmat;
    const char *name = NULL;
    int i;
    mxArray *pa = NULL;
    mwSize ndim;
```

```
    mwSize * dim;
    / * 打开 MAT 文件 * /
    pmat = matOpen(file, "r");
    if (pmat == NULL)
    {
        mexPrintf("打开文件: % s 出错!\n", file);
        return(1);
    }
    mexPrintf("MAT 文件 % s 中的变量及信息如下:\n", file);
    / * 得到 MAT 文件中的各个变量 * /
    pa = matGetNextVariable(pmat, &name);
    while(pa! = NULL)
    {
        mexPrintf("变量 % s   ",name);
        dim = mxGetDimensions(pa);
        ndim = mxGetNumberOfDimensions(pa);
        mexPrintf("维数信息:");
        for(i = 0;i<ndim - 1;i++ )
        {
            mexPrintf(" % dx", dim[i]);
        }
        mexPrintf(" % d\n", dim[i]);
        mxDestroyArray(pa);
        pa = matGetNextVariable(pmat,&name);
    }
    / * 关闭 MAT 文件 * /
    if (matClose(pmat) != 0)
    {
        mexPrintf("关闭文件 % s 出错!\n",file);
        return(1);
    }
    return(0);
}
void mexFunction(int nlhs,mxArray * plhs[],int nrhs,const mxArray * prhs[])
{
    int i = 0;
    char * buff = NULL;
    buff = mxCalloc(200,sizeof(char));
    for(i = 0;i<nrhs;i++ )
    {
        if(mxIsChar(prhs[0]))
```

```
        {
            mxGetString(prhs[i], buff, 200);
            listvariabledims(buff);
        }
        else
        {
            mexPrintf("输入的第 %d 个变量不是字符类型阵列!\n");
        }
    }
    mxFree(buff);
}
```

测试命令及输出结果如下：

```
>> clear all;
>> mex matGetNextVariable.c
>> a = rand(1,1);b = magic(5);c = 'nothing';d = {a,b,c};
>> save abcd.mat;matGetNextVariable('abcd.mat');
MAT 文件 abcd.mat 中的变量及信息如下：
变量 a    维数信息:1x1
变量 d    维数信息:1x3
变量 c    维数信息:1x7
变量 b    维数信息:5x5
```

第4章 MATLAB环境下操作文本文件

如同第1章所述,计算机中的文件主要以两种方式存在:二进制文件和文本文件。文本文件具有编码较为统一、可读性强、应用广泛等优点,但同时也具有存储效率较低等缺点。文本文件在计算机中得到了广泛应用,MATLAB也提供了多种操作文本文件的方法。本章依次详细介绍文本文件的基本知识和特点,在MATLAB中导入文本文件内容的多种方法,在MATLAB中将数据输出到文本文件中的多种方法,以及文本文件数据与MATLAB阵列之间的转换方法等内容。本章最后给出一个使用MATLAB获取网页中表格的文本数据的实例。

4.1 文本文件简介

4.1.1 文本文件概述

计算机中处理的所有信息均以二进制方式存在,其中,文本和数据是经常用到的两个概念。文本一般以字符的形式来表示,组成字符的绝大多数元素均与日常生活的语言有关。例如英语的26个字符,阿拉伯数字0～9,以及大量非英语语言的字符等。在计算机中,字符是组成文本文件的元素,由于字符仍然需要以二进制方式来表示,因此从广义上讲,文本文件也可以看做是一种特殊的二进制文件。在文本处理中,二进制数据与字符之间的映射关系被称为编码。在文本文件中,字符与二进制数之间采用标准的编码方式。例如最常用的ASCII编码便反映了一种典型的二进制数据与字符之间的映射关系。在ASCII编码中,规定十六进制数0x30～0x39分别表示字符"0"～"9"。例如采用ASCII编码表示数值9 876时需要采用四个字符,它们的ASCII码值分别为0x39,0x38,0x37和0x36。实际上,9 876也可以采用对应的十六进制数0x2694来表示。上例中,9 876如果在文件中以四个字符进行存储,每个字节表示一个数字,则称此文件为文本文件;9 876如果以对应的十六进制数0x2694来存储,则称此文件为二进制文件(由于十六进制数与二进制数之间的转换非常方便,且十六进制数的书写较二进制数更为简洁,因此在书中将两者混用)。文本文件采用二进制数的方式存储字符,但采用了标准编码方式,所以可以通过文本阅读器将文本文件以字符的形式显示,用户可以通过文本阅读器方便地以字符方式查看文件内容。

对于文本文件中字符和二进制编码的问题,可以通过下面的实例更加清晰地认识它。假定文本文件中保存的字符串为"MATLAB如何处理中文字符?"则在

MATLAB 中将其写入文本文件中的命令如下所示。

```
>> fid = fopen('test.txt','w');
>> fprintf(fid,'%s','MATLAB 如何处理中文字符?');
>> fclose(fid);
```

上例中的 fopen 函数通过"写方式"（由第二个输入参数"w"控制）打开由第一个输入参数表示的文件 test.txt，并返回文件的标识 fid。fprintf 函数向 fid 指向的文件中写入字符串"MATLAB 如何处理中文字符?"其中"%s"表示格式化写入的类型为字符串。fclose 函数关闭了文件标识 fid。关于 fprintf 函数更详细的说明，请见 4.3.4 小节。

使用二进制文件查看工具打开 test.txt 文件（如 winhex），可以发现上述字符串对应的二进制编码如图 4-1 所示。

```
Offset      0  1  2  3  4  5  6  7   8  9 10 11 12 13 14 15
00000000   4D 41 54 4C 41 42 C8 E7  BA CE B4 A6 C0 ED CE C4
00000016   B1 BE CE C4 BC FE 3F
```

图 4-1　数据的十六进制显示

通过查询 ASCII 码表（参见附录 A）可以发现如表 4-1 所列的对应关系。

表 4-1　部分字符的 ASCII 码值对应关系

值	0x4D	0x41	0x54	0x4C	0x41	0x42	0x3F
字　符	'M'	'A'	'T'	'L'	'A'	'B'	'?'

TXT 文本文件在存储单字节字符时使用的是 ASCII 编码。而"如何处理文本文件"这 8 个汉字共占用了 16 字节的空间，这说明每个汉字是采用 2 字节空间来存储的。

4.1.2　文本文件的特点

计算机文件可以分为两大类：文本文件和二进制文件。一般来说，当表达相同的信息量时，文本文件比二进制文件占用更大的空间。这是文本文件的一个缺点。

文本文件的优点在于：使用灵活，并且具有成熟的编码标准。使用标准编码的文本文件可以在 Unix，Macintosh，Windows 和 DOS 等多种类型的操作系统之间进行自由交互。在 Windows 系统中，典型的文本文件是.txt 文件，其他的文本文件例如 C 语言编程中的源代码.c 文件和 MATLAB 的 *.m 文件都是文本文件。

4.2　在 MATLAB 中导入文本文件数据

通常用户需要将文本文件数据导入到 MATLAB 中进行处理。如果用户创建的文本文件具有一定格式，则可以很方便地通过数据导入向导或一些数据导入函数将数据导入到 MATLAB 中。

4.2.1 使用数据导入向导导入文本文件数据

在使用数据导入向导导入数据时,要求文本文件中的数值或文本按照一定的格式排列(这里的"数值"指数字形式的文本,如"3.14";"文本"指非数字形式的文本,如"Armstrong")。

在下面的实例中,文件中的数据以阵列方式排列,即每行有相同或近似相同数量的数值或文本。这些数值或文本以 MATLAB 可以识别的字段分割符隔开,例如逗号、分号、空格、跳格(Tab)等。如图 4-2 所示,在文本文件"人均国民总收入.txt"中存储的信息说明如下:

- 文件头:人均国民总收入(美元)。
- 标题行:国家和地区、1990、2000……2008。
- 标题列:世界、低收入国家、最不发达地区……欧元区。
- 数据:3850、5265……268、291……16575、21921……38821。

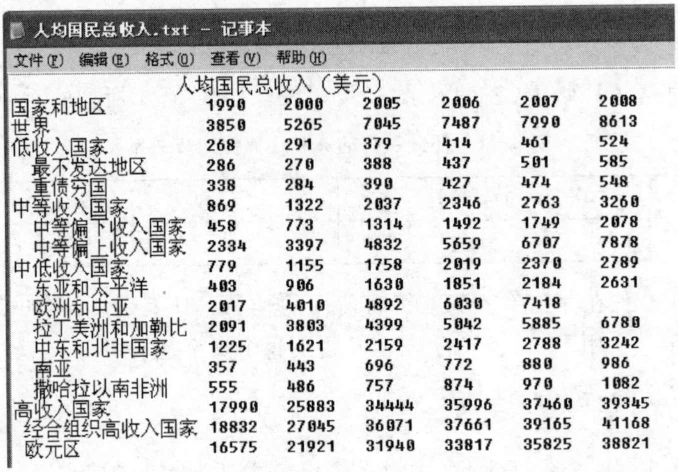

人均国民总收入(美元)

国家和地区	1990	2000	2005	2006	2007	2008
世界	3850	5265	7045	7487	7990	8613
低收入国家	268	291	379	414	461	524
最不发达地区	286	270	388	437	501	585
重债穷国	338	284	390	427	474	548
中等收入国家	869	1322	2037	2346	2763	3260
中等偏下收入国家	458	773	1314	1492	1749	2078
中等偏上收入国家	2334	3397	4832	5659	6707	7878
中低收入国家	779	1155	1758	2019	2370	2789
东亚和太平洋	403	906	1630	1851	2184	2631
欧洲和中亚	2017	4010	4892	6030	7418	
拉丁美洲和加勒比	2091	3803	4399	5042	5885	6780
中东和北非国家	1225	1621	2159	2417	2788	3242
南亚	357	443	696	772	880	986
撒哈拉以南非洲	555	486	757	874	970	1082
高收入国家	17990	25883	34444	35996	37460	39345
经合组织高收入国家	18832	27045	36071	37661	39165	41168
欧元区	16575	21921	31940	33817	35825	38821

(资料来源:http://www.stats.gov.cn/tjsj/qtsj/gjsj/2009/t20100407_402632607.htm)

图 4-2 人均国民总收入.txt 文本文件内容

当使用数据导入向导实现数据的读取时,在 MATLAB 中单击 Import Data 工具按钮打开导入文件对话框,如图 4-3 所示。找到并打开"人均国民总收入.txt"文件,进入数据导入向导对话框,如图 4-4 所示。该向导的顶部包含一些设置选项,Column delimiters 表示文字的分隔符,如空格、Tab 键和分号等。Range 表示选择的范围,向导根据分隔符的类型把文本内容分割成表格形式,这里可以利用鼠标左键进行选择的方式来选择范围。因本例中对数字感兴趣,所以忽略了文件头、标题行和标题列,选择范围是 B3:G19。Range 的右侧选项栏中给出了导出数据的类型,Column vectors 表示导出多个列向量,Matrix 表示导出的数据为一个数组,Cell Array 表示导出的数据为元组阵列,本例中选择 Matrix。右侧的 Replace 下拉列表表示对于不能导入的部分使用 NaN 代替，NaN 是 MATLAB 中的一个特殊变量，表示 Not a Number，即不是一个数字。设置完毕后，单击右上角的对钩工具按钮导入数据。此时在 MATLAB 的工作区中已经导入了名为 Untitled 的规模为 17×6 的 double 型变量，其值与文本内容一致。

图 4-3　文本文件数据导入向导(一)

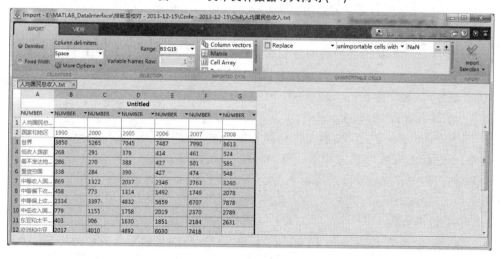

图 4-4　文本文件数据导入向导(二)

　　用户调用 uiimport 函数也可以启动数据导入向导，其作用与单击 Import Data 工具按钮的作用相同。采用函数 uiimport 导入"人均国民总收入.txt"数据的方法如下。

```
>> Data = uiimport('人均国民总收入.txt');
```

4.2.2　使用 importdata 函数导入文本文件数据

importdata 函数用来实现数据的导入。与数据导入向导相比,使用该函数不需要打开数据导入的图形界面,从而便于实现无人值守的批量数据的自动导入。实际上,importdata 函数既可以用于 MAT 文件的数据导入,也可以用于文本文件的数据导入,该函数可以根据文件扩展名自动判断文件的类型,从而调用不同的数据加载模块。importdata 函数的调用方式有如下几种:

```
A = importdata(filename);
A = importdata('-pastespecial');
A = importdata(___,delimiterIn);
A = importdata(___,delimiterIn,headerlinesIn);
[A,delimiterOut,headerlinesOut] = importdata(___);
```

其中各输入参数和输出参数的含义如下。

(1) 输入参数 filename

filename 为导入数据所在的文件名称,可以为相对路径(即只包含文件名)或绝对路径(即包含文件所在的绝对路径和文件名)。当 filename 为相对路径时,文件存放在当前 MATLAB 设置的工作目录下;当为绝对路径时,文件可以存放在任意位置。

(2) 输入参数 '-pastespecial'

'-pastespecial' 表示从剪贴板而不是从文件中导入数据。

(3) 输入参数 delimiterIn

delimiterIn 定义了数据的列与列之间的分隔符类型。在文本文件中,数据元素与数据元素或文本块之间需要使用分隔符进行区别,例如逗号、分号、空格、跳格键(Tab 键)等。跳格键在 MATLAB 中的表示方法为 '\t'。

(4) 输入参数 headerlinesIn

headerlinesIn 定义了文本文件标题行的行数,例如在"人均国民总收入.txt"文件中,标题行的行数为 2,其中第一行为标题"人均国民总收入(美元)",第二行为"国家和地区"以及年份。importdata 函数会将标题行的所有内容以字符串的形式存放到 textdata 变量中。

(5) 输出参数

输出参数中的 delimiterOut 和 headerlinesOut 分别与输入参数中的 delimiterIn 和 headerlinesIn 意义相同,A 为读取的数据。

仍以上述"人均国民总收入.txt"为例,在 MATLAB 命令行窗口中执行如下命令即可将文本文件中的数据导入到 MATLAB 中。

```
>> data = importdata('人均国民总收入.txt','',2);
>> data
data =
         data：[17x6 double]
     textdata：{19x7 cell}
>> data.textdata
ans =
     [1x28 char]        []        []        []        []        []        []
     '国家和地区'        '1990'    '2000'    '2005'    '2006'    '2007'    '2008'
     '世界'             ''        ''        ''        ''        ''        ''
     '低收入国家'        ''        ''        ''        ''        ''        ''
     '最不发达地区'      ''        ''        ''        ''        ''        ''
     '重债穷国'          ''        ''        ''        ''        ''        ''
     '中等收入国家'      ''        ''        ''        ''        ''        ''
     '中等偏下收入国家'  ''        ''        ''        ''        ''        ''
     '中等偏上收入国家'  ''        ''        ''        ''        ''        ''
     '中低收入国家'      ''        ''        ''        ''        ''        ''
     '东亚和太平洋'      ''        ''        ''        ''        ''        ''
     '欧洲和中亚'        ''        ''        ''        ''        ''        ''
     '拉丁美洲和加勒比'  ''        ''        ''        ''        ''        ''
     '中东和北非国家'    ''        ''        ''        ''        ''        ''
     '南亚'             ''        ''        ''        ''        ''        ''
     '撒哈拉以南非洲'    ''        ''        ''        ''        ''        ''
     '高收入国家'        ''        ''        ''        ''        ''        ''
     '经合组织高收入国家' ''       ''        ''        ''        ''        ''
     '欧元区'           ''        ''        ''        ''        ''        ''
>> data.data
ans =
        3850       5265       7045       7487       7990       8613
         268        291        379        414        461        524
         286        270        388        437        501        585
         338        284        390        427        474        548
         869       1322       2037       2346       2763       3260
         458        773       1314       1492       1749       2078
        2334       3397       4832       5659       6707       7878
         779       1155       1758       2019       2370       2789
         403        906       1630       1851       2184       2631
        2017       4010       4892       6030       7418        NaN
        2091       3803       4399       5042       5885       6780
        1225       1621       2159       2417       2788       3242
         357        443        696        772        880        986
         555        486        757        874        970       1082
```

17990	25883	34444	35996	37460	39345
18832	27045	36071	37661	39165	41168
16575	21921	31940	33817	35825	38821

从运行结果中可以看到,标题行和标题列均被正确地导入到 data 结构体的 textdata 域中,数据被正确地导入到 data 结构体的 data 域中。文本文件中数据缺失的位置,在 data 域中为常数 NaN。因此可以看出,在 data 结构体的 data 域中存放数值数据,在 textdata 域中存放文本数据。

4.2.3　使用 dlmread 函数导入数值数据

1. dlmread 函数的使用方法

dlmread 函数的调用方式有如下几种。

```
M = dlmread(filename)
M = dlmread(filename, delimiter)
M = dlmread(filename, delimiter, R, C)
M = dlmread(filename, delimiter, range)
```

在以上调用方式中,输入参数中的 filename 是文件名称,如 'D:\myProject\myFile.txt'。delimiter 是数据的分隔符,例如逗号等。如果采用跳格键作为分割符,则使用 '\t' 表示。

输入参数中的 R 和 C 为正整数或 0,通过合理设置 R 和 C 可以读取文本文件中的部分数据。R 和 C 表示待读取数据块中第一个数值的位置,即读取第 R 行第 C 列数字以右和以下的所有数据,R 和 C 是以 0 为基准的,即 0 表示第一行或第一列。例如在 rand.txt 中保存有 5 行 5 列的随机矩阵(图 4-5),则读取第 3 行和第 3 列之后数据的方法如下。

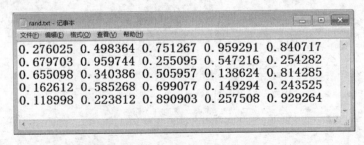

图 4-5　rand.txt 文本文件内容

```
>> M = dlmread('rand.txt','',3,3)
M =
    0.1493    0.2435
    0.2575    0.9293
```

输入参数中的 range 有两种使用方式。第一种为 [R1 C1 R2 C2]，其中 R1、C1、R2、C2 均为非负整数，R1、C1 定义了读取区域左上角的位置，R2、C2 定义了读取区域右下角的位置。第二种为电子表格标记的方式，如 'A1..C3'，这种方式在使用时需要用单引号括起来，并且在两个坐标之间有两个下圆点。仍以 rand.txt 文件为例，读取第 2 行至第 5 行，第 3 列至第 5 列的方法如下所示。

```
>> M = dlmread('rand.txt','',[1 2 4 4])
M =
     0.2551    0.5472    0.2543
     0.5060    0.1386    0.8143
     0.6991    0.1493    0.2435
     0.8909    0.2575    0.9293
>> M = dlmread('rand.txt','','C2..E5')
M =
     0.2551    0.5472    0.2543
     0.5060    0.1386    0.8143
     0.6991    0.1493    0.2435
     0.8909    0.2575    0.9293
```

在上述程序中，返回参数 M 为读入的结果，其类型为 double 型二维矩阵。需要注意的是，[1 2 4 4] 与 'C2..E5' 的参数指定方式是相同的，所以得到的最终结果也是相同的。由于采用的是 0 索引方式，所以 [1 2] 表示第 2 行第 3 列数据，[4 4] 对应第 5 行第 5 列数据。对照表 4-2 可知，[1 2 4 4] 与 'C2..E5' 是等价的。

表 4-2 电子表格索引表示方式

	A	B	C	D	E
1	0.276025	0.498364	0.751267	0.959291	0.840717
2	0.679703	0.959744	0.255095	0.547216	0.254282
3	0.655098	0.340386	0.505957	0.138624	0.814285
4	0.162612	0.585268	0.699077	0.149294	0.243525
5	0.118998	0.223812	0.890903	0.257508	0.929264

2. dlmread 与 importdata 函数的性能比较

dlmread 函数适用于文本文件中的内容全部由数值数据组成，并且数值数据之间采用分割符分开的情况。importdata 函数虽然也能导入纯数值文本文件，但是 dlmread 函数在导入纯数值文本文件时具有明显的速度优势。

例如，假定文本文件 data.txt 中包含如下数值数据内容：

9.5716695e-001　1.4188634e-001　7.9220733e-001　3.5711679e-002
4.8537565e-001　4.2176128e-001　9.5949243e-001　8.4912931e-001
8.0028047e-001　9.1573553e-001　6.5574070e-001　9.3399325e-001

建立 CmpDlmreadAndImportdata.m 代码脚本文件，并在文件中对比 dlmread 和

importdata 函数的性能。CmpDlmreadAndImportdata. m 脚本文件如下所示。

程序 4 - 1　　CmpDlmreadAndImportdata. m

```
N = 256;
tic
for ii = 1:N
    data1 = dlmread('data.txt');
end
toc
tic
for ii = 1:N
    data2 = importdata('data.txt');
end
toc
```

上述代码分别使用 dlmread 函数和 importdata 函数读取 data. txt 文件,其中命令 tic 和 toc 用来计时,tic 设置起始时间点,toc 设置结束时间点。为了降低单次操作时间测量的误差,对每个函数循环执行 256 次。运行该文件,结果如下(不同平台的结果可能不同)。

```
Elapsed time is 0.131692 seconds.
Elapsed time is 1.798357 seconds.
```

从运行的时间可以看出,当导入相同的数值数据时,dlmread 函数具有明显的速度优势,其速度约是 importdata 函数的 13 倍。比较导入的数据,可以看到导入的数值阵列是相同的。

```
>> data1
data1 =
    0.9572    0.1419    0.7922    0.0357
    0.4854    0.4218    0.9595    0.8491
    0.8003    0.9157    0.6557    0.9340
>> data2
data2 =
    0.9572    0.1419    0.7922    0.0357
    0.4854    0.4218    0.9595    0.8491
    0.8003    0.9157    0.6557    0.9340
```

4.2.4　使用 textscan 函数格式化读入数据

1. textscan 函数的特点及其调用方法

使用 textscan 函数操作文本数据时具有更强的灵活性。当文本文件中的数据既有数值数据，又有文本数据，或者只有文本数据时，使用 importdata 或 dlmread 函数不能很好地处理这些信息，这时可以使用 textscan 函数格式化地读取这些数据。textscan 函数读取文本文件的格式由用户指定。

textscan 函数的调用方式有如下几种。

```
C = textscan(fid, format)
C = textscan(fid, format, N)
C = textscan(fid, format, param, value)
C = textscan(fid, format, N, param, value)
C = textscan(str, ...)
[C, position] = textscan(...)
```

在理解 textscan 函数时，需要重点理解 format 和 N 这两个参数。其中 format 阵列为字符型，表示读取文本数据时所采用的格式转换符。textscan 函数采用由 format 指定的格式转换符来读取文本数据。N 表示执行 format 的次数，在默认情况下，textscan 函数以最大次数执行 format 格式转换符，直到文件或字符串末尾。

在另外几个参数中，fid 为 fopen 函数的返回值，可将其理解为文件的标识，在 MATLAB 中文件打开成功后均会返回一个唯一的文件标识，通过此标识可以对文件进行操作。str 为字符串，表明 textscan 函数可以直接从字符串中读入数据。param 和 value 为属性对，用于设置 textscan 函数执行时的选项。

在返回参数中，变量 C 为元组阵列。position 的含义比较特殊，对于文件而言，position 为 textscan 函数执行完毕后文件指针的位置（即 textscan 函数执行完毕后，position ＝ ftell(fid)）；对于字符串而言，position 为 textscan 函数读取的字符个数。

下面结合实例对 textscan 函数的主要参数进行详细说明。

2. textscan 函数中的 format 参数

(1) 格式转换符：format

format 为读取数据时所采用的格式转换符，由一个或多个由百分号％引导的格式转换符组成，例如"％d ％s ％f"等。textscan 函数使用的基本类型转换符及其含义如表 4－3 所列。

表 4－3 中表示字符串的％s 与％q 的区别是：如果使用双引号将若干字符串包含起来，那么％s 将把双引号看做是一个普通的字符，而％q 则将双引号中的所有内容读入，而把双引号抛弃（此处的双引号特指英文字符双引号，即""）。例如字符串""Hello World""，使用％s 读取一次的结果是""Hello"，使用％q 读取一次的结果是"Hello World"。执行的命令如下所示。

表 4 - 3　textscan 函数使用的基本类型转换符

类型域	转换符	含　义
有符号整型	%d	32 位整型
	%d8	8 位整型
	%d16	16 位整型
	%d32	32 位整型
	%d64	64 位整型
无符号整型	%u	32 位整型
	%u8	8 位整型
	%u16	16 位整型
	%u32	32 位整型
	%u64	64 位整型
浮点型	%f	64 位浮点型(double)
	%f32	32 位浮点型(single)
	%f64	64 位浮点型(double)
	%n	64 位浮点型(double)
字符串	%s	字符串
	%q	字符串
	%c	单一字符

```
>> fid = fopen('cmp % sAnd % q. txt','w');
>> fprintf(fid,'"Hello World!"');
>> fclose(fid);
>> clear fid;
>> fid = fopen('cmp % sAnd % q. txt','r');
>> fseek(fid,0,'bof');
>> s1 = textscan(fid,'% s',1);
>> fseek(fid,0,'bof');
>> s2 = textscan(fid,'% q',1);
>> fclose(fid);
>> s1{1}
ans =
    '"Hello'
>> s2{1}
ans =
    'Hello World!'
```

在上述命令中,fseek(fid,0,'bof')的意义是将文件指针指向文件的开始。

(2) 辅助修饰符号

表 4 – 3 中所列的基本类型符可以通过添加一些辅助修饰符来实现更多的读取控制方式。常见的辅助修饰符如下。

1) 字段长度控制

在类型符前添加正整数可以实现对字段长度的控制。

%Nc 表示读取 N 个字符,包括分隔符。例如读取"Hello World!"当使用%8c 的方式读取时,读取的结果为"Hello Wo"。

%Ns、%Nq、%Nn、%Nd、%Nu、%Nf 控制了读入数字或字符串的长度。当下列两个条件中的任意一个发生时即停止读取:

① 读取 N 个字符或数字,例如数值"3.14159",当使用%5f 的控制方式读取时,读取的结果为"3.141",注意小数点也在 N 中计数。

② 读到一个分隔符。例如字符串"Hello World",当使用%8s 的控制方式读取时,读取的结果为"Hello",因为这里遇到了空格,空格是一个分隔符,所以停止了读取。

%N.Dn 和%N.Df 控制读入浮点型数字的总长度和小数位长度。当下列三个条件中的任意一个发生时即停止读取:

① 读取 N 个数字(其中"."也被看做是一个数字)。

② 读取 D 位小数。

③ 读到一个分隔符。

具体操作可参考下述实例程序。创建脚本文件 testTextscanFormat. m,程序代码如下。

程序 4 – 2 testTextscanFormat. m

```
fid = fopen('number.txt','w');
fprintf(fid,'9876.54321 abc');
fclose(fid);
clear fid;
fid = fopen('number.txt','r');
s1 = textscan(fid,'%6.3f',1);
s2 = textscan(fid,'%s',1);
fseek(fid,0,'bof');
s3 = textscan(fid,'%10.3f',1);
s4 = textscan(fid,'%s',1);
fseek(fid,0,'bof');
s5 = textscan(fid,'%20.20f',1);
s6 = textscan(fid,'%s',1);
fclose(fid);
```

　　该程序生成一个名为 number. txt 的文本文件,并在文本文件中写入"9876.
54321 abc"的内容,之后使用%N. Df 形式的多种组合读取数字。程序执行完毕后,
在命令行窗口中查看结果如下。

```
>> format longG   % 修改显示方式
>> s1{:}
ans =

                        9876.5
>> s2{:}
ans =

    '4321'
>> s3{:}
ans =

                    9876.543
>> s4{:}
ans =

    '21'
>> s5{:}
ans =

                    9876.54321
>> s6{:}
ans =

    'abc'
```

　　从执行结果可以看到,元组阵列 s1 中的数值 9876.5 受到了总长度 6 的限制,s3
中的数值 9876.543 受到了小数位长度 3 的限制,s5 中的数值 9876.54321 受到了分
隔符空格的限制。

　　2) 忽略字段或字符

　　在读取文本数据时,在格式符前加符号"∗"可以忽略该格式符匹配的字符段。
例如当使用格式符号%s % ∗ s %s 时,textscan 函数将会忽略% ∗ s 表示的字符段。
因此当采用%s % ∗ s %s 读取字符串"red green blue"时,% ∗ s 匹配的字符段为
green,此时 textscan 函数返回的结果为"red"和"blue"。

　　在读取文本数据时,在格式符中出现的非格式字符均会被 textscan 函数忽略。
例如在使用格式符号"pi＝%f"读取文本"pi＝3. 14"时,textscan 函数将会忽略
"pi＝"而只返回数值 3.14。

3. textscan 函数中的 param 和 value 参数

　　textscan 函数中的参数 param 与 value 成对出现,分别给出用户可配置的一些
参数及其取值。这些参数的名称、含义及默认值如表 4 - 4 所列。

表 4 - 4 textscan 函数的参数列表

参 数	含 义	默认值
CollectOutput	默认情况下,输出参数 C 为元组阵列。如果为真,则 textscan 函数将输出的元组阵列中连续的、具有相同数据类型的元素连接为一个数值阵列	0(false)
CommentStyle	注释符。若其值为一个字符串,如 C++语言中的行注释符 '//',MATLAB 程序中的行注释符 '%',则 textscan 函数会将该字符串后同一行的内容作为注释内容而忽略,若其值为两个字符串组成的元组,如 {'/ * ','/ * '},则 textscan 函数会将这一对注释符之间的内容作为注释内容而忽略	none
Delimiter	字段分隔符	空格
EmptyValue	空字符字段返回值	NaN
EndOfLine	行结束符	根据文本文件确定,值为 '\n'、'\r'、'\r\n' 之一,分别表示回车、换行、回车换行
ExpChars	指数表示符	'eEdD'
HeaderLines	标题行行数	0
MultipleDelimsAsOne	如果为真,则 textscan 函数将连续的多个分隔符看做一个分隔符	0(false)
ReturnOnError	指定 textscan 函数执行失败时的行为。如果为 true,则在执行出错时返回读取的数据,而不返回错误;如果为 false,则返回错误而不返回读取的数据	1(true)
TreatAsEmpty	将指定的字符串看做空字符串	None
WhiteSpace	textscan 函数为由 WhiteSpace 指定的字符串后添加一个空格	'\b\t'

下面给出参数 Delimiter、TreatAsEmpty、CommentStyle 的使用举例,其他参数的使用方法类似。操作步骤是:

① 建立实例文本文件 TextScanExample. txt,此文件内容如图 4 - 6 所示。

② 创建如下实例代码。

```
██ TextScanExample.txt - 记事本
文件(F)  编辑(E)  格式(O)  查看(V)  帮助(H)
abc, 2, NA, 3, 4
// Comment Here
def, na, 5, 6, 7
```

图 4-6　TextScanExample. txt 文本文件内容

```
>> fid = fopen('TextScanExample.txt');%打开文件
>> C = textscan(fid, '%s %n %n %n %n', 'delimiter', ',', ...
           'treatAsEmpty', {'NA', 'na'}, ...
           'commentStyle', '//');
>> fclose(fid);%关闭文件
>> C
C =
{2x1 cell}  [2x1 double]  [2x1 double]  [2x1 double]  [2x1 double]
```

　　从上述执行结果可以看出,输出结果 C 为 1×5 的元组阵列,而且数值数据被转换为 double 型阵列,字符型数据被转换为元组阵列,各个元组的具体内容如下所示。

$$C\{1\} = \{'abc';'def'\}$$
$$C\{2\} = [2;NaN]$$
$$C\{3\} = [NaN;5]$$
$$C\{4\} = [3;6]$$
$$C\{5\} = [4;7]$$

　　为了更好地说明上述实例,图 4-7 给出了输出元组阵列与文本文件之间的关系示意图。从图 4-7 可以看出,textscan 函数没有设定格式转换符 '%s %n %n %n %n' 的执行次数,所以 textscan 将会以最大次数执行上述格式转换符,因此输出元组阵列按列进行排列,输出元组阵列的列数与文本文件中的数据的列数相同。

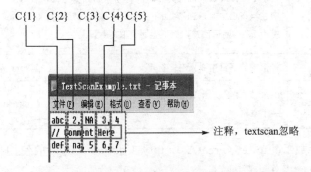

图 4-7　输出元组阵列与文本文件之间的关系

如果文本文件中的数据没有按照阵列的方式进行保存,则也可以采用 textscan

函数的格式化读取功能。下面给出的实例以 temp. txt 文件为对象，其内容如图 4－8
所示。

图 4－8　temp. txt 文件的内容

采用如下代码段将文本文件 temp. txt 中等号右边的数值数据读入。

```
>> fid = fopen('temp.txt');
>> c = textscan(fid,'% * s temp1 = % f temp2 = % f temp3 = % f ', ...
                'Delimiter', '\n', 'CollectOutput', true);
>> fclose(fid);
>> whos c
  Name      Size              Bytes  Class     Attributes
  c         1x1                 132  cell
>> c{1}
ans =
    13    25    16
    14    25    16
    14    26    17
```

4.2.5　使用 fscanf 函数读取文本文件数据

与 textscan 函数类似，fscanf 也可以格式化地读取文本文件数据。与 importdata
函数和 textscan 函数相比，fscanf 函数属于低层文件操作（low-level file I/O）函数，
因此 fscanf 函数的灵活性更好。但当使用 fscanf 函数时，要求用户对文本文件的内
容及组成格式有更清晰的了解。

fscanf 函数的调用方式是：

```
A = fscanf(fileID, format)
A = fscanf(fileID, format, sizeA)
[A, count] = fscanf(...)
```

其中 fileID 是由 fopen 函数返回的文件 ID，在 MATLAB 中打开的文件均通过文件
ID 唯一标识。

format 是由转换符%和类型符组成的字符串,如 '%d' 等,其与 textscan 函数的类型转换格式相近,这里不做赘述。

sizeA 设置了待读取字段的数量。其取值形式有两种:第一种为正整数 m,含无穷大 Inf,表示最多读取 m 个数值或字符串;第二种为[m,n],其中 m 和 n 都是正整数,表示最多读取 m 行 n 列数据。这里的"最多"意味着当文件剩余的有效数据不足 sizeA 时,读入数据的规模将会小于 sizeA。

与 textscan 函数的返回值为元组不同,fscanf 函数的返回值为数值阵列或字符阵列,这是它作为"底层"函数的一个特点。

仍以上例中的 temp.txt 为例,读取 Day1 下的三个数值的代码如下。

```
>> fid = fopen('temp.txt');
>> fseek(fid,0,'bof');
>> c = fscanf(fid,'Day1 temp1 = % f temp2 = % f temp3 = % f ',3);
>> fclose(fid);
>> c
ans =
    13
    25
    16
```

通过该例可以看出,fscanf 与 textscanf 函数的用法非常类似。

4.2.6　使用 fgetl 和 fgets 函数读取文本文件数据

fgetl 和 fgets 函数也是 MATLAB 的低层文件读/写函数。它们的功能都是从文本文件中读取一行数据。在文本文件中,换行符作为文本文件中行的判断符。fgetl 和 fgets 两个函数的区别是:fgetl 获得一行数据后,将末尾的换行符抛弃;而 fgets 则保留换行符。它们的用法分别是:

```
data = fgetl(fileID)
data = fgets(fileID)
```

其中 fileID 是文件 ID,由 fopen 函数返回。仍以 temp.txt 为例,执行下列命令。

```
>> fid = fopen('temp.txt');
>> str1 = fgetl(fid);
>> fseek(fid,0,'bof');
>> str2 = fgets(fid);
>> fclose(fid);
>> uint8(str1)
ans =
    68    97   121    49
>> uint8(str2)
ans =
    68    97   121    49    13    10
```

程序中使用 uint8 函数查看读入字符串中各个字符的 ASCII 码值。可以看到，当使用函数 fgetl 读取字符串"Day1"时返回了这 4 个字符的 ASCII 码值，没有包含换行符；当使用函数 fgets 读取时，返回了 6 个字符的 ASCII 码值，最后两个字符的 ASCII 码值（其值为 13 和 10）在 ASCII 表（参见附录 A）中分别表示回车和换行。从该例中可以看出 fgetl 函数与 fgets 函数的区别。

4.2.7　使用 fileread 函数读取文本文件数据

fileread 函数的功能较为简单，是将一个文本文件中的所有内容以字符串的方式读入。其使用方法为

```
text = fileread(filename)
```

其中 filename 是文件的名称，可以为相对路径或绝对路径。仍以 temp.txt 文件为例，执行如下命令。

```
>> s = fileread('temp.txt');
>> s
s =
Day1
temp1 = 13
temp2 = 25
temp3 = 16
Day2
temp1 = 14
temp2 = 25
temp3 = 16
Day3
temp1 = 14
temp2 = 26
temp3 = 17
>> class(s)
ans =
char
```

通过工作区空间可以看到，s 是一个 1×106 大小的字符向量。

4.2.8　导入文本文件数据方法小结

上述内容提及了许多导入文本文件数据的方法，它们在功能上有所差别，并且各有优缺点。从功能上大致可以按表 4-5 进行分类。

表 4 - 5　导入文本文件数据方法总结

功　能	方　法	特　点
导入表格样式的文本数据	数据导入向导 或 uiimport 函数	操作简单,不能自动导入
	importdata 函数	表格中可以包含标题行和标题列,导入速度慢
	dlmread 函数	表格中只能包含数值内容,导入速度快
格式化地导入数据	textscan 函数	使用灵活,高级函数,输出为元组。格式较多
	fscanf 函数	使用灵活,低级函数,输出为阵列。格式较多
读入一行文本数据	fgetl 函数	以字符形式读入一行,抛弃换行符
	fgets 函数	以字符形式读入一行,保留换行符
读入整个文本文件数据	fileread 函数	以字符形式读入整个文本文件的内容

4.3　在 MATLAB 中将数据输出至文本文件

用户有时需要将 MATLAB 中的数据存储到文件中,以方便数据处理结果的长期存储或使用其他软件处理。将数据输出至文本文件,可以较方便地在多种平台和多种应用程序之间进行数据交换。下面介绍在 MATLAB 中将数据输出到文本文件的方法。

4.3.1　使用 save 命令将数值阵列输出至文本文件

save 命令输出数值矩阵的基本操作是:

```
save filename DataArray - ASCII
```

其中 filename 是待写入数据的文件名,DataArray 是待输出的数值矩阵,- ASCII 是控制命令,表示按照 ASCII 编码的方式输出数据。例如:

```
>> A = rand(3,4);
>> save saveCommand.txt A - ASCII
>> A
A =
    0.9572    0.1419    0.7922    0.0357
    0.4854    0.4218    0.9595    0.8491
    0.8003    0.9157    0.6557    0.9340
```

在 saveCommand.txt 文件中可以看到如图 4 - 9 所示的内容。

在文件 saveCommand.txt 中,各数据之间是通过空格分隔的,通过下面的命令可以使数据之间通过跳格键(Tab)分隔:

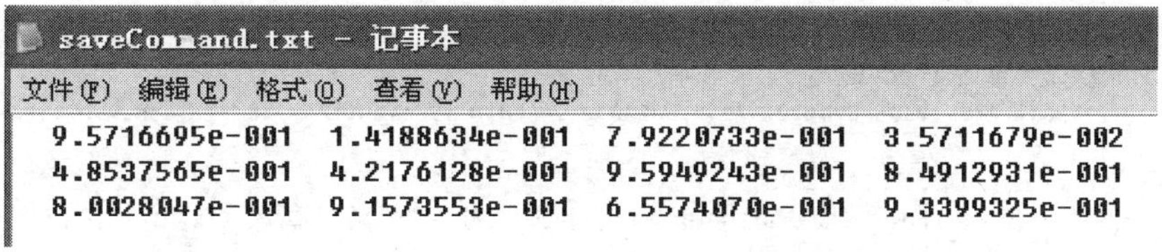
saveCommand.txt - 记事本
文件(F) 编辑(E) 格式(O) 查看(V) 帮助(H)
9.5716695e-001 1.4188634e-001 7.9220733e-001 3.5711679e-002
4.8537565e-001 4.2176128e-001 9.5949243e-001 8.4912931e-001
8.0028047e-001 9.1573553e-001 6.5574070e-001 9.3399325e-001

图 4-9　saveCommand.txt 文本文件内容

```
save filename DataArray -ASCII -tabs
```

需要注意的是，save 命令主要用于将数值阵列输出到文本文件中，其他类型的阵列会被自动转换为数值阵列。因此，如果使用 save 命令存储字符串，则会存储每个字符对应的二进制编码（如 ASCII 编码），而不是字符。例如若采用 save 命令将字符串“Hello”输出到文本文件中，则文本文件中的内容如下所示（参见附录 A）。

72　101　108　108　111

4.3.2　使用 dlmwrite 函数将数值阵列写入文本文件

dlmwrite 函数用来将数值阵列写入文本文件。其调用方式有如下几种：

```
dlmwrite(filename, M)
dlmwrite(filename, M, 'D')
dlmwrite(filename, M, 'D', R, C)
dlmwrite(filename, M, 'attrib1', value1, 'attrib2', value2, ...)
dlmwrite(filename, M, '-append')
dlmwrite(filename, M, '-append', attribute-value list)
```

其中各输入参数的含义和用法如下。

(1) filename

filename 为待写入数据的文件名。

(2) M

M 为写入文件的数值阵列。

(3) D

D 为元素之间的分隔符，默认情况下为逗号“,”。例如：

```
>> A = rand(3,4);
>> dlmwrite('mydata.txt',A,';');
```

这里使用分号作为分隔符，此时如果使用记事本（Windows 平台）查看 mydata.txt 文件，则内容如图 4-10 所示。

从图 4-10 可以看出，换行符在记事本中显示错误。但如果使用写字板（Windows 平台）打开文件，则显示无误，如图 4-11 所示。

通过考察该文件的二进制结构可以看到，在换行处只有 0x0A 一个数值，该数值

图 4-10　mydata.txt 文本文件内容(一)(记事本)

图 4-11　mydata.txt 文本文件内容(二)(写字板)

的含义是换行(LF),在 Windows 平台的记事本中,当回车符(CR)和换行符(LF)均被包含时才能正确显示换行的效果。dlmwrite 函数通过将 newline 选项设为 'pc' 来实现这一功能,如图 4-12 所示。执行命令如下。

```
>> A = rand(3.4);
>> dlmwrite('mydata.txt',A,'newline','pc');
```

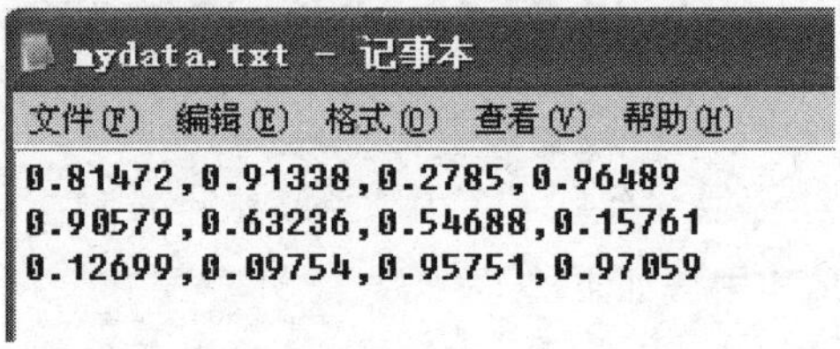

图 4-12　mydata.txt 文本文件内容(三)(记事本)

(4) R,C

R 和 C 表示在文本文件的第 R 行第 C 列之后写入数据,在之前填入空格,R 和 C 的默认值均为 0。R 和 C 参数的使用方法如下所示。

```
>> A = rand(3,4);
>> dlmwrite('mydata.txt',A,'\t',2,5);
```

上述实例代码执行完毕后,mydata.txt 的内容如图 4-13 所示。从图中可以看出,在数据区域块的上面有 2 行空行,左侧有 5 个跳格符('\t')。

(5) attrib1, value1, attrib2, value2, ...

输入参数 attrib1, value1, attrib2, value2, ... 给出了一组或若干组控制参数,每一组控制参数由一个参数名称和一个参数的值组成。这些控制参数及其取值范围如表 4-6 所列。

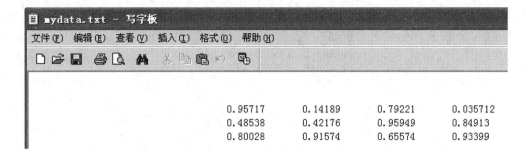

图 4-13　mydata.txt 文本文件内容(四)(写字板)

表 4-6　dlmwrite 函数的控制参数列表

参　　数	含　　义	值
delimiter	文本文件中矩阵各元素之间的分隔符类型	字符或跳格符('\t')
newline	换行符	'pc':CR/LF(回车换行) 'UNIX':LF(换行)
roffset	数据写入的起始行	正整数,默认值为 0
coffset	数据写入的起始列	正整数,默认值为 0
precision	数值写入的精度	正整数(表示有效数字位数)或由格式 转换符%引导的字符串,如%10.5f

newline 的用法在介绍参数 D 时已有举例,这里不再赘述。在介绍参数 R 和 C 的用法时使用了命令

```
>> dlmwrite('mydata.txt',A,'\t',2,5);
```

该命令与

```
>> dlmwrite('mydata.txt',A,'delimiter','\t','roffset',2,'coffset',5);
```

的作用是等价的。后者的优点在于可以继续添加其他控制参数,因此可选择的范围较大。

precision 参数可以控制数字在文本文件中的输出精度。例如将数值阵列 A 按照三位小数精度输出到文本文件 mydata.txt 中的命令如下所示,执行结果如图 4-14 所示。

```
>> dlmwrite('mydata.txt',A,'delimiter',';','precision','%2.3f','newline','pc');
```

(6) '-append'

当 dlmwrite 函数中包含参数 '-append' 时,将保留文件原有的内容,并在原有内容之后追加写入数据。如果不包含该参数,则当 filename 与工作目录下已有文件重名时,会清除原文件中的内容。

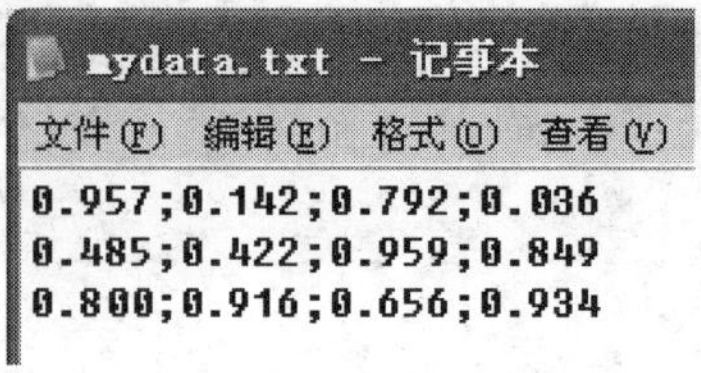

图 4-14 mydata.txt 文本文件内容(五)

4.3.3 使用 diary 函数记录命令行窗口的内容

diary 函数的主要功能是记录命令行窗口的输出,利用 diary 函数的这一特点,在某些特殊情况下,可以应用 diary 函数来实现数据结果的导出。例如,当在 MAT-LAB 中调用可执行文件时,运行的结果将在 MATLAB 命令行窗口中显示,此时调用 diary 函数可以将可执行文件的运行结果保存至文本文件中。diary 函数的调用方式有如下几种:

```
diary
diary(filename)
diary off
diary on
diary filename
```

其中 diary(filename)表示打开或创建一个日志文件,该日志文件保存命令行窗口中输出的所有文本信息。filename 为日志文件名称,文件名称中可以包含文件的绝对或相对路径。

diary on 表示开始记录日志操作。

diary off 表示停止记录日志操作。

diary filename 设置日志记录文件。

diary 切换日志记录状态。

例如:

```
>> diary('mydiary.txt')
>> A = rand(3,3)
A =
      0.4898      0.7094      0.6797
      0.4456      0.7547      0.6551
      0.6463      0.2760      0.1626
>> diary off
```

mydiary.txt 的内容如图 4-15 所示。

可以看出,diary 函数实际上是将命令行窗口的输入和输出内容全部保存在了日志文件中。在 MATLAB 中,可以通过如下命令查看 diary 的状态。

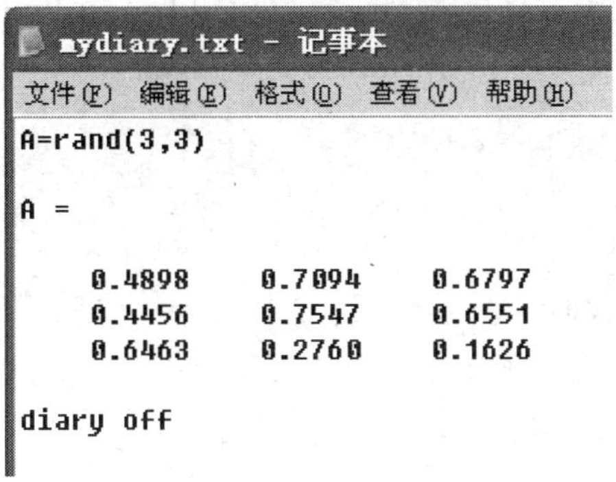

```
mydiary.txt - 记事本
文件(F)  编辑(E)  格式(O)  查看(V)  帮助(H)
A=rand(3,3)

A =

    0.4898    0.7094    0.6797
    0.4456    0.7547    0.6551
    0.6463    0.2760    0.1626

diary off
```

图 4-15　mydata.txt 文本文件内容(六)

```
>> diary on
>> get(0,'diary')
ans =
    on
>> diary off
>> get(0,'diary')
ans =
    off
```

4.3.4　使用 fprintf 函数将数据格式化输出到文本文件中

1. fprintf 函数的基本用法

fprintf 函数用来将数据格式化地输出到文本文件中,其与 fscanf 函数的功能相对应。fprintf 函数属于 MATLAB 的低层文件读/写函数,是基于 ANSI 标准 C 的同名函数开发的,MATLAB 在标准 C 的基础上,对该函数的功能进行了一定扩展。

fprintf 函数的调用方式有如下几种。

```
fprintf(fileID, format, A, ...)
fprintf(format, A, ...)
count = fprintf(...)
```

fprintf 函数的输出参数 count 为字节数,即 fprintf 函数向由 fileID 标识的文件中写入的字节数。在输入参数中,fileID 为文件标识,format 为格式字符串,format 后面的参数均为阵列变量。其中 fileID 可以省略,此时默认向屏幕即 MATLAB 命令行窗口输出。

熟悉 format 字符串是掌握 fprintf 函数的关键,其主要作用是通知 fprintf 函数以何种方式将其后的阵列变量写入由 fileID 指定的文件中。format 格式字符串与普通字符串相比,其差别在于 format 格式字符串中插入了一些以"%"起始的格式字符串,正是这些格式字符串控制着阵列向文件中写入的方式。如果 format 中没有插入格式字符串,则 fprintf 函数直接将 format 字符串写入由 fileID 标识的文件中。操作命令及结果如下所示,其中的 myfprintf 函数见后文程序 4-3。

```
>> myfprintf('字符串直接写入到文件中')
ans =
字符串直接写入到文件中
```

在设置 format 参数时,需要考虑格式字符串与变量个数 N 之间的关系,以及 fprintf 函数的执行方式。下面结合实例进行说明。

```
>> a = [1 2 3 4] + rand(1,4) * 0.1;
>> b = a + 1;
>> c = b + 1;
>> fprintf('数值为:%5.1f %5.2f %5.3f\n',a,b,c);
数值为:  1.1   2.07   3.075
数值为:  4.0   2.06   3.071
数值为:  4.1   5.03   3.065
数值为:  4.1   5.08   6.028
```

从上述实例命令中可以看出,MATLAB 循环使用了 format 字符串。在上例中,format 字符串为"数值为:%5.1f %5.2f %5.3f\n",首先对阵列变量 a 中的所有元素按列重复使用 format 字符串输出,然后对阵列变量 b 中的所有元素按列重复使用 format 字符串输出,最后对阵列变量 c 中的所有元素按列重复使用 format 字符串输出。

2. fprintf 函数的调试方法

fprintf 函数的用法比较复杂,特别是格式符的复杂度较高。下面对该函数的调试方法做进一步说明。

fprintf 函数调试的一般步骤为:

① 打开文件;

② 向文件中写入相应数据;

③ 关闭文件;

④ 通过文本阅读器阅读文本文件的内容。

为了便于调试和减少测试步骤,这里介绍两种可以替代上述步骤的方法,以降低调试的复杂度。在后续 fprintf 函数的测试中,可以通过这两种方法进行。第一种是采用屏幕(即命令行窗口)替代文件输出,第二种是采用本节后续介绍的 myfprintf 函数。下面分别进行说明。

(1) 采用屏幕(即命令行窗口)替代文件输出

在 fprintf 函数的参数中,第一个参数是文件 ID,用于唯一标识已经打开的文本文件。为了测试 fprintf 函数的输出结果,可以将文件 ID 设置为 1,代表屏幕输出;或者在 fprintf 函数调用时不包含第一个参数,也是从屏幕输出。操作命令及结果如下所示。

```
>> a = 32;fprintf(1,'%d 的十六进制表示为 0x%x\n',a,a);
32 的十六进制表示为 0x20
```

（2）采用 myfprintf 函数

在有些情况下，屏幕输出的结果与文件输出的结果可能会有所不同，所以不能直接采用屏幕输出来对文件输出结果进行测试。但可以创建一个测试函数 myfprintf，用于测试 fprintf 函数。myfprintf 函数的代码如下所示。

程序 4 - 3　myfprintf. m

```
function [str] = myfprintf(varargin)
% function [str] = myfprintf(varargin)

% 测试 MATLAB 的 fprintf 函数
filename = 'myfprintf.txt';

% 构造命令字符串
nn = length(varargin(;));
cmdstr = 'fprintf(fid,';
for kk = 1:nn
    cmdstr = strcat(cmdstr,'varargin{',num2str(kk),'},');
end
cmdstr(end) = ')';
cmdstr(end + 1) = ';';

% 执行输入命令
fid = fopen(filename,'w');
eval(cmdstr);
fclose(fid);

% 输出执行结果
str = fileread(filename);
```

在 myfprintf 函数的输入参数中省略了文件 ID 参数，其他参数与 fprintf 函数的输入参数相同，其输出参数为字符串，此字符串即采用 fprintf 函数向文件中写入的文本内容。myfprintf 函数的使用实例如下所示。

```
>> a = 32;myfprintf('%d 的十六进制表示为 0x%x\n',a,a)
ans =
32 的十六进制表示为 0x20
```

3. format 格式字符串

format 字符串一般由以下几部分组成：

① 非格式字符字符串。

② 由"%"引导的格式转换字符,比如%s 和%d 等。

③ 在"%"与格式转换字符中间可以插入操作符,用于控制数据精度等输出选项。

④ 由"\"引导转义字符,用于输出一些特殊字符。

图 4-16 中给出了一个典型的 format 格式字符串,其中 format 格式字符串由定位符、标记符、精度控制符、数据类型控制符和编码方式控制符组成。下面以图 4-16 的格式字符串为例,详细说明各种类型的控制符。

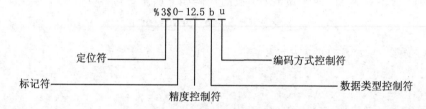

图 4-16　典型的 format 格式字符串

格式符实例"%3$0−12.5bu"中的"12.5"控制了数值字段的长度和精度,其中"12"表示数值字段的最小长度,即如果数值的长度(包含小数点)小于 12,则会在数值前或后补若干空格使长度达到 12,在默认状态下数值是右对齐的,即在数值之前补偿空格,如果使用前缀修饰符"−",则表示数值左对齐,在数值之后补偿空格。如果数值的长度大于 12,则输出到文本文件中不会被截断,此时字段长度不起作用。

"5"表示数值的精度,对于不同的格式符具有不同的含义。对于%f、%e 和%E 三种格式符来说,精度表示小数部分的位数;而对于%g 和%G 格式符来说,精度表示有效数字的位数。例如:

```
>> fid = fopen('mydata.txt', 'w');
>> fprintf(fid, '%.5f\r\n', pi);
>> fprintf(fid, '%.5g\r\n', pi);
>> fclose(fid);
```

执行结果如图 4-17 所示。

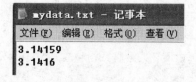

图 4-17　mydata.txt 文本文件内容(七)

(1) 格式转换字符

格式转换字符是 format 格式字符串必须包含的内容。对于不同的数据类型,格式转换字符的组成差别较大。MATLAB 支持的各种格式符如表 4-7 所列。

表 4-7　格式符类型列表

数值类型	格式符	描　述	附加说明
有符号整型	%d 或 %i	十进制	%ld、%d、%hd 对应不同长度的有符号整型数据
	%ld 或 %li	64 位，十进制	
	%hd 或 %hi	16 位，十进制	
无符号整型	%u	十进制	u、o、x、X 控制输出的编码方式，l、h 控制可输出的整型数据长度。如： ≫ fprintf('0x%lx\n',33) 0x21
	%o	八进制	
	%x	十六进制，小写的 a~f	
	%X	十六进制，大写的 A~F	
	%lu %lo %lx 或 %lX	64 位的十进制、八进制和十六进制	
	%hu %ho %hx 或 %hX	16 位的十进制、八进制和十六进制	
浮点型	%f	默认方式输出浮点类型	≫ fprintf('%f\n',1.2345) 1.234500
	%e	指数计数法，如 3.14159e+00	≫ fprintf('%e\n',1.2345) 1.234500e+000
	%E	指数计数法，如 3.14159E+00	≫ fprintf('%E\n',1.2345) 1.234500E+000
	%g	%f 或 %e 中较简洁的方式。省去拖尾的 0，例如 2.100 0 输出为 2.1	≫ fprintf('%g\n',1.2345) 1.2345 ≫ fprintf('%g\n',1.2345e+10) 1.2345e+010 ≫ fprintf('%g\n',1.2345e-10) 1.2345e-010 可以看出，%g 可以根据数据的情况自动选择较合适的输出方案
浮点型	%G	%f 或 %E 中较简洁的方式。省去拖尾的 0	≫ fprintf('%G\n',1.2345) 1.2345 ≫ fprintf('%G\n',1.2345e10) 1.2345E+010 ≫ fprintf('%G\n',1.2345e-10) 1.2345E-010 可以看出，%G 可以根据数据的情况自动选择较合适的输出方案

数值类型	格式符	描　述	附加说明
浮点型	%bx 或 %bX %bo %bu	双精度十六进制、八进制或十进制	» fprintf('0x%bx\n',1.2345) 0x3ff3c083126e978d » fprintf('0x%bx\n',1.2345e10) 0x4206fe8e02000000 » fprintf('0x%bx\n',1.2345e−10) 0x3de0f782bf7cc83f
字符型	%c	单个字符	» fprintf('%s=\n','输出字符串') 输出字符串
	%s	字符串	

(2) 转义字符

如果用户需要输出一些特殊字符,比如可以用做格式字符的特殊字符(如单引号、百分号等),用户可以使用由"\"引导的转义字符解决此问题。MATLAB 支持的转义字符如表 4-8 所列。实际上,转义字符是一类特殊字符,它们或者是格式转换字符已经占用的字符,如"%"等,或者是 ASCII 字符表中一些特殊的不可见字符,用户在使用它们的过程中将其当做单个普通字符对待即可。

表 4 - 8　转义字符列表

换码符	含　义
\\	反斜杠
' '	单引号
%%	百分号
\a	警报
\b	退格
\f	换页
\n	换行
\r	回车
\t	水平跳格
\v	垂直跳格
\xN	十六进制数 N
\N	八进制数 N

在 ASCII 码表(参见附录 A)中,0~31 分配给了非打印的控制字符。例如 12(0x0C)表示换页,即上表中的"\f",在记事本或写字板等文本文件查看器中并不能正确显示该字符,然而该命令可以控制打印机跳到下一页的开头。在 ASCII 码表中,十进制的 65 表示大写字符"A",其十六进制为 0x41,八进制为 101,所以使用转义字符"\x41"或"\101"均可以打印字符"A"。部分转义字符的使用实例命令如下

所示。

```
>> fprintf('% % \\ \n')
% \
>> fprintf('\101\n')
A
>> fprintf('\x41\n')
A
```

(3) 定位符

在默认情况下,fprintf 函数按照阵列变量在列表中的顺序将其输出。如果采用定位符,用户可以选择阵列变量在输出序列中出现的顺序。定位符的使用方法及执行结果如下例所示。

```
>> fprintf('%3$c %2$c %1$c\n','A','B','C')
C B A
```

从上述实例命令和执行结果可以看出,定位符 3$ 表示输出变量列表中的第三个变量即字符"C",2$ 表示输出变量列表中的第二个变量即字符"B",1$ 表示输出变量列表中的第一个变量即字符"A"。因此,定位符由一个正整数和一个符号"$"表示,它指定了各个格式转换符所对应的阵列变量在 fprintf 阵列变量列表中的位置。下面给出一个利用定位符改变变量输出顺序的实例。

```
>> fid = fopen('mydata.txt','w');
>> fprintf(fid,'%3$s %2$s %1$s %2$s','A', 'B', 'C');
>> fclose(fid);
```

上述代码执行完毕后,可以通过文本阅读器看到 mydata. txt 的内容如图 4-18 所示。

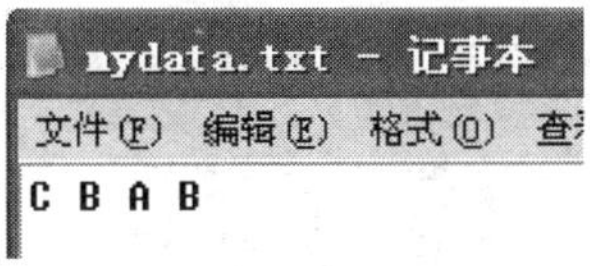

图 4-18　mydata. txt 文本文件内容(八)

(4) 标记符

标记符是一类特殊的修饰符,采用标记符可以修饰格式符,从而设定阵列输出的选项。例如图 4-16 中所列的"0-"即为标记符的例子。MATLAB 支持的标记符及其使用方法如表 4-9 所列。

表 4 - 9　数据打印前缀修饰符

修饰符	含　　义	示　例
'-'	左对齐	%-5.2f
'+'	正负号（＋或一）	%+5.2f
' '	在数值前插入空格	%5.2f
'0'	在数值前插入 0	%05.2f
'#'	对不同的格式符有不同的作用： ①对%o、%x、%X 格式符，分别在数据前添加前缀 0、0x、0X； ②对%f、%e、%E 格式符，即使数据精度为 0，仍然打印小数点； ③对%g 和%G 格式符，不会消去拖尾的 0 和小数点	%#5.2f

下面通过实例说明标记符的作用。

1）左对齐修饰符"-"的使用实例

```
>> A = 1:5;
>> B = rand(1,5);%产生 1 行 5 列服从 0～1 均匀分布的随机数
>> fid = fopen('mydata.txt','w');
>> fprintf(fid,'%-10d|%-10d|%-10d|%-10d|%-10d|\r\n',A);
>> fprintf(fid,'%-10f|%-10f|%-10f|%-10f|%-10f|\r\n',B);
>> fprintf(fid,'%10d|%10d|%10d|%10d|%10d|\r\n',A);
>> fprintf(fid,'%10f|%10f|%10f|%10f|%10f|\r\n',B);
>> fclose(fid);
```

上述程序执行完毕后，通过记事本查看 mydata. txt 的内容，如图 4-19 所示。

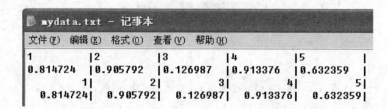

图 4-19　mydata. txt 文本文件内容(九)

实例中前两行使用了修饰符"-"，可以看出，数据按照左对齐的方式排列；而后两行没有使用该修饰符，所以数据按照右对齐的方式排列。

2）正负号修饰符"＋"的使用实例

```
>> fid = fopen('mydata.txt','w');
>> A = rand(3,4) − 0.5;
>> fprintf(fid,'% s\r\n','Print sign character');
>> fprintf(fid,'% +10f   % +10f   % +10f   % +10f\r\n',A);
>> fprintf(fid,'% s\r\n','Does NOT Print sign character');
>> fprintf(fid,'% 10f   % 10f   % 10f   % 10f\r\n',A);
>> fclose(fid);
```

上述程序执行完毕后，通过记事本查看 mydata.txt 的内容如图 4 - 20 所示。

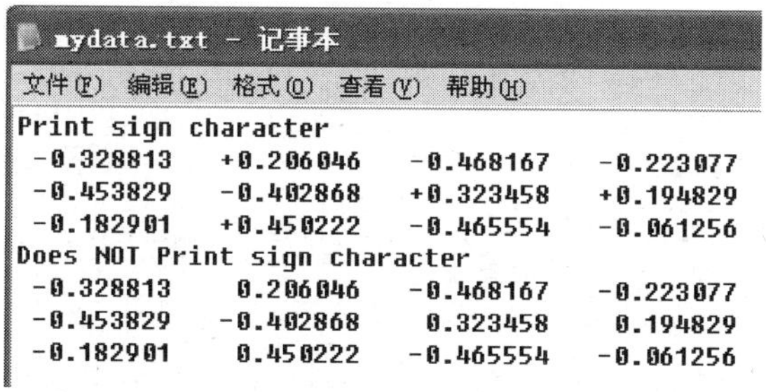

```
mydata.txt - 记事本
文件(F)  编辑(E)  格式(O)  查看(V)  帮助(H)
Print sign character
 -0.328813   +0.206046   -0.468167   -0.223077
 -0.453829   -0.402868   +0.323458   +0.194829
 -0.182901   +0.450222   -0.465554   -0.061256
Does NOT Print sign character
 -0.328813    0.206046   -0.468167   -0.223077
 -0.453829   -0.402868    0.323458    0.194829
 -0.182901    0.450222   -0.465554   -0.061256
```

图 4 - 20　mydata.txt 文本文件内容（十）

从图 4 - 20 可以看出，当使用"＋"修饰符时，正数前添加了"＋"，负数前添加了"－"；如果不使用该修饰符，则仅有负数前添加"－"，正数前并没有"＋"。

3）修饰符"＃"的使用实例

修饰符"＃"对八进制和十六进制格式符的修饰实例如下。

```
>> fid = fopen('mydata.txt','w');
>> A = [1 2 3 10 65];
>> fprintf(fid,'% #o   ',A);
>> fprintf(fid,'\r\n');
>> fprintf(fid,'% #x   ',A);
>> fprintf(fid,'\r\n');
>> fprintf(fid,'% #X   ',A);
>> fclose(fid);
```

上述程序执行完毕后，通过记事本查看 mydata.txt 的内容如图 4 - 21 所示。

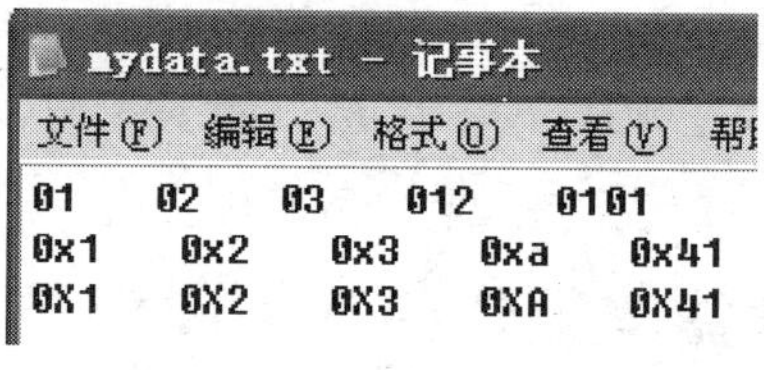

```
mydata.txt - 记事本
文件(F)  编辑(E)  格式(O)  查看(V)  帮
01    02    03    012    0101
0x1   0x2   0x3   0xa    0x41
0X1   0X2   0X3   0XA    0X41
```

图 4 - 21　mydata.txt 文本文件内容（十一）

在上例中,首行打印的数值采用八进制表示,第二行和第三行打印的数值采用十六进制表示。

再看下面的实例。

```
>> fid = fopen('mydata.txt','w');
>> fprintf(fid,'%#0.0f\r\n',3.14);
>> fprintf(fid,'%0.0f\r\n',3.14);
>> fclose(fid);
```

上述程序执行完毕后,通过记事本查看 mydata.txt 的内容如图 4-22 所示。

从图 4-22 可以看到,当输出浮点型数据的精度为 0,即小数部分的位数为 0 时,如果使用"#"修饰符,则会保留小数点。

修饰符"#"对格式符"%g"的修饰实例如下所示。

```
>> fid = fopen('mydata.txt','w');
>> fprintf(fid,'%g\r\n',2.100000);
>> fprintf(fid,'%#g\r\n',2.100000);
>> fclose(fid);
```

上述程序执行完毕后,通过记事本查看 mydata.txt 内容如图 4-23 所示。

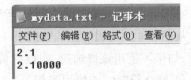

图 4-22　mydata.txt 文本文件内容(十二)　　　图 4-23　mydata.txt 文本文件内容(十三)

从图 4-23 可以看到,当仅使用格式符"%g"时会将小数末尾的 0 省略,而使用修饰符"#"后则会保留小数末尾的 0。

4.4　文本文件数据与 MATLAB 阵列之间的转换

在加载文本文件中的数据时,文本文件中的所有数据最终均要转换为 MATLAB 阵列。在将阵列数据保存至文本文件中时,也需要将阵列数据以特定的格式保存至文本文件中。所以在操作文本文件时,需要考虑文本文件数据与 MATLAB 阵列之间的转换问题。在实际应用中,元组、数值阵列和字符阵列是文本文件操作最常用的数据类型。本节中将以数值阵列和结构体阵列为例,详细说明文本文件中的数据如何与不同类型的 MATLAB 阵列进行转换。

4.4.1　文本文件数据与数值阵列之间的转换

根据数据类型的变化,可以通过不同的格式转换符将 MATLAB 数值阵列转换为文本;同样,如果文本中数值数据以阵列的方式排列,则可以通过 MATLAB 的文本操作函数和正确的格式转换符将文本转换为数值阵列。下面给出一个可以处理各种数据类型数值阵列的实例。此外,当将数值阵列输出到文本文件中时,精度是一个很重要的问题,用户应根据应用需求选择合适的输出精度。

1. 创建 getformatstr 函数,确定支持的数据类型

在本实例中,支持的数据类型包括整型、单精度浮点型和双精度浮点型,用户可以根据需要增加支持的数据类型。getformatstr 函数的功能是根据输入的数据类型返回处理此类数据的格式转换字符串。例如可以执行命令:

```
>> getformatstr(class(int32(2)))
ans =
%d
```

getformatstr 函数的代码如下所示。

程序 4-4　getformatstr. m

```
function [outstr] = getformatstr(dataclass)
% function [outstr] = getformatstr(dataclass)
outstr = [];
formatstr = {'int', '%d'; 'single', '%g'; 'double', '%g'; 'char', '%s'};

for kk = 1:size(formatstr,1)
    str = formatstr{kk,1};
    if strfind(dataclass,str)
        outstr = formatstr{kk,2};
    end
end
if isempty(outstr)
    outstr = 'unknown';
end
```

2. 创建 numberic2text 函数,用于将数值阵列转换为文本文件

numberic2text 函数的代码如下所示。numberic2text 函数首先存储数值阵列的一般信息,然后再存储数值阵列的数据信息。其中一般信息包括变量名称、变量类型、维数和各维的大小。数值阵列的数据信息则按照数据类型输出为文本文件。

程序 4-5　numberic2text. m

```
function [out] = numberic2text(fid,in,name)
isclose = 0;
if ischar(fid)
    fid = fopen(fid,'w');
end
```

```
if ~isnumeric(in) && ~ischar(in)
    out = 0;
    return;
end
formatstr = getformatstr(class(in));
sizein = size(in);

% 保存的变量信息:包括名称、类型、维数、各维大小
if nargin == 2
    % 如果用户没有指定名称,则采用随机的默认名称
    name = strcat('data_', class(in), '_', num2str(ceil(rand(1) * 10000000000)));
end
out = 0;
out = out + fprintf(fid,'% s % s\n',name,class(in));
out = out + fprintf(fid,'% d ',ndims(in),size(in));
out = out + fprintf(fid,'\n');
if ischar(in) % 方便对字符型数据进行处理
    out = out + fprintf(fid,[formatstr],in(:));
else
    out = out + fprintf(fid,[formatstr ','],in(:));
end
fprintf(fid,'\n');

if isclose
    fclose(fid);
end
```

3. 创建 text2numberic 函数,用于将文本文件转换为数值阵列

　　text2numberic 函数的代码如下所示。text2numberic 函数首先读取变量名称和类型等一般性信息;然后,再读取变量的数据信息。最后,根据数值阵列的一般性信息将读取的数值信息转换为其原始信息(比如通过 reshape 函数恢复数值阵列的维数和各维大小的信息)。为了便于对照,text2numberic 函数将输出结果设定为一个结构体,结构体包含了文本文件中存储的数值阵列的一般信息和数据信息。

程序 4 - 6　text2numberic. m

```
function [out] = text2numberic(fid)
% function [out] = text2numberic(fid)
isclose = 0;
if ischar(fid);
    fid = fopen(fid,'r');
    isclose = 1;
end
out = [];
```

```matlab
% 读取变量名称和类型
name = fscanf(fid,'%s',1);
cls = fscanf(fid,'%s',1);
dims = fscanf(fid,'%d',1);
sz = fscanf(fid,'%d',dims);
sz = reshape(sz,1,length(sz(:)));
formatstr = getformatstr(cls);
if isequal(formatstr,'unknown')
    % 对于其他数据类型统一采用浮点型处理
    formatstr = '%f';
end
if ~isequal(cls,class('sss')) % 方便对字符型数据进行处理
    formatstr = [formatstr ','];
end
data = fscanf(fid,formatstr,prod(sz));
if isclose
    fclose(fid);
end
out.name = name;
out.cls = cls;
out.data = reshape(data,int32(sz));
```

下面给出一个实例，说明文本文件和数值阵列之间的转换方法。

```matlab
>> a = rand(3,3) * 10;
>> a
a =
    7.9520    4.4559    7.5469
    1.8687    6.4631    2.7603
    4.8976    7.0936    6.7970
>> numberic2text('data.txt',a,'a');
>> type data.txt
a double
2 3 3
7.952,1.86873,4.89764,4.45586,6.46313,7.09365,7.54687,2.76025,6.79703,
>> out = text2numberic('data.txt')
out =
    name: 'a'
     cls: 'double'
    data: [3x3 double]
>> out.data
ans =
```

7.9520	4.4559	7.5469
1.8687	6.4631	2.7603
4.8976	7.0937	6.7970

4.4.2　文本文件数据与结构体阵列之间的转换

从 4.4.1 小节可以看出,文本文件数据与 MATLAB 阵列之间转换的关键是数据在文本文件中的组织结构。用户只要理解了数据的组织结构,选择了合适的格式转换符,并采取了合适的MATLAB操作,即可完成文本文件数据与 MATLAB 阵列之间的转换。在结构体中,常用的数据类型有字符型、数值型、结构体类型和元组类型。在下面的示例中,重点考虑字符型、数值型和结构体类型三种类型的 MATLAB阵列。其实,字符型阵列与数值型阵列几乎完全相同,用户只需在 getformatstr 函数中增加字符类型的支持,然后使用 text2numberic 和 numberic2text 函数即可处理字符型阵列与文本文件数据之间的转换。

下述实例创建 struct2text 和 text2struct 两个函数,这两个函数分别完成结构体阵列向文本文件数据转换和文本文件数据向结构体阵列转换的功能。结构体在文本文件中的保存顺序为:①结构体一般信息;②结构体数据信息。其中结构体一般信息包括结构体名称、类型、域个数和各域的域名,结构体数据信息则依次存储结构体中各域包含的数据。这两个函数的代码如下所示。

程序 4 - 7　struct2text. m

```
function [out] = struct2text(fid,in,name)
% function [out] = struct2text(fid,in,name)
isclose = 0;
if ischar(fid)
    fid = fopen(fid,'w');
end
out = 0;
if ~isstruct(in)
    return;
end
in = in(1); % 只处理单个结构体
% 写入结构体一般信息,包括:
% 名称、类型、域个数、各域的域名
names = fieldnames(in);
fprintf(fid,'%s %s %d\n',name,class(in),length(names(:)));
for kk = 1:length(names(:))
    fprintf(fid,'%s\n',names{kk});
end
```

```
% 写入结构体数据信息
for kk = 1:length(names(:))
    fd = in.(names{kk});
    numberic2text(fid,fd,names{kk});
end

if isclose
    fclose(fid);
end
```

程序 4 - 8　text2struct.m

```
function [out,info] = text2struct(fid)
% function [out,info] = text2struct(fid)
isclose = 0;
if ischar(fid)
    fid = fopen(fid,'r');
end

out = [];
name = fscanf(fid,'%s',1);
cls = fscanf(fid,'%s',1);
nfields = fscanf(fid,'%d',1);
fm = cell(nfields,1);
for kk = 1:nfields
    fm{kk} = fscanf(fid,'%s',1);
end

out = struct;
for kk = 1:nfields
    tout = text2numberic(fid);
    out.(fm{kk}) = tout.data;
end

info.name = name;
info.cls = cls;
info.nfields = nfields;
if isclose
    fclose(fid);
end
```

下面利用 struct2text 和 text2struct 函数给出结构体阵列与文本文件数据转换的实例。

```
>> s.a = rand(2,3);
>> s.b = int32(rand(3,2) * 10);
>> s.c = '结构体实例';
>> struct2text('s.txt',s,'s');
>> type s.txt

s struct 3
a
b
c
a double
2 2 3
0.929264,0.349984,0.196595,0.251084,0.616045,0.473289,
b int32
2 3 2
4,8,6,5,9,3,
c char
2 1 5
结构体实例
>> [out,info] = text2struct('s.txt');
>> out
out =
    a: [2x3 double]
    b: [3x2 double]
    c: '结构体实例'
```

从上述执行结果可以看出,采用 struct2text 函数实现了将 MATLAB 结构体阵列转换为文本文件数据的功能;采用 text2struct 函数实现了将文本文件数据转换为 MATLAB 结构体阵列的功能。在上述实例代码中,type 命令可以将指定文本文件的内容输出到屏幕即 MATLAB 命令行窗口中。

4.4.3 文本文件数据与元组阵列之间的转换

如 2.3.4 小节所述,cell(元组)阵列是 MATLAB 中的一种高级数据类型。通常在 cell 阵列中的不同 cell 元素中可以保存不同类型的数据,甚至可以在 cell 元素中嵌套 cell 阵列或结构体。

下例实现了将 cell 阵列转换为文本文件数据,并将结果打印在屏幕或者写入到文本文件中的功能。

程序 4 - 9   cell2text. m

```
function [] = cell2text(fid,data)
% 本函数将 cell 阵列写入到文本文件中,处理的 cell 阵列满足如下要求:
% 1. cell 阵列各元组的数据类型为基本类型,即不能嵌套包含结构体或元组
% 2. cell 阵列为 2 维
```

```
if ischar(fid)
    fid = fopen(fid,'w');
end
if ~iscell(data)
    disp('待处理数据不是 cell 阵列 ');
    return;
end
if length(size(data))>2
    disp('待处理 cell 阵列维数大于 2.');
    return;
end
datainfo = whos('data');
for ii = 1:datainfo.size(1)
    for jj = 1:datainfo.size(2)
        datatemp = data{ii,jj};
        tempinfo = whos('datatemp');
        fprintf(fid,'cell{ %d,%d }\n',ii,jj);
        fprintf(fid,'class : %s ; size : %d %d\n',...
            tempinfo.class,tempinfo.size(1),tempinfo.size(2));
        if isnumeric(datatemp)
            datatemp = num2str(datatemp);
        end
        for kk = 1:size(datatemp,1)
            fprintf(fid,'%s\n',datatemp(kk,:));
        end
    end
end
end
```

程序的测试命令如下所示。

```
>> c = cell(2,3);
>> c{1,1} = ['李小鹏';'胡 芳';'王小明';'陈小华'];
>> c{1,2} = rand(3,5);
>> c{1,3} = int8(magic(3));
>> c{2,1} = 'MATLAB';
>> c{2,2} = [1i 1+1i; 2-7i -pi+4i];
>> c{2,3} = single(rand(2,3));
>> cell2text(1,c)
cell{ 1,1 }
class : char ; size : 4 3
李小鹏
胡 芳
```

```
王小明
陈小华
cell{ 1,2 }
class : double ; size : 3 5
   0.05395      0.93401      0.46939      0.16218      0.52853
   0.5308       0.12991      0.011902     0.79428      0.16565
   0.77917      0.56882      0.33712      0.31122      0.60198
cell{ 1,3 }
class : int8 ; size : 3 3
   8    1    6
   3    5    7
   4    9    2
cell{ 2,1 }
class : char ; size : 1 6
MATLAB
cell{ 2,2 }
class : double ; size : 2 2
0 + 1i                      1 + 1i
2 - 7i                    - 3.1416 + 4i
cell{ 2,3 }
class : single ; size : 2 3
   0.26297      0.68921      0.45054
   0.65408      0.74815      0.083821
>> cell2text('celldata.txt',c)
```

当函数的第一个输入参数为 1 时,将 1 传递给 fprintf 函数,此时文本文件数据在窗口中被打印出来。当函数的第一个输入参数为字符串时,例如"celldata. txt",则将文本文件数据写入到同名的文本文件中。

当 cell2text 函数将 cell 阵列转换为文本文件数据时,除了数据本身外,还打印了数据的类型,以及各个元组的规模(行数和列数)。

4.5　文本文件处理实例:获取网页中的表格数据

网页文件是一种典型的文本文件,其中最流行的是 HTML(超文本标记语言)文件。HTML 语言的特点是使用成对的标签对内容进行格式设定,标签用尖括号包含。例如将文本"bold"加粗显示,在 HTML 语言中的写法为:bold。

表格是一种常用的直观显示数据的方式,在 HTML 文件中利用表格类型的标签可以方便地在网页中输出表格形式的内容。这些表格类型的标签主要有:table,thead,tbody,tr,th,td 等。其中 table 声明了表格的整体,thead 声明了表格的标题行,tbody 声明了表格的内容,tr 定义了一行,th 定义了标题行中的单元格,td 定义了内容中的单元格。例如一个典型表格的 HTML 代码如下所示。其中 table 标签的 border 属性指定了表格框线的宽度，width 属性指定了表格占据页面的相对宽度。

```
<!DOCTYPE HTML PUBLIC "-//W3C//DTD XHTML 1.0 Transitional//EN" "http://www.w3.org/
TR/xhtml1/DTD/xhtml1-transitional.dtd">
<html xmlns = "http://www.w3.org/1999/xhtml">
<head>
    <title>网页表格实例</title>
</head>
<body>
<table border = 1 width = 80%>
    <thead>
        <tr>
            <th>标题 1</th>
            <th>标题 2</th>
        </tr>
    </thead>
    <tbody>
        <tr>
            <td>第 1 行，第 1 列文本。</td>
            <td>第 1 行，第 2 列文本。</td>
        </tr>
        <tr>
            <td>第 2 行，第 1 列文本。</td>
            <td>第 2 行，第 2 列文本。</td>
        </tr>
    </tbody>
</table>
</body>
```

上述代码中开始的部分表明了网页遵循的协议等内容，<head>标签为网页的头信息，通常包含网页的名称和一些样式、脚本等，<title>标签中的内容是在网页浏览器上显示的网页名称，<body>标签表示网页的内容。将上述代码保存至一个空白的文本文件中，并将后缀名改为.html，在网页浏览器中打开该文件，则显示如图 4-24 所示的网页内容。

标题 1	标题 2
第 1 行，第 1 列文本。	第 1 行，第 2 列文本。
第 2 行，第 1 列文本。	第 2 行，第 2 列文本。

图 4-24　网页中的表格

MATLAB 提供了较多的方法来处理文本文件，此外还应注意到，MATLAB 的优势在于其强大的数值处理能力。而在网页中,通常在表格中包含数值信息,为此可以利用 MATLAB 来获取网页中的表格数据。

　　从 HTML 文件的格式来看,如果想获取表格中的数据,关键是要识别出表格所用到的标签,并将标签中的内容提取出来,这就需要进行文本的匹配。正则表达式是从文本文件中获取匹配文本的重要手段,关于正则表达式的语法规则,请参看附录 B。下面给出一个获取实际网页中表格数据的实例。

　　网页 http://www. stats. gov. cn/tjsj/qtsj/zygypccjg/t20111026_402761639. htm 的内容包含了一个数据表格,表格标题为"部分重点企业主要工业品出厂价格变动情况(10 月 20 日)",将网页保存至本地,按照其默认名称保存为 t20111026_402761639. htm 文件。在浏览器中显示的部分截图如图 4 - 25 所示。

图 4 - 25　网页截图

通过 MATLAB 编程将其中的表格提取出来,代码如下。

程序 4 - 10　getTableDataEg. m

```
clear;
clc;
filename = 't20111026_402761639.htm';
[pathstr, name, ext] = fileparts(filename);
```

```
xlsfilename = fullfile(pathstr,strcat(name,'.xls'));

txt = fileread(filename);
tables = regexpi(txt, '<table.*?>(.*?)</table>', 'tokens');
for ii = 1:length(tables)
    table = tables{ii}{1};
    rows = regexpi(table, '<tr.*?>(.*?)</tr>', 'tokens');
    for jj = 1:length(rows)
        row = rows{jj}{1};
        row = regexprep(row, ' ',' ');        % 替代 HTML 代码中的  为空格
        headers = regexpi(row, '<th.*?>(.*?)</th>', 'tokens');
        if ~isempty(headers)    % 判断标题行是否存在
            for kk = 1:length(headers)
                header = regexprep(headers{kk}{1},'<.*?>','');     % 去除标签
                data{jj,kk} = header;
            end
            continue
        end
        columns = regexpi(row, '<td.*?>(.*?)</td>', 'tokens');
        for kk = 1:length(columns)
            column = regexprep(columns{kk}{1}, '<.*?>', '');      % 去除标签
            data{jj,kk} = column;
        end
    end
    % disp(data);
    xlswrite(xlsfilename,data,strcat('sheet',num2str(ii)));
    clear data;
end
```

在上述代码段中,使用 fileread 函数读取 HTML 文件中的所有内容,并将其存放在一个字符串 txt 中。之后使用语句“regexpi(txt, '<table.*?>(.*?)</table>', 'tokens');”提取 txt 字符串中的所有表格。在第一层 for 循环中,使用语句“rows = regexpi(table, '<tr.*?>(.*?)</tr>', 'tokens');”提取一个表格中的行内容,假设共有 N 行,那么 rows 是一个 $1 \times N$ 的元组阵列,每个元组元素是一个 1×1 的元组,其中存放了某一行的所有 HTML 代码内容。

第二层 for 循环对 rows 的每一个元组进行处理。首先利用语句“row = regexprep(row, ' ', ' ');”将代码中的“ ”替换为空格。这是因为在 HTML 文件中,空格通常是使用字符串“ ”来表示的,浏览器也会在显示网页时将该字符串转换为空格。

使用语句“header = regexprep(headers{kk}{1},'<.*?>','');”获取表格一行中 <th> 标签中的内容,<th> 标签表示标题行中的单元格。在有些表格中并没有

标题行,或者标题行也使用<td>标签。为了兼容这两种情况,使用 if 结构判断 header 元组阵列是否为空。语句"columns = regexpi(row, '<td.*?>(.*?)</td>', 'tokens');"用来获取由<td>标签包含的单元格的内容。

　　语句"regexprep(headers{kk}{1}, '<.*?>', '');"和"regexprep(columns {kk}{1}, '<.*?>', '');"都是用来将获取的表格内容中的额外标签(如<b>标签和<i>标签)去除。

　　最后使用 xlswrite 函数将获得的表格数据写入.xls 电子表格文件中。关于 xlswrite 函数的用法,用户可以参考 6.2.2 小节的相关内容。网页中每一个表格占据电子表格文件中的一个工作表(sheet)。

　　程序运行完毕后,在电子表格文件中产生了多个工作表,这是因为每一对<table>、</table>标签都会生成一个工作表。查看各个工作表可以发现,其中第 4 个工作表的内容是所需要的表格,其部分内容如图 4-26 所示。

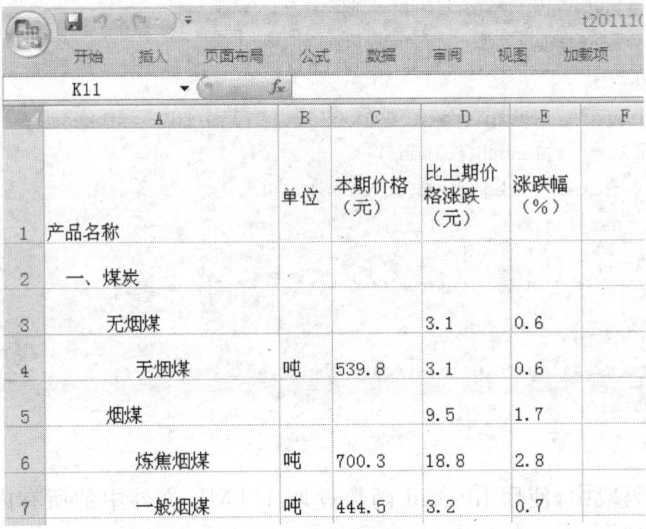

	A	B	C	D	E	F
		单位	本期价格（元）	比上期价格涨跌（元）	涨跌幅（%）	
1	产品名称					
2	一、煤炭					
3	无烟煤			3.1	0.6	
4	无烟煤	吨	539.8	3.1	0.6	
5	烟煤			9.5	1.7	
6	炼焦烟煤	吨	700.3	18.8	2.8	
7	一般烟煤	吨	444.5	3.2	0.7	

图 4-26　电子表格文件中的部分内容截图

　　上述实例成功地获取了一个实际网页中的表格数据。但是在实际情况中,有时文本文件格式的网页代码的规范性并不强,因此在编写数据抓取程序时需要充分考虑表格对象的特点,以提高数据获取的效率和准确率。

第 5 章　MATLAB 环境下操作二进制数据文件

除了文本文件之外,二进制文件是另一类重要的文件存储方式。与文本文件编码统一的特点不同,二进制文件的编码方式多种多样,不仅在各行业中已经存在大量"约定俗成"的二进制文件格式,而且用户还可以按照需求自行定义独有的二进制文件格式。二进制文件的存储效率高、使用灵活,因此应用非常广泛。本章依次介绍二进制文件的特点、MATLAB 操作二进制文件的低级函数、MATLAB 操作 BMP 位图文件实例及 MATLAB 操作二进制多媒体文件的高级函数等内容。

5.1　二进制文件的特点

在计算机上存储的文件有二进制文件和文本文件两大类。在物理层面上,文件都是以二进制的方式存储在存储空间(如内存)中的,二进制文件与文本文件的差别是从逻辑层面上讲的。文本文件是基于字符编码的,而二进制文件是基于值编码的。常见的字符编码包括 ASCII 编码和 UNICODE 编码等,其中 ASCII 编码中一个字符占据 1 字节存储空间,UNICODE 编码中一个字符占据 2 字节存储空间。对于任意一个字符,当编码方式确定后,其占用的存储空间也就确定了,所以字符编码的文件是定长的。而对于二进制文件,每个值可以占据多少字节,用户是可以自定义的,例如 1 字节(如 8 位整型)、2 字节(如 16 位整型)、4 字节(如 32 位整型、单精度浮点型)或 8 字节(如双精度浮点型),所以二进制编码的文件是变长的。

1. 二进制文件的缺点

与文本文件相比,二进制文件具有以下缺点:

① 可读性差。文本文件的编码方式种类少,编码方式较为统一,例如在 Windows 系统中使用记事本软件可以打开几乎所有的文本文件。而由于二进制文件的编码方式通过组合可以有无穷多种,因此二进制文件的可读性差。例如存储图像信息的二进制 BMP 文件,只能使用图像软件打开;对于用户自定义格式的二进制文件,通常只能用用户自己编写的软件查看。

② 编码效率低。如前所述,二进制文件各个值的编码方式和码元长度的差异性,造成了其编码效率低的特点。

2. 二进制文件的优点

然而,二进制文件也具有以下优点:

① 存储效率高。例如存储整数 1234,如果用二进制方式存储,则使用 2 字节的

整型就可以了;而如果使用文本方式,则至少需要 4 字节,分别存储字符"1"、"2"、"3"、"4"。

② 使用灵活。除了一些常见的二进制文件格式外,用户还可以自定义文件格式,并确定文件中某个位置的一个或几个字节值的编码类型和数值。在实际工程应用中,用户可以使用自定义的二进制文件格式提高存储空间的利用率。

5.2 MATLAB 操作二进制文件的低级函数

MATLAB 将文件的 I/O 操作分为低级 I/O 和高级 I/O 两类。高级 I/O 函数种类较多,使用方法简单,一般只适用于特定的文件类型。例如 xmlread 和 xmlwrite 函数只能操作电子表格文件;imread 和 imwrite 函数用于操作标准格式的图像文件,如 bmp、jpeg、png 等。

低级的 I/O 函数在文件读/写时具有更好的灵活性,在读/写时可以对文件内容进行直接控制,但是需要用户了解更详细的文件格式信息。对于任意的二进制文件来说,用户可以使用低级 I/O 函数进行读/写操作。MATLAB 低级文件 I/O 函数如表 5-1 所列。

表 5-1 MATLAB 低级文件 I/O 函数列表

函数名称	函数功能
fclose	关闭文件
feof	查询文件指针是否到达文件结尾
ferror	返回文件 I/O 操作过程中产生的错误
fgetl	从文本文件中读取一行,剔除换行符
fgets	从文本文件中读取一行,保存换行符
fopen	打开一个文件,返回文件 ID
fprintf	向文本文件中写入格式化数据
fread	从二进制文件中读取数据
frewind	将文件指针置于文件起始处
fscanf	从文本文件中读入格式化数据
fseek	将文件指针移至文件中指定的位置
ftell	返回文件指针的位置
fwrite	向二进制文件中写入数据

在上列函数中,fprintf、fscanf、fgetl、fgets 函数主要面向文本文件(参考第 4 章相关内容),其余函数均与二进制文件的读/写操作有关,下面逐一说明。

5.2.1　fopen 函数

fopen 函数的用法有两种,一种是打开文件;另一种是获取当前已打开的文件信息。利用 fopen 函数打开文件的方法如下所示。

```
fileID = fopen(filename)
fileID = fopen(filename, permission)
fileID = fopen(filename, permission, machineformat)
fileID = fopen(filename, permission, machineformat, encoding)
[fileID, message] = fopen(filename, ...)
fIDs = fopen('all')
[filename, permission, machineformat, encoding] = fopen(fileID)
```

在上述调用方法中,filename 为文件名称,permission 为文件操作控制选项,machineformat用于设置读取文件时的字节序,encoding用于设置编码选项。如果成功打开文件,则 fileID 返回文件 ID。如果打开文件失败,则 message 返回文件打开的错误信息。

如果文件已经打开,则可以通过 fopen 函数返回已经打开的文件信息。其中 fIDs ＝ fopen('all')用于返回所有打开文件的 ID,而[filename, permission, machineformat, encoding] ＝ fopen(fileID)用于返回 fileID 指定的已被打开文件的信息。下面分别对输入和输出参数进行详细说明。

(1) filename

filename 为待打开的文件名称,其类型为字符串。filename 分相对路径和绝对路径两种。在相对路径下,只给出文件名称即可,文件位于 MATLAB 的当前工作目录下,如“myexample.dat”;在绝对路径下,需要给出文件所在的各级目录,如“D:\data\myexample.dat”。

(2) permission

permission 的值为一些特殊的字符串,它描述了文件操作的控制选项,其中包括读、写、追加和更新,此外还描述了以何种方式打开文件(二进制文件或文本文件)。其中以二进制方式打开文件的各种命令如表 5-2 所列。

表 5-2　fopen 函数控制参数列表

命　　令	说　　明
'r'	打开文件以读取数据(默认)
'w'	打开或创建文件以写入数据。在打开文件时,将会擦除原有的所有数据
'a'	打开或创建文件,在文件末尾追加写入数据
'r+'	打开文件以读取或写入数据
'w+'	打开或创建文件以读取或写入数据,在打开文件时,擦除原有的所有数据
'a+'	打开或创建文件以读取或追加写入数据,不会擦除文件原有的数据
'A'	追加数据(用于磁带驱动器)
'W'	写入数据(用于磁带驱动器)

如果需要采用文本方式操作文件，则只需在控制方式字符串后加入 't' 字符即可，但如果命令中有字符 '+'，则 't' 应位于 '+' 之前。例如 'rt'、'at+' 等。文本控制方式下的文件操作效率较低，因为在文本控制方式下，文件 I/O 需要增加如下额外的操作（Windows 系统）：

- 读操作遇到回车和换行符后（'\r\n'），会自动删除回车和换行符；
- 写操作遇到换行符后，会自动在换行符前加入回车符。

（3）machineformat

不同的计算机系统可能会采用不同的字节顺序，在 MATLAB 中，可以通过 machineformat 来指定文件操作的字节顺序。在默认情况下，MATLAB 采用本机默认的字节顺序来操作文件（字节顺序一般与处理器类型和操作系统有关），但在如下三种情况中需要给出本参数：

- 当读取非本机计算机系统上创建的文件时；
- 当用户需要采用一种特殊的字节顺序读取若干比特数据时；
- 当在本机上创建可用于另外一种计算机系统的文件时。

machineformat 参数的取值为一些特定的字符或字符串，其用法和含义如表 5－3 所列。

表 5－3　machineformat 参数取值列表

machineformat 参数值	含　义
'n' 或 'native'	系统使用的字节顺序（默认）
'b' 或 'ieee-be'	大端模式顺序
'l' 或 'ieee-le'	小端模式顺序
's' 或 'ieee-be. l64'	大端模式顺序，用于 64 位系统
'a' 或 'ieee-le. l64'	小端模式顺序，用于 64 位系统

对于 Windows 系统，系统的字节顺序通常是小端模式。对于大多数 UNIX 系统，字节顺序是大端模式。小端模式的含义是，数据的低位存储在内存的低位地址（先存储数据的低位），数据的高位存储在高位地址（后存储数据的高位）。而大端模式刚好相反（先存储高位，后存储低位）。例如，若将 16 位整型数 0x1234（十六进制表示）存储在以 0x12ff20 开头的两个字节的内存中，那么在小端模式下，内存的存储布局如图 5－1 所示；在大端模式下，内存的存储布局如图 5－2 所示。

0x12ff20	0x12ff21
0x34	0x12

图 5－1　小端模式下 0x1234 的内存存储布局示例

0x12ff20	0x12ff21
0x12	0x34

图 5－2　大端模式下 0x1234 的内存存储布局示例

（4）encoding

encoding 参数指定了字符编码的方式，默认值由系统决定。其取值范围如

表 5 - 4 所列。

表 5 - 4　encoding 字符编码方式的取值范围

ISO 编码方式	Windows 类编码方式	其他编码方式
'ISO-8859-1'	'windows-932'	'Big5'
'ISO-8859-2'	'windows-936'	'EUC-JP'
'ISO-8859-3'	'windows-949'	'GBK'
'ISO-8859-4'	'windows-950'	'Shift_JIS'
'ISO-8859-9'	'windows-1250'	'US-ASCII'
'ISO-8859-13'	'windows-1251'	'UTF-8'
'ISO-8859-15'	'windows-1252'	
	'windows-1253'	
	'windows-1254'	
	'windows-1257'	

（5）fileID

fileID 的值为一个整数，在 MATLAB 环境中作为已打开文件的唯一标识。打开一个文件后，与该文件相关的所有低级操作都需要使用这个参数。如果文件打开失败，那么 fileID 的值将为 -1；如果文件打开正确，那么 fileID 的值将为大于或等于 3 的整数。测试实例命令如下，其中假设命令执行前当前工作目录下不存在文件 struct1.dat，struct2.dat 和 struct3.dat。

```
>> fid1 = fopen('struct1.dat','w')
fid1 = 3
>> fid2 = fopen('struct1.dat','r')
fid2 = 4
>> fid3 = fopen('struct2.dat','a')
fid3 = 5
>> fid4 = fopen('struct3.dat','r')
fid4 = -1
```

第一个命令为写模式，由于当前工作目录下没有 struct1.dat 文件，所以会在当前目录下创建 struct1.dat 文件。第二行命令使用读模式打开 struct1.dat 文件，由于该文件已经存在，所以返回正整数。可见，在正确打开文件的前提下，fileID 的值是依次递增的。第三行命令使用追加模式打开文件，如果文件不存在，则仍然创建文件。第四行命令使用读模式打开不存在的 struct3.dat 文件，此时返回错误标志"-1"。

（6）message

当 fopen 函数无法打开某个文件时，message 就会返回一个与系统有关的错误信息；当正确打开文件时，message 为空字符串。

(7) fIDs

fIDs 是语句 fopen('all')执行的返回值,向量 fIDs 中包含了当前所有已打开的文件 ID,例如,上面的测试实例执行后,再执行 fopen('all')语句就可以返回所有已打开的文件 ID。

```
>> fIDs = fopen('all')
fIDs =    3    4    5
```

(8) filename,permission,machineformat,encoding

当 fileID 为有效的文件 ID 时,可以通过 fopen 函数返回上述参数,即成功执行函数 fopen(fileID)后依次返回文件名、读/写控制命令、字节顺序和编码方式。例如,在上述测试实例代码之后继续执行如下代码。

```
>> [filename, permission, machineformat, encoding] = fopen(fid1)
filename = struct1.dat
permission = wb
machineformat = ieee - le
encoding = GBK
```

5.2.2　fseek 函数

fseek 函数的功能是将文件指针移到指定的位置。该函数的使用方法有以下两种:

```
fseek(fileID, offset, origin)
status = fseek(fileID, offset, origin)
```

其中各输入参数的含义如下:

- fileID,由 fopen 函数返回的整数,给出了待操作文件的 ID。
- offset,文件指针从 origin(第三个输入参数)指定的位置开始,移动数量为 offset 个字节。该参数可以为正整数、负整数或 0。正整数表示指针向文件结尾的方向移动,负整数表示指针向文件开始的方向移动。
- origin,表示文件指针移动的参考位置,其取值范围如表 5-5 所列。

表 5-5　origin 参数的取值范围

origin	含　义
'bof' 或 -1	以文件的起始处为参考值
'cof' 或 0	以文件指针的当前位置为参考值
'eof' 或 1	以文件的末尾为参考值

例如,在前述的实例代码下,将指针移至文件起始处的命令为:

```
>> fseek(fid1,0,'bof');
```

5.2.3　frewind 函数

frewind 函数用来将文件指针移到文件的起始处。其用法如下。

```
frewind(fileID)
```

显然,该函数与语句"fseek(fileID, 0, 'bof')"是等价的。

5.2.4　ftell 函数

ftell 函数指出当前文件指针在文件中的位置,即文件指针相对于文件起始位置的偏移量。其值为 -1 或者一个非负整数,其中 -1 表示获取位置失败,非负整数表示文件指针相对于当前位置的偏移量。例如,获取一个文件大小(字节数)的典型代码如下。首先使用 fwrite 函数将一个 5×5 的随机方阵写入一个文件中(关于 fwrite 函数的用法,稍后说明)。

```
>> fid = fopen('randomArray.dat','w');
>> fwrite(fid,rand(5,5),'float32');
>> fclose(fid);
>> clear fid;
```

打开该文件,联合使用 fseek 和 ftell 函数获取文件的大小,命令如下。

```
>> fidr = fopen('randomArray.dat','r');
>> fseek(fidr,0,'bof');
>> nb = ftell(fidr);
>> fseek(fidr,0,'eof');
>> ne = ftell(fidr);
>> fileSize = ne - nb
fileSize =    100
```

由于阵列中的每个元素都是使用 32 位单精度浮点型格式写入文件的,所以每个元素占据 4 字节的空间,文件大小为 100 字节。

5.2.5　fread 函数

fread 函数的功能是从二进制文件中读取数据,fread 函数执行成功后,文件指针会根据已读取的数据长度自动移动文件的指针。其使用方式有如下几种。

```
A = fread(fileID)
A = fread(fileID, sizeA)
A = fread(fileID, sizeA, precision)
A = fread(fileID, sizeA, precision, skip)
A = fread(fileID, sizeA, precision, skip, machineformat)
[A, count] = fread(...)
```

1. 输入参数

fread 函数各输入参数的含义如下。

(1) fileID

fileID 是由 fopen 函数返回的整数,给出了待操作文件对象的 ID 值。

(2) sizeA

sizeA 表示读入数据单元的大小,其取值形式有如下三种。

1) inf

当 sizeA 取 inf 时,从文件指针的当前位置开始至文件末尾结束,将所有数据单元读取到阵列变量 A 中。其中 inf 为 MATLAB 定义的一个常量,表示无穷大。

2) n

n 为一个正整数,表示从文件指针的当前位置开始,共读取 n 个数据单元至阵列变量 A 中。而读取数据的字节数由参数 precision 和 n 共同决定,例如当 precision 指定为 4 字节的单精度浮点型时,读取数据的字节数为 $4 \times n$。如果文件指针从当前位置至文件末尾的规模小于 n 个元素对应的字节数,则读取文件中当前文件指针之后的所有数据单元。

3) $[m, n]$

当 sizeA 采用 $[m, n]$ 向量设置时,函数返回的数据是规模为 $m \times n$ 的矩阵,排列方式是"按列"的。如果文件指针从当前位置至文件末尾的数据量小于 $m \times n$ 个数据单元对应的字节数,则根据剩余的数据单元个数决定输出矩阵 A 的列数,此时输出矩阵 A 的列数小于 n。

按列存储是 MATLAB 数据存储的一个特点,即当在内存中存放二维或多维矩阵时,是按照列向量存储的,例如,如表 5-6 所列的二维矩阵 A,在内存中,各个元素从低位到高位的排列顺序如表 5-7 所列。这种按列存储的方式与 C 语言中的数组是不同的。

表 5-6   二维矩阵示例

a_{11}	a_{12}	a_{13}	a_{14}
a_{21}	a_{22}	a_{23}	a_{24}
a_{31}	a_{32}	a_{33}	a_{34}

表 5-7   二维矩阵在内存中的存储顺序示意

a_{11}	a_{21}	a_{31}	a_{12}	a_{22}	a_{32}	a_{13}	a_{23}	a_{33}	a_{14}	a_{24}	a_{34}

在调用 fread 函数时也是如此,最先读入的数据填充至矩阵的第一列中,此后依次填充第二列、第三列,等等。

(3) precision

precision 参数指定了以何种类型(整型、浮点型等)读取文件中的数据单元和大小(字节数),并可以设定输出阵列的数据类型。其使用形式如表 5 - 8 所列。

表 5 - 8　precision 参数的使用形式

precision	含　义
'source'	指定以何种方式读取文件中的数据单元,如 'float32'。在 fread 函数中采用本选项时,输出数据的类型为默认的 double 型
'source=>output'	指定以何种类型读取文件中的数据单元,同时指定以何种类型输出数据,如 'int8=>char'
'*source'	输出数据的类型与输入数据的类型相同,例如 '*int8' 等价于 'int8=>int8'
'N*source' 'N*source=>output'	该方式与 fread 函数的第四个参数 skip 联合使用。通知 fread 函数在每次跳过文件中的数据之前读取 N 个由 source 标识的数据单元

表 5 - 8 中 source 和 output 可设定的参数范围如表 5 - 9 所列。

表 5 - 9　precision 参数中 source 和 output 的取值范围

数值类型	表示形式	比特数(字节数)
无符号整型	uint	32(4)
	uint8	8(1)
	uint16	16(2)
	uint32	32(4)
	uint64	64(8)
	uchar	8(1)
	unsigned char	8(1)
	ushort	16(2)
	ulong	由系统决定
	ubit$n$	$1 \leqslant n \leqslant 64$
有符号整型	int	32(4)
	int8	8(1)
	int16	16(2)
	int32	32(4)
	int64	64(8)
	integer*1	8(1)
	integer*2	16(2)
	integer*3	32(4)
	integer*4	64(8)
	schar	8(1)
	signed char	8(1)
	short	16(2)
	long	由系统决定
	bit$n$	$1 \leqslant n \leqslant 64$

数值类型	表示形式	比特数(字节数)
浮点型	single	32(4)
	double ·	64(8)
	float	32(4)
	float32	32(4)
	float64	64(8)
	real * 4	32(4)
	real * 8	64(8)
字符型	char * 1	8(1)
	char	由 fopen 函数的输入参数 encoding 决定

在表 5 - 9 中,无符号整型和有符号整型中分别有 ubit$n$ 和 bit$n$ 两种类型,这里的 n 在应用中为一个整数,并且符合 $1 \leqslant n \leqslant 64$,分别表示 n 位的无符号整型和 n 位的有符号整型,例如 ubit7、bit15 等,且有 ubit8 与 uint8 是等价的,bit16 与 int16 是等价的,等等。但是当指定 fread 函数的第四个参数 skip 时,这种等价就不能混用了,即当指定 skip 时,如果第三个参数是 ubit$n$ 或 bit$n$,则 skip 对应的单位是 bit,而如果第三个参数是 uint$n$ 或 int$n$,则 skip 对应的单位是字节,显然这时 bit16 和 int16 是不能互换的。

需要注意的是,long 和 ulong 类型在 32 位系统中是 32 位长的,在 64 位系统中则是 64 位长的。

precision 的默认值为"uint8=>double"。

(4) skip

skip 表示每次读取操作后指针跳过的字节数,默认值为 0。但是当 precision 为 'ubit$n$' 或 'bit$n$' 时,skip 的单位不再是字节,而是比特。当所需数据不是连续存储在文件中时,可以使用此参数。当与 fopen 函数的第三个参数以 'N * source' 的形式配合使用时,可以实现连续读取 N 组数据、跳过 skip 字节、再读取 N 组数据、再跳过 skip 字节等的功能。仍以介绍 ftell 函数时生成的 'randomArray. dat' 文件为例,只是这里使用无符号整型来读取其中的数据,命令如下。

```
>> fid = fopen('randomArray.dat','r');
>> a = fread(fid,10);
>> a
a =
    187
    145
```

```
        80
        63
       251
       225
       103
        63
       213
         8
>> fseek(fid,0,'bof');
>> b = fread(fid,3,'uint8',3)                    % 读取 1 个无符号整型,跳过 3 字节
b =
       187
       251
       213
>> fseek(fid,0,'bof');
>> c = fread(fid,4,'2 * uint8',3)                % 读取 2 个无符号整型,跳过 3 字节
c =
       187
       145
       225
       103
```

通过数据的比较可以看出,使用 skip 参数实现了数据的非连续读取。

(5) machineformat

machineformat 参数与 fopen 函数的 machineformat 参数的含义和取值范围均相同,可以参考之前对 fopen 函数的输入参数的说明(5.2.1 小节)。

2. 输出参数

fread 函数输出参数的含义如下所述。

(1) A

A 表示读入的数据。在大多数情况下 A 为一个列向量;当指定输入参数 sizeA 的形式为 $[m,n]$ 时,A 为 $m \times n$ 的矩阵。

(2) count

fread 函数成功读入的元素数目。

5.2.6　fwrite 函数

fwrite 函数的功能是将数据写入二进制文件。函数的调用方式有以下几种。

```
fwrite(fileID, A)
fwrite(fileID, A, precision)
fwrite(fileID, A, precision, skip)
fwrite(fileID, A, precision, skip, machineformat)
count = fwrite(...)
```

可以看出,fwrite 函数的调用方式和输入参数与 fread 函数的非常类似,其输入
参数的含义和用法如下所示。

(1) fileID

fileID 是由 fopen 函数返回的整数,给出了待操作文件对象的 ID 值。

(2) A

A 表示待写入的数据,可以是数值或字符类型的阵列。

(3) precision

precision 表示写入文件的数据类型。与 fread 函数不同的是,这里的 precision
不再有 'source=>output'、' * source'、'N * source'、'N * source=>output' 的形式,
而只有 'dataType' 一种形式,其中 dataType 可以设置的参数参见表 5 - 9,默认值
为 'uint8'。

(4) skip

skip 表示写入文件时每个元素之间相隔的字节数或比特数,只有 precision 为
'ubit$n$' 或 'bit$n$' 时,skip 的单位才为比特。其默认值为 0。下面给出一个实例。

```
>> a = 1:8;
>> fid = fopen('testFwriteSkip.dat','w');
>> fwrite(fid,a,'uint8',5)
```

使用可以直接查看二进制数据的软件(如 WinHex、UltraEdit 等)打开 test-
FwriteSkip. dat 文件,上述实例写入的数据如图 5 - 3 所示,其显示方式为十六进制。

```
Offset      0 1 2 3 4 5 6 7   8 9 A B C D E F
00000000    00 00 00 00 00 01 00 00   00 00 00 02 00 00 00 00
00000010    00 03 00 00 00 00 04 00   00 00 00 00 05 00 00
00000020    00 00 00 06 00 00 00 00   00 07 00 00 00 00 00 08
```

图 5 - 3　testFwriteSkip. dat 文件的十六进制显示

从图 5 - 3 可以看出,在写入的相邻数字之间(如 0x01 和 0x02)插入了 5 字节的 0。
因此采用 skip 参数可以写入或替换不连续的文件空间。

(5) machineformat

该参数与 fread 或 fopen 函数的相应参数类似,可以参见 fopen 函数的相关内容
(5.2.1 小节)。

5.2.7　fclose 函数

fclose 函数用来关闭一个或所有打开的文件。其调用方式有如下几种。

```
fclose(fileID)
fclose('all')
status = fclose(...)
```

fclose(fileID)关闭由 fileID 指定的文件。fileID 是 fopen 函数返回的文件 ID。

fclose('all')关闭所有打开的文件。

status = fclose(...)返回关闭文件的状态,如果关闭文件操作成功,status 为 0,否则为 -1。

需要注意的是,在一个好的编程习惯中,fopen 函数与 fclose 函数总是成对出现的,以确保文件资源在不使用的时候得到及时释放。例如:

```
>> fid = fopen(filename,other arguments);
>> % read or write operation
>> fclose(fid);
```

5.2.8　feof 函数

feof 函数的使用方法如下所示。

```
status = feof(fileID)
```

feof 函数的意义是查看上一步文件操作是否设置了文件结束符。如果文件结束符(end-of-file indicator)被设置,则返回值 status 为 1,否则返回 0。设置文件结束符的条件是执行了读操作,并将文件的位置标记(文件指针)移动到了文件的末尾。所以如果打开一个空文件,即使文件指针在文件的末尾,也仍然未能设置结束符。所以,该函数返回 1 的条件有两个:

① 执行了读操作;

② 文件指针指向文件的末尾。

以介绍 fwrite 函数时生成的文件 testFwriteSkip. dat 为例,命令如下。

```
>> fid = fopen('testFwriteSkip.dat','r');
>> fseek(fid,0,'eof');
>> feof(fid)
ans =
    0
>> fseek(fid,0,'bof');
>> data = fread(fid);
>> feof(fid)
ans =
    1
>> fclose(fid);
```

5.2.9　ferror 函数

ferror 函数返回进行文件 I/O 操作时发生的错误信息。其调用方法如下所示。

```
message = ferror(fileID)
[message, errnum] = ferror(fileID)
[...] = ferror(fileID, 'clear')
```

message＝ferror(fileID)返回最近一次进行文件 I/O 操作时发生的错误,如果没有错误发生,则 message 为空字符串。

[message, errnum] ＝ ferror(fileID)除了返回错误信息外,还返回错误的个数,如果最近一次的文件 I/O 操作没有发生错误,则 errnum 为 0。

[...] ＝ ferror(fileID, 'clear')清除 fileID 指定文件操作过程中产生的所有错误。

5.3　MATLAB 操作 BMP 位图文件实例

BMP 位图文件是一种典型的二进制文件,是应用于 Windows 系统的一种简单的图形图像格式文件。本节首先对 BMP 文件格式进行简单的介绍和分析,之后通过使用 5.2 节中介绍的 MATLAB 中的低级文件操作函数来对一幅 24 位 BMP 图像进行操作,将其 R、G、B 三个通道的数据抽取出来并分别绘制灰度图。

5.3.1　BMP 位图文件格式

BMP 文件一般由四部分组成,如表 5-10 所列。

表 5-10　BMP 文件的四部分组成

名　称	Windows 结构体定义	大　小
位图文件头	BITMAPFILEHEADER	14 字节
位图信息	BITMAPINFOHEADER	40 字节
调色板		由颜色索引数目决定
位图数据		由位图图像的尺寸决定

位图文件头部分的格式如表 5-11 所列。

表 5-11　位图文件头部分的格式

偏移量/字节	长度/字节	取值及意义
0	2	这两个字节给出了位图的类型,用 ASCII 码表示的取值范围及适用范围如下: • 'BM'—Windows 3.1x, 95, NT 等; • 'BA'—OS/2 Bitmap Array; • 'CI'—OS/2 Color Icon; • 'CP'—OS/2 Color Pointer; • 'IC'—OS/2 Icon; • 'PT'—OS/2 Pointer。 考虑到 OS/2 系统的应用范围较小,所以几乎所有的 BMP 位图像都是以 'BM'(0x42 0x4D)开头的
2	4	32 位无符号整型,表示位图图像文件的大小
6	4	BMP 文件的保留部分,尚无意义,必须为 0(即 0x00 0x00 0x00 0x00)
10	4	32 位无符号整型,表示图像数据的地址偏移。例如,对于 24 位位图图像,由于没有调色板部分,所以图像数据的偏移量为 54(0x36),即位图文件头的大小与位图信息的大小之和

位图信息部分的格式如表 5-12 所列。

表 5-12　位图信息部分的格式

偏移量/字节	长度/字节	取值及意义
14	4	位图信息区块的大小。对于 Windows 系统下的位图(位图文件以 BM 开头),该值始终为 40,以下仅介绍位图信息区块大小为 40 字节的结构
18	4	32 位无符号整型,表示位图的宽度(单位为像素)
22	4	32 位无符号整型,表示位图的高度(单位为像素)
26	2	所用色彩平面(color planes)的个数。该值始终为 1
28	2	每个像素的位数,常用的值为 1、2、8(灰度)和 24(彩色)
30	4	32 位整型,表示所用的压缩算法,取值范围是: • 0,没有压缩(BI_RGB); • 1,8 位 RLE 压缩(BI_RLE8); • 2,4 位 RLE 压缩(BI_RLE4); • 3,位域存放方式(BI_BITFIELDS); • 4,JPEG 图像(BI_JPEG); • 5,PNG 图像(BI_PNG)。 大多数 BMP 图像不使用压缩算法,所以该值通常为 0

偏移量/字节	长度/字节	取值及意义
34	4	32 位无符号整型,表示位图数据的大小,该值与文件大小不同
38	4	32 位无符号整型,表示图像水平方向的分辨率,单位为像素/米
42	4	32 位无符号整型,表示图像垂直方向的分辨率,单位为像素/米
46	4	32 位无符号整型,表示所用的颜色数目,调色板占用空间为所用颜色数目的 4 倍
50	4	32 位无符号整型,表示所用重要颜色的数目

　　调色板占用空间的大小是位图信息中定义的图像所用颜色数目的 4 倍,这是因为每一种颜色在调色板中占据了 4 字节的空间,其中前三个字节分别表示该种颜色的 R、G、B 分量,第四个字节在某些情况下表示透明度,一般为 0。

　　实际上,调色板提供了一种索引,在使用调色板的位图中,图像数据并不直接表示颜色信息,而是表示在调色板中的索引位置,该索引位置的颜色信息才是该像素点的真实颜色。

　　对于 24 位位图或 32 位位图来说,图像数据直接由颜色信息组成,所以它们不使用调色板,因此,位图信息中的所用颜色数目也为 0。

　　位图数据区块依次表示图像的各个像素,保存的顺序是由下至上,由左至右,按行存储。每个像素用一个或多个字节保存,如果一行像素的字节数不是 4 的倍数,那么将在每一行的末尾用 0 补齐。例如一个 5×5 像素的 24 位位图文件,一行像素的大小为 15 字节,因为它不是 4 的倍数,所以就在每行的末尾添加 1 字节的 0。在如图 5-4 所示的例子中,BMP 文件只有一种颜色,其 R、G、B 值分别为 0xE4、0x7D、0x69,一行数据的末尾添加了 1 字节的 0x00。

```
Offset      0  1  2  3  4  5  6  7   8  9 10 11 12 13 14 15
00000000   42 4D 88 00 00 00 00 00  00 00 36 00 00 00 28 00
00000016   00 00 05 00 00 00 05 00  00 00 01 00 18 00 00 00
00000032   00 00 52 00 00 00 12 0B  00 00 12 0B 00 00 00 00
00000048   00 00 00 00 00 00 E4 7D  69 E4 7D 69 E4 7D 69 E4
00000064   7D 69 E4 7D 69 00 E4 7D  69 E4 7D 69 E4 7D 69 E4
00000080   7D 69 E4 7D 69 00 E4 7D  69 E4 7D 69 E4 7D 69 E4
00000096   7D 69 E4 7D 69 E4 7D     69 E4 7D 69 E4 7D 69 E4
00000112   7D 69 E4 7D 69 00 E4 7D  69 E4 7D 69 E4 7D 69 E4
00000128   7D 69 E4 7D 69 00 00 00
```

图 5－4　BMP 文件的十六进制显示实例

　　为了深入理解 BMP 格式的特征,再给出一个使用调色板的例子。在高级绘图软件(例如 PhotoShop)中构造一个 5×5 像素的图像,填充类似国际象棋棋盘的图案,如图 5-5 所示。

将棋盘图案存储为 BMP 格式的图像,然后使用 Windows 的画图软件打开,另存为"单色位图",如图 5-6 所示。

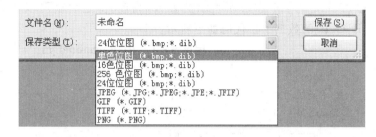

图 5-5　图案填充　　　　　　　　图 5-6　另存为"单色位图"

查看单色位图的数据信息如图 5-7 所示。

Offset	0	1	2	3	4	5	6	7	8	9	10	11	12	13	14	15
00000000	42	4D	52	00	00	00	00	00	00	00	3E	00	00	00	28	00
00000016	00	00	05	00	00	00	05	00	00	00	01	00	01	00	00	00
00000032	00	00	14	00	00	00	12	0B	00	00	12	0B	00	00	00	00
00000048	00	00	00	00	00	00	00	00	FF	FF	FF	00	50	00		
00000064	00	00	A8	00	00	00	50	00	00	00	A8	00	00	00	50	00
00000080	00	00														

图 5-7　单色位图 BMP 文件的十六进制显示

从图 5-7 可以看出,偏移量为 10 处的 32 位整型("3E 00 00 00")图像数据的偏移量为 0x0000003E,即 62。偏移量为 54 处的两个 4 字节数据给出了调色板信息:"00 00 00 00"表示黑色,"FF FF FF 00"表示白色。

偏移量为 62 处的数据为"50 00 00 00 A8 00 00 00...",如前所述,当一行数据量的字节数不是 4 的倍数时将自动用 0 补齐,所以这里每行数据的末尾有 27 比特的补零。抛去补零,第一行数据的二进制表示为 01010(0x50 为 01010000,后三位 0 为补零),查找调色板,分别表示"黑白黑白黑";第二行数据的二进制表示为 10101(0xA8 为 10101000,后三位 0 为补零),分别表示"白黑白黑白"。与实际相符。

5.3.2　操作实例:24 位 BMP 位图图像通道的抽取

为了说明 MATLAB 对二进制文件的操作方法,这里给出抽取 24 位位图的 R、G、B 三个通道数据的实例。

首先需要判断一个文件是否为 24 位的 BMP 位图,一般可以通过以下几个方面来进行:

● 0~1 字节是否为"BM"(BMP 文件的标识);

- 10～13 的 4 个字节代表的整数是否为 54(图像数据的偏移量);
- 28～29 的 2 个字节代表的整数是否为 24(每个像素数据的位数);
- 30～33 的 4 个字节代表的整数是否为 0(不使用压缩算法)。

　　如果以上判断均为"是",那么需要读取 18～21 的 4 个字节所表示的整数(宽度)和 22～25 的 4 个字节所表示的整数(高度)。之后就可以从文件中读取每种元色(R、G、B)的数据了。代码如下所示。

程序 5 - 1　RGB_channel. m

```
function [] = RGB_channel(filename)
% 本函数用来抽取 24 位 BMP 位图的 RGB 通道数据
if nargin == 0
    filename = uigetfile('* .bmp');
end
fid = fopen(filename,'r');
if fid == -1
    disp('ERROR: the file doesnot exist.');
    return;
end
% 判断是否为 24 位 BMP 图像
fseek(fid,0,'bof'); % 将文件指针移至文件起始位置
bmpfile_magic = fread(fid,2,'uint8 = >char');
bmpfile_magic = bmpfile_magic.';
if strcmp(bmpfile_magic,'BM') == 0
    disp('ERROR: the file is not an universal BMP file.');
    return;
end
fseek(fid,10,'bof');
pixel_array_offset = fread(fid,1,'uint32');
if pixel_array_offset ~= 54
    disp('ERROR:the BMP file has a color table!');
    return;
end
fseek(fid,28,'bof');
pixel_bits_num = fread(fid,1,'uint16');
if pixel_bits_num ~= 24
    disp('ERROR:the number of bits per pixel is not 24.');
    return;
end
fseek(fid,30,'bof');
compression_method = fread(fid,1,'uint32');
if compression_method ~= 0
```

```
        disp('ERROR: the BMP file used compression method!');
        return;
    end
    % 读取高度和宽度信息
    fseek(fid,18,'bof');
    width_pixel_num = fread(fid,1,'uint32');
    height_pixel_num = fread(fid,1,'uint32');

    fseek(fid,54,'bof');
    colorData = fread(fid, width_pixel_num * height_pixel_num * 3, 'uint8');  % 读取图像数据
    colorData = reshape(colorData, width_pixel_num * 3, height_pixel_num);
    colorData = colorData.';
    colorData = flipdim(colorData,1);
    colorData = colorData/max(max(colorData));  % 归一化
    blue_array = colorData(:,1:3:end);      % 获取各通道数据
    green_array = colorData(:,2:3:end);
    red_array = colorData(:,3:3:end);

    figure;
    imagesc(blue_array);
    colormap(gray);
    title('blue channel');

    figure;
    imagesc(green_array);
    colormap(gray);
    title('green channel');

    figure;
    imagesc(red_array);
    colormap(gray);
    title('red channel');

    fclose(fid);
end
```

将上述代码保存为 RGB_channel. m 文件并存放在 MATLAB 当前工作目录下。

使用 Windows 的画图软件打开 Windows 系统中"我的文档"下面"图片收藏"目录中的 Water lilies. jpg 文件,并保存为 24 位位图文件,存放在 MATLAB 的工作目录下,图片如图 5 - 8 所示。也可从 MATLAB 中文论坛与本书相关的页面中获得本图片。

在 MATLAB 命令行窗口中执行如下命令。

```
>> RGB_channel('Water lilies.bmp');
```

运行结果如图 5 - 9 所示。从图中可以看到,BMP 文件中的品红色花瓣部分,在

图 5 - 8　BMP 文件实例

红色通道和蓝色通道中的亮度较高,而品红色是由红色和蓝色合成的。BMP 文件中的绿色叶子部分,在绿色通道中的亮度较高。

（从左至右依次为红色通道、绿色通道、蓝色通道）

图 5 - 9　BMP 文件实例处理结果

　　通过上述对 BMP 文件 RGB 通道数据的抽取实例,介绍了利用 MATLAB 来操作二进制文件的一般方法。在 MATLAB 中,除了可以打开常见的二进制文件来获取数据外,用户还可以自定义文件格式,并利用 MATLAB 强大的文件操作功能和二进制文件的灵活性,实现高效的数据文件操作。

5.4　MATLAB 操作二进制多媒体文件的高级函数

　　5.2 节中介绍的函数均为低级文件操作函数,这些函数使用灵活,适用于各种二进制格式文件,但是通常要求用户了解文件的格式。在实际应用中,有一些二进制格式文件的使用范围较广,已经被大量用户所应用,同时也被多种应用程序所支持。在这种情况下,MATLAB 提供了一些高级函数来支持这些较为通用的二进制格式文件,为此当用户处理这些较为通用的二进制格式文件时,一般无需了解其格式。

5.4.1　图像文件的操作

在 MATLAB 中,各种格式的图像文件均可以通过 imread 函数读取,通过 imwrite 函数输出。除了这两个函数之外,MATLAB 还支持通过 imfinfo 函数获取图像文件中保存的除图像数据之外的基本信息。下面分别对 imread、imwrite 和 imfinfo 函数进行详细说明。

1. 使用 imwrite 函数创建图像文件

imwrite 函数的主要作用是将 MATLAB 数值阵列以图像的方式输出,其调用方式如下所示。

```
imwrite(A,filename,fmt)
imwrite(X,map,filename,fmt)
imwrite(...,filename)
imwrite(...,Param1,Val1,Param2,Val2...)
```

在上述函数调用中,参数 A 或 X 为二维数值阵列,filename 为图像文件名称,fmt 为图像格式,map 为调色板数据。Param1 和 Param2 等为 imwrite 函数的选项名称,Val1 和 Val2 等为 imwrite 函数的选项值。对于不同类型的图像文件,imwrite 函数支持的选项名称和选项值有所不同。

在应用 imwrite 函数将数值阵列输出为图像文件时,为了保证数据正确地转换为图像文件,变量 A 或 X 或者设置为逻辑型、8 位整型、16 位无符号整型,或者设置为浮点型。如果输入数据为浮点型阵列,则对于第一种调用方式,当变量 A 的值在 [0 1] 之间时,MATLAB 自动将其等比例地调整为 8 位无符号整型。对于其他情况,MATLAB 将采用 uint8(A−1) 或 uint8(X−1) 进行预处理后再将数据存储到图像文件中。因此,如果是浮点型数据,为了避免图像在存储时数据转换有误,用户可以通过调用如下函数对其进行转换。

程序 5−2　**doubleimg2uint8. m**

```
function out = doubleimg2uint8(in)
in = in - min(in(:)); % 此语句可以根据情况省略
in = in/max(in(:));
in = uint8(in * 256);
```

(1) 将逻辑型变量输出为二值黑白图像

下面的实例采用 peaks 函数生成一个二维数值矩阵,然后将其转换为逻辑型二值阵列,最终通过 imwrite 函数将其输出为 JPG 文件。输出结果如图 5−10 所示。

```
>> a = peaks(125);
>> a = a/max(a(:));a = a>0.5;
>> imwrite(a,'black_white.jpg','jpg');
```

(2) 将 8 位无符号整型变量输出为伪彩色图像

下面的实例采用 peaks 函数生成一个二维数值矩阵,然后将其转换为 8 位无符号整型数值阵列,最终通过 imwrite 函数将其输出为 JPG 文件。在 imwrite 函数中,为了生成伪彩色图像,采用 jet 函数生成调色板数据,并且通过 Bitdepth 选项将图像数据的位数设置为 8 位。输出结果如图 5-11 所示。

```
>> a = peaks(125);
>> a = a/max(a(:));a = uint8(a * 256);
>> imwrite(a,jet(255),'pcolor.jpg','jpg','Bitdepth',8)
```

图 5-10   black_white.jpg 文件图像   图 5-11   pcolor.jpg 文件图像

(3) 输出包含多幅图像的 TIF 文件

通过 'append' 选项,可以创建包含多幅图像的 TIF 文件。下面的实例创建 TIF 格式的、倒计时序列图像文件。这里采用 Windows 2007 附带的照片查看器查看包含多幅图像的 TIF 文件,如图 5-12 所示。

```
N = 9;
fname = 'num.tif';
for kk = N: -1:0
    text(0.28,0.5,num2str(ceil(kk)),'fontsize',200);
    axis off;
    fa = getframe;cla;
    Ig = rgb2gray(fa.cdata);
    imwrite(Ig,jet(255),fname,'tif','WriteMode','append');
end
```

2. 使用 imread 函数读取图像文件

imread 函数的使用方法如下所示。

```
A = imread(filename, fmt)
[X, map] = imread(...)
[...] = imread(filename)
[...] = imread(URL,...)
[...] = imread(...,Param1,Val1,Param2,Val2...)
```

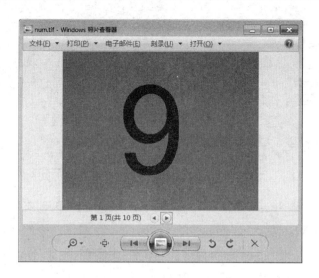

图 5 – 12　num. tif 文件图像

在上述函数调用中,大部分参数与 imwrite 函数的含义相同,用户可以参考 imwrite 函数的说明。但 imread 函数增加了一个 URL 参数,利用该参数,imread 函数可从网络上读取图像数据。下面通过几个实例说明 imread 函数的具体用法。

(1) 从图像文件中读取数据

命令实例如下所示。

```
>> imdata = imread('ngc6543a.jpg');%读取图像数据
>> imshow(imdata);%显示图像数据
```

(2) 从序列图像文件中读取指定图像

在 TIF、GIF 等格式的图像文件中,允许在单个图像文件中存储多幅图像的数据,在利用 imread 函数读取这类图像时,可以根据输入索引来读取图像数据。下面利用图 5 – 12 对应的实例所生成的 num. tif 文件为对象,读取 num. tif 中的第三幅图像并显示结果,如图 5 – 13 所示。

```
>> [img,map] = imread('num.tif',3);
>> imshow(img);
>> figure;
>> rgbplot(map);
```

3. 使用 imfinfo 函数读取图像文件的信息

在某些情况下,用户不希望读取所有的图像数据,而只希望读取图像的基本信息。这时可利用 imfinfo 函数获得图像的基本信息。imfinfo 函数的用法如下所示。

```
info = imfinfo(filename,fmt)
info = imfinfo(filename)
info = imfinfo(URL,...)
```

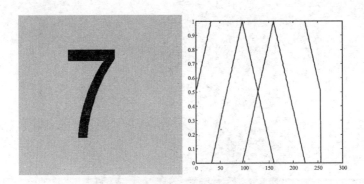

图 5 - 13　图像显示结果(左)和调色板的 RGB 曲线(右)

在上述函数调用中,filename 为文件名称,fmt 为图像文件的格式,URL 为网络图片的链接地址。imfinfo 函数的用法比较简单,下面给出一个应用实例。

```
>> im = peaks(100);
>> im = im - min(im(:));im = im/max(im(:));
>> imwrite(uint8(im * 256),jet(255),'out.tif','tif');
>> imfinfo('out.tif')
ans =

                        Filename: [1x72 char]
                     FileModDate: '16 - 十二月 - 2013 01:00:52'
                        FileSize: 9366
                          Format: 'tif'
                   FormatVersion: []
                           Width: 100
                          Height: 100
                        BitDepth: 8
                       ColorType: 'indexed'
                 FormatSignature: [73 73 42 0]
                       ByteOrder: 'little - endian'
                 NewSubFileType: 0
                   BitsPerSample: 8
                     Compression: 'PackBits'
         PhotometricInterpretation: 'RGB Palette'
                      StripOffsets: [8 6426]
                   SamplesPerPixel: 1
                      RowsPerStrip: 81
                   StripByteCounts: [6418 1186]
                       XResolution: 72
                       YResolution: 72
                     ResolutionUnit: 'Inch'
```

```
                     Colormap: [256x3 double]
         PlanarConfiguration: 'Chunky'
                    TileWidth: []
                   TileLength: []
                  TileOffsets: []
               TileByteCounts: []
                  Orientation: 1
                    FillOrder: 1
             GrayResponseUnit: 0.0100
               MaxSampleValue: 255
               MinSampleValue: 0
                 Thresholding: 1
                       Offset: 7612
```

4. MATLAB 中其他输出图像的方法

除了上述输出图像数据的方法之外,MATLAB 还提供了一些其他方法,如下所述。

(1) 利用 saveas 函数

利用 saveas 函数可以很方便地将 MATLAB 图形窗口保存为图像文件。saveas 函数的用法也比较简单,其基本用法是:

```
saveas(h,'filename.ext')
saveas(h,'filename','format')
```

其中 filename 为待输出的文件名称,format 为待输出的文件格式。

下面给出一个利用 saveas 函数输出图像的实例。在下述实例中,通过 peaks 和 surf 函数创建一个带有三维数据显示的 Figure 窗口,然后通过 saveas 函数将其保存为 peaks.tif 图像文件。最终生成的 peaks.tif 如图 5 - 14 所示。

```
>> [x,y,z] = peaks(125);
>> surf(x,y,z);
>> shading interp;axis off;
>> saveas(gcf,'peaks.tif','tif');
```

(2) 利用 print 函数

利用 print 函数输出图像文件的使用方式是:

```
print('-f<handle>', option, filename);
print(handle,option,filename);
```

其中 handle 为 MATLAB Figure 窗口的句柄,option 为输出选项,比如 TIFF 格式采用 - dtiff 选项,JPG 格式采用 - djpeg 选项,PNG 格式采用 - dpng 选项。filename 为文件名称。应用命令实例如下。

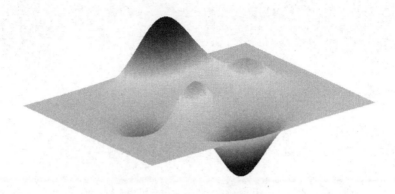

图 5 - 14 peaks. tif 文件图像

```
>> [x,y,z] = peaks;
>> surf(x,y,z);shading interp;axis off;
>> gcf
ans =
    1
```

从上述代码段中可以看出,当前创建的 MATLAB Figure 窗口的 handle 编号为 1。所以,可以通过如下语句利用 print 函数将其输出到图像文件中。

```
>> print('-f1','-dtiff','out.tif');
```

另外一种输出图像文件的实例如下所示。

```
>> print(gcf,'-dpng','out.png');
```

5.4.2 音频和视频文件的操作

MATLAB 还提供了对音频和视频文件的操作方法。

1. 音频和视频文件读/写函数列表

MATLAB 提供的音频和视频文件读/写函数及功能如表 5 - 13 所列。

表 5 - 13 音频和视频文件读/写函数及功能

函数名称	函数功能
audioinfo	获取音频文件信息
audioread	读取音频文件
audiowrite	写音频文件
mmfileinfo	获取多媒体文件信息
movie2avi	利用 MATLAB mov 对象创建 AVI 视频文件
VideoReader	读取视频文件
VideoWriter	写视频文件

2. 音频文件操作函数

MATLAB 中支持音频文件操作的函数包括 audioinfo、audioread 和 audiowrite 三个。其中 audioinfo 用来获得音频文件的信息，audioread 用来读取音频文件，audiowrite 用来写音频文件。

（1）使用 audioinfo 函数获取音频文件信息

audioinfo 函数用来获取音频文件信息，其用法如下。

```
info = audioinfo(filename)
```

该函数的输入参数为音频文件的名称，输出参数为音频文件的信息。函数支持的音频文件的类型如表 5-14 所列。

表 5-14　audioinfo 函数支持的音频文件类型

平台类型	支持的音频文件类型
所有平台	WAVE (.wav) OGG (.ogg) FLAC (.flac) AU (.au)
Windows 7，Macintosh，Linux	MP3 (.mp3) MPEG-4 AAC (.m4a，.mp4)

输出参数 info 为一个结构体，包含了音频文件的相关信息，结构体中各个域的名称、含义和类型如表 5-15 所列。

表 5-15　info 结构体域的信息

名　　称	含　　义	数据类型
Filename	文件名，包含文件的绝对路径和扩展名	String
CompressionMethod	音频文件使用的压缩算法	String
NumChannels	音频通道数	double
SampleRate	采样率（单位为 Hz）	double
TotalSamples	采样点数	double
Duration	音频持续时间（单位为 s）	double
BitsPerSample	每个采样值的位数（比特数），仅对 .wav 和 .flac 文件有效	double
BitRate	压缩音频文件的压缩编码比特率，单位为 kbit/s，仅对 .mp3、.m4a 和 .mp4 文件有效	double
Title	标题	String
Artist	艺术家	String
Comment	备注	String

例如,首先执行下列命令产生一个音频文件 handel.wav。

```
>> load handel.mat
>> filename = 'handel.wav';
>> audiowrite(filename,y,Fs);
```

执行下列命令读取该文件的信息。

```
>> info = audioinfo(filename)
info =
             Filename: 'E:\MATLAB \Ch5\handel.wav'
    CompressionMethod: 'Uncompressed'
          NumChannels: 1
           SampleRate: 8192
         TotalSamples: 73113
             Duration: 8.9249
                Title: []
              Comment: []
               Artist: []
        BitsPerSample: 16
```

(2) 使用 audioread 函数读取音频文件内容

audioread 函数用来读取音频文件的内容,其基本用法如下。

```
[y,Fs] = audioread(filename);
[y,Fs] = audioread(filename,samples);
[y,Fs] = audioread(___,dataType)
```

在输入参数中,filename 为待读取音频文件的文件名。samples 为读取的采样点数,其取值范围为正整数。dataType 为输出参数 y 的类型,默认为 double,还可以取 native,表示与文件中的数据格式一致,例如,对于压缩音频 MP3 格式文件,当其中的数据不是以整数存储时,如果 dataType 指定为 native,则读进来的数据 y 的类型为 single。

在输出参数中,y 为表示音频数据的数组,Fs 为采样率。

为了说明上述各种用法,仍以介绍 audioinfo 函数时生成的 handel.wav 为例,执行下列命令读取该文件中的所有声音数据。

```
>> [y,Fs] = audioread('handel.wav');
>> whos y
  Name        Size        Bytes    Class       Attributes
   y        73113x1       584904    double
>> Fs
Fs =
      8192
```

从执行结果可以看出,文件中存放了 73 113 点数据,采样率为 8 192 Hz。

执行下列命令从 handel. wav 中读取 2 s 的数据。

```
>> Fs = 8192;
>> samples = [1,2 * Fs];
>> [y,Fs] = audioread('handel.wav',samples);
>> whos y
  Name       Size          Bytes      Class      Attributes
   y        16384x1        131072     double
```

由于采样率为 8 192,所以 2 s 的数据为 16 384 点。

执行下列命令,使用本地数据类型。

```
>> [y,Fs] = audioread('handel.wav',samples,'native');
>> whos y
  Name       Size          Bytes      Class      Attributes
   y        16384x1        32768      int16
```

从 y 的数据类型可以看出,从 handel. wav 中读取数据的本地类型是 int16,即 16 位整型。

(3) 使用 audiowrite 函数写音频文件

audiowrite 函数用来写音频文件,其基本用法有如下几种:

```
audiowrite(filename,y,Fs);
audiowrite(filename,y,Fs,Name,Value);
```

输入参数中的 filename 为待写入的音频文件名,y 为声音数据,Fs 为采样率。Name 和 Value 成对出现,分别表示属性名和属性值。本函数中可设置的属性及其含义和取值如表 5 - 16 所列。

表 5 - 16　audiowrite 函数属性参数的含义和取值

属性名称	含　义	取　值
BitsPerSample	每个采样点的位数,仅对 .wav 和 .flac 文件有效	16(默认值)∣8∣24∣32∣64
BitRate	压缩音频文件的压缩编码比特率,单位为 kbit/s,仅对 .mp4 文件有效	128(默认值)∣64∣96∣160∣192∣256∣320
Quality	针对 Ogg Vorbis 压缩格式(对应的文件扩展名为 .ogg)的压缩质量,单位为百分比	75(默认值)∣0～100 之间的数
Title	标题	[ ](默认值)∣String
Artist	艺术家	[ ](默认值)∣String
Comment	备注	[ ](默认值)∣String

例如执行下列命令。

```
>> load handel.mat
>> filename = 'handel.flac';
>> audiowrite(filename,y,Fs,'BitsPerSample',24,'Comment','This is my new audio file.');
>> info = audioinfo(filename)
info =

              Filename: 'E:\MATLAB\handel.flac'
     CompressionMethod: 'FLAC'
          NumChannels: 1
           SampleRate: 8192
         TotalSamples: 73113
             Duration: 8.9249
                Title: []
              Comment: 'This is my new audio file.'
               Artist: []
        BitsPerSample: 24
```

3. 视频文件操作函数

MATLAB 支持的视频文件操作函数有 mmfileinfo、movie2avi、VideoReader 和 VideoWriter 等。

(1) 使用 mmfileinfo 函数返回多媒体文件信息

mmfileinfo 函数返回多媒体文件的信息,包括文件名、路径、时长,以及音频数据和视频数据等。mmfileinfo 函数的用法是:

```
info = mmfileinfo(filename);
```

其输入参数为多媒体文件名,输出参数为多媒体文件信息结构体。结构体域的信息如表 5-17 所列。

表 5-17　mmfileinfo 函数返回结构体域的信息

域　名	含　义
Filename	文件名
Path	路径
Duration	时长(单位为 s)
Audio	音频部分结构体
Video	视频部分结构体

mmfileinfo 函数的应用实例如下所示。

```
>> info = mmfileinfo('xylophone.mpg')
info =
    Filename: 'xylophone.mpg'
        Path: 'D:\Program Files\MATLAB\R2013a\toolbox\matlab\audiovideo'
    Duration: 4.7020
       Audio: [1x1 struct]
       Video: [1x1 struct]
>> info.Audio
ans =
              Format: 'MPEG'
    NumberOfChannels: 2
>> info.Video
ans =
    Format: 'MPEG1'
    Height: 240
     Width: 320
```

(2) 利用 movie2avi 函数根据 MATLAB mov 对象生成 avi 视频文件

利用 movie2avi 函数，可以根据 MATLAB mov 对象创建 avi 视频文件。其基本用法有以下几种。

```
movie2avi(mov, filename)
movie2avi(mov, filename, ParameterName, ParameterValue)
```

MATLAB mov 为一个 $1 \times N$ 的结构体阵列，N 表示视频的帧数，每帧数据由一个结构体表示，包含了 cdata 和 colormap 两个域，其中 cdata 域为帧图像数据，colormap 域为调色板数据。ParameterName 和 ParameterValue 为控制生成视频文件的一些选项，前者为参数名，后者为参数值。ParameterName 的可选范围如表 5-18 所列。

表 5-18　movie2avi 参数及功能说明

参　数	含　义	默认值
'colormap'	调色板设置选项，此时选项值设置为 $M \times 3$ 调色板阵列，其中 M 不大于 256。如果待生成的 AVI 视频的每帧图像采用索引图像，则可以设置调色板。当 'compression' 选项为 'MSVC'、'RLE' 或 'None' 时，'colormap' 选项有效	无
'compression'	AVI 文件压缩选项，在 Windows 平台中 MATLAB 支持 'MSVC'、'RLE'、'Cinepak'、'Indeo3' 或 'Indeo5' 几种压缩格式。如果系统中安装了定制的编/解码器，用户可以将本选项设置为编/解码器的标志（一般为四个字符）。在 Unix 和 Linux 系统中，该参数只能设置为 'none'	Windows 系 统 上 为 'Indeo5'，Unix 和 Linux 系统上为 'none'

参　数	含　义	默认值
'fps'	设置 AVI 文件的播放速度,单位为 fps,即帧/秒	15
'keyframe'	关键帧个数,用于视频压缩	2.142 9　帧/秒
'quality'	AVI 文件视频质量,默认值为 75,设置时应当为 0~100 之间。该值越大,表示生成的 AVI 视频质量越好,但视频文件也越大	75
'videoname'	描述视频的名称,不大于 64 个字符	由参数 filename 确定

在 MATLAB 中创建一个 mov 对象,并利用 movie2avi 函数将其写入 AVI 文件的实例代码如下。

程序 5 – 3　Movie2aviExample. m

```
% Movie2aviExample. m
nframe = 30;                                    % 设定帧数
x1 = linspace(0,2.5 * pi,nframe);
% 构造 mov 结构
mov(1:nframe) = struct('cdata',[],'colormap',[]);
coef = 10 * cos(x1);
hf = figure;
[x,y,z] = peaks;
for k = 1:length(coef)
    % 绘制图像数据,生成视频文件帧图像
    h = surf(x,y,coef(k) * z);
    shading interp;axis off;
    colormap(hsv);
    axis([ - 3 3 - 3 3 - 80 80]);
    axis off
    caxis([ - 90 90]);
    % 获取数据帧,并将数据帧图像添加到 AVI 文件中
    mov(k) = getframe(hf);
end
close(hf);                                      % 关闭 MATLAB 图形窗口句柄
movie2avi(mov,'peaks_mov.avi','compression','none');
```

在程序执行过程中可以看到播放的画面如图 5 – 15 所示。

(3) 使用 VideoReader 函数创建读取视频文件数据的类

如果用户需要读取视频文件,可以利用 MATLAB 提供的 VideoReader 函数创建读取视频文件的类,并利用该类提供的 read 方法来读取视频文件。VideoReader 函数的用法有如下两种。

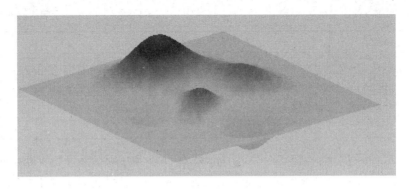

图 5 - 15　Movie2aviExample. m 程序执行画面

```
obj = VideoReader(filename);
obj = VideoReader(filename,Name,Value);
```

在函数的输入参数中,filename 为文件名,Name 和 Value 为属性名和属性值。Name 在本函数中仅有两种取值:Tag 和 UserData。Tag 为输出对象 obj 的标识,数据类型为 String,默认值为空;UserData 为 obj 对象增加的数据,默认值为空。

函数返回值 obj 为一个对象(可理解为读取视频文件类的一个实现)。当在 MATLAB 中涉及类和对象时,通常要考虑它的属性和方法。读取视频文件类的属性的方法如下所述。

VideoReader 类的属性如表 5 - 19 所列。在这些属性中,除了 Tag 属性和 UserData 属性之外,其他属性都是只读的,在 VideoReader 对象构建完成后不可修改。

表 5 - 19　VideoReader 类的属性及其说明

属性名称	属性说明
BitsPerPixel	像素位数
Duration	视频文件持续时间(单位为 s)
FrameRate	帧率(单位为 fps)
Height	视频帧高度(单位为像素)
Name	视频文件名称

NumberOf-Frames	视频流中的帧数。有些视频文件采用可变帧率存储,因此只有读完全部数据后,VedioReader 才能给出视频流中的所有帧数。在这种情况下,MATLAB 会给出警告,用户可以采用如下方式获取视频文件中的帧数。
	`vidObj = VideoReader('varFrameRateFile.wmv');`
	`lastFrame = read(vidObj, inf);`
	`numFrames = vidObj.NumberOfFrames;`

Path	文件路径名称
Tag	用户设置的自定义标记

续表 5 - 19

属性名称	属性说明
Type	对象类名,为 'VideoReader'
UserData	用户设置的自定义数据
VideoFormat	视频格式
Width	视频帧宽度(单位为像素)

VideoReader 类共有如下几个方法:get 和 set 方法用于获取和设置 VideoReader 类的属性,getFileFormats 方法用于获取 VideoReader 类支持的视频文件格式列表,read 方法用于读取视频文件中的视频帧。其中最常用的为 read 方法,其调用方式如下所示。

```
video = read(obj)
video = read(obj,index)
```

第一种调用方式读取视频文件中的所有数据,第二种调用方式读取视频文件中的第 index 帧数据。

下面通过一个实例说明如何通过 VideoReader 类读取视频文件中的数据,并通过 movie 函数播放视频。

程序 5 - 4   videoplay. m

```
function videoplay(filename)
% function videoplay(filename)
% 构造 VideoReader 对象
vobj = VideoReader(filename);
% 获取视频信息
nFrames = vobj.NumberOfFrames;
nHeight = vobj.Height;
nWidth = vobj.Width;
% 创建 mov 结构体
mov(1:nFrames) = ...
    struct('cdata', zeros(nHeight, nWidth, 3, 'uint8'),...
           'colormap', []);
% 从视频文件中读取视频帧
for k = 1 : nFrames
    mov(k).cdata = read(vobj, k);
end
% 打开图形窗口,并根据视频文件高度和宽度设置图形窗口尺寸
hf = figure;
set(hf, 'position', [150 150 nWidth nHeight])
% 播放视频
movie(hf, mov, 1, vobj.FrameRate);
end
```

在 MATLAB 命令行窗口中输入如下命令，测试 videoplay 函数。

```
>> videoplay('xylophone.mpg')
```

（4）使用 VideoWriter 函数将数据写入视频文件

VideoWriter 函数是与 VideoReader 函数对应的，MATLAB 通过这两个类完成多种格式视频文件的写和读的功能。VideoWriter 函数的用法是：

```
writerObj = VideoWriter(filename)
writerObj = VideoWriter(filename,profile)
```

其中输入参数 filename 为视频文件名称，输入参数 profile 为对象摘要，用于设置 VideoWriter 对象的属性。比如，采用 'Motion JPEG AVI' 设置 VideoWriter 对象的 VideoCompressionMethod（视频压缩方法）属性为 Motion JPEG，设置 FileFormat （文件格式）属性为 AVI。profile 参数的取值范围如表 5 - 20 所列，默认值为 'Motion JPEG AVI'。

表 5 - 20　profile 参数的取值范围

profile 参数值	含　义
Archival	使用无损压缩产生 Motion JPEG 2000 文件
Motion JPEG AVI	使用 Motion JPEG 编码产生压缩 AVI 文件
Motion JPEG 2000	产生压缩的 Motion JPEG 2000 文件
MPEG-4	使用 H.264 编码产生压缩的 MPEG-4 文件
Uncompressed AVI	产生无损的 RGB24 AVI 文件
Indexed AVI	产生无损的 AVI 索引文件
Grayscale AVI	产生无损的灰度 AVI 文件

与 VideoReader 函数类似，VideoWriter 函数也返回一个写视频文件类的对象，称为 VideoWriter 类的对象，其属性如表 5 - 21 所列。

表 5 - 21　VideoWriter 类的属性及说明

属　性	说　明
ColorChannels	视频文件颜色通道数，比如 24 位真彩视频对应的颜色通道数为 3
Colormap	图像索引表
CompressionRatio	压缩率，为大于 1 的数，是输入图像与压缩图像的字节数的比值。该参数仅对 Motion JPEG 2000 文件有效
Duration	视频长度，单位为 s
FileFormat	文件类型，比如 AVI 格式为 .avi
Filename	文件名称
FrameCount	写入到视频文件的帧数

属　性	说　明
FrameRate	视频文件的播放帧速率,单位为帧/秒,默认值为 30
Height	视频帧高度(像素),VideoWriter 函数根据第一帧的数据特点设置此属性
Path	视频文件路径
Quality	视频文件质量。选项取值范围为 0~100,数值越大,视频质量越高,但文件也越大。默认值为 75。仅对 MPEG-4 或 Motion JPEG 2000 文件有效
VideoBitsPerPixel	像素位数,如 AVI 和 MPEG-4 文件的该属性值为 24,每个色彩通道为 8 位
VideoCompressionMethod	压缩方式,可以设置为 'None'、'H. 264'、'Motion JPEG' 或 'Motion JPEG 2000'
VideoFormat	MATLAB 设定的视频格式。注意与 FileFormat 不同,FileFormat 为文件格式
Width	视频帧宽度(像素)

VideoWriter 类共有四个方法,各方法的功能及调用方式如下所示。

```
close(writerObj)                    % 关闭打开的 VideoWriter 对象
profiles = VideoWriter.getProfiles()
                    % 返回 VideoWriter 对象支持的 profile 字符串和文件格式
open(writerObj)                     % 打开与 VideoWriter 对象关联的文件
          % open 方法调用后,所有与 writerObj 关联的对象的属性均变成只读状态
writeVideo(writerObj,frame)    % 向 writeObj 对象中写入帧数据
writeVideo(writerObj,movie)    % 向 writeObj 对象中写入 mov 数据
writeVideo(writerObj,image)    % 向 writeObj 对象中写入单幅图像数据
writeVideo(writerObj,images)   % 向 writeObj 对象中写入序列图像数据
```

从上述说明可以看出,writeVideo 方法可以将帧数据、mov 数据、单幅图像数据和序列图像数据等多种类型的数据写到视频文件中。其中帧数据和 mov 数据相同,为一个结构体阵列,包含 cdata 和 colormap 两个域,其中 cdata 域为帧图像数据,colormap 域为调色板数据。单幅图像数据可以为 $M \times N$ 的数值矩阵,或 $M \times N \times 3$ 的数值阵列,前者表示灰度图像,后者表示真彩图像(包含 RGB 三个颜色分量)。序列图像数据可以为 $M \times N \times 1 \times nF$ 的数值阵列,或者为 $M \times N \times 3 \times nF$ 的数值阵列,前者表示序列灰度图像,后者表示序列真彩图像,nF 为帧数。

下面通过实例说明如何采用 VideoWriter 类创建视频文件。

程序 5 – 5　VideoWriterExample. m

```
nframe = 30;                              % 设定帧数
x1 = linspace(0,2.5 * pi,nframe);
% 构造 VideoWriter 对象
vwObj = VideoWriter('peaks.avi');
```

```matlab
open(vwObj);
coef = 10 * cos(x1);
hf = figure;
[x,y,z] = peaks;
for k = 1:length(coef)
    % 绘制图像数据,生成视频文件帧图像
    h = surf(x,y,coef (k) * z);
    shading interp;axis off;
    colormap(hsv);
    axis([ - 3 3 - 3 3 - 80 80])
    axis off
    caxis([ - 90 90])
    % 获取数据帧,并将数据帧图像添加到 AVI 文件中
    frm = getframe(hf);
    vwObj.writeVideo(frm);
end
close(hf);                        % 关闭 MATLAB 图形窗口句柄
vwObj.close();
```

第6章 MATLAB 环境下
操作 Excel 和 Word 文件

在实际应用中，除了第 5 章提到的音频、视频等多媒体之外，电子表格和电子文档文件也是经常用到的一类二进制文件。在 Windows 系统中，Word 和 Excel 文档是最常使用的两类办公文档。Excel 可以很方便地编辑和处理电子表格数据，Word 文件可以方便地存储各种文字、图表等信息。但从二进制文件格式的角度来看，这两种文件的格式都比较复杂。如果用户采用低级 I/O 函数直接编写读取这类文档数据的程序，则难度较高。本章介绍在 MATLAB 中通过调用高级函数和外部组件等多种方式来操作 Excel 和 Word 文件。

6.1 Excel 文件和 Word 文件

6.1.1 Excel 文件

Excel 电子表格应用程序是 Office 办公软件的重要组成部分，它拥有强大的数据处理和统计分析能力，广泛应用于财务、金融、管理等领域。微软（Microsoft）公司发布的 Office 系列软件是当今最为流行的办公软件之一，其 Excel 从 1985 年诞生时起，至今已经历了多个版本的发展。今天仍在广泛应用着的有 Excel 2003、Excel 2007 和 Excel 2010 等。由于 Excel 软件应用的广泛性，大量数据以 Excel 的方式存在，因此掌握读取 Excel 数据的方法对于数据分析具有重要意义。

MATLAB 提供了多种操作 Excel 文件的方法。在 MATLAB 中可以通过使用专用的函数 xlsread 和 xlswrite 进行 Excel 文件的读/写操作。利用 Windows 系统的 COM（组件对象模型）技术，也可以方便地操作 Excel 文件。此外，MATLAB 还提供了 Spreadsheet Link EX 工具箱与 Excel 进行连接，作为一种宏，用户可以在 Excel 应用程序中将其载入。

6.1.2 Word 文件

Word 软件也是 Office 办公软件的重要组成部分，其基本功能是文字编辑。它可以设置文字的多种样式，包括文字的字体、字号、颜色、行距、段落间距等，也可以将文字设置为上标、下标，为文字添加着重号等。Word 软件在文字编辑方面的另外一些重要功能包括设置项目符号和编号，设置页眉、页脚，添加引用等。除了基本的文字编辑功能外，在 Word 文件中还可以插入表格，设置表格的各种样式和格式。此外,在 Word 文件中还可以插入图片、声音和视频剪辑等。

　　由于 Word 软件应用的广泛性,大量电子文档均以 Word 文件的方式存在。此外,MATLAB 数据分析结果必然需要以各种方式存储或发布,其中 Word 文件也是一种重要的选择。因此,掌握 MATLAB 中操作 Word 文件的技术对于数据处理文件的自动生成,以及现有文件的复用等应用都具有重要的意义。

　　在 MATLAB 中,通过调用与 Word 相关的 COM 组件,并利用组件中丰富的接口、属性和方法等操作,可以非常方便地创建和编辑 Word 文件。如果仅编辑一个 Word 文件,则通常直接使用 Office Word 程序更为简便;但是当用户需要创建大量格式相同、内容不同,并且格式较为烦琐的 Word 文件时,通过在 MATLAB 中调用程序就可以省去大量重复设置格式的操作。此外,当使用 MATLAB 作为开发工具时,如果需要通过 Word 文件发布大量的数据分析结果,则使用 COM 组件比复制和粘贴操作更为便捷。

6.2　Excel 数据文件读/写方法

6.2.1　读取 Excel 电子表格数据

　　在 MATLAB 中,可以通过多种方式完成 Excel 电子表格数据的读取工作。下面给出几种常见的操作方式:

　　① 从剪贴板中直接粘贴 Excel 数据。

　　② 使用数据导入向导导入 Excel 数据。

　　③ 使用 xlsread 函数读入 Excel 数据。

　　④ 使用 importdata 函数读入 Excel 数据。

　　上述每种读取 Excel 电子表格数据的方式各具有不同的特点,用户可以根据实际应用选择最合适的操作方法。下面对上述几种方式进行详细说明。

1. 利用剪贴板直接将 Excel 数据复制到 MATLAB 元组阵列变量中

　　在 MATLAB 中,可以将剪贴板数据直接复制给元组阵列变量,其具体操作步骤如下:

　　① 通过 MATLAB 命令行窗口创建元组阵列变量。命令为:

```
>> a = cell(1,1);
```

　　② 在 Excel 中选择待导入的数据,并进行复制操作,如图 6-1 所示。

1	Name	Sex	Age	Score
2	WangFang	F	15	90
3	LiMing	M	14	85
4	ZhaoPeng	M	15	87

图 6-1　在 Excel 中选择待导入的数据并进行复制

③ 在工作区窗口中右击变量 a,在弹出的快捷菜单中选择 Open Selection 打开变量管理器,在变量内容区中右击,从快捷菜单中选择 Paste Excel Data 粘贴 Excel 数据,或者使用快捷键 Ctrl+Shift+V 粘贴数据,如图 6-2 所示。

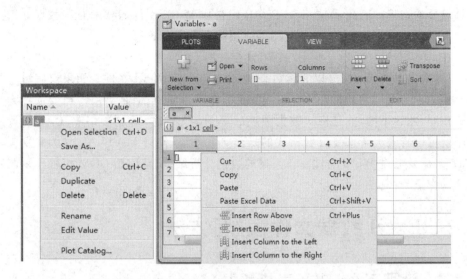

图 6-2　工作区窗口(左)和变量编辑器窗口(右)

④ 在命令行窗口中查看变量 a 的内容。命令为:

```
>> a
a =
    'Name'        'Sex'     'Age'      'Score'
    'WangFang'    'F'       [ 15]      [   90]
    'LiMing'      'M'       [ 14]      [   85]
    'ZhaoPeng'    'M'       [ 15]      [   87]
```

需要注意的是,接收 Excel 数据的变量必须是元组阵列。如果使用命令 data=[] 或 data=0 创建空阵列或数值阵列,则当将 Excel 数据复制给变量 data 时,会报告如图 6-3 所示的错误。

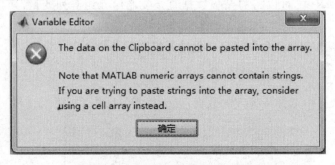

图 6-3　数据类型不匹配时传递数据时发生的错误信息

2. 利用数据导入向导导入剪贴板数据

将 Excel 数据复制后,在 MATLAB 中还可以利用数据导入向导来导入剪贴板的数据。在命令行窗口下使用 uiimport 命令启动数据导入向导,即:

```
uiimport - pastespecial
```

此时打开数据导入向导,显示如图 6-4 所示的界面。

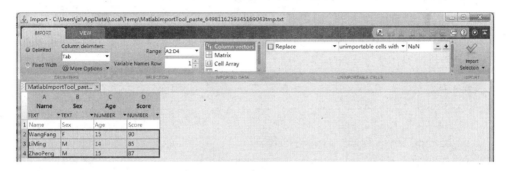

图 6-4　数据导入向导

可以看到,导出的方式有多种:Column vectors、Matrix、Cell Array 和 Dataset 等。例如,这里选择第一种方式 Column vectors,即将数据导出为多个列向量。单击数据导入向导窗口右上角的 Import Selection 工具按钮将数据导入。

此时回到 MATLAB 主界面,在工作区中可以看到(图 6-5),4 列数据被导入成为 4 个列向量,并且 MATLAB 根据其内容形式自动将文本转换为 cell 阵列,将数值转换为数值向量。

Workspace	
Name ▲	Value
Age	[15;14;15]
{} Name	<3x1 cell>
Score	[90;85;87]
{} Sex	<3x1 cell>

图 6-5　数据导入后的工作区窗口

3. 利用数据导入向导将 Excel 文件数据导入 MATLAB 中

在 MATLAB 中可以通过以下三种方式启动数据导入向导:

① 单击 Import Data 工具按钮,在弹出的对话框中选择一个 Excel 文件。

② 在 MATLAB 的当前目录窗口中双击一个 Excel 文件。

③ 调用 uiimport 命令,即:

```
>> uiimport
```

由于是直接从 Excel 文件导入数据,所以第②种和第③种方式会启动文件选择对话框,用户在选择了待导入的 Excel 文件后,可以根据数据导入向导提示导入 Excel 数据。具体操作方式可参照 6.2.1 小节的标题"2."中的说明。

4. 利用 xlsread 函数读取 Excel 文件

除了图形界面操作之外,用户还可以通过 MATLAB 提供的 xlsread 函数读取 Excel 数据。利用 xlsread 函数,用户可以方便地实现 Excel 数据的自动读取功能。xlsread 函数的调用方法如下所示。

```
[num,txt,raw] = xlsread(filename)
[num,txt,raw] = xlsread(filename, - 1)
[num,txt,raw] = xlsread(filename,sheet)
[num,txt,raw] = xlsread(filename,range)
[num,txt,raw] = xlsread(filename,sheet,range)
[num,txt,raw] = xlsread(filename,sheet,range,'basic')
[num,txt,raw,custom] = xlsread(filename,sheet,range,'', functionHandle)
```

掌握 xlsread 函数各项参数的含义对于熟练应用该函数具有重要意义。下面对 xlsread 函数的各项参数进行详细说明。

(1) filename:文件名

该参数指定了进行数据读/写操作的 Excel 文件名。在 Windows 操作系统下,filename 指定的文件可以是计算机安装的 Excel 软件所能识别的任意格式的文件,例如 XLS、XLSX、XLSB、XLSM 或基于 HTML 格式的文件。filename 指定的文件可以位于 MATLAB 工作目录下,此时 filename 为相对路径,例如"myExcel. xls"。如果 filename 指定的文件位于其他目录下,则需要给出绝对路径,如"D:\data\myExcel. xls"。

(2) -1:手动选择模式

如果使用 xlsread(filename,-1)形式来调用函数,则在执行该命令调用 Excel 软件打开 filename 文件时,用户需要手动选择数据。仍以之前的数据为例,其文件名为 myExcelFile. xlsx,存放在 MATLAB 工作目录下,执行下列命令:

```
>> [num,txt,raw] = xlsread('myExcelFile.xlsx', - 1)
```

则 Excel 打开文件并弹出对话框,如图 6-6 所示。

用户可以使用鼠标来选择若干单元格,并单击 OK 按钮将数据导入。

(3) sheet:工作表名称

sheet 给出了 xlsread 函数读取的工作表名称。Microsoft Office Excel 软件默认提供三个工作表,用户也可以创建自己的工作表,例如在 myExcelFile. xlsx 文件中

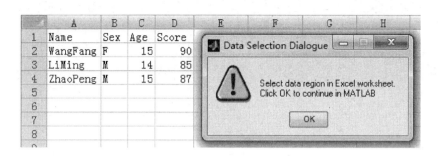

图 6 - 6　使用 **xlsread** 函数打开 Excel 软件

创建 mySheet 工作表,这时,在工作窗口下方可以看到所有工作表,如图 6 - 7 所示。

图 6 - 7　Excel 文件的工作表

使用命令[status,sheets] = xlsfinfo(filename)可以获得 filename 指定文件的所有工作表,工作表信息存放在 cell 数组的 sheets 中。如:

```
>> [status,sheets] = xlsfinfo('myExcelFile.xlsx')
status =
   Microsoft Excel Spreadsheet
sheets =
   'Sheet1'    'Sheet2'    'Sheet3'    'mySheet'
```

sheet 参数的使用方法是用单引号将工作表名称引用起来,如:

```
>> [num,txt,raw] = xlsread('myExcelFile.xlsx','Sheet1');
```

在 Windows 系统下,还可以使用正整数代替工作表名称,该正整数表示工作表的索引,例如对于文件 myExcelFile. xlsx,下列命令是等效的:

```
>> [num,txt,raw] = xlsread('myExcelFile.xlsx','Sheet2');
>> [num,txt,raw] = xlsread('myExcelFile.xlsx',2);
```

如果使用 xlsread 函数时没有给出 sheet 参数,那么函数将读取 Excel 文件中的第一个工作表。

(4) range:数据范围

在 Windows 操作系统中,range 参数给出了读取 Excel 文件数据的范围,其值为选择数据矩形框的对角坐标,坐标使用行号列标表示法,对大小写不敏感。例如 'C2:C3'(或写为 'c2:c3'),表示读取 Excel 文件工作表下 C2 和 C3 两个单元格的数据,而 'D2:H5' 则会读入一个 4 行 5 列的数据(D2 为读入矩阵的左上角坐标,H5 为读入矩阵的右下角坐标),如图 6 - 8 所示。

当读取一个单元格的内容时,如果指定了 sheet 参数,那么可以仅使用一个坐标

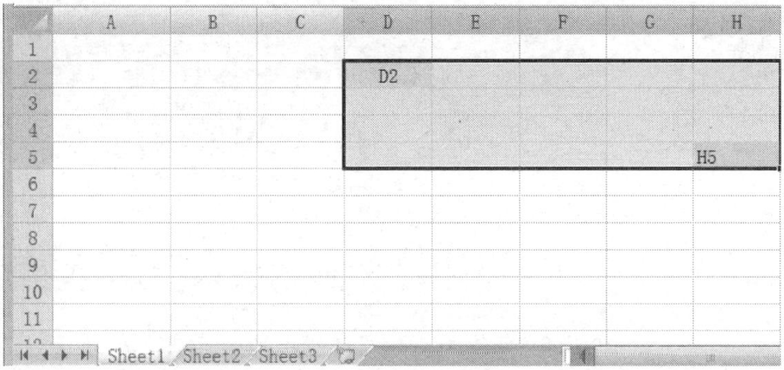

图 6-8 D2:H5 数据范围说明

表示数据范围,如:

```
>> [num,txt,raw] = xlsread('myExcelFile.xlsx','sheet1','D3');
```

如果没有指定 sheet 参数,则需要使用两个坐标来表示数据范围,否则函数会误将 'D3' 作为工作表名。命令实例如下所示。

```
>> [num,txt,raw] = xlsread('myExcelFile.xlsx','D3:D3');
```

(5) 'basic':基本模式

'basic' 定义了一种读文件的方式,当 Windows 系统中没有安装 Excel 软件时,Excel 文件的读取方式默认也为 'basic'。当选择 'basic' 方式时,xlsread 函数具有以下特征:

- 只能读取 XLS、XLSX、XLSM、XLTX 和 XLTM 文件;
- 当读取 XLS 文件时不支持 range 参数,此时在应填写 range 参数的位置填写空字符串;
- 不支持输入函数句柄;
- 将日期导入为 Excel 序列日期(注意 Excel 日期与 MATLAB 日期所使用的参考基准日期是不同的)。

例如执行下列命令。

```
>> [num,txt,raw] = xlsread('myExcelFile.xlsx','','','basic')
num =
    15    90
    14    85
    15    87
txt =
    'Name'       'Sex'    'Age'    'Score'
    'WangFang'   'F'      ''       ''
    'LiMing'     'M'      ''       ''
```

'ZhaoPeng'	'M'	''	''

raw =

'Name'	'Sex'	'Age'	'Score'
'WangFang'	'F'	[15]	[90]
'LiMing'	'M'	[14]	[85]
'ZhaoPeng'	'M'	[15]	[87]

(6) functionHandle：Excel 数据处理函数句柄

functionHandle 为函数句柄，此参数仅适用于安装了 Excel 软件的 Windows 系统。当使用方式为"[num, txt, raw, custom] = xlsread(filename, sheet, range, '', functionHandle)"时，xlsread 函数从工作表读取数据，对于获得数据的备份，用户可采用自定义的函数对其进行处理，并返回所需要的结果。

在 xlsread 函数调用用户自定义的函数时，会将 Excel 的 Range 接口传递给 functionHandle 代表的数据处理程序。用户自定义函数的输入和输出参数中必须包含 Range 接口。在用户自定义函数中，调用 Range 接口来获取和操作数据。

例如，使用 gallery 函数产生一个 10 行 3 列的正态分布随机样本，将样本存放在 myExample. xls 文件中，使用 xlsread 函数读取该文件并调用自定义函数 find-MaxMin，以返回数据的最大值和最小值。下面给出命令实例及操作步骤如下：

① 生成包含测试数据的 Excel 文件。

```
>> misc = pi * gallery('normaldata',[10,3],1);
>> xlswrite('myExample.xls', misc, 'MyData');
```

② 建立函数文件 findMaxMin. m，代码如下所示。

程序 6 - 1　findMaxMin. m

```
function [Data] = findMaxMin(Data)
DataTemp = Data.Value;
Count = Data.Count;
Data.Value = cell(1,2);
Data.Value{1} = DataTemp{1};    % max value
Data.Value{2} = DataTemp{1};    % min value
for k = 1:Count
    v = DataTemp{k};
    if v>Data.Value{1}
        Data.Value{1} = v;
    end
    if v<Data.Value{2}
        Data.Value{2} = v;
    end
end    % end of findMaxMin.m
```

③ 在 MATLAB 命令行窗口中执行 xlsread 命令。

```
>> trim = xlsread('myExample.xls','MyData','','',@findMaxMin)
trim =
    3.4845
   - 6.6493
```

在上述实例中,xlsread 函数读取完成后,并没有返回 myExample. xls 文件中的数据,而是通过调用 findMaxMin 函数返回了文件中数据的最大值 3.484 5 和最小值 -6.649 3(由于这里的数据为随机数据,所以重新生成 XLS 文件时结果可能不同)。

在 findMaxMin 函数中,输入参数 Data 为 Range 接口。用户如果希望了解 Range 接口的细节,可以在 findMaxMin 函数中设置断点并执行 xlsread 函数。在 xlsread 函数的断点处,通过 MATLAB 命令行窗口可查看其类型如下所示。

```
Data =
Interface.Microsoft_Excel_12.0_Object_Library.Range
```

(7) num:Excel 文件中待读取所有单元格数据中包含的数值信息

num 是函数返回的 double 型二维阵列,包含了 Excel 文件工作表中 range 范围内的所有数值,而不包括 range 外的任何数值。

(8) txt:Excel 文件中待读取所有单元格数据中包含的文本信息

txt 是函数返回的由文本信息组成的 cell 阵列。xlsread 函数将 range 定义范围内每个单元格的文本信息返回至 txt 相应位置的一个元组阵列中。如果 range 范围内的单元格里为数值,则函数将数值转换为空字符串。

(9) raw:Excel 文件中待读取的所有单元格数据,以文本方式表示

raw 返回未经处理的 cell 阵列,即不区分数值或文本地将 range 范围内的所有数据读入,每个单元格数据将存放在 raw 相应位置的元组阵列中。

(10) custom

custom 返回由函数句柄 functionHandle 生成的数据信息。只有采用"[num,txt,raw,custom] = xlsread(filename,sheet,range,'',functionHandle)"的调用方式,该返回值才有效。

利用 xlsread 函数读取 myExcelFile. xlsx 文件数据的命令实例如下所示。

```
>> [num,txt,raw] = xlsread('myExcelFile.xlsx','Sheet1')
num =
    15    90
    14    85
    15    87
txt =
    'Name'        'Sex'    'Age'    'Score'
    'WangFang'    'F'      ''       ''
```

```
    'LiMing'      'M'      ''          ''
    'ZhaoPeng'    'M'      ''          ''
raw =
    'Name'        'Sex'    'Age'       'Score'
    'WangFang'    'F'      [ 15]       [ 90]
    'LiMing'      'M'      [ 14]       [ 85]
    'ZhaoPeng'    'M'      [ 15]       [ 87]
```

5．利用 importdata 函数导入 Excel 文件数据

除了 xlsread 函数之外，采用 importdata 函数也可以将 Excel 文件数据导入到 MATLAB 工作区中。与 xlsread 函数每次执行只能读取一个工作表不同，importdata 函数可以读取多个工作表。importdata 函数的调用方式是：

```
importdata(filename)
A = importdata(filename)
A = importdata(filename, delimiter)
A = importdata(filename, delimiter, nheaderlines)
[A, delimiter] = importdata(...)
[A, delimiter, nheaderlines] = importdata(...)
[...] = importdata('-pastespecial', ...)
```

其中各输入参数和输出参数的含义及用法如下。

（1）filename

待处理的 Excel 文件名。

（2）delimiter

分隔符类型。该参数可以是任意的 ASCII 码，如","""";"等，还可以是 '\t'，表示 Tab 键。对于 Excel 文件，delimiter 可不用设置，默认情况下将一个单元格的数据设置为一个元组元素。

（3）nheaderlines

标题行的行数。如果将其设置为 2，表示表格的前两行将作为标题行，以文本信息读入。

（4）'-pastespecial'

该参数表示从系统的剪贴板读取数据，而不是从文件中读取数据。

下面给出一个利用 importdata 函数单次读取一个 Excel 文件中多张表格的实例。操作步骤是：

① 首先创建 myExcelFile. xls 文件，在文件中创建两个工作表格 Math 和 Physics，它们的内容如图 6-9 所示。

② 在 MATLAB 命令行窗口中使用 importdata 函数读取 myExcelFile. xls 文件中的数据。命令如下。

	A	B	C	D
1	Name	Sex	Age	Score
2	Jack	F	15	88
3	Lucy	M	16	77
4	Daniel	M	15	66

	A	B	C	D
1	Name	Sex	Age	Score
2	WangFang	F	15	84
3	LiMing	M	14	78
4	ZhaoPeng	M	15	92

图 6-9　myExcelFile.xls 文件中的表格(左图为表格 Math,右图为表格 Physics)

```
>> data = importdata('myExcelFile.xls');
>> data
data =
        data: [1x1 struct]
    textdata: [1x1 struct]
>> data.data
ans =
       Math: [3x2 double]
    Physics: [3x2 double]
>> data.textdata
ans =
       Math: {4x4 cell}
    Physics: {4x4 cell}
```

从上述执行结果可以看出,importdata 函数操作一次即可将所有工作表中的数据读入 MATLAB 工作空间。

6.2.2　使用 xlswrite 函数将数据写入 Excel 电子表格

在 MATLAB 中,使用 xlswrite 函数可将数据写入 Excel 电子表格。xlswrite 函数的调用方式有如下几种。

```
xlswrite(filename,A)
xlswrite(filename,A,sheet)
xlswrite(filename,A,range)
xlswrite(filename,A,sheet,range)
status = xlswrite(filename,A,sheet,range)
[status,msg] = xlswrite(filename,A,sheet,range)
```

该函数各输入参数和输出参数的说明如下所述。

(1) filename

filename 为待写入数据的 Excel 文件名。文件的后缀名必须是系统中所安装的 Excel 软件可识别的,如 Excel 2003 可识别.xls 后缀名的文件,Excel 2007 可识别 .xls、.xlsx、.xlsb、.xlsm 后缀名的文件。如果待写入的文件已存在,那么 xlswrite 函数按照该文件的格式写入;如果待写入文件不存在,那么 xlswrite 函数按照指定的后缀名的文件格式写入。如果用户没有指定后缀名,那么 xlswrite 函数默认指定

.xls后缀名,并依照其格式写入文件。

(2) A

A 表示待写入的数据。A 可以是二维的数组或字符串。对于 cell 阵列,如果每个元组包含一个元素,如一个数值或一个字符串,那么 cell 阵列也可以写入文件。A的行数和列数受到 Excel 版本的限制。例如对于 Excel 2003,行数最大值为 65 536,列数最大值为 256。此时 A 的行数和列数不能超过各自的最大值。

(3) sheet

sheet 表示工作表名称。该参数可以设置为以下两种类型的值:

● 单引号引用的字符串。如果在 Excel 文档中没有工作表名称与该字符串相同,那么 xlswrite 函数将为 Excel 文档创建新的工作表。为了不与 range 参数混淆,sheet 中不能包含冒号。

● 正整数。指定工作表的索引。如果其值大于 Excel 文档工作表的总数,那么 xlswrite 函数为 Excel 文档创建多个新的空白工作表,直到最后一个工作表的索引与 sheet 值相同。

如果 xlswrite 函数没有指定 sheet 值,那么函数将把数据写在第一个工作表中。

(4) range

range 参数给出了数据写在 Excel 文件工作表中的范围,其值为数据填充矩形区域的对角单元格坐标,坐标使用行号列标表示法,例如"C2:C3"表示写入 Excel 文件工作表的 C2 和 C3 两个单元格中,而"D2:H5"表示工作表左上角单元格坐标为 D2,右下角单元格坐标为 H5 的 4 行 5 列的区域。

如果 xlswrite 函数指定了 sheet 值,则 range 参数可以只写一个单元格的坐标,此时该值表示待写区域的坐标,如"C3"。如果 xlswrite 函数没有指定 sheet 值,那么 range 参数必须同时指定左上角和右下角单元格的坐标,并用冒号连接,如"C3:C3"。

当 range 是由待写区域左上角和右下角单元格坐标组成时,如果 range 的范围大于待写数组 A 的尺寸(行、列数),那么 xlswrite 函数将在数组 A 范围之外、range范围之内的单元格中填充"♯N/A"。如果 range 的范围小于待写数组 A 的尺寸,那么 xlswrite 函数不会把 range 范围之外、A 范围之内的数据写到 Excel 文件中。之后将有实例对其进一步说明。

(5) status

status 返回 xlswrite 函数的执行情况,如果成功,则返回逻辑 1;如果失败,则返回逻辑 0。

(6) msg

msg 返回所有的错误信息和警报信息。msg 为一个结构体数组,包含 message和 identifier。其中 message 存放打印的文本信息,identifier 给出错误或警报的类型。

下面给出一个实例 xlswriteExample.m 来详细说明 xlswrite 函数的用法。

xlswriteExample. m 的代码如下所示。

程序 6 - 2 xlswriteExample. m

```
score = {
'NAME','Math','Chinese','English','Physics','Sports','Music';
    'ZhangHua',85,78,86,92,90,85;
    'WangChao',87,69,95,93,90,90;
    'LiYue',76,85,87,96,80,86;
    'ZhaoPeng',92,87,86,91,80,80;
    'SunMing',84,89,79,95,90,90;
    };
xlswrite('FinalExamResult.xls',score,'mySheet1','A1');
xlswrite('FinalExamResult.xls',score,'mySheet2','B2');
xlswrite('FinalExamResult.xls',score,'mySheet3','A1:E4');
xlswrite('FinalExamResult.xls',score,'mySheet4','A1:I8');
```

上述实例执行完毕后,在工作目录下创建了 FinalExamResult. xls 文件。通过文件的工作表栏可以看出,除了默认的 Sheet1～Sheet3 之外,xlswriteExample. m 实例共创建了 mySheet1～mySheet4 四张工作表,如图 6 - 10 所示。

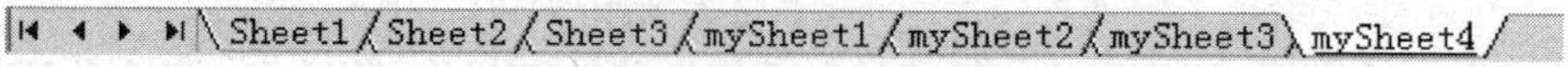

图 6 - 10　Excel 文件实例的工作表

在创建工作表 mySheet1 时,range 参数设置为 'A1'。在这种情况下,将元组阵列 score 的所有元素均写入工作表 mySheet1 中,因此 mySheet1 的内容如图 6 - 11 所示。

	A	B	C	D	E	F	G	H
1	NAME	Math	Chinese	English	Physics	Sports	Music	
2	ZhangHua	85	78	86	92	90	85	
3	WangChao	87	69	95	93	90	90	
4	LiYue	76	85	87	96	80	86	
5	ZhaoPeng	92	87	86	91	80	80	
6	SunMing	84	89	79	95	90	90	
7								

图 6 - 11　工作表 mySheet1 的内容

在创建工作表 mySheet2 时,输入参数 range 设置为 'B2'。此时,仍然将 score 元组阵列的所有内容写入 mySheet2 中,但初始位置变为 'B2',如图 6 - 12 所示。

在创建工作表 mySheet3 时,输入参数 range 设置为 'A1:E4'。在这种情况下,只将元组阵列 score 的部分元素 score{1:4,1:5} 写入工作表中。此时 mySheet3 的内容如图 6 - 13 所示。

	A	B	C	D	E	F	G	H	I
1									
2	NAME	Math	Chinese	English	Physics	Sports	Music		
3	ZhangHua	85	78	86	92	90	85		
4	WangChao	87	69	95	93	90	90		
5	LiYue	76	85	87	96	80	86		
6	ZhaoPeng	92	87	86	91	80	80		
7	SunMing	84	89	79	95	90	90		
8									

图 6 - 12　工作表 mySheet2 的内容

	A	B	C	D	E	F
1	NAME	Math	Chinese	English	Physics	
2	ZhangHua	85	78	86	92	
3	WangChao	87	69	95	93	
4	LiYue	76	85	87	96	
5						
6						

图 6 - 13　工作表 mySheet3 的内容

在创建工作表 mySheet4 时,输入参数 range 设置为 'A1:I8'。在这种情况下,输入参数 range 的范围实际上已经超出了 score 中所包含的内容,对于不足的内容,MATLAB采用"♯N/A"进行补充。mySheet4 的内容如图 6 - 14 所示。

	A	B	C	D	E	F	G	H	I	J
1	NAME	Math	Chinese	English	Physics	Sports	Music	#N/A	#N/A	
2	ZhangHua	85	78	86	92	90	85	#N/A	#N/A	
3	WangChao	87	69	95	93	90	90	#N/A	#N/A	
4	LiYue	76	85	87	96	80	86	#N/A	#N/A	
5	ZhaoPeng	92	87	86	91	80	80	#N/A	#N/A	
6	SunMing	84	89	79	95	90	90	#N/A	#N/A	
7	#N/A	#N/A	#N/A	#N/A	#N/A	#N/A	#N/A	#N/A	#N/A	
8	#N/A	#N/A	#N/A	#N/A	#N/A	#N/A	#N/A	#N/A	#N/A	
9										
10										

图 6 - 14　工作表 mySheet4 的内容

xlswriteExample. m 脚本文件执行完毕后,在 MATLAB 命令行窗口中执行如下命令。

```
>> [status,msg] = xlswrite('FinalExamResult.xls',score,'mySheet5', 'A1');
```

执行上述命令后,可以通过返回参数 status 和 msg 查看 xlswrite 函数执行的状态和返回的消息,即:

```
>> status
status =
     1
>> msg
msg =
        message: 'Added specified worksheet.'
        identifier: 'MATLAB:xlswrite:AddSheet'
```

在执行 xlswrite 函数时，如果 Excel 文件没有待写入的工作表，则函数会增加一个新的工作表，此时返回一个警报。

6.2.3　日期的读/写

在 MATLAB 和 Excel 中，日期都是一种相对特殊的数据格式或数据结构，它可以以字符串形式存在，也可以以数值形式存在。例如在 MATLAB 中，日期 2013 年 12 月 1 日可以表示为字符串"01-Dec-2013"，也可以表示为数值 735 569。函数 datestr 和 datenum 用来对日期进行两种形式的转换。例如：

```
>> datenum(2013,12,1)
ans =
     735569
>> datestr(735569)
ans =
01 - Dec - 2013
```

当 MATLAB 读取 Excel 文件中的日期信息时，如果以字符串格式存放，则不需要进行类型转换，如果以数值形式存放，则需要进行类型转换。在 MATLAB 和 Excel 中，表示日期的数值实际上是日期与参考日期之间天数之差。但是它们的参考日期不同，对于 Excel，Windows 系统和 Macintosh 系统的参考日期也不同，如表 6-1 所列。

表 6 - 1　不同操作系统和不同应用程序下的参考日期

应用程序	参考日期
MATLAB	January 0,0000
Excel（Windows 系统）	January 1,1900
Excel（Macintosh 系统）	January 2,1904

在 MATLAB 中，执行下面的命令可以查看参考日期：

```
>> datestr(0)
ans = 00 - Jan - 0000
```

可以看出,如果 MATLAB 将日期数值写到 Excel 文件中,由于 MATLAB 和 Excel 中的参考日期不同,所以必须进行对齐,否则写到 Excel 文件中的日期是错误的。

例如,某地从 2009 年 9 月 3 日至 9 月 9 日一周的最高气温依次是 28,26,25,24, 26,27,28 摄氏度,在 MATLAB 中,使用 datenum 函数获得 2009 年 9 月 3 日的数值为 734019,故构造日期和温度的结构体,并将信息写入 Excel 文件中的命令如下。

```
>> date_temp = [734019 28;...
               734020 26;...
               734021 25;...
               734022 24;...
               734023 26;...
               734024 27;...
               734025 28];
>> datestr(date_temp(:,1))
ans =
    03 - Sep - 2009
    04 - Sep - 2009
    05 - Sep - 2009
    06 - Sep - 2009
    07 - Sep - 2009
    08 - Sep - 2009
    09 - Sep - 2009
>> date_temp(:,1) = date_temp(:,1) - datenum('30 - Dec - 1899');
>> xlswrite('temperature.xls',date_temp);
```

上述代码中减去了 Excel 的参考日期与 MATLAB 的参考日期之差"datenum ('30-Dec-1899')",从而补偿了 MATLAB 的参考日期与 Excel 的参考日期的差别。打开文件 temperature.xls,上述实例代码写入的数据如图 6 - 15 所示。

将 A 列的单元格格式改为日期,则直观的日期显示如图 6 - 16 所示。

	A	B	C
1	40059	28	
2	40060	26	
3	40061	25	
4	40062	24	
5	40063	26	
6	40064	27	
7	40065	28	
8			

	A	B	C
1	2009-9-3	28	
2	2009-9-4	26	
3	2009-9-5	25	
4	2009-9-6	24	
5	2009-9-7	26	
6	2009-9-8	27	
7	2009-9-9	28	
8			

图 6 - 15　temperature. xls 文件内容　　图 6 - 16　temperature. xls 文件内容——直观显示日期

6.3 使用 COM 技术处理 Excel 文件

6.3.1 COM 技术简介

COM(Component Object Model)是微软提供的一组二进制软件复用标准,利用 COM 组件可以方便地将不同语言编写的软件模块集成到一个应用中。COM 开发架构是以组件为基础的,可以把组件看做是用于搭建软件的"积木块",采用这种开发模式除了具有跨语言的特性外,还可以带来很多好处,如采用组件替换使得软件系统的升级换代更加简单,也可以在多个不同软件开发项目中重复利用同一个组件等。

如图 6-17(a)所示,开发人员可以采用不同开发语言开发组件 A、B、C、D、E 等,通过组件开发模式,可以像搭积木一样将各个组件组合成一个具有完整功能的应用软件。当开发人员发现组成应用软件的某些组件模块需要更新时,又可以像替换某块积木一样将需要更新的组件替换下来,如图 6-17(b)所示。不仅如此,一旦组件开发完成以后,通过不同组件的重新调整和整合,可以重复利用组件来开发不同的应用软件,如图 6-17(c)所示。

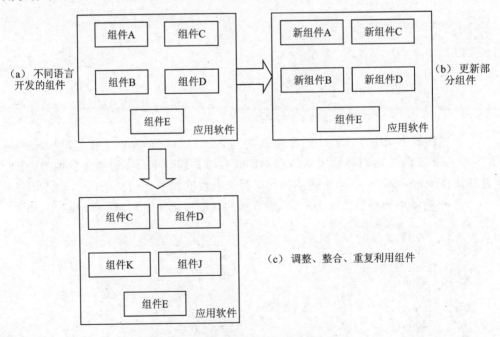

图 6-17 利用组件进行开发的示意图

6.3.2 COM 对象和接口

COM 对象是一组符合 COM 规范的软件模块。COM 规范要求 COM 对象对软件功能封装,因此用户不能直接访问 COM 对象的数据和方法,而是通过 COM 对象提供的 COM 接口进行访问。COM 接口由属性、方法和事件组成。COM 对象的功能由一个或多个 COM 接口来体现。一般来说,软件供应商会提供其应用程序的 COM 对象的接口及接口的属性、方法和事件等信息。在众多接口中有两个基本的 COM 接口:

- IUnknown,这是所有的 COM 对象都提供的一个接口,并且所有其他 COM 接口都是由该接口派生的。
- IDispatch,这是为支持自动化服务的应用程序提供方法和属性的接口。

COM 技术的应用遵循客户端和服务器端的工作模式。调用 COM 对象的程序是 COM 客户端,而提供软件功能的 COM 对象属于 COM 服务器端。例如,如果在 MATLAB 中使用 COM 组件调用 Excel,则 MATLAB 为客户端;如果在其他应用程序中通过 COM 调用 MATLAB 实现某些功能,那么 MATLAB 作为服务器端存在。

当 MATLAB 作为客户端时,对应的服务器端可以分为进程内服务器端和进程外服务器端两种:

- 进程内服务器端(In-Progress Server),在 MATLAB 客户端进程内,COM 组件作为 DLL 或 ActivX 控件被调用。此时,客户端和服务器端使用相同的地址空间,因此客户端和服务器端的通信效率较高。
- 进程外服务器端(Out-of-Progress Server),又可分为本地进程外服务器端(Local Out-of-Progress Server)和远程进程外服务器端(Remote Out-of-Progress Server)两种。其中本地进程外服务器端在与 MATLAB 客户端相互独立的另外一个进程内调用以 EXE 文件或外部应用程序的方式调用 COM 组件时,客户端与服务器端所在的计算机相同,而地址空间不同。远程进程外服务器端所在的计算机与 MATLAB 客户端所在的计算机不同。所以从通信速度上看,本地进程外服务器端与客户端的通信慢于进程内服务器端与客户端的通信,但优于远程进程外服务器端与客户端的通信。

6.3.3　COM 操作的基本函数

当 MATLAB 作为客户端时,它提供的 COM 组件的操作函数主要包括三类: COM 对象的创建、COM 对象的信息获取、COM 组件的 progID 获取。

1. 创建 COM 对象

如前所述,当 MATLAB 作为客户端时,服务器端有进程内服务器端和进程外服务器端两种,为此 MATLAB 提供了两种创建 COM 对象的方法:

- actxcontrol 函数,在 MATLAB 图形窗口(利用 figure 命令创建)中创建 ActiveX控件,如 mscal. calendar(日历控件)。创建的 ActiveX 控件均为进程内服务器端。
- actxserver 函数,如果 COM 组件以 DLL 的方式存在,则创建进程内服务器端;如果 COM 组件以可执行程序的方式存在,则创建进程外服务器端。比如，Excel 以可执行程序的方式存在，因此利用 actxserver 函数可以创建一个 Excel 进程外 COM 服务器端。

这两个函数均返回创建 COM 对象的默认接口的句柄(handle)。

在 MATLAB 中创建一个 Excel COM 组件对象的命令如下所示。

```
>> e = actxserver('Excel.Application')
e =
    COM.Excel_Application
```

2. 获取 COM 对象的信息

MATLAB 提供了访问 COM 对象接口的方法、属性和事件的方式如下：

- handle. methods，访问接口的方法；
- handle. events，访问接口的事件；
- get(handle)，访问接口的属性。

用户还可以使用 get(handle,'PropertyName')函数获得接口中名为 PropertyName 属性的值。命令实例如下所示。

```
>> e = actxserver('Excel.Application');
>> e.methods        % 列出所有方法
Methods for class COM.excel_application：
    ActivateMicrosoftApp
    AddCustomList
    Calculate
    CalculateFull
    CalculateFullRebuild
    CalculateUntilAsyncQueriesDone
    CentimetersToPoints
    CheckAbort
    ……
```

限于篇幅，以上仅列出了部分方法。

Excel COM 对象接口的部分事件如下所示。

```
>> e.events         % 列出所有事件
NewWorkbook = void NewWorkbook(handle Wb)
SheetSelectionChange = void SheetSelectionChange(handle Sh, handle Target)
SheetBeforeDoubleClick = void SheetBeforeDoubleClick(handle Sh, handle Target, bool Cancel)
SheetBeforeRightClick = void SheetBeforeRightClick(handle Sh, handle Target, bool Cancel)
SheetActivate = void SheetActivate(handle Sh)
SheetDeactivate = void SheetDeactivate(handle Sh)
SheetCalculate = void SheetCalculate(handle Sh)
SheetChange = void SheetChange(handle Sh, handle Target)
WorkbookOpen = void WorkbookOpen(handle Wb)
```

```
WorkbookActivate = void WorkbookActivate(handle Wb)
WorkbookDeactivate = void WorkbookDeactivate(handle Wb)
WorkbookBeforeClose = void WorkbookBeforeClose(handle Wb, bool Cancel)
……
```

Excel COM 对象默认接口的部分属性如下所示。

```
>> get(e)      % 列出所有属性
    Application: [1x1 Interface.Microsoft_Excel_12.0_Object_Library._Application]
        Creator: 'xlCreatorCode'
         Parent: [1x1 Interface.Microsoft_Excel_12.0_Object_Library._Application]
      ActiveCell: []
     ActiveChart: [1x45 char]
   ActivePrinter: [1x54 char]
     ActiveSheet: []
    ActiveWindow: []
  ActiveWorkbook: []
          AddIns: [1x1 Interface.Microsoft_Excel_12.0_Object_Library.AddIns]
       Assistant: [1x1 Interface.Microsoft_Office_12.0_Object_Library.Assistant]
           Cells: [1x45 char]
          Charts: [1x45 char]
         Columns: [1x45 char]
     CommandBars: [1x1 Interface.Microsoft_Office_12.0_Object_Library._CommandBars]
   EAppReturnCode: 0
           Names: [1x45 char]
             ……
```

使用 get 函数查看 Application 属性值的命令如下。

```
>> get(e,'Application')
ans =
    Interface.Microsoft_Excel_12.0_Object_Library._Application
```

3. 获取 COM 组件的 progID

COM 组件的类别多种多样，开发厂商也很多，那么如何区别这些 COM 组件呢？如果采用命名的方式，则不免有很多重复的情况发生，因而 COM 规范采用一个 128 位长度的数字常量（GUID）来标识 COM 组件。同样，为了唯一地标识组件的接口，COM 规范也采用这种 128 位的 GUID 来作为接口的标识。GUID 记忆起来很困难，所以有些计算机语言采用 ProgID 来标识组件。ProgID 是一种更为方便地标识和记忆组件的方法，ProgID 本应与 GUID 一一对应，但由于它是一种人为的命名方法，所以 ProgID 的唯一性有可能得不到保证。

MATLAB 使用 actxcontrollist 函数罗列当前系统中所有已注册 ActiveX 控件的信息。在 Microsoft 的 Windows 系统中，使用该函数只能返回 ActiveX 控件的信息，而不能返回所有 COM 组件的信息。ActiveX 控件可以理解为 COM 组件的一类。actxcontrollist 函数返回维数为 $N\times3$ 的元组阵列,每一行对应一个 ActiveX 控件。其中第一个值为 ActiveX 控件的名称,第二个值为 ActiveX 控件的 progID,第三个值为 ActiveX 控件的路径。如在笔者计算机上执行 actxcontrollist 命令后得到如下结果。

```
>> info1 = actxcontrollist;
>> info1
info1 =
        [1x31 char]              [1x24 char]        [1x31 char]
        [1x32 char]              [1x25 char]        [1x31 char]
    'Adobe PDF Reader'           'AcroPDF.PDF.1'     [1x63 char]
        [1x29 char]          'MWAGAUGE.AGaugeCtrl.1' [1x57 char]
    'AudioNotes Class'           [1x27 char]        [1x49 char]
    'ButtonBar Class'            [1x26 char]        [1x49 char]
    'COMNSView Class'        'COMSNAP.COMNSView.1'   [1x31 char]
    'CTreeView 控件 '            [1x25 char]        [1x29 char]
    'Contact Selector'           [1x29 char]        [1x42 char]
```

限于篇幅,以上仅列出了 info1 的部分值,实际上在该计算机上,info1 是一个规模为 358×3 的 cell 阵列,当然在不同计算机上,其规模有可能不同,即使在同一台计算机上,安装或卸载应用程序也可能会引起该值的改变。在 MATLAB 的命令行窗口中可以看到最后一个 ActiveX 控件的名称为"日历控件 12.0",查看其信息的命令如下。

```
>> info1(358,:)
ans =
'日历控件 12.0'    'MSCAL.Calendar.7'    [1x52 char]
>> info1(358,3)
ans =
'C:\Program Files\Microsoft Office\Office12\MSCAL.OCX'
```

可见,"日历控件 12.0"的 progID 为 MSCAL.Calendar.7,路径为"C:\Program Files\Microsoft Office \Office12\MSCAL.OCX"。直接双击 info1 变量,打开变量窗口,也可以方便地查看 info1 的内容,如图 6-18 所示。

对于任意一个 ActiveX 控件,在同一行第二列可以看到其 progID 的值。

除了 actxcontrollist 函数外,还可通过 actxcontrolselect 函数打开一个用于选择 ActiveX 控件的 GUI 控制面板。例如执行命令

```
>> info2 = actxcontrolselect;
```

可弹出如图 6-19 所示的界面。

打开"日历控件 12.0"控制面板后,可从面板上看到其预览及右下角的 progID

和路径信息等,该结果与 actxcontrollist 函数返回的结果相同。

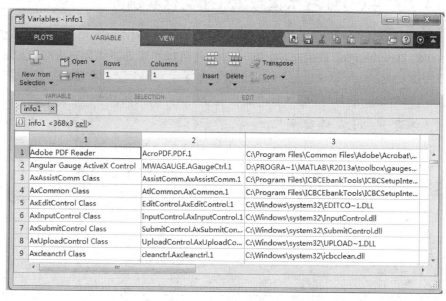

图 6－18　计算机上已安装的控件列表

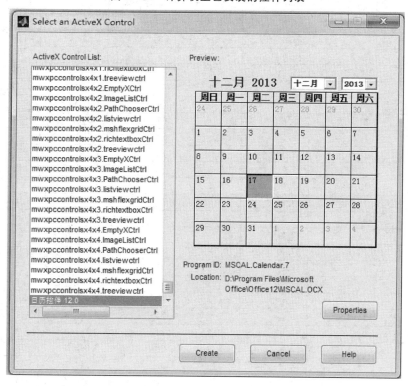

图 6－19　日历控件面板

6.3.4 使用 COM 技术读取 Excel 文件实例

利用 COM 组件,用户可以完成对 Excel 文件的操作。与 MATLAB 提供的 xlsread 和 xlswrite 等函数相比,利用 COM 组件可以完成更加复杂的功能。实际上,MATLAB 提供的 xlsread 和 xlswrite 函数也是采用 COM 技术对 Excel 文件进行操作的。下面给出一个利用 COM 技术操作 Excel 文件的实例。

1. 创建 Excel 文件实例

实例文件为 climatc2007.xlsx,文件内容如表 6 - 2 所列。

表 6 - 2 全国 31 个主要城市 2007 年的气候情况观测数据

城　市	年平均气温/℃	年极端最高气温/℃	年极端最低气温/℃	年均相对湿度/%	全年日照时数/h	全年降水量/mm
北京	14.0	37.3	−11.7	54	2 351.1	483.9
天津	13.6	38.5	−10.6	61	2 165.4	389.7
石家庄	14.9	39.7	−7.4	59	2 167.7	430.4
太原	11.4	35.8	−13.2	55	2 174.6	535.4
呼和浩特	9.0	35.6	−17.6	47	2 647.8	261.2
沈阳	9.0	33.9	−23.1	68	2 360.9	672.3
长春	7.7	35.8	−21.7	58	2 533.6	534.2
哈尔滨	6.6	35.8	−22.6	58	2 359.2	444.1
上海	18.5	39.6	−1.1	73	1 522.2	1 254.5
南京	17.4	38.2	−4.5	70	1 680.3	1 070.9
杭州	18.4	39.5	−1.9	71	1 472.9	1 378.5
合肥	17.4	37.2	−3.5	79	1 814.6	929.7
福州	21.0	39.8	3.6	68	1 543.8	1 109.6
南昌	19.2	38.5	0.5	68	2 102.0	1 118.5
济南	15.0	38.5	−7.9	61	1 819.8	797.1
郑州	16.0	39.7	−5.0	60	1 747.2	596.4
武汉	18.6	37.2	−1.5	67	1 934.2	1 023.2
长沙	18.8	38.8	−0.5	70	1 742.2	9 364.0
广州	23.2	37.4	5.7	71	1 616.0	1 370.3
南宁	21.7	37.7	0.7	76	1 614.0	1 008.1
海口	24.1	37.9	10.7	80	1 669.1	1 419.3
重庆	19.0	37.9	3.0	81	856.2	1 439.2
成都	16.8	34.9	−1.6	77	935.6	624.5
贵阳	14.9	31.0	−1.7	75	1 014.8	884.9
昆明	15.6	30.0	0.7	72	2 038.6	932.7
拉萨	9.8	29.0	−9.8	34	3 181.0	477.3
西安	15.6	39.8	−5.9	58	1 893.6	698.5
兰州	11.1	34.3	−11.9	53	2 214.1	407.9
西宁	6.1	30.7	−21.8	57	2 364.7	523.1
银川	10.4	35.0	−15.4	52	2 529.8	214.7
乌鲁木齐	8.5	37.6	−24.0	56	2 853.4	419.5

2. 创建 Excel COM 组件

将 climate2007. xlsx 文件的信息读入 MATLAB,并绘制各个城市年平均气温与全年日照时数的关系散点图,进行一次线性回归。实例脚本文件的名称为 climate-Analysis. m,其代码如下所示。

程序 6 – 3　climateAnalysis. m

```
% climateAnalysis.m
exl = actxserver('excel.application');
exlWkbk = exl.Workbooks;
exlFile = exlWkbk.Open([pwd '\climate2007.xlsx']);
exlSheet1 = exlFile.Sheets.Item('Sheet1');
robj = exlSheet1.Columns.End(4);          % Find the end of the column
numrows = robj.row;                       % And determine what row it is
dat_range = ['A1:G' num2str(numrows)];    % Read to the last row
rngObj = exlSheet1.Range(dat_range);
exlData = rngObj.Value;
x = cell2mat(exlData(2:end,2));           % mean temperature
y = cell2mat(exlData(2:end,6));           % sunshine amount
figure; hold on;
plot(x,y,'ko');
xlabel('平均气温(℃)');
ylabel('全年日照量(小时)');
xdata = [ones(size(x, 1), 1), x];
b = regress(y, xdata);                    % linear regression
yreg = xdata * b;
plot(x,yreg,'k');
exlWkbk.Close;
exl.Quit;
exl.delete;
```

上述实例的运行结果如图 6 - 20 所示。

下面对 climateAnalysis. m 实例进行详细说明。

- 语句"exl = actxserver('excel. application');"创建一个 Excel 服务器,并返回句柄 exl。
- 语句"exlWkbk = exl. Workbooks;"将 exl(类型为"COM. excel_application")的 Workbooks 接口传递给 exlWkbk,查看可知 exlWkbk 的值为

```
exlWkbk = Interface.Microsoft_Excel_12.0_Object_Library.Workbooks;
```

- 通过调用"exlWkbk. open(Filename);"函数打开 Excel 文件,并返回 Excel 文件对象的句柄 exlFile,exlFile 的信息为

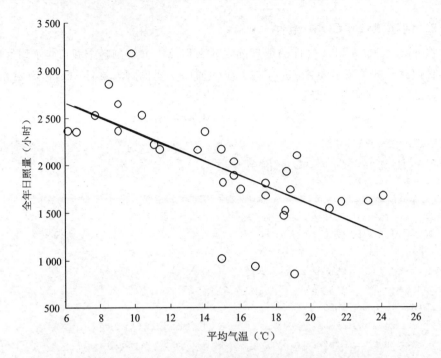

图 6-20　平均气温与全年日照量的关系散点图及拟合曲线

```
exlFile = Interface.Microsoft_Excel_12.0_Object_Library._Workbook;
```

- 语句"exlSheet1 = exlFile. Sheets. Item('Sheet1');"返回工作表对象的句柄 exlSheet1，exlSheet1 的信息为

```
exlSheet1 = Interface.Microsoft_Excel_12.0_Object_Library._Worksheet;
```

- 语句"robj = exlSheet1. Columns. End(4);"返回工作表的 Range 的对象，robj 的信息为

```
robj = Interface.Microsoft_Excel_12.0_Object_Library.Range;
```

- 语句"numrows = robj. row;"获取 Range 对象的列数属性。
- 语句"xlData = rngObj. Value;"返回 rngObj 对象的值，这里为一个 32×7 的 cell 阵列。可以使用 cell2mat 函数将 cell 阵列转换为 double 型数组，以正确获取 Excel 表格中的数据。
- 实例中，regress 函数为线性回归函数。

6.3.5　使用 COM 技术将数据格式化输出至 Excel 文件

当使用 COM 技术将数据输出至 Excel 文件时，可以对输出格式进行更加灵活的控制。下面通过一个实例说明如何通过 Excel COM 技术实现对电子表格单元格的字体颜色和背景色的设置。

在工作目录下建立 xlscolorwrite. m 实例文件,该文件的代码如下所示。

程序 6 - 4　xlscolorwrite. m

```
function xlscolorwrite(file,data,range,fontcolor,bgcolor)
file = fullfile(pwd, file);
exl = actxserver('excel.application');
exlWkbk = exl.WorkBooks.Add();
ran = exl.Activesheet.get('Range',range);
ran.value = data;
if nargin> = 4
    ran.font.Color = color2num(fontcolor);
end
if nargin == 5
    ran.interior.Color = color2num(bgcolor);
end
exlWkbk.SaveAs(file);
exlWkbk.Close;
exl.Quit;
exl.delete;
% end of xlscolorwrite.m
end
```

在该函数中调用的 color2num 函数的代码如下所示。

程序 6 - 5　color2num. m

```
function [out] = color2num(in)
r = in(3);g = in(2);b = in(1);
r = uint8(r * 255);
g = uint8(g * 255);
b = uint8(b * 255);
r = dec2hex(r,2);
g = dec2hex(g,2);
b = dec2hex(b,2);
color = [r g b];
out = hex2dec(color);
% end of color2num.m
end
```

函数 xlscolorwrite(file,data,range,fontcolor,bgcolor)各输入参数的含义是:

● file,文件名。

● data,待写入的数据,为二维数值数组或 cell 阵列。

● range,数据填充范围,为工作表矩形范围左上角和右下角的坐标,如"A1:
G6"。

- fontcolor,字体颜色,其值为形如"[r g b]"的一维向量,r、g、b 分别为 0~1 之间(含 0 和 1)的任意实数,分别表示合成色中的红、绿、蓝的含量。如纯红色为"[1 0 0]"。
- bgcolor,背景色,其值的形式和范围与参数 fontcolor 相同。

在 MATLAB 的命令行窗口中输入如下命令对 xlscolorwrite 函数进行测试。

```
>> xlscolorwrite('randData.xlsx',rand(4,5),'A1:E4',[1 0 0],[0 1 0]);
```

上述命令执行完毕后,在工作目录下生成 randData.xlsx 文件,该文件的内容如图 6-21 所示。

	A	B	C	D	E
1	0.106653	0.817303	0.25987	0.181847	0.869292
2	0.961898	0.868695	0.800068	0.263803	0.579705
3	0.004634	0.084436	0.431414	0.145539	0.54986
4	0.77491	0.399783	0.910648	0.136069	0.144955

图 6-21 randData. xlsx 文件的格式化内容

从图 6-21 可以看出,生成的 Excel 文件的单元格的背景颜色和字体颜色均采用了格式化操作。

6.4 Spreadsheet Link EX 工具箱

在 Windows 操作系统中,通过 Spreadsheet Link EX 工具箱提供的插件,将 Excel 和 MATLAB 集成到同一个计算环境中。通过应用 Spreadsheet Link EX 插件,可以在 Excel 文件中使用 MATLAB 强大的数据处理和图形显示功能。图 6-22 给出了 Spreadsheet Link EX 工具箱与 MATLAB 和 Excel 的关系。

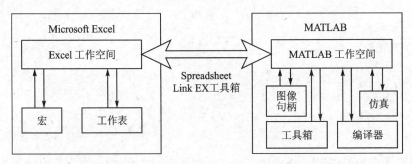

图 6-22 Spreadsheet Link EX 工具箱的功能示意

6.4.1 Spreadsheet Link EX 工具箱的安装和配置

在安装 Spreadsheet Link EX 工具箱之前,安装环境和 Excel 版本需要满足以下基本要求：

- 该工具箱只能在 Windows 32 位系统或 Windows 64 位系统中应用。
- 安装之前需要先安装 Excel 软件，Excel 为 2000 以上版本。
- 在安装 MATLAB 时选择安装 Spreadsheet Link EX 工具箱。

在 Excel 2007 和 Excel 2003 中，Spreadsheet Link 工具箱的配置方法有些不同，下面分别进行说明。

1. Spreadsheet Link EX 工具箱在 Excel 2007 中的安装和配置

Spreadsheet Link EX 工具箱在 Excel 2007 中的配置步骤是：

① 在 Excel 界面下单击左上角的 Office 按钮，选择"Excel 选项"，打开"Excel 选项"对话框，如图 6 - 23 所示。

图 6 - 23　Excel 2007 的加载项向导

② 单击左侧列表中的"加载项"，在"管理"下拉列表框中选择"Excel 加载项"（默认），单击"转到"按钮，打开"加载宏"对话框，如图 6 - 24 所示。

③ 单击"浏览"按钮，在 MATLAB 的安装目录下依次进入"\toolbox\exlink"目录，选择 excllink2007.xlam 文件，单击"确定"按钮。此时"加载宏"对话框将增加名

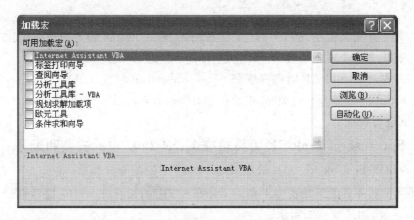

图 6-24　加载宏向导一

为"Spreadsheet Link EX 3.1.7 for use with MATLAB and Excel 2007/2010"的宏，并自动选中，如图 6-25 所示。

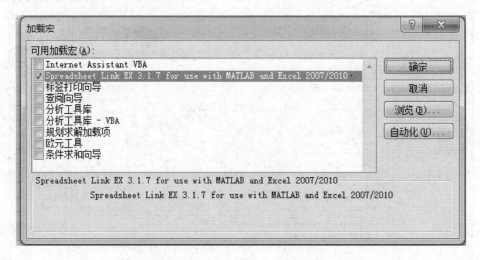

图 6-25　加载宏向导二

④ 单击"确定"按钮，如果 Spreadsheet Link EX 工具箱被正确配置，则在"开始"菜单中 Excel 工具栏的右侧出现 MATLAB 工具按钮，单击此按钮可以打开下拉菜单，如图 6-26 所示。

2. Spreadsheet Link EX 工具箱在 Excel 2003 中的安装和配置

在 Excel 2003 环境中，通过以下步骤配置 Spreadsheet Link EX 工具箱。

① 在 Excel 窗口中，选择"工具"→"加载宏"菜单项，打开"加载宏"对话框；

② 在"加载宏"对话框中单击"浏览"按钮，在"打开"对话框中进入 MATLAB 安装目录下的"\toolbox\exlink"文件夹，选择 excllink.xla 文件；

③ 单击"确定"按钮，此时可以在"加载宏"对话框中看到 Spreadsheet Link EX

宏已经被载入,如图 6 - 27 所示。

图 6 - 26　Excel 2007 应用程序中的 Spreadsheet Link EX 工具箱图标及功能

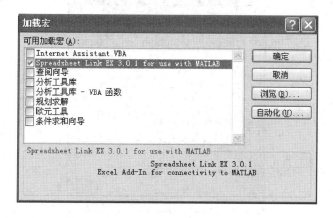

图 6 - 27　Excel 2003 的加载宏向导

④ 单击“确定”按钮退出“加载宏”对话框。

此时可以在 Excel 窗口中看到 Spreadsheet Link EX 宏的工具条,如图 6 - 28 所示。

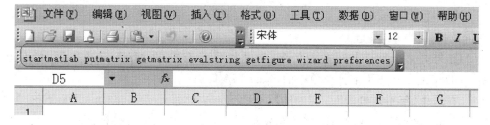

图 6 - 28　Excel 2003 中的 Spreadsheet Link EX 工具箱图标

　　由于在 Excel 2007 和 Excel 2003 中使用 Spreadsheet Link EX 工具箱的方式类似,所以若不是特别说明,均采用 Excel 2007 作为操作环境。

6.4.2　设置 Excel 启动时不加载 MATLAB

　　Spreadsheet Link EX 工具箱正确安装和配置完成后,默认情况下打开 Excel 文件时会自动启动 MATLAB。由于用户在操作 Excel 文件时,并不总需要启动 MATLAB 程序和使用 Spreadsheet Link EX 插件,因此,默认打开 MATLAB 的配置会降低 Excel 的启动速度。为了改变这一配置,用户可以通过修改 Excel 的 Spreadsheet Link EX 的属性进行更改,即在 Spreadsheet Link EX 的下拉菜单中选择 Preferences,在弹出的对话框中不选 Start MATLAB at Excel startup 选项,如图 6 - 29 所示。

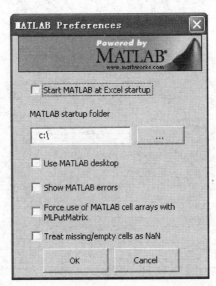

图 6 - 29　Spreadsheet Link EX 工具箱的属性设置

6.4.3　使用 Spreadsheet Link EX 工具箱

　　为了说明 Spreadsheet Link EX 工具箱的应用方法,使用 6.3.4 小节所示的实例进行说明。操作步骤是:

　　① 打开 climate2007. xlsx 文件,此时如果没有打开 MATLAB 程序,则单击 Spreadsheet Link EX 下拉菜单中的 Start MATLAB。

　　② 选中“年平均气温”一列中的所有数值,选择 Spreadsheet Link EX 下拉菜单中的 Send data to MATLAB,将数据发送至 MATLAB 工作区进行处理。随后会启动一个对话框,用户在文本框中输入变量名 x。该变量名为数据在 MATLAB 工作区中的变量名称,如图 6 - 30 所示。单击输入变量名对话框中的“确定”按钮,将该列

数据输入至 MATLAB 的工作区中。采用同样的操作，可将“全年日照时数”作为变量 y 输入至 MATLAB 的工作区中。

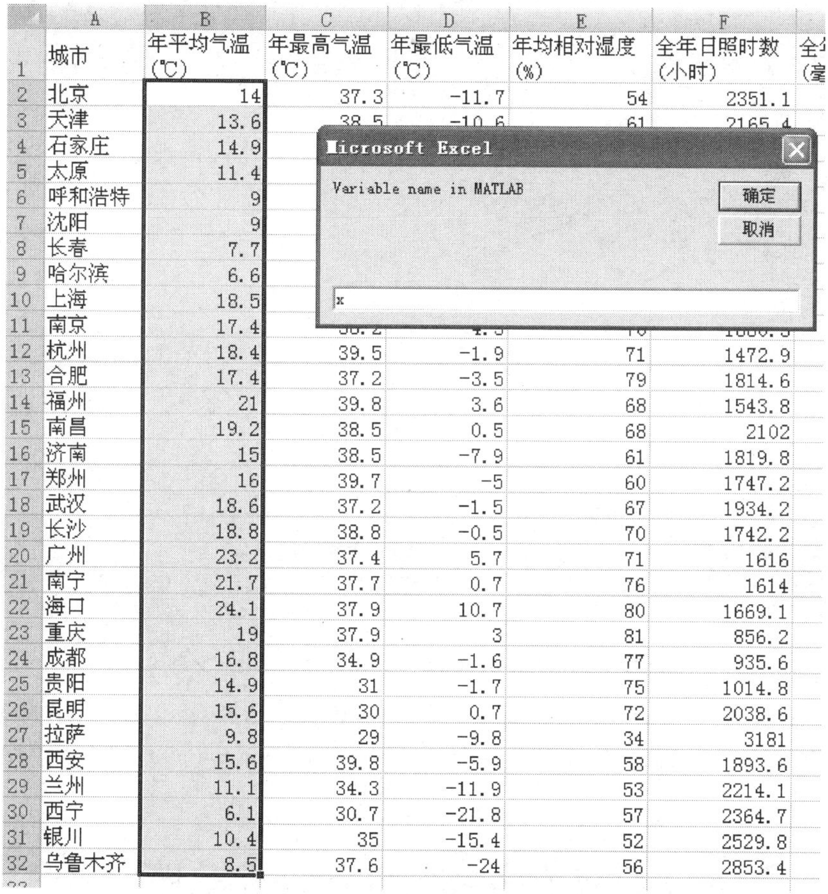

	A	B	C	D	E	F
1	城市	年平均气温(℃)	年最高气温(℃)	年最低气温(℃)	年均相对湿度(%)	全年日照时数(小时)
2	北京	14	37.3	-11.7	54	2351.1
3	天津	13.6	38.5	-10.6	61	2165.4
4	石家庄	14.9				
5	太原	11.4				
6	呼和浩特	9				
7	沈阳	9				
8	长春	7.7				
9	哈尔滨	6.6				
10	上海	18.5				
11	南京	17.4				
12	杭州	18.4	39.5	-1.9	71	1472.9
13	合肥	17.4	37.2	-3.5	79	1814.6
14	福州	21	39.8	3.6	68	1543.8
15	南昌	19.2	38.5	0.5	68	2102
16	济南	15	38.5	-7.9	61	1819.8
17	郑州	16	39.7	-5	60	1747.2
18	武汉	18.6	37.2	-1.5	67	1934.2
19	长沙	18.8	38.8	-0.5	70	1742.2
20	广州	23.2	37.4	5.7	71	1616
21	南宁	21.7	37.7	0.7	76	1614
22	海口	24.1	37.9	10.7	80	1669.1
23	重庆	19	37.9	3	81	856.2
24	成都	16.8	34.9	-1.6	77	935.6
25	贵阳	14.9	31	-1.7	75	1014.8
26	昆明	15.6	30	0.7	72	2038.6
27	拉萨	9.8	29	-9.8	34	3181
28	西安	15.6	39.8	-5.9	58	1893.6
29	兰州	11.1	34.3	-11.9	53	2214.1
30	西宁	6.1	30.7	-21.8	57	2364.7
31	银川	10.4	35	-15.4	52	2529.8
32	乌鲁木齐	8.5	37.6	-24	56	2853.4

图 6-30 导出 Excel 文件中的一列数据至 MATLAB 工作区

③ 在 MATLAB 窗口下执行如下命令完成数据处理功能，并生成平均气温与全年日照量的散点图和一次线性回归曲线。

```
>> figure; hold on;
>> plot(x,y,'ko');
>> xlabel('平均气温(℃)');
>> ylabel('全年日照量(小时)');
>> xdata = [ones(size(x, 1), 1), x];
>> b = regress(y, xdata);            % 线性回归
>> yreg = xdata * b;
>> plot(x,yreg,'k');
```

④ 在 Excel 中，选择 Spreadsheet Link EX 下拉菜单中的 Get MATLAB figure，

则可将 MATLAB 当前图形窗口中的内容导入 Excel 文件中,如图 6-31 所示。

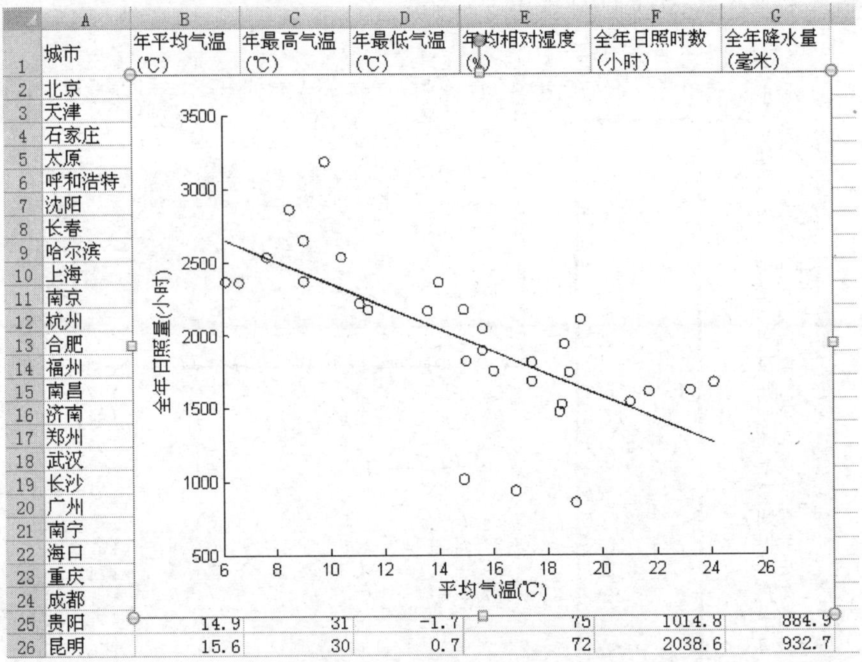

	A	B 年平均气温 (℃)	C 年最高气温 (℃)	D 年最低气温 (℃)	E 年均相对湿度 (%)	F 全年日照时数 (小时)	G 全年降水量 (毫米)
1	城市						
2	北京						
3	天津						
4	石家庄						
5	太原						
6	呼和浩特						
7	沈阳						
8	长春						
9	哈尔滨						
10	上海						
11	南京						
12	杭州						
13	合肥						
14	福州						
15	南昌						
16	济南						
17	郑州						
18	武汉						
19	长沙						
20	广州						
21	南宁						
22	海口						
23	重庆						
24	成都						
25	贵阳	14.9	31	-1.7	75	1014.8	884.9
26	昆明	15.6	30	0.7	72	2038.6	932.7

图 6-31　从 MATLAB 中导出图像至 Excel 文件

⑤ 在 Excel 的 Spreadsheet Link EX 宏中,还可以选择 Get data from MATLAB 获取 MATLAB 中的数据,或者选择 Run MATLAB command 直接运行 MATLAB 语句。

6.5　使用 COM 组件创建 Word 文档

当前的 MATLAB 版本尚未提供直接操作 Word 文件的函数,但用户可以通过 COM 技术来操作 Word 文档。在 MATLAB 中创建 Word 文件具有重要意义,因为 MATLAB 用户在完成数据分析后,往往要撰写相关的研究报告或文档。在 MATLAB 中通过 COM 技术来操作 Word 文档的方法与操作 Excel 文件的方法类似。实际上,这与广泛应用的利用 VBA(Visual Basic for Application)进行 Office 开发的原理相似。下面详细说明如何利用 COM 组件创建 Word 文档。

6.5.1　创建 Word 应用程序 COM 组件对象

由于 COM 组件以可执行程序的方式存在,因此在 MATLAB 中创建 Word COM 组件对象的命令如下所示。

```
myWord = actxserver('Word.Application');
```

为了防止多次重复打开 Word 服务器,可以使用下面的命令获取当前已经创建的 COM 对象。

```
myWord = actxGetRunningServer('Word.Application');
```

在实际应用中,更稳健的做法是将上述两个函数写在一个 try - catch 结构中,如下所示。

```
try      % 如果 Word 服务器已打开,则返回句柄
    myWord = actxGetRunningServer('Word.Application');
catch    % 否则打开 Word 服务器,创建 COM 对象
    myWord = actxserver('Word.Application');
end
```

上述代码中获得了一个名为 myWord 的 Word 服务器 COM 组件对象。

设置 Word 服务器可见的命令如下所示。

```
set(myWord,'Visible',1);        % 设置 Word 服务器可见
```

6.5.2　创建文本文档、进行页面设置和 PageSetup 接口

通过调用 Document 接口中的 Add 方法,新建一个空白文档,并使用之前获得的 myWord 句柄。命令如下所示。

```
myDoc = myWord.Document.Add;    % 新建空白文档,并返回文档的句柄
```

通过调用 Document 接口中的子接口 PageSetup 可以对文档页面进行设置。获得 PageSetup 接口的属性命令及属性值为:

```
>> myDoc.PageSetup.get
Application：[1x1 Interface.Microsoft_Word_12.0_Object_Library._Application]
Creator：1.2973e + 009
Parent：[1x1 Interface.Microsoft_Word_12.0_Object_Library._Document]
TopMargin：72
BottomMargin：72
LeftMargin：90
RightMargin：90
Gutter：0
PageWidth：595.3000
PageHeight：841.9000
Orientation：'wdOrientPortrait'
FirstPageTray：'wdPrinterDefaultBin'
OtherPagesTray：'wdPrinterDefaultBin'
VerticalAlignment：'wdAlignVerticalTop'
```

```
    MirrorMargins: 0
    HeaderDistance: 42.5500
    FooterDistance: 49.6000
    SectionStart: 'wdSectionNewPage'
    OddAndEvenPagesHeaderFooter: 0
    DifferentFirstPageHeaderFooter: 0
    SuppressEndnotes: 0
    LineNumbering: [1x1 Interface.Microsoft_Word_12.0_Object_Library.LineNumbering]
    TextColumns: [1x1 Interface.Microsoft_Word_12.0_Object_Library.TextColumns]
    PaperSize: 'wdPaperA4'
    TwoPagesOnOne: 0
    CharsLine: 39
    LinesPage: 44
    ShowGrid: 'Error: Argument not found, argument 1'
    GutterStyle: 0
    SectionDirection: 'wdSectionDirectionLtr'
    LayoutMode: 'wdLayoutModeLineGrid'
    GutterPos: 'wdGutterPosLeft'
    BookFoldPrinting: 0
    BookFoldRevPrinting: 0
    BookFoldPrintingSheets: 1
```

其中各主要属性的含义如表 6 - 3 所列。

表 6 - 3　PageSetup 接口的主要属性列表

属性名称	属性含义
Application	COM 组件类型。对于所有 Word 服务器 COM 组件中的接口，该值都相同，本机（Word 的版本为 Word 2007）上的值为 Interface.Microsoft_Word_12.0_Object_Library._Application
Creator	返回 32 位整数，该整数指出 PageSetup 对象的应用程序的代码。例如，如果 PageSetup 接口在 Microsoft Word 中创建，则 Creator 属性返回十六进制数字 4D535744，代表字符串 "MSWD"
Parent	父接口，其值为 Interface.Microsoft_Word_12.0_Object_Library._Document
TopMargin	页边距中的上边距（默认值为 72，单位为 pts，即 points）
BottomMargin	页边距中的下边距（默认值为 72）
LeftMargin	页边距中的左边距（默认值为 90）
RightMargin	页边距中的右边距（默认值为 90）
Gutter	装订线与边距之间的距离，默认值为 0，单位为 pts

属性名称	属性含义
GutterPos	装订线的位置,默认值为 'wdGutterPosLeft',即装订线在左。该属性有 3 个选项,即 'wdGutterPosLeft'、'wdGutterPosTop' 和 'wdGutterPosRight',分别表示左、上、右
GutterStyle	装订线的样式。当其值为 'wdGutterStyleBidi' 时,GutterPos 属性只能为 'wdGutterPosRright'; 当其值为 'wdGutterStyleLatin' 时, GutterPos 属性只能为 'wdGutterPosLeft' 或 'wdGutterPosTop'
PageWidth	页面宽度(默认值为 595.3,单位为 pts)
PageHeight	页面高度(默认值为 841.9)
Orientation	纸张方向,取值为 'wdOrientPortrait' 或 'wdOrientLandscape',依次表示纵向和横向,默认为纵向
FirstPageTray	首页的送纸盒
OtherPagesTray	其他页面的送纸盒
VerticalAlignment	垂直对齐方式。该属性有四个选项,分别为 'wdAlignVerticalTop'(顶端对齐)、'wdAlignVerticalCenter'(中间对齐)、 'wdAlignVerticalJustify' (两端对齐)、 'wdAlignVerticalBottom'(底部对齐)
MirrorMargins	首页的内外边距,默认值为 0
HeaderDistance	页眉距页面顶端距离(默认值为 42.55,单位为 pts)
FooterDistance	页脚距页面底端距离(默认值为 49.60)
SectionStart	取值 'wdSectionNewPage'
OddAndEvenPagesHeaderFooter	页眉页脚奇偶页是否不同,取 0(奇偶相同)或 −1(奇偶不同),默认值为 0
DifferentFirstPageHeaderFooter	页眉页脚首页是否不同,取 0(首页相同)或 −1(首页不同),默认值为 0
SuppressEndnotes	是否隐藏尾注,默认值为 0,表示不隐藏尾注
LineNumbering	取值 Interface. Microsoft_Word_12.0_Object_Library. LineNumbering
TextColumns	取值 Interface. Microsoft_Word_12.0_Object_Library. TextColumns
PaperSize	纸张大小。有 40 多种选择,默认值为 'wdPaperA4',即 A4 纸张大小
TwoPagesOnOne	是否拼页,只能取 0(否)或 1(是),默认值为 0。当取 1 时单页的高度变为原来的一半,从而在打印时将连续的两页打印在同一张纸上

续表 6 - 3

属性名称	属性含义
CharsLine	每行字符数。这里的字符数是全角的字符数,默认值为 39
LinesPage	每页行数,取值为 1~48 之间的整数,默认值为 44。更改该值从效果上看与更改行距是一致的,但是这两个值在本质上仍然是不同的
ShowGrid	取值 'Error:Argument not found,argument 1'
SectionDirection	取值 'wdSectionDirectionLtr'
LayoutMode	文档网格,取值范围为 'wdLayoutModeDefault'、'wdLayoutModeGrid'、'wdLayoutModeLineGrid'、'wdLayoutModeGenko',依次表示无网格、只指定行网格、指定行和字符网格、文字对齐字符网格。默认值为 'wdLayoutModeGrid'
BookFoldPrinting	是否设置手动双面正面打印,取 0(否)或 1(是),默认值为 0
BookFoldRevPrinting	是否设置手动双面背面打印,取 0(否)或 1(是),默认值为 0
BookFoldPrintingSheets	打印默认份数,默认值为 1

6.5.3 Content 接口

Content 接口用来控制文档的文字内容。在 6.5.2 小节中,通过调用 Add 方法创建了一个 Document 接口并返回了该接口的句柄,命名为 myDoc。获得 myDoc 的子接口 Content 的句柄的命令如下。

```
>> myContent = myDoc.Content        % 返回 Content 接口的句柄
ans =
     Interface.Microsoft_Word_12.0_Object_Library.Range
```

可以看到,Content 的类型是一个 Range 对象的接口。Range 对象代表文档中的一个连续区域,每个 Range 对象由一个起始字符位置和一个终止字符位置定义。

调用 get 方法可以获得 Content 接口的属性,命令如下。

```
myContent.get
```

由于 Content 接口的属性较多,这里不一一罗列。其中常用的属性如表 6 - 4 所列。

表 6 - 4　Content 接口的主要属性列表

属性名称	属性含义
Text	文本内容,例如 'MATLAB 简介'
Start	文档内容的起始位置
End	文档内容的结束位置

属性名称	属性含义
StoryType	文本类型,例如正文、脚注、尾注等,正文为 'wdMainTextStory'。该属性为只读
Cells	文档内容中的表格部分
Bold	文本内容是否加粗,默认值为 0,即不加粗
Italic	文本内容是否斜体,默认值为 0,即不斜体
Underline	下划线线型,默认值为 'wdUnderlineNone',即没有下划线。有近 20 种选择
EmphasisMark	着重号类型,默认值为 'wdEmphasisMarkNone',即没有着重号。有 5 种选择,包括着重号位于文字的上方或下方和着重号的样式
StoryLength	文档长度
GrammarChecked	语法校验
SpellingChecked	拼写检查
HighlightColorIndex	文本高亮显示。默认值为 'wdAuto',即没有高亮显示。有近 20 种色彩选择
Case	大小写等的样式,默认值为 'wdUpperCase'
Orientation	文字方向,默认值为 'wdTextOrientationHorizontal',即水平方向。有 6 种选择,包括水平显示、垂直左侧显示、垂直右侧显示、仅文字旋转等
HorizontalInVertical	行内文字方向,默认值为 'wdHorizontalInVerticalNone',即不设置文字方向。该属性也可以设为 'wdHorizontalInVerticalFitInline'
TwoLinesInOne	单行文字是否两行显示,默认值为 'wdTwoLinesInOneNone',即不两行显示。有 6 种选择,当选为两行显示时,可以在文字的两侧添加修饰括号,如方括号、尖括号、花括号等

通过更改 Start 属性,可以多次输入不同的文本内容,命令如下所示。

```
myContent.Start = 0;
text1 = 'This is the first sentence.';
myContent.Text = text1;
myContent.Start = myContent.End;
myContent.InsertParagraph;
myContent.Start = myContent.End;
text2 = 'This is the second sentence.';
myContent.Text = text2;
```

在上述示例代码中,InsertParagraph 是 Content 接口的一个方法,该方法在当前内容中插入一个段落,外在表现即为插入一个回车换行符。在每次输入新内容之前,必须通过更改 Start 属性,将其置于内容的末尾,否则新增加的内容会把上一次输入的内容覆盖。其中下述连续的两行代码

```
myContent.Start = myContent.End;
myContent.InsertParagraph;
```

可以用 InsertParagraphAfter 方法代替,即

```
myContent.InsertParagraphAfter;
```

InsertParagraphAfter 方法表示在当前内容之后插入回车换行符。上述代码段在 Word 文档中生成如图 6-32 所示的内容。

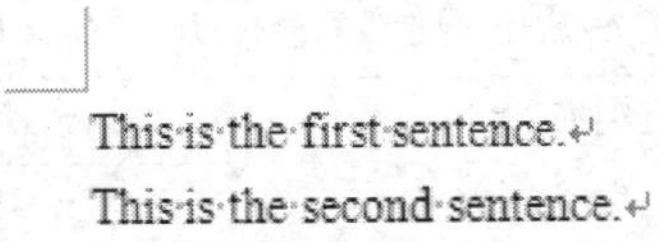

This is the first sentence.↵
This is the second sentence.↵

图 6-32　Word 文档内容

6.5.4　字体格式和 Font 接口

文字是 Word 文档最重要的组成部分,在 Word 程序中,可以对文字进行多种格式设置,例如字号、字体和颜色等。Word 程序的 COM 组件提供了 Font 接口来实现这些字体格式的设置。首先获取之前返回的 Content 接口 myContent 的 Font 接口,命令如下。

```
>> myFont = myContent.Font
myFont =
    Interface.Microsoft_Word_12.0_Object_Library._Font
```

Font 接口的主要属性如表 6-5 所列。

表 6-5　Font 接口的主要属性列表

属性名称	属性含义
Bold	粗体,默认值为 0,即不使用粗体
Italic	斜体,默认值为 0,即不使用斜体
Hidden	是否隐藏,默认值为 0,即不隐藏
SmallCaps	小型大写字母,默认值为 0,即不使用"小型大写字母"
AllCaps	全部大写字母,默认值为 0,即不使用"全部大写字母"
StrikeThrough	删除线,默认值为 0,即不使用删除线

属性名称	属性含义
DoubleStrikeThrough	双删除线，默认值为 0，即不使用双删除线
ColorIndex	返回或设置活动文档首段的文字颜色，默认值为 'wdAuto'，即使用"自动"颜色
Subscript	下标，默认值为 0，即文字不使用下标方式
Superscript	上标，默认值为 0，即文字不使用上标方式
Underline	下画线类型，默认值为 'wdUnderlineNone'，即不使用下画线
UnderlineColor	下画线颜色，默认值为 'wdColorAutomatic'，即"自动"
Size	字号，默认值为 12
Name	字体名称，默认值为空
Position	位置，表示在文字纵向上提升或降低
Spacing	字符间距，默认值为 0
Scaling	文字缩放，默认值为 100，表示 100％，不缩放
Shadow	阴影，默认值为 0，表示不使用阴影格式
Outline	空心，默认值为 0，表示不使用空心格式
Emboss	阳文，默认值为 0，表示不使用阳文格式
Kerning	将自动字距调整的文字的最小字号设置为 12 磅或更大
Engrave	阴文，默认值为 0，表示不使用阴文格式
Animation	为文本设置动态效果，默认值为 'wdAnimationNone'，表示不使用动态效果
EmphasisMark	着重号，默认值为 'wdEmphasisMarkNone'，表示没有着重号
DisableCharacterSpaceGrid	忽略选定文本每行中的字符数，默认值为 0，表示不忽略
NameFarEast	中文字体，默认值为 '宋体'
NameAscii	西文字体，默认值为 'Times New Roman'
NameOther	其他文字的字体，默认值为 'Times New Roman'
Color	字体颜色，默认值为 'wdColorAutomatic'，表示自动颜色
BoldBi	是否粗体，默认值为 0，即不使用粗体
ItalicBi	是否斜体，默认值为 0，即不使用斜体
SizeBi	字号，默认值为 12
NameBi	字体，默认值为 'Times New Roman'
ColorIndexBi	文档首段的文字颜色，默认值为 'wdAuto'，即自动颜色
DiacriticColor	返回或设置指定 Font 对象的 24 位颜色，默认值为 'wdColorAutomatic'，即自动颜色

在某些属性后面有 Bi 后缀，表示这些属性仅适用于从右向左排列的文字。Hidden属性返回或设置文字的隐藏属性。当设置为 true 或 −1(多数 boolean 类型变量以 0 表示 false，以 −1 表示 true)时，文本将会被隐藏，从而实现一定程度的文本保护功能。

6.5.5　段落格式和 ParagraphFormat 接口

Word 文档中的文字内容主要有两部分格式，一部分是字体格式，另一部分是段落格式。字体格式通过 Font 接口进行控制，段落格式通过 ParagraphFormat 接口进行控制。获得之前产生的 Content 接口(名为 myContent)的 ParagraphFormat 子接口句柄的命令如下。

```
>> myParagraphFormat = myContent.ParagraphFormat
myParagraphFormat =
    Interface.Microsoft_Word_12.0_Object_Library._ParagraphFormat
```

ParagraphFormat 接口的主要属性如表 6-6 所列。

表 6-6　**ParagraphFormat 接口的主要属性列表**

属性名称	属性含义
Alignment	对齐方式，默认值为 'wdAlignParagraphJustify'，即两端对齐。'wdAlignParagraphCenter' 为居中
KeepTogether	段中不分页，默认值为 0，表示不选择"段中不分页"，即在默认情况下，如果一个段落过长，则分页显示
KeepWithNext	与下段同页，默认值为 0，即不选择"与下段同页"
PageBreakBefore	段前分页，默认值为 0，即不选择"段前分页"
NoLineNumber	取消行号，默认值为 0，即不选择"取消行号"
RightIndent	右侧缩进，单位为 pts，默认值为 0
LeftIndent	左侧缩进，单位为 pts，默认值为 0
FirstLineIndent	首行缩进，单位为 pts，默认值为 0
LineSpacing	行距值，默认值为18
LineSpacingRule	行距类型：默认值为 'wdLineSpaceSingle'(单倍行距)，还可设置为 'wdLineSpace1pt5'(1.5 倍行距)、'wdLineSpaceDouble'(2 倍行距)、'wdLineSpaceAtLeast'(最小值)、'wdLineSpaceExactly'(固定值)和 'wdLineSpaceMultiple'(多倍行距)
SpaceBefore	段前间距，单位为磅，默认值为 0
SpaceAfter	段后间距，单位为磅，默认值为 0
Hyphenation	取消断字。默认值为 −1，此时取消断字不被选取

续表 6 - 6

属性名称	属性含义
WidowControl	孤行控制,默认值为 0
FarEastLineBreakControl	按中文习惯控制首尾字符,默认值为-1,表示选择该项
WordWrap	允许西文在单词中间换行,默认值为-1,表示选择该项
HangingPunctuation	允许标点溢出边界,默认值为-1,表示选择该项
HalfWidthPunctuationOn Top-OfLine	允许行首标点压缩,默认值为 0,表示不选择该项
AddSpaceBetweenFarEastAnd-Alpha	自动调整中文与西文之间的间距,默认值为-1,即 true,表示在段落样式中选择该项
AddSpaceBetweenFarEastAnd-Digit	自动调整中文与数字之间的间距,默认值为-1,即 true,表示在段落样式中选择该项
BaseLineAlignment	文本对齐方式,可选范围包括 'wdBaselineAlignTop'(顶端对齐)、'wdBaselineAlignCenter'(居中)、'wdBaselineAlignBaseline'(基线对齐)、'wdBaselineAlignFarEast50'(底端对齐)和 'wdBaseline-AlignAuto'(自动设置)
AutoAdjustRightIndent	如果定义了文档网格,则自动调整右缩进,默认值为-1,表示选择该项
DisableLineHeightGrid	如果定义了文档网格,则对齐到网格,默认值为-1,表示选择该项
OutlineLevel	大纲级别,默认值为 'wdOutlineLevelBodyText'(正文文本),此外还可设置为 'wdOutlineLevel1'(1 级)、'wdOutlineLevel2'(2 级)……'wdOutlineLevel9'(9 级)
CharacterUnitRightIndent	右侧缩进,单位为字符,默认值为 0
CharacterUnitLeftIndent	左侧缩进,单位为字符,默认值为 0
CharacterUnitFirstLineIndent	首行缩进,单位为字符,默认值为 0
LineUnitBefore	段前间距,单位为行,默认值为 0
LineUnitAfter	段后间距,单位为行,默认值为 0
ReadingOrder	阅读顺序,默认值为 'wdReadingOrderLtr'(从左向右的阅读顺序),还可设置为 'wdReadingOrderRtl'(从右向左的阅读顺序)
SpaceBeforeAuto	自动调整段前间距,默认值为 0
SpaceAfterAuto	自动调整段后间距,默认值为 0
MirrorIndents	对称缩进,默认值为 0
TextboxTightWrap	紧密环绕,默认值为 'wdTightNone'(无),还可设置为 'wdTightAll'(全部)、'wdTightFirstAndLastLines'(第一行和最后一行)、'wdTightFirstLineOnly'(仅第一行)和 'wdTightLastLineOnly'(仅最后一行)

例如设置段落居中对齐的命令如下。

```
myContent.ParagraphFormat.Alignment = 'wdAlignParagraphCenter';
```

需要注意的是，Font 接口和 ParagraphFormat 接口并不仅是 Content 接口的子接口，在很多接口中（如下面介绍的 Selection 接口）也包含 Font 接口和 ParagraphFormat 接口。

6.5.6　Selection 接口

Selection 接口标识了文档中的一块选定的区域，或者仅标识一个插入点。在一个文档中只能有一个 Selection 接口，在整个 Word 服务器中（可能有多个文档），只有一个 Selection 接口是激活的。Selection 接口标识的是一块区域，所以它并不仅限于插入文字，还可以插入图片、表格和脚注等多种形式的内容。获得 Selection 接口句柄的命令如下，其中 myWord 是之前创建的 Word 服务器。

```
mySelection = myWord.Selection;
```

Selection 接口中的 Start 和 End 属性分别标明选定区域的起始位置和结束位置，它们都是非负整数。Text 属性给出了标识区域块的文本内容。文本内容的格式仍然需要调用 Font 子接口和 ParagraphFormat 子接口进行设置。例如：

```
mySelection.Start = 0;              % 设置起始位置
mySelection.Text = 'MATLAB 是 Matrox Laboratory 的缩写';
mySelection.Font.Name = '宋体';    % 设置字体
mySelection.Font.Size = 12;         % 设置字号
mySelection.Font.Bold = 0;          % 设置文字加粗与否
mySelection.paragraphformat.Alignment = 'wdAlignParagraphLeft';% 对齐方式
mySelection.paragraphformat.LineSpacingRule = 'wdLineSpace1pt5';% 间距
mySelection.paragraphformat.FirstLineIndent = 25; % 首行缩进
```

Selection 接口的主要属性如表 6-7 所列。

表 6-7　Selection 接口的主要属性

属性名称	属性含义
Text	返回或设置指定区域内容中的文本。为 String 类型
Start	返回或设置选定内容的起始字符的位置
End	返回或设置选定内容的结束字符的位置。为 long 类型，可读/写
Type	返回选择类型。为 WdSelectionType 类型，只读。WdSelectionType 是一个枚举类型，其元素变量名及取值和意义如表 6-8 所列

续表 6 - 7

属性名称	属性含义
StoryType	返回所选内容的文字部分类型,返回值为 WdStoryStype 枚举类型。该枚举类型的元素变量有 wdCommentsStory、wdEndnotesStory、wdEven-Pages FooterStory、wdEvenPagesHeaderStory、wdFirstPageFooterStory、wdFirstPageHeaderStory、wdFootnotesStory、wdMainTextStory、wdPrimary-FooterStory、wdPrimaryHeaderStory 和 wdTextFrameStory 等。具有只读属性
Cells	返回一个 Cells 集合,该集合代表某一列、行、选定部分或区域中的表格单元格。只读
StoryLength	返回指定区域或所选内容的文字部分所含的字符数。为 long 类型,只读
LanguageID	返回或设置指定对象的其他语言。为 WdLanguageID 枚举类型,可读/写
LanguageIDFarEast	为指定的对象返回或设置东亚语言。为 WdLanguageID 枚举类型,可读/写
LanguageIDOther	返回或设置指定对象的其他语言。为 WdLanguageID 枚举类型,可读/写
Columns	返回一个 Columns 集合,该集合代表在某一区域、所选内容或表格中所有表格列。只读
Rows	返回一个 Rows 集合,该集合代表某个范围、所选部分或表格中所有的表格行。只读
HeaderFooter	为指定的所选内容或区域返回 HeaderFooter 对象。只读
IsEndOfRowMark	如果该属性值为 true,则指定的所选内容或区域折叠至表格行的结束标志处。为 boolean 类型,只读
BookmarkID	返回书签编号,该书签位于指定的所选内容或区域的开始位置;如果没有相应的书签,则返回 0。编号对应于书签在文档中的位置,1 对应于第一个书签,2 对应于第二个,以此类推。为 long 类型,只读
PreviousBookmarkID	返回在指定的所选内容或区域中或之前的最后一个书签的编号。如果没有相应的书签,则返回 0。为 long 类型,只读
Flags	返回或设置所选内容的属性。为 WdSelectionFlags 枚举类型,可读/写
Active	如果该属性值为 true,则指定窗口或窗格中的所选内容处于活动状态。为 boolean 类型,只读
StartIsActive	如果为 true,则所选内容的开始部分处于激活状态
IPAtEndOfLine	如果该属性值为 true,则插入点位于行的末尾,该行折到了下一行。如果该属性值为 false,则所选内容不折叠,或者插入点不在行尾,或者插入点位于段落标记之前。为 boolean 类型,只读

续表 6 - 7

属性名称	属性含义
ExtendMode	如果该属性值为 true,则扩展方式处于活动状态。当扩展方式处于活动状态时,以下方法的 Extend 参数的默认值为 true。这些方法包括 EndKey、HomeKey、MoveDown、MoveLeft、MoveRight 和 MoveUp。而且状态栏中会出现字母 EXT。为 boolean 类型,可读/写
Orientation	返回或设置页面方向。为 WdOrientation 枚举类型,可读/写。该类型包含两个常量,即 wdOrientLandscape 和 wdOrientPortrait,分别表示横向和竖向
Creator	返回 32 位整数,该整数指出所要创建的指定对象的应用程序。例如,如果该对象在 Microsoft Word 中创建,则此属性返回十六进制数字 0x4D535744(十进制为 1297307460)
NoProofing	如果该属性值为 true,则拼写和语法检查工具将忽略指定的文字
LanguageDetected	返回或设置一个指定 Microsoft Word 是否对指定文本的语言进行检测的值。为 boolean 类型,可读/写
FitTextWidth	返回或设置 Microsoft Word 在当前所选内容或区域中填入文字的宽度(使用当前的度量单位)。为 Single 类型,可读/写
HasChildShapeRange	如果该属性值为 true,则所选内容包含子图形。为 boolean 类型,只读

表 6 - 8 枚举类型 WdSelectionType 元素变量的名称、值和含义

WdSelectionType 的变量	值	含义
wdNoSelection	0	没有选定内容
wdSelectionBlock	6	列方式选定
wdSelectionColumn	4	列选择
wdSelectionFrame	3	框架选择
wdSelectionInlineShape	7	内嵌形状选择
wdSelectionIP	1	内嵌段落选择
wdSelectionNormal	2	标准的或用户定义的选择内容
wdSelectionRow	5	行选择
wdSelectionShape	8	形状选择

Selection 接口提供了大量的操作方法(method),通过调用这些方法可以实现较为复杂的功能。下面进行详细说明。

(1) Calculate 方法

Calculate 方法可以进行简单的数值计算,例如:

```
mySelection.Text = '2 * 3.14';            % 写入算式
x = num2str(mySelection.Calculate);       % 执行运算并将结果转换为字符形式
mySelection.InsertAfter('=');             % 写入等号
mySelection.InsertAfter(x);               % 写入运算结果
mySelection.Start = mySelection.End;      % 将光标移至选区末尾
```

运行结果如图 6 - 33 所示。

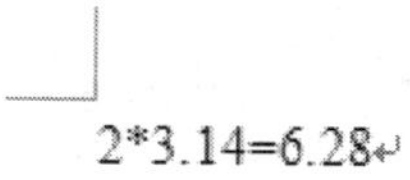

(2) Collapse 方法

Collapse 方法将选定内容折叠到起始位
置或结束位置。折叠之后起始位置和结束位

$2*3.14=6.28$

图 6 - 33　Calculate 方法的执行结果

置相同。它可以含有一个参数，为 WdCollapseDirection 枚举常量，其元素变量有
wdCollapseEnd 和 wdCollapseStart。默认值为 wdCollapseStart。命令实例如下。

```
>> myWord = actxserver('Word.Application');
>> set(myWord,'Visible',1);
>> myDoc = myWord.Document.Add;
>> mySelection = myWord.Selection;
>> mySelection.Start
ans =
     0
>> mySelection.End
ans =
     0
>> mySelection.Text = 'Matrox Laboratory';
>> mySelection.Start
ans =
     0
>> mySelection.End
ans =
    17
>> mySelection.Collapse
>> mySelection.Start
ans =
     0
>> mySelection.End
ans =
     0
```

在执行 Collapse 之前，如果查看正在执行的 Word 文件，可以看到如图 6 - 34 所
示的内容。

在执行 Collapse 之后，查看正在操作的 Word 文件，可以看到如图 6 - 35 所示的内容
（注意光标位置）。

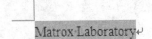

图 6-34　Word 界面内容(折叠之前)　　　图 6-35　Word 界面内容(折叠之后)

对照图 6-34 和图 6-35 可以看出,Collapse 函数执行之后,相当于取消了对 Matrox Laboratory 的选择,并且将光标置于选择区域之前。

(3) Copy 和 Paste 方法

Selection. Copy 方法和 Selection. Paste 方法分别用来复制和粘贴选区中的内容。下例实现了从一个文档中复制内容,并在另一个文档中粘贴这些内容的功能。

程序 6-6　testCopyAndPaste. m

```
try      % 如果 Word 服务器已打开,则返回其句柄
    myWord = actxGetRunningServer('Word. Application');
catch    % 否则创建 Word 服务器,并返回句柄
    myWord = actxserver('Word. Application');
end
set(myWord,'Visible',1);                        % 设置 Word 服务器可见
myDoc1 = myWord. Document. Add;                 % 添加空白文档 1
myDoc1. ActiveWindow. Selection. Text = 'This is an example of pasting the content.';
myDoc1. ActiveWindow. Selection. Copy;           % 复制文档 1 的内容
myDoc2 = myWord. Document. Add;                 % 添加空白文档 2
myDoc2. ActiveWindow. Selection. Paste;          % 在文档 2 中粘贴
```

(4) Clear 开头的几个方法

以 Clear 开头的几个方法用来删除所选内容的格式:

- ClearCharacterAllFormatting,从所选文本中删除所有字符格式(包括通过字符样式应用的格式和手动应用的格式)。
- ClearCharacterDirectFormatting,取消所选文本的字符格式,即通过功能区的按钮或通过对话框手动应用的格式。
- ClearCharacterStyle,从所选文本中删除通过字符样式应用的字符格式。
- ClearFormatting,清除所选内容的文本格式和段落格式。
- ClearParagraphAllFormatting,从所选文本中删除所有段落格式(包括通过段落样式应用的格式和手动应用的格式)。
- ClearParagraphDirectFormatting,从所选文本中删除手动应用(使用功能区上的按钮或者通过对话框)的段落格式。
- ClearParagraphStyle,从所选文本中删除通过段落样式应用的段落格式。

(5) 设定字符的粗体和斜体格式

下面的方法用来设定字符的粗体和斜体格式:

- BoldRun,向当前内容添加粗体字符格式或删除该格式。
- ItalicRun,向当前内容添加或删除斜体字符格式。

（6）以 Move 开头的方法

以 Move 开头的几个方法用来移动光标：

- Move,将指定的所选内容折叠到其起始位置或结束位置,然后将折叠的对象移动指定的单位数。此方法返回一个 long 类型的值,该值代表所选内容移动的单位数;如果移动失败,则返回 0。
- MoveDown,将选定内容向下移动,并返回移动距离的单位数。
- MoveEnd,移动到范围或所选内容的结束字符位置。
- MoveLeft,将选定内容向左移动,并返回移动距离的单位数。
- MoveRight,将选定内容向右移动,并返回移动距离的单位数。
- MoveStart,移动到指定的所选内容的起始位置。
- MoveUp,将所选内容向上移动,并返回移动的单位数。
- MoveEndUntil,移动到指定的所选内容的结束字符位置,直到在文档中找到任何指定的字符。
- MoveEndWhile,当在文档中找到任何指定的字符时,移动到所选内容的结束字符位置。
- MoveStartUntil,移动到指定的所选内容的起始位置,直到在文档中找到一个指定的字符。如果是在文档中向后移动,则扩展所选内容。
- MoveStartWhile,当在文档中找到任何指定的字符时,移动到指定的所选内容的起始位置。
- MoveUntil,移动指定的所选内容,直到在文档中找到一个指定的字符。
- MoveWhile,当在文档中找到任何指定的字符时,移动指定的选择范围。

在 Move、MoveDown、MoveEnd、MoeLeft、MoveRight、MoveStart 和 MoveUp 方法的输入参数中,前两个参数依次为 Unit 和 Count,分别表示结束字符位置移动的单位和数量。其中 Unit 为 WdUnits 枚举常量,其值和含义如表 6-9 所列。

表 6-9　WdUnits 枚举常量

枚举常量 WdUnits	值	含　义
wdCell	12	单元格
wdCharacter	1	字符
wdCharacterFormatting	13	字符格式
wdColumn	9	列
wdItem	16	所选项
wdLine	5	一行
wdParagraph	4	段落

枚举常量 WdUnits	值	含　义
wdParagraphFormatting	14	段落格式
wdRow	10	行
wdScreen	7	屏幕尺寸
wdSection	8	一节
wdSentence	3	句子
wdStory	6	部分
wdTable	15	一个表格
wdWindow	11	窗口
wdWord	2	字

6.5.7　表格和 Table 接口

Table 接口用来操作表格,它可通过调用 Tables 接口的 Add 方法来产生(注意这里的 Table 与 Tables 的区别,二者是不同的)。很多接口都有 Tables 子接口用来插入表格并进行相关操作,例如 Documents 接口、Selection 接口和 Content 接口等。以 Selection 接口下的 Tables 子接口为例,创建一个 m 行 n 列的表格,需要调用 Tables接口的 Add 方法。

(1) Add 方法

Tables 接口的 Add 方法的语法是:

```
Selection.Tables.Add(Range,NumRows,NumColumns,DefaultTableBehavior,
                     AutoFitBehavior);
```

其中 Range、NumRows 和 NumColumns 是必选参数,其含义分别为表格出现的区域、表格的行数和表格的列数等,Range 的类型为 Range 对象,NumRows 和 NumColoums 的类型为 long 型整数。DefaultTableBehavior 和 AutoFitBehavior 为可选参数,依次设置 Word 是否根据单元格的内容来自动调整单元格的大小,以及自动调整时使用的规则。

Tables.Add 方法将返回一个 Table 对象。Table 对象包含丰富的属性和方法,通过设置或调用它们可以进行复杂的表格操作。

下面给出一个实例,用于说明如何创建一个 5 行 3 列的表格。

程序 6-7　CreateTable.m

```
%%
try       % 如果 Word 服务器已打开,则返回其句柄
    myWord = actxGetRunningServer('Word.Application');
catch     % 否则创建 Word 服务器并返回句柄
```

```
        myWord = actxserver('Word.Application');
end
set(myWord,'Visible',1);                              % 设置 Word 服务器可见
myDoc = myWord.Document.Add;                          % 添加空白文档
%% Selection 接口
mySelection = myWord.Selection;
mySelection.Start = 0;                                % 设置区域起始位置
% 添加表格名称
mySelection.Text = '表1 产品 A 2010 年销售量';
mySelection.paragraphformat.Alignment = 'wdAlignParagraphCenter';    % 对齐
mySelection.Start = mySelection.end;
mySelection.TypeParagraph;                            % 回车
mySelection.ClearFormatting;                          % 清除格式
%% Tables 接口
nRow = 5;                                             % 行数
nColumn = 3;                                          % 列数
myTable = mySelection.Tables.Add(mySelection.Range,nRow,nColumn);
```

此时可以看到,创建的表格是没有边框的,需要使用 myTable 实例(这里 myTable 是 Table 对象的一个实例,而不是 Tables 对象的实例)中的 Borders 子接口进行边框设置,命令实例如下。

```
myTable.Borders.InsideLineStyle = 'wdLineStyleSingle';    % 内边框样式
myTable.Borders.InsideLineWidth = 'wdLineWidth025pt';     % 内边框宽度
myTable.Borders.OutsideLineStyle = 'wdLineStyleSingle';   % 外边框样式
myTable.Borders.OutsideLineWidth = 'wdLineWidth150pt';    % 外边框宽度
```

这时,表格的边框可以正确地显示,如图 6-36 所示。

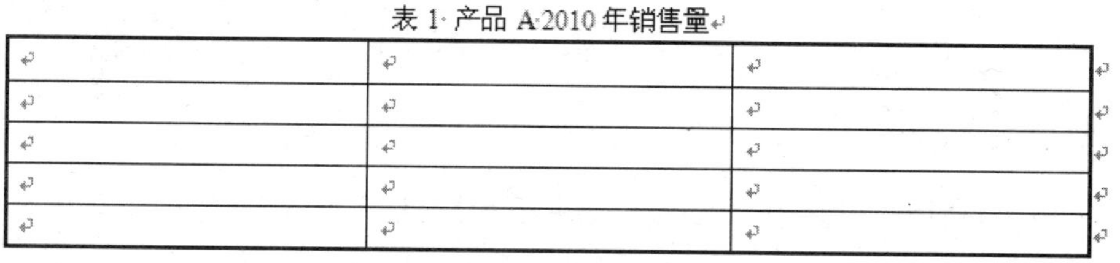

表1 产品 A 2010 年销售量

图 6-36　Word 中的表格样式一

(2) Rows 子接口和 Columns 子接口

Table 接口的 Rows 子接口是指向表格各行的接口,设置 Rows 接口中的属性可以修改行高、对齐方式等行属性,调用 Rows 接口中的方法可以进行行删除等操作。Table 接口的 Columns 子接口是指向表格各列的接口,其功能与 Rows 接口类似。例如设置表格整体居中的命令为:

```
Table.Rows.Alignment = 'wdAlignRowCenter';
```

这里的整体居中指的是表格整体在文档内居中，而不是每个单元格内的文字居中。

Columns 接口的 Count 属性返回表格的列数，Item(index)方法（其中 index 是 1 至 Count 之间的正整数，表示第几列）返回一个 Column 接口，访问该接口的 Width 属性可以返回或设置列宽。例如设置上述表格的第一列列宽为 140 pts，第二列和第三列列宽为 150 pts 的命令如下：

```
myTable.Columns.Item(1).Width = 140;
for ii = 2 : myTable.Columns.Count
    myTable.Columns.Item(ii).Width = 150;
end
```

(3) Cell 方法

若想设置某个单元格的文字对齐方式，需要调用 Table 接口的 Cell 方法，返回一个 Cell 对象（即单元格对象），然后调用该 Cell 对象的 Range 子接口的 Paragraphs 子接口的 Alignment 属性，即：

```
Table.Cell(RowIndex,ColumnIndex).Range.Paragraphs.Alignment = Value;
```

其中 Cell 方法的输入参数依次为行索引和列索引。例如图 6-36 表格中，标题行单元格居中对齐、内容行单元格居左对齐的命令如下：

```
for jj = 1:nColumn  % 标题行单元格居中对齐
    myTable.Cell(1,jj).Range.Paragraphs.Alignment = 'wdAlignParagraphCenter';
end
for ii = 2:nRow  % 内容行单元格居左对齐
    for jj = 1:nColumn
        myTable.Cell(ii,jj).Range.Paragraphs.Alignment = 'wdAlignParagraphLeft';
    end
end
```

Cell 接口对象的 Merge 方法用来合并两个单元格。其语法是：

```
Cell.Merge(MergeTo);
```

这里的 Cell 为一个 Cell 接口对象的实例，输入参数 MergeTo 的类型也为一个 Cell 对象的实例，其含义是待合并的单元格。例如图 6-36 表格实例中，将第二、三、四、五行的第一列这四个单元格合并的命令如下：

```
>> myTable.Cell(2,1).Merge(myTable.Cell(3,1));
>> myTable.Cell(2,1).Merge(myTable.Cell(4,1));
>> myTable.Cell(2,1).Merge(myTable.Cell(5,1));
```

此时,表格的样式如图 6 - 37 所示。

表 1· 产品 A·2010 年销售量

↵	↵	↵
↵	↵	↵
	↵	↵
	↵	↵
	↵	

图 6 - 37　Word 中的表格样式二

通过 Cell 接口对象的 Range 子接口的 Text 属性,可以获得或设置单元格的内容。例如将图 6 - 37 表格实例的各个单元格添加内容,代码如下:

```
>> myTable.Cell(1,1).Range.Text = '年份';
>> myTable.Cell(1,2).Range.Text = '季度';
>> myTable.Cell(1,3).Range.Text = '销售量(千件)';
>> myTable.Cell(2,1).Range.Text = '2010';
>> myTable.Cell(2,2).Range.Text = '第一季度';
>> myTable.Cell(2,3).Range.Text = '51.3';
>> myTable.Cell(3,2).Range.Text = '第二季度';
>> myTable.Cell(3,3).Range.Text = '72.5';
>> myTable.Cell(4,2).Range.Text = '第三季度';
>> myTable.Cell(4,3).Range.Text = '63.2';
>> myTable.Cell(5,2).Range.Text = '第四季度';
>> myTable.Cell(5,3).Range.Text = '32.5';
```

表格效果如图 6 - 38 所示。

表 1· 产品 A·2010 年销售量

年份	季度	销售量（千件）
2010	第一季度	51.3
	第二季度	72.5
	第三季度	63.2
	第四季度	32.5

图 6 - 38　Word 中的表格样式三

6.5.8　图片和 InlineShape 对象、Shape 对象

InlineShape 对象代表文档的文字层中的对象。InlineShape 对象只能是图片、OLE 对象或 ActiveX 控件。InlineShape 对象是 InlineShapes 接口的一个成员对象。Shape 对象代表绘制层中的对象,如自选图形、任意多边形、OLE 对象、ActiveX 控件或图片等。Shape 对象是 Shapes 接口的一个成员对象。

InlineShape 对象和 Shape 对象虽然都可以表示图片,但是它们在本质上有所不同,InlineShape 对象位于文档的文字层,而 Shape 对象则位于文档的图形层。

(1) InlineShape 对象

InlineShape 对象被视作字符,并作为字符置于文本中。InlineShapes 集合对象是 InlineShape 对象的集合,这些对象代表文档、范围或所选内容中的所有内嵌形状。通过调用 InlineShapes 对象中以 Add 开头的多种方法,可以添加不同的内嵌形状,这些方法的名称及说明如表 6-10 所列。

表 6-10　InlineShapes 集合对象的方法

名　称	说　明
AddChart	将指定类型的图表作为内嵌形状插入到活动文档中,并用包含 Microsoft Office Word 用于创建该图表的默认数据的工作表来打开 Microsoft Office Excel
AddHorizontalLine	向当前文档添加一条基于图像文件的横线
AddHorizontalLineStandard	向当前文档添加一条横线
AddOLEControl	创建一个 ActiveX 控件(旧称 OLE 控件),返回代表新 ActiveX 控件的 InlineShape 对象
AddOLEObject	创建一个 OLE 对象,返回代表新 OLE 对象的 InlineShape 对象
AddPicture	在文档中添加一幅图片,返回代表该图片的 Shape 对象
AddPictureBullet	向当前文档添加一个基于图像文件的图片项目符号,返回代表该项目符号的 InlineShape 对象

通过上述方法可以添加各种类型的内嵌图形,调用 Item 方法则可以访问已存在的内嵌图形,调用语法是:

```
Expression.Item(index);
```

其中 Expression 表示一个 InlineShapes 集合对象,index 表示单个 InlineShape 内嵌图形对象在集合中序号的 long 型值。

InlineShapes 对象中的 Count 属性返回 long 型整数,表示集合中内嵌图形的数目。

InlineShape 对象代表一个单独的内嵌图形。通过访问或设置其丰富的属性和方法,可以对内嵌图形进行格式和样式的调整。InlineShape 对象的主要属性如表 6-11 所列。

表 6-11　InlineShape 对象的属性

属性名称	说　明
AlternativeText	返回或设置一个 String 类型的值,该值代表与网页中图形相关联的可替代文字,表示当图形不存在时,将使用该属性指定的文字替代。可读/写

属性名称	说　明
Application	返回一个代表 Microsoft Word 应用程序的 Application 对象
Borders	返回一个 Borders 集合,该集合代表指定图形的所有边框
Creator	返回一个 32 位整数,该整数代表在其中创建特定对象的应用程序。只读 long 类型
Field	返回一个 Field 对象,该对象代表与指定内嵌形状相关联的域。只读
Fill	返回一个 FillFormat 对象,该对象包含指定图形的填充格式属性。只读
Glow	返回一个 GlowFormat 对象,对象代表发光效果的格式属性。只读
GroupItems	返回一个 GroupShapes 集合,该集合代表针对内嵌形状分组到一起的形状。只读
HasChart	如果指定的形状是图表,则为 true。只读
Height	返回或设置内嵌形状的高度。为 single 类型,可读/写
HorizontalLineFormat	返回一个 HorizontalLineFormat 对象,该对象包含指定的 InlineShape 对象的水平行的格式。只读
Hyperlink	返回一个 Hyperlink 对象,该对象代表与指定内嵌形状相关联的超链接。只读
IsPictureBullet	如果为 true,则表明 InlineShape 对象是图片项目符号。为 boolean 类型,只读
Line	返回一个 LineFormat 对象,该对象包含指定形状的线条格式属性。只读
LinkFormat	返回一个 LinkFormat 对象,该对象代表链接到文件指定内嵌形状的链接选项。只读
LockAspectRatio	如果在调整指定形状的大小时保留其最初比例,则该属性值为 MsoTrue;如果在调整形状大小时可分别改变其高度和宽度,则该属性值为 Mso-False。为可读/写的 MsoTriState 类型
OLEFormat	返回一个 OLEFormat 对象,该对象代表指定的内嵌形状的 OLE 特征(链接除外)。只读
Parent	返回一个 Object 类型值,该值代表指定 InlineShape 对象的父对象
PictureFormat	返回一个 PictureFormat 对象,该对象包含内嵌形状的图片格式属性。只读
Range	返回一个 Range 对象,该对象代表内嵌形状中包含的文档部分
Reflection	返回一个 ReflectionFormat 对象,该对象代表形状的反射格式。只读
ScaleHeight	参照指定内嵌形状的原始尺寸缩放其高度。为可读/写的 single 类型
ScaleWidth	参照指定内嵌形状的原始尺寸缩放其宽度。为可读/写的 single 类型

属性名称	说　明
Script	返回一个 Script 对象,该对象代表与指定网页中的图像相关联的脚本或代码块
Shadow	返回一个 ShadowFormat 对象,该对象代表指定形状的阴影格式。只读
SoftEdge	返回一个 SoftEdgeFormat 对象,该对象代表形状的软边缘格式。只读
TextEffect	返回一个 TextEffectFormat 对象,该对象包含指定内嵌形状的文本效果格式属性。只读
Type	返回内嵌形状的类型。为只读的 WdInlineShapeType 类型
Width	返回或设置指定内嵌形状的宽度(以磅为单位)。为可读/写的 long 类型

InlineShape 对象的方法如表 6 – 12 所列。

表 6 – 12　InlineShape 对象的方法

方法名称	说　明
ConvertToShap	将嵌入式图形转换为可自由浮动的图形。返回一个 Shape 对象,该对象代表新图形
Delete	删除指定的嵌入式图形
Reset	删除对内嵌形状所做的更改
Select	选择指定的内嵌形状

例如,在 Word 文档中利用 InlineShapes 对象插入一幅外部图片,并进行适当的格式设置。其程序实例如下所示。

程序 6 – 8　InlineShapesExample. m

```
% InlineShape 对象插入图片
%
try      % 如果 Word 服务器已打开,则返回句柄
    myWord = actxGetRunningServer('Word.Application');
catch    % 否则创建 Word 服务器,并返回句柄
    myWord = actxserver('Word.Application');
end
set(myWord,'Visible',1);        % 设置 Word 服务器可见
myDoc = myWord.Document.Add;    % 新建空白文档
mySelection = myWord.Selection;
mySelection.Start = 0;    % 设置选定区域的起始位置
filename = [matlabroot '\toolbox\images\imdemos\trees.tif'];
myInlineShape = mySelection.InlineShapes.AddPicture(filename);
mySelection.TypeParagraph;
mySelection.Text = 'Fig1 Trees';
```

此时可以看到,在打开的空白文档中显示了如图 6-39 所示的图片和文字。

Fig1 Trees

图 6-39　Word 中的图片样式(更改前)

在 MATLAB 的命令行窗口中执行以下命令,可查看 InlineShape 对象的属性等信息。

```
>> myInlineShape
myInlineShape =
    Interface.Microsoft_Word_12.0_Object_Library.InlineShape
>> myInlineShape.Type                    % 内嵌图形的类型
ans =
wdInlineShapePicture
>> myInlineShape.Width                    % 宽度
ans =
   350
>> myInlineShape.Height                   % 高度
ans =
   258
>> myInlineShape.ScaleHeight              % 高度百分比
ans =
   100
>> myInlineShape.ScaleWidth               % 宽度百分比
ans =
   100
```

执行下列命令将图形的宽度和高度各自减小至原来的一半。

```
>> myInlineShape.ScaleHeight = 50;
>> myInlineShape.ScaleWidth = 50;
```

执行下列命令将图形和文字居中对齐。

```
>> mySelection.Start = 0;
>> mySelection.ParagraphFormat.Alignment = 'wdAlignParagraphCenter';
```

此时可以看到更改后的图片和文字如图 6-40 所示。

(2) Shape 对象

由于 Shape 对象位于 Word 的图形层,所以它的属性和方法比 InlineShape 对象更为丰富。与 InlineShape 和 InlineShapes 对象的关系类似,若想将 Shape 对象添加到指定文档的形状集合中,并返回一个代表新建形状的 Shape 对象,则可使用 Shapes 集合的下列方法之一:AddCallout、AddCurve、AddLabel、AddLine、 AddOleControl、 AddOleObject、

Fig1 Trees

图 6-40　Word 中的图片样式(更改后)

AddPolyline、AddShape、AddTextbox、AddTextEffect 或 BuildFreeForm。 例如,Word"插入"目录下的"形状"子目录提供了一百多种简单的形状,调用 AddShape 方法可以实现完全相同的功能。例如,向一个空白文档中添加一个左箭头的命令如下。

程序 6-9　ShapeExample. m

```
try      % 如果 Word 服务器已打开,则返回句柄
    myWord = actxGetRunningServer('Word.Application');
catch    % 否则创建 Word 服务器,并返回句柄
    myWord = actxserver('Word.Application');
end
set(myWord,'Visible',1);                      % 设置 Word 服务器可见
myDoc = myWord.Document.Add;                   % 新建空白文档
type = 34;                                     % 类型为左箭头
left = 100;                                    % 距左边缘的距离(磅数)
top = 100;                                     % 距上边缘的距离(磅数)
width = 100;                                    % 宽度(磅数)
height = 50;                                    % 高度(磅数)
myShape = myDoc.Shapes.AddShape(type,left,top,width,height);
```

这时,可以看到文档中出现了左箭头的自选图形,如图 6-41 所示。

这里 myShape 的类型为一个 Shape 对象的实现。命令如下所示。

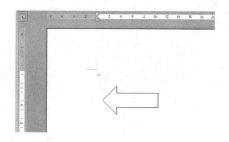

图 6 - 41　Word 中自选图形样式

```
>> myShape
myShape =
    Interface.Microsoft_Word_12.0_Object_Library.Shape
```

Shape 对象的主要方法如表 6 - 13 所列。

表 6 - 13　Shape 对象的方法

方法名称	说　明
Apply	应用于使用 PickUp 方法复制的特定图形格式
CanvasCropBottom	从绘图画布的底部裁剪一定百分比的绘图画布高度
CanvasCropLeft	从绘图画布左侧裁剪一定百分比的绘图画布宽度
CanvasCropRight	从绘图画布右侧裁剪一定百分比的绘图画布宽度
CanvasCropTop	从绘图画布顶部裁剪一定百分比的绘图画布高度
ConvertToFrame	将指定的图形转换为图文框。返回一个 Frame 对象,该对象代表新图文框
ConvertToInlineShape	将文档绘图层的指定图形转换为文字层的嵌入式图形。只能转换代表图片、OLE 对象或 ActiveX 控件的图形。此方法返回一个 InlineShape 对象,该对象代表图片或 OLE 对象
Delete	删除指定的图形节点
Duplicate	创建指定的 Shape 对象的副本,以标准的偏移将新图形从原图形添加至 Shapes 集合,然后返回新的 Shape 对象
Flip	水平或垂直翻转一个图形
IncrementLeft	将指定形状水平移动指定的磅数
IncrementRotation	使指定的形状绕 Z 轴旋转指定的角度
IncrementTop	按指定磅数垂直移动指定形状
PickUp	复制指定形状的格式
ScaleHeight	按指定的比例缩放形状的高度
ScaleWidth	按指定的比例缩放形状的宽度

方法名称	说　明
Select	选择指定的形状
SetShapesDefaultProperties	将文档中默认形状的格式应用于指定的形状
Ungroup	取消组合指定形状中的所有组合形状
ZOrder	将指定的形状移到集合中其他形状的前面或后面，即更改该形状在 Z 坐标轴方向（垂直页面或屏幕方向）上的顺序

继续对之前左箭头的 Shape 对象进行操作。Flip 方法有一个参数，0 表示水平翻转，1 表示垂直翻转。通过下面的代码对左箭头进行水平翻转。

```
myShape.Flip(0);
```

这时可以看到，左箭头被翻转后指向了右方向，如图 6 – 42 所示。

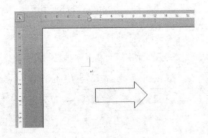

图 6 – 42　Word 中的自选图形样式（水平翻转后）

Shape 对象的主要属性如表 6 – 14 所列。

表 6 – 14　Shape 对象的属性

属性名称	说　明
Adjustments	返回一个 Adjustments 对象，该对象包含所有对指定 Shape 对象（代表自选图形或艺术字）进行调整操作的调整值。只读
AlternativeText	返回或设置与网页图形相关联的可选文字。为 String 类型，可读/写
Anchor	返回一个 Range 对象，该对象代表指定图形或图形区域的锁定范围。只读
Application	返回一个代表 Microsoft Word 应用程序的 Application 对象
AutoShapeType	返回或设置指定的 Shape 对象的图形类型，该对象不是代表线条或任意多边形，而是代表自选图形。为 MsoAutoShapeType 类型，可读/写
Callout	返回一个 CalloutFormat 对象，该对象包含指定图形的标注格式属性。只读

续表 6 - 14

属性名称	说　明
CanvasItems	返回一个 CanvasShapes 对象,该对象代表绘图画布上图形的集合
Child	如果图形是子图形,或者位于图形区域的所有图形都是同一父图形的子图形,则该属性值为 true。为 MsoTriState 类型,只读
Creator	返回一个 32 位整数,该整数表示创建该对象的应用程序代码。该属性是为 Macintosh 计算机的应用设计的。在该类系统上,每个应用程序都有一个四字符的创建者代码,例如当在 Microsoft Word 中创建时,返回十六进制数 0x4D535744,表示字符串 MSWD。为只读的 long 类型
Fill	返回一个 FillFormat 对象,该对象包含指定图形的填充格式属性。只读
Glow	返回一个 GlowFormat 对象,该对象代表形状的发光格式。只读
GroupItems	返回一个 GroupShapes 对象,该对象代表指定图形组中的单个图形。只读
HasChart	如果指定的形状具有图表,则为 true。只读
Height	返回或设置指定图形的高度。为 single 类型,可读/写
HeightRelative	返回或设置一个 single 类型的值,该值代表形状高度的相对百分比。可读/写
HorizontalFlip	表示形状进行过水平翻转。为 MsoTriState 类型,只读
Hyperlink	返回一个 Hyperlink 对象,该对象代表与 Shape 对象相关联的超链接。只读
ID	返回指定形状的标识类型。为只读 long 类型
LayoutInCell	返回一个 long 类型的值,该值表示表格中的形状显示在表格内部还是表格外部
Left	返回或设置一个 single 类型的值,该值代表指定形状或形状范围的水平位置(以磅为单位)。也可以是任何有效的 WdShapePosition 常量。可读/写
LeftRelative	返回或设置一个 single 类型的值,该值代表形状左侧的相对位置。可读/写
Line	返回一个 LineFormat 对象,该对象包含指定形状的线条格式属性。只读
LinkFormat	返回一个 LinkFormat 对象,该对象代表链接到文件的形状的链接选项。只读
LockAnchor	如果 Shape 对象的锁定标记锁定到锁定范围,则该属性值为 true。为可读/写的 long 类型

属性名称	说　明
LockAspectRatio	如果在调整指定形状的大小时保留其最初比例,则该属性值为 MsoTrue;如果在调整形状大小时可分别改变其高度和宽度,则该属性值为 MsoFalse。为可读/写的 MsoTriState 类型
Name	返回或设置指定对象的名称。为 String 类型,可读/写
Nodes	返回一个 ShapeNodes 集合,该集合代表指定形状的几何描述
OLEFormat	返回一个 OLEFormat 对象,该对象代表指定形状、内嵌形状或域的 OLE 特性(链接除外)。只读
Parent	返回一个 Object 类型值,该值代表指定 Shape 对象的父对象
ParentGroup	返回一个 Shape 对象,该对象代表子形状或子形状范围的通用父形状
PictureFormat	返回一个 PictureFormat 对象,该对象包含指定对象的图片格式属性
Reflection	返回一个 ReflectionFormat 对象,该对象代表形状的反射格式。只读
RelativeHorizontalPosition	指定形状的相对水平位置。为可读/写的 WdRelativeHorizontal-Position 类型
RelativeHorizontalSize	返回或设置一个 WdRelativeVerticalSize 常量,该常量代表形状区域相对的对象。可读/写
RelativeVerticalPosition	指定形状的相对垂直位置。为可读/写的 WdRelativeVerticalPosi-tion 类型
RelativeVerticalSize	返回或设置一个 WdRelativeVerticalSize 常量,该常量代表形状的相对垂直大小。可读/写
Rotation	返回或设置指定图形绕 Z 轴旋转的度数。正数表示按顺时针方向旋转,负数表示按逆时针方向旋转。为 single 类型,可读/写
Script	返回一个 Script 对象,该对象代表网页中图像的一段脚本或代码
Shadow	返回一个 ShadowFormat 对象,该对象代表指定形状的阴影格式
SoftEdge	返回一个 SoftEdgeFormat 对象,该对象代表形状的软边缘格式。只读
TextEffect	返回一个 TextEffectFormat 对象,该对象包含指定形状的文本效果格式属性。只读
TextFrame	返回一个 TextFrame 对象,该对象包含指定形状的文字
TextFrame2	返回一个 TextFrame2 对象,该对象包含指定形状的文本。只读

续表 6 - 14

属性名称	说　明
ThreeD	返回一个 ThreeDFormat 对象，该对象包含指定形状的三维格式属性。只读
Top	返回或设置指定形状或形状范围的垂直位置（以磅为单位）。为可读/写的 single 类型
TopRelative	返回或设置一个 single 类型的值，该值代表形状顶部的相对位置。可读/写
Type	返回内嵌形状的类型。为只读 MsoShapeType 类型
VerticalFlip	如果指定形状围绕垂直轴翻转，则该属性值为 true。为 MsoTriState 类型，只读
Vertices	该属性以一系列坐标对的形式返回指定任意多边形图形顶点（和贝赛尔曲线的控制点）的坐标。为只读的 Variant 类型
Visible	如果指定对象或应用于该对象的格式是可见的，则该属性值为 true。为 MsoTriState 类型，可读/写
Width	返回或设置指定形状的宽度（以磅为单位）。为可读/写的 long 类型
WidthRelative	返回或设置一个代表形状的相对宽度的 single 类型的值。可读/写
WrapFormat	返回一个 WrapFormat 对象，该对象包含在指定形状四周文字环绕的属性。只读
ZOrderPosition	返回一个 long 类型的值，该值代表指定形状在 Z 坐标轴方向上的顺序。只读

表 6 - 14 中，Fill 属性返回一个 FillFormat 对象，描述了指定图形的填充格式属性。FillFormat 对象的 ForeColor 属性返回一个 ColorFormat 对象，该对象可以返回或设置自选图形对象的前景色，其 RGB 属性可以设置颜色的值。例如，将上述箭头图形的前景色填充为红色的命令如下。

```
myShape.Fill.ForeColor.RGB = 255;
```

这时，箭头被填充为红色，如图 6 - 43 所示。

图 6 - 43　Word 中的自选图形样式（填充前景色）

6.5.9　页眉、页脚和 HeaderFooter 对象

页眉和页脚是文档的重要组成部分,页眉通常给出章节或书籍的名称,页脚通常用来标识页码。HeaderFooter 对象代表单一的页眉或页脚,是 HeadersFooters 集合的一个成员。HeadersFooters 集合包含指定文档节中的所有页眉和页脚。

HeaderFooter 对象是 Section 对象的子接口,Section 对象代表了一个文档中的某一节。当在 Word 文档中插入分节符时,就创建了新的一节。Section 对象是 Sections 集合对象的一个成员,调用 Sections 集合对象的 Item(Index)方法,可以返回文档中第 Index 个小节。Section 接口的 Header(Index)和 Footer(Index)属性返回的均为 HeaderFooters 对象,但它们分别代表该节的页眉和页脚。这里的 Index 为 WdHeaderFooterIndex 枚举常量,该枚举常量的各个元素的名称和值如表 6-15 所列。

表 6-15　WdHeaderFooterIndex 枚举常量

元素名称	值	描　　述
wdHeaderFooterEvenPages	3	返回偶数页上的所有页眉或页脚
wdHeaderFooterFirstPage	2	返回文档或节中的第一个页眉或页脚
wdHeaderFooterPrimary	1	返回文档或节中除第一页外所有页上的页眉或页脚

例如,在一个空白文档中插入一个页脚的代码如下。

程序 6-10　HeaderFooterExample.m

```
% HeaderFooter Object
try        % 如果 Word 服务器已打开,则返回句柄
    myWord = actxGetRunningServer('Word.Application');
catch      % 否则创建 Word 服务器,并返回句柄
    myWord = actxserver('Word.Application');
end
set(myWord,'Visible',1);                          % 设置 Word 服务器可见
myDoc = myWord.Document.Add;                       % 新建空白文档
mySection = myDoc.Sections.Item(1);               % 返回第一节的 Section 对象
myFooter = mySection.Footers(1).Item(1);          % 返回页脚
myFooter.Range.text = 'Footer Test';              % 设置页脚内容
```

这时在新建的空白文档中,页脚内容已被设置。查看 myFooter 和 mySection 的接口类型的命令如下。

```
>> myFooter
myFooter =
    Interface.Microsoft_Word_12.0_Object_Library.HeaderFooter
>> mySection
mySection =
    Interface.Microsoft_Word_12.0_Object_Library.Section
```

6.5.10　保存文本文档并退出应用程序

　　另存文本文档需要调用 Document 接口的 SaveAs 方法,该方法有一个输入参数,表示文档的另存路径和文件名。关闭 Word 文档需要调用 Document 接口的 Close 方法,退出 Word 应用程序则需要调用 Word 服务器的 Quit 方法。实例代码如下。

程序 6 - 11　SaveAsAndQuitExample. m

```matlab
try       % 如果 Word 服务器已打开,则返回句柄
    myWord = actxGetRunningServer('Word.Application');
catch     % 否则创建 Word 服务器,并返回句柄
    myWord = actxserver('Word.Application');
end
set(myWord,'Visible',1);                          % 设置 Word 服务器可见
myDoc = myWord.Document.Add;                       % 新建空白文档
% Save Doc File
FilenameAndPath = [pwd '\mydoc1'];                 % 文档另存路径和文件名
myDoc.SaveAs(FilenameAndPath);                     % 另存为当前文档
myDoc.Close;                                       % 关闭 Word 文档
myWord.Quit;                                       % 退出 Word 服务器
```

　　上述代码中的 pwd 为 MATLAB 的一个函数,它返回当前工作目录。

6.5.11　使用 COM 组件创建 Word 文档实例

　　本节创建一个图文并茂的 Word 文档实例,该实例中包含了多种格式的文本,以及图片、表格和脚注,文档的内容是对 MATLAB 的一个简单介绍,其中用到的图片为 MATLAB 发展过程中使用过的 Logo,如图 6 - 44 所示。

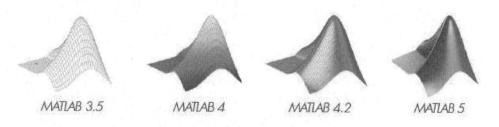

图 6 - 44　MATLAB 部分版本图标

　　将该图片存放在 MATLAB 的当前工作目录下,并命名为 MATLAB_logo.jpg。
　　考虑到篇幅限制,在 MATLAB 版本的表格中,仅列出了最初的几个版本和最近的几个版本,中间的版本进行了省略。实例代码如下所示。

程序 6 - 12　　CreateWordFile. m

```
% CreateWordFile. m
% 利用 MATLAB 生成 Word 文档
%%
try      % 如果 Word 服务器已打开,则返回句柄
    myWord = actxGetRunningServer('Word. Application');
catch    % 否则创建 Word 服务器,并返回句柄
    myWord = actxserver('Word. Application');
end
set(myWord,'Visible',1);              % 设置 Word 服务器可见
myDoc = myWord. Document. Add;         % 新建空白文档

%% Content 接口操作
myContent = myDoc. Content;            % 返回文档的 Content 接口的句柄
myContent. Start = 0;                  % 设置文档 Content 的起始位置
title = 'MATLAB 简介';                 % 内容
myContent. text = title;               % 写入文档的内容
myContent. Font. Size = 20;            % 设置字号
myContent. ParagraphFormat. Alignment = 'wdAlignParagraphCenter';
                                       % 居中对齐

%% Selection 接口操作
mySelection = myWord. Selection;
mySelection. Start = myContent. end;   % 设置选定区域的起始位置为文档内容的末尾
% 添加脚注
FootnoteStr = '注:本文内容主要来自维基百科。';
mySelection. Footnotes. Add (mySelection. Range, '',FootnoteStr);
mySelection. Start = myContent. end;   % 设置选定区域的起始位置为文档内容的末尾
mySelection. TypeParagraph;           % 回车,另起一段
% 添加第一段文字
% 文字的格式设置
mySelection. Font. Name = '宋体';      % 设置字体
mySelection. Font. Size = 12;          % 设置字号
mySelection. Font. Bold = 0;           % 字体不加粗
mySelection. paragraphformat. Alignment = 'wdAlignParagraphLeft';
                                       % 居左对齐
mySelection. paragraphformat. LineSpacingRule = 'wdLineSpace1pt5';
                                       % 1.5 倍行距
mySelection. paragraphformat. FirstLineIndent = 25;   % 首行缩进磅数
% 添加段落内容
myStr1 = ['MATLAB 是 Matrix Laboratory 的缩写,是一款由 '...
    '美国 MathWorks 公司出品的商业数学软件。MATLAB 是一种用于算法开发、'...
```

```
    '数据可视化、数据分析以及数值计算的高级技术计算语言和交互式环境'...
    '除了矩阵运算、绘制函数/数据图像等常用功能外,MATLAB 还可以用来创建 '...
    '用户界面及调用其他语言(包括 C,C++ 和 FORTRAN)编写的程序。'];
                                              % 第 1 自然段的内容
mySelection.Text = myStr1;                    % 在选定区域输入文字内容
mySelection.Start = mySelection.end;
mySelection.TypeParagraph;                    % 回车,另起一段

% 添加图片及其说明
% 设置图片的格式
mySelection.paragraphformat.Alignment = 'wdAlignParagraphCenter';
                                              % 居中对齐
mySelection.paragraphformat.FirstLineIndent = 0;  % 首行缩进磅数
% 添加图片 MATLAB_logo.jpg
myImg1 = [pwd '\MATLAB_logo.jpg'];
mySelection.InlineShapes.AddPicture(myImg1);
mySelection.Start = mySelection.end;
mySelection.TypeParagraph;                    % 回车
% 添加图片的说明
mySelection.Font.Size = 10;                   % 设置字号
mySelection.Font.Name = '黑体';               % 设置字体
myFigStr1 = '图 1 MATLAB logo 的变化历程';
mySelection.Text = myFigStr1;                 % 在选定区域输入文字内容
mySelection.Start = mySelection.end;
mySelection.TypeParagraph;                    % 回车

% 添加第二段文字
% 文字的格式设置
mySelection.Font.Name = '宋体';               % 设置字体
mySelection.Font.Size = 12;                   % 设置字号
mySelection.Font.Bold = 0;                    % 字体不加粗
mySelection.paragraphformat.Alignment = 'wdAlignParagraphLeft';
                                              % 居左对齐
mySelection.paragraphformat.LineSpacingRule = 'wdLineSpace1pt5';
                                              % 1.5 倍行距
mySelection.paragraphformat.FirstLineIndent = 25;  % 首行缩进磅数
% 添加段落内容
myStr2 = ['尽管 MATLAB 主要用于数值运算,但利用为数众多的附加工具箱 '...
    '(Toolbox)它也适合不同领域的应用,例如控制系统设计与分析、'...
    '图像处理、信号处理与通讯、金融建模和分析等。另外还有一个 '...
    '配套软件包 Simulink,提供了一个可视化开发环境,常用于系统模拟、'...
    '动态/嵌入式系统开发等方面。'];           % 第 2 自然段的内容
```

```matlab
mySelection.Text = myStr2;                                    % 在选定区域输入文字内容
mySelection.Start = mySelection.end;
mySelection.TypeParagraph;                                    % 回车
% 添加段落内容
myStr3 = ['MATLAB 的早期版本如下表所示。'];                     % 第 3 自然段的内容
mySelection.Text = myStr3;                                    % 在选定区域输入文字内容
mySelection.Start = mySelection.end;
mySelection.TypeParagraph;                                    % 回车
% 添加表格的标题
mySelection.paragraphformat.Alignment = 'wdAlignParagraphCenter';
                                                              % 对齐方式
mySelection.Font.Size = 10;                                   % 设置字号
mySelection.Font.Name = '黑体';                               % 设置字体
myTableStr1 = '表 1 MATLAB 的版本';
mySelection.Text = myTableStr1;                               % 在选定区域输入文字内容
mySelection.Start = mySelection.end;
mySelection.TypeParagraph;                                    % 回车
% 表格文字格式
mySelection.Font.Size = 12;                                   % 设置字号
mySelection.Font.Name = '宋体';                               % 设置字体

%% Tables 接口(表格)
nRow = 8;                                                     % 行数
nColumn = 3;                                                  % 列数
myTable = mySelection.Tables.Add(mySelection.Range,nRow,nColumn);
myTable.Borders.InsideLineStyle = 'wdLineStylesingle'; % 内边框样式
myTable.Borders.InsideLineWidth = 'wdLineWidth025pt'; % 内边框宽度
myTable.Borders.OutsideLineStyle = 'wdLineStylesingle';% 外边框样式
myTable.Borders.OutsideLineWidth = 'wdLineWidth150pt'; % 外边框宽度
myTable.Rows.Alignment = 'wdAlignRowCenter';                  % 设置表格整体居中
% 设置各单元格的对齐方式
for jj = 1:nColumn
    myTable.Cell(1,jj).Range.Paragraphs.Alignment = ...
        'wdAlignParagraphCenter';                             % 标题行居中对齐
end
for ii = 2:nRow
    for jj = 1:nColumn
        myTable.Cell(ii,jj).Range.Paragraphs.Alignment = ...
        'wdAlignParagraphLeft';                               % 内容行居左对齐
    end
end
% 设置单元格宽度
```

```
myTable.Columns.Item(1).Width = 140;
for ii = 2 : myTable.Columns.Count
    myTable.Columns.Item(ii).Width = 120;
end
% 合并单元格
myTable.Cell(5,3).Merge(myTable.Cell(6,3));
myTable.Cell(7,3).Merge(myTable.Cell(8,3));
% 添加内容
myTable.Cell(1,1).Range.Text = '版本';
myTable.Cell(1,2).Range.Text = '释放编号';
myTable.Cell(1,3).Range.Text = '年份';
myTable.Cell(2,1).Range.Text = 'MATLAB 1.0';
myTable.Cell(2,2).Range.Text = 'R? ';
myTable.Cell(2,3).Range.Text = '1984';
myTable.Cell(3,1).Range.Text = 'MATLAB 2';
myTable.Cell(3,2).Range.Text = 'R? ';
myTable.Cell(3,3).Range.Text = '1986';
myTable.Cell(4,1).Range.Text = '.....';
myTable.Cell(4,2).Range.Text = '.....';
myTable.Cell(4,3).Range.Text = '.....';
myTable.Cell(5,1).Range.Text = 'MATLAB 7.8';
myTable.Cell(5,2).Range.Text = 'R2009a';
myTable.Cell(5,3).Range.Text = '2009';
myTable.Cell(6,1).Range.Text = 'MATLAB 7.9';
myTable.Cell(6,2).Range.Text = 'R2009b';
myTable.Cell(7,1).Range.Text = 'MATLAB 7.10';
myTable.Cell(7,2).Range.Text = 'R2010a';
myTable.Cell(7,3).Range.Text = '2010';
myTable.Cell(8,1).Range.Text = 'MATLAB 7.11';
myTable.Cell(8,2).Range.Text = 'R2010b';

%% Save Doc File
FilenameAndPath = [pwd '\mydoc1'];    % 文档另存路径和文件名
myDoc.SaveAs(FilenameAndPath);        % 另存为当前文档
myDoc.Close;                          % 关闭 Word 文档
myWord.Quit;                          % 退出 Word 服务器

%% end of code
```

最终生成的 Word 文档的内容如图 6 - 45 所示。

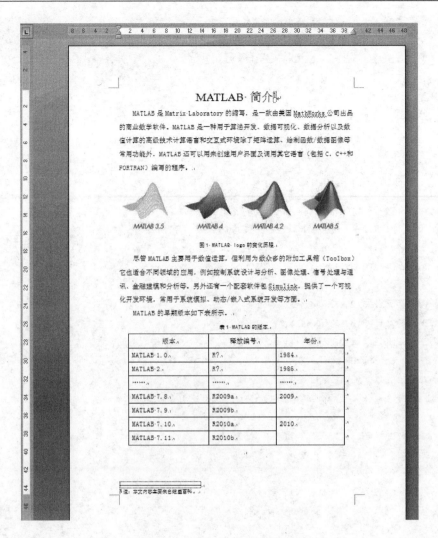

图 6 - 45　创建的 Word 文档样式

第7章　MATLAB 内存映射文件

第 3~6 章介绍的文件操作，总体来说是文件的 I/O 操作，就是将文件数据加载到内存中进行处理。在现代操作系统中，除了这种 I/O 操作外，还有一类文件数据的读/写方式，即内存映射文件。内存映射文件与虚拟内存类似，即保留一个地址空间的区域，当文件被映射后就可以直接访问它，就好像文件已经被加载到内存中一样，实际上数据并没有被加载到内存中，因此也就不必为数据分配缓存。内存映射有许多优点，例如便于对大数据量文件进行操作，以及提供了单个计算机上的多个进程之间进行数据共享的有效方法。MATLAB 提供 memmapfile 对象来执行内存映射文件操作。本章简要介绍内存映射文件的概念和特点，介绍 memmapfile 对象的属性和方法，并对内存映射文件的基本操作和常用操作进行说明。

7.1　内存映射文件的概念及特点

内存映射文件是与文件 I/O 不同的一类文件数据的读/写方法。从操作系统的角度看，文件 I/O 的整个过程包括：首先为数据的读/写分配一定的内存空间，其次数据从磁盘文件加载到内存，处理完毕后再写出到磁盘文件，最后释放内存空间。

文件内存映射与此不同，它类似于虚拟内存技术，即为文件保留一个地址空间，当文件被映射后，就可以直接访问它，用户则不需要再为数据分配额外的内存。

采用内存映射文件技术时，用户不需要自己编写代码将数据加载到内存中进行处理，而是通过内存映射的方式对文件中的数据直接访问，因此它有自己独特的优点：

① 操作系统使用内存映射文件技术来加载和执行动态链接库（如在 Windows 系统下是 DLL 文件）和可执行程序（EXE 文件），从而节省内存页空间。

② 用户使用内存映射文件技术直接访问磁盘上的数据文件，而不需要对文件执行 I/O 操作，这样就不需要对文件进行缓存，从而节省了内存空间。当数据文件较大而内存容量较小时，节省内存空间就成为内存映射文件技术的一个极其重要的优点。

③ 利用内存映射文件技术，操作系统和用户可以使一台计算机上运行的多个进程之间共享数据。

MATLAB 采用优化的文件缓存策略和读/写技术，并使用 memmapfile 对象来执行内存映射文件操作所具有的特点是：

① 操作简单,用户可以像操作 MATLAB 阵列一样直接操作文件;

② 代码简洁,用户省去了显式调用文件 I/O 的操作函数;

③ 跨进程共享,内存映射文件提供了一种多个 MATLAB 之间或 MATLAB 与其他应用程序之间的进程间数据共享的方式。

7.2　内存映射文件对象的基本操作

MATLAB 提供了 memmapfile 内存映射文件对象来创建和操作内存映射文件。

7.2.1　生成实例文件

在介绍内存映射文件对象 memmapfile 时,需要利用实例文件。下面创建一个函数 genData 用于生成实例文件。在函数 genData 的参数中,filename 表示文件名,in 表示待写入的数据。其中 in 可以为结构体阵列类型,也可以为数值类型。genData 函数根据输入数据的类型,自动将其写到 filename 文件中,生成本章测试用的各种数据文件。

程序 7 - 1　genData. m

```
function genData(filename,in)
% function genData(filename,in)
if iscell(in)
else
    in = {in};
end
nlen = length(in(:));
fid = fopen(filename,'wb');
for kk = 1:nlen
    td = in{kk};
    fwrite(fid,td(:),class(in{kk}));
end
fclose(fid);
end
```

7.2.2　创建内存映射文件对象 memmapfile

MATLAB 使用 memmapfile 函数创建内存映射文件对象,该函数的调用方法是:

```
m = memmapfile(filename)
m = memmapfile(filename, prop1, value1, prop2, value2, ...)
```

其中 filename 是映射文件的文件名，它是 memmapfile 函数执行时必须输入的参数。
如果 filename 是相对路径，那么函数会首先在当前工作目录下寻找同名文件，如果
没有，则会在 MATLAB 的安装目录下寻找。

　　prop1，prop2，… 为可设置的其他属性参数，value1，value2，… 为其他属性参数
相对应的参数值。除了 filename 之外，如果在 memmapfile 函数中使用了其他属性，
则必须成对出现，即必须包含属性的名称和值。

　　函数的返回值 m 为内存映射文件对象，在创建 memmapfile 对象时，文件必须在
硬盘上存在。创建内存映射文件对象的方法如下面的实例代码所示。

```
>>  a = peaks(1000);
>>  genData('peaks.dat',a);
>>  mf = memmapfile('peaks.dat','format',{'double',[1000 1000],'peaks'});
>>  mf
mf =
    Filename: '...\peaks.dat'
    Writable: false
      Offset: 0
      Format: {'double' [1000 1000] 'peaks'}
      Repeat: Inf
        Data: 1x1 struct array with fields:
              peaks
```

　　在上述实例中，首先通过 peaks 函数生成了一个 1 000×1 000 的 double 型数值
阵列，然后调用 7.2.1 小节给出的程序 genData 生成了 peaks.dat 文件，并将该文件
通过内存映射文件对象 mf 映射到 MATLAB 的地址空间上。用户通过 mf 对象的
Data 域来访问 peaks.dat 文件。用户在创建 mf 时，通过 format 属性指定了文件中
的数据类型为 double，文件被映射为 1 000×1 000 的 MATLAB 数值阵列，而且变量
名采用 peaks。在 mf 创建完成后，用户可以像访问 MATLAB 数值阵列一样访问文
件 peaks.dat 的内容。如：

```
>>  mf.Data.peaks(30,100)
ans =
    0.0018
```

　　图 7-1 给出了内存映射文件与 MATLAB 数值阵列的关系说明。以 peaks.dat
文件为例，在该文件中，所有数据均以 double 型方式存储，文件中存储的元素个数为
1 000×1 000 个。内存映射文件对象 mf 创建后，mf.Data.peaks 数值阵列对应于
peaks.dat 文件。其中 peaks.dat 文件中的元素 $i×1 000+j$ 对应于数值阵列中的元
素 (i,j)。可以看出，内存映射文件建立了文件与 MATLAB 数值阵列的对应关系，
而维系这种逻辑关系的细节已经被 MATLAB 隐藏。因此，用户编写的程序可以更
加简洁，同时 MATLAB 可以对文件缓存和文件的读取进行优化，所以用户编写的程

序的效率会更高。

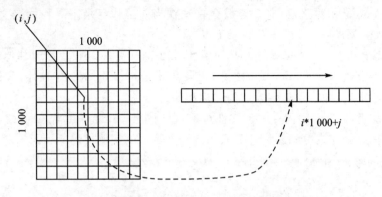

图 7-1　内存映射文件与 MATLAB 数值阵列的关系

7.2.3　清除内存文件的映射

在 MATLAB 中,并没有专门用来删除文件映射的函数或方法。实际上,删除一个文件的映射非常简单,可以通过下列任意一种做法来实现,即删除内存映射文件对象或对象到特定文件的映射。

第一种方法是,在工作区中将内存映射文件对象清除,命令如下所示。

```
>> m = memmapfile('records.dat');
>> clear m
```

第二种方法是,修改内存映射文件对象的 Filename 属性为另一个文件,则该对象到之前文件的映射就会被删除。用户可以参考 7.4.1 小节的实例。

7.3　内存映射文件对象的属性和方法

7.3.1　内存映射文件对象的属性

了解内存映射文件对象的属性与掌握 memmapfile 内存映射文件对象的使用方法密切相关。表 7-1 给出了内存映射文件对象的属性及说明。

表 7-1　内存映射文件对象的属性及说明

属　性	描　述	数据类型	默认值
Data	包含了从映射文件中读取的数据或者待写入映射文件中的数据。Data 是文件在 MATLAB 中的映射	任意数值类型	无
Filename	映射至内存中文件的路径和文件名	字符型	无

续表 7-1

属　性	描　述	数据类型	默认值
Format	文件中需要映射部分的格式信息,包括文件中的数据类型、文件中待映射数据维数的大小以及在 MATLAB 中的结构体域名	①字符数组(单一类型);②N 行 3 列的 cell 阵列,比如:{'double',[5 8],'peaks'}表示 5×8大小的 double 型数据映射到 MATLAB 中内存映射文件对象 Data 结构体的 peaks 域中	'uint8'
Offset	映射区域的起始位置距离文件开头的偏移量(以字节为单位),为非负的整数	double 型	0
Repeat	映射区域 Format 属性重复使用的次数,为正整数或 Inf	double 型	Inf
Writable	文件的存取方式,即定义文件是否可写,为逻辑 0 或逻辑 1	logical 型	false

7.3.2　内存映射文件对象的方法

内存映射文件对象提供的方法如表 7-2 所列。

表 7-2　内存映射文件对象的方法及说明

方　法	描　述
disp	罗列对象的属性
get(obj)	返回对象所有属性的值至一个结构体数组中
get(obj,property)	返回指定 property 属性的值。在返回单个属性的值时,property 为字符串;在返回多个属性的值时,property 为相应字符串组成的 cell 阵列

disp 函数用来罗列内存映射文件对象的属性,它既可以罗列对象的所有属性,也可以仅打印某个属性。例如:

```
>> m = memmapfile('records.dat');
>> disp(m)
    Filename: '...\records.dat'
    Writable: false
      Offset: 0
      Format: 'uint8'
      Repeat: Inf
        Data: 40000x1 uint8 array
>> disp(m.repeat)
    Inf
```

get(obj)与 disp 的区别在于：get(obj)是有返回值的，它返回对象所有属性的值所组成的结构体数组；而 disp 函数仅打印信息，并没有返回值。例如：

```
>> m = memmapfile('records.dat');
>> A = get(m)
A =
    Filename: '...\records.dat'
    Writable: 0
      Offset: 0
      Format: 'uint8'
      Repeat: Inf
        Data: [40000x1 uint8]
>> whos A
 Name       Size          Bytes  Class      Attributes
  A          1x1           40839  struct
```

可以看到，A 的类型为 struct。

get(obj,property)函数可以返回指定属性的值，如果仅返回单个属性的值，则 property 为表示属性名称的字符串，如 'writable'；如果返回多个属性的值，则 property 为这些属性名称字符串所组成的 cell 阵列，如{'offset','format'}。例如：

```
>> m = memmapfile('records.dat', 'Offset', 2048, ...
       'Format', {'uint64'  [1 1]'ID'; ...
       'single' [2 2] 'parameter'; ...
       'double' [1 3] 'expenses'});
>> A = get(m,'writable')
A =
    0
>> B = get(m,{'offset' 'format'})
B =
   [2048]    {3x3 cell}
>> B{:}
ans =
     2048
ans =
    'uint64'    [1x2 double]    'ID'
    'single'    [1x2 double]    'parameter'
    'double'    [1x2 double]    'expenses'
```

7.3.3　查看、获取和设置内存映射文件对象的属性

在 MATLAB 中直接输入内存映射文件对象可以查看其属性，或者通过 get 函数来获取对象的属性，而设置对象属性的功能可以直接通过“．”操作符来完成。下面

给出一段实例代码。

```
>> a = peaks(1000);
>> genData('peaks.dat',a);
>> mf = memmapfile('peaks.dat','format',{'double',[1000 1000], 'peaks'});
>> mf
mf =
    Filename: '...\peaks.dat'
    Writable: false
      Offset: 0
      Format: {'double' [1000 1000] 'peaks'}
      Repeat: Inf
        Data: 1x1 struct array with fields:
            peaks
>> get(mf,'format')
ans =
    'double'    [1x2 double]    'peaks'
>> mf.Writable = true;
```

在上述实例代码中,通过点操作符来访问 Writable 属性,并将其设置为 true。

7.4　内存映射文件的其他常用操作

7.4.1　采用同一内存映射文件对象操作多个文件

如果数据文件的结构相同,则可以利用同一内存映射文件对象来操作多个文件。对于用户来说,使用时非常方便,只需修改内存映射文件对象的 filename 属性即可。下面的实例采用 genData 函数生成数据文件 data1.dat、data2.dat 和 data3.dat。从实例可以看出,用户采用同一内存映射文件对象操作多个文件非常便利。用户将 mf 对象的 filename 属性更改后,mf 对象的 Data 结构体域 d1 的数据内容会自动变更为新文件的内容。

```
>> genData('data1.dat',ones(10,10) * 1);
>> genData('data2.dat',ones(10,10) * 2);
>> genData('data3.dat',ones(10,10) * 3);
>> mf = memmapfile('data1.dat','format',{'double',[10 10], 'd1'});
>> mf.Data.d1(10,10)
ans =
    1
>> mf.filename = 'data2.dat';
>> mf.Data.d1(10,10)
ans =
    2
```

7.4.2　利用 Offset 属性设置数据偏移量

在数据处理过程中,用户有时并不总需要对全部文件进行处理。为了解决此类问题,可以采用 Offset 属性来忽略不需要的数据。Offset 的单位为字节数,即从文件开始忽略 Offset 字节的数据。例如采用 genData 函数创建一个包含整型数据和浮点型数据的文件,然后利用 Offset 属性忽略整型数据,而只读取浮点型数据。命令如下所示。

```
>> intdata = int32(ones(1,10));doubledata = ones(1,10) * 2;
>> genData('offset_test.dat',{intdata,doubledata});
>> mf = memmapfile('offset_test.dat','format',{'double',[1 10], 'ddata'}, 'offset',10 * 4);
>> mf.Data.ddata
ans =
     2      2      2      2      2      2      2      2      2      2
```

7.4.3　利用 Format 属性读取不同格式的数据

MATLAB 内存映射文件对象支持的数据格式如表 7 - 3 所列。

表 7 - 3　内存映射文件对象支持的数据格式

Format 的取值	含　义
'int8'	8 位有符号整型
'int16'	16 位有符号整型
'int32'	32 位有符号整型
'int64'	64 位有符号整型
'uint8'	8 位无符号整型
'uint16'	16 位无符号整型
'uint32'	32 位无符号整型
'uint64'	64 位无符号整型
'single'	32 位浮点型(单精度浮点型)
'double'	64 位浮点型(双精度浮点型)

如果文件中全部采用单一的数据格式,则 Format 属性设置的方式比较简单。用户可以直接将 Format 属性设置为表 7 - 3 中的相应类型。

如果用户希望读取文件中的部分数据,则可以采用"{类型,各维大小,变量名}"的方式进行设置,其中"{}"表示元组类型,"类型"可以设置为表 7 - 3 中的任意类型,"各维大小"可以根据读入数值阵列的各维大小进行设置,"变量名"可以根据需要设置任意字符串。

如果读取混合数据格式的文件,则可以采用一个 $N×3$ 的元组阵列来设置。元组阵列每行的设置仍然按照"类型,各维大小,变量名"的方式进行。仍以 7.4.2 小节采用 genData 函数生成的测试数据文件,来说明如何采用 Format 属性读取混合数据格式的文件。

```
>> intdata = int32(ones(1,5));doubledata = ones(1,5)*2;
>> genData('offset_test_1.dat',{intdata,doubledata});
>> mf = memmapfile('offset_test_1.dat','format',{'int32',[1 5], 'idata';'double',[1 5],
'ddata'});
>> mf.Data.ddata
ans =
    2    2    2    2    2
>> mf.Data.idata
ans =
        1        1        1        1        1
```

在上述实例中,采用的 Format 属性为"{'int32',[1 5],'idata';'double',[1 5], 'ddata'}"。从中可以看出,首先读取 5 个 int32 类型的数据并保存至 idata 结构体域中,然后再读取 5 个 double 型数据并保存至 ddata 结构体域中。

在实际应用中,用户处理的数据大都是混合格式的数据。如果抛开内存映射文件对象文件操作效率的因素,用户只要构造合适的 Format 属性,就可以读/写非常复杂的数据。下面给出了一个比较复杂的实例。

```
m = memmapfile('records.dat', 'Offset', 2048,...
        'Format', {'uint64'   [1 1]   'ID';      ...
                   'single'   [2 2]   'parameter'; ...
                   'double'   [1 3]   'value'});
```

上述命令实例中构造的 Format 属性元组阵列对应的文件格式如图 7-2 所示。

uint 64	
single	single
single	single
double	
double	
double	

图 7-2 Format 属性对应的文件格式

7.4.4 利用 Repeat 属性读取多帧数据

在数据文件中,经常遇到的数据有两类,一类是随机读/写数据,另一类是帧数据。在随机读/写文件中,数据通常没有规律,因此用户在操作这类文件时需要根据文件上下文提供的信息来判断当前位置之前和之后保存的是什么内容。用户如果想了解文件的全貌,则只能遍历文件。帧数据文件在存储时则有一定的规律,比如每帧数据的长度和每帧存储的内容等。用户不需要遍历文件便可以获取文件中存储的部分数据信息（比如总共保存了多少帧，每帧存储在什么位置等）。利用内存映射文件对象的 Repeat 属性，可以很方便地实现多帧数据的读取。下面给出一个操作实例。

程序 7－2　**RepeatExample. m**

```
% 生成帧数据
data = cell(4,1);
for kk = 1:length(data(:))
    if mod(kk,2) == 0
        data{kk} = int8(ones(3,1) * kk);
    else
        data{kk} = int16(ones(3,1) * kk);
    end
end
genData('sarray.dat',data(:));
% 建立内存映射文件对象，与 sarray.dat 文件关联
mf = memmapfile('sarray.dat','format',{'int16',[1 3],'i16'; 'int8',[1 3],'i8'},'repeat',2);
```

读入的帧数据以结构体阵列的方式存在，结构体阵列的长度即帧数，操作命令如下所示。

```
>> mf.Data
ans =
2x1 struct array with fields:
    i16
    i8
```

7.4.5　利用内存映射文件对象写入元素数据

在 MATLAB 中，通过内存映射文件对象向文件中写入元素数据非常方便。首先将内存映射文件对象的 Writable 属性设置为 true，然后通过修改相应的结构体域即可修改文件内容。操作实例如下所示。

```
>> data = magic(3);data = int8(data);
>> genData('magic.dat',data(:));
>> mf = memmapfile('magic.dat','format',{'int8',[3 3],'ddata'});
>> mf.Data.ddata
ans =
    8    1    6
    3    5    7
    4    9    2
>> mf.Writable = true;
>> mf.Data.ddata(5) = 6;
```

在上述实例执行过程中,利用二进制文件查看工具对 magic. dat 文件进行了查看。在修改文件之前,文件内容如图 7-3 所示;在修改文件之后,文件内容如图 7-4 所示。对比两图可以看出,在文件修改前后,其第五个字节即 3×3 数组的第五个元素由 5 变化为 6,这说明通过内存映射文件对象已经成功地将数据写入到对象关联的文件中。

Offset	0	1	2	3	4	5	6	7	8	9	A	B	C	D	E	F
00000000	08	03	04	01	05	09	06	07	02							

图 7-3　未修改之前的文件内容

Offset	0	1	2	3	4	5	6	7	8	9	A	B	C	D	E	F
00000000	08	03	04	01	06	09	06	07	02							

图 7-4　修改之后的文件内容

在利用内存映射文件对象向关联文件中写入数据时需要注意,用户只能修改文件的内容,而不能改变文件的大小。比如,下述两条语句试图改变结构体域 ddata 的元素个数,或者将其清空,以通过这种方式来改变文件的大小。这种方式不但不能达到预期的目的,反而会引起执行错误。

```
>> mf.Data.ddata = ones(2,2);
>> mf.Data.ddata = [];
```

另外一种常见的错误为索引越界。下例中,内存映射文件对象 mf 的最大元素维数为 3×3,而下述代码试图为 mf. Data. ddata(4,4)赋值,此时数组索引已经越界,从而引起程序执行错误。

```
>> mf = memmapfile('magic.dat','format',{'int8',[3 3],'ddata'});
>> mf.Data.ddata(4,4) = 9;
??? Error using ==> memmapfile.memmapfile>memmapfile.hParseStructDataSubsasgn at 430
Cannot change the size of a subfield of the Data field via subscripted
assignment. The sizes of subfields of the Data field are determined
by the Format field.
Error in ==> memmapfile.memmapfile>memmapfile.hDoDataSubsasgn at 448 [valid, s,
newval] = hParseStructDataSubsasgn(obj, s, newval);
Error in ==> memmapfile.memmapfile>memmapfile.subsasgn at 581
            hDoDataSubsasgn(obj, s, newval);
```

7.4.6　利用内存映射文件对象写入块数据

块数据的写入方式与单个元素的写入方式类似,均采用与数值阵列赋值相同的操作。但有一点需要注意,写入的数据类型必须与内存映射文件对象指定的数据类型完全相同。具体操作实例如下所示。

```
>> mf = memmapfile('magic.dat','format',{'int8',[3 3],'ddata'});
>> mf.Writable = true;
>> mf.Data.ddata(1:2,1:2) = uint8([1 2;1 2]);
>> mf.Data.ddata
ans =
    1    2    6
    1    2    7
    4    9    2
```

在上述实例中,通过"mf.Data.ddata(1:2,1:2) = uint8([1 2;1 2]);"语句直接将 8 位整型数值阵列[1 2;1 2]写入到 mf 对象关联的文件 magic.dat 中,即通过数值阵列赋值的形式将块数据写到了关联文件中。

7.4.7 利用内存映射文件对象写入结构体数组数据

"结构体数组格式"是指内存映射文件对象的 Format 属性为 $N \times 3$ 的 cell 阵列,其中 N 表示结构体中域的数量,每一行的 3 个 cell 依次表示域中的数据类型、域的规模和域名;其 Repeat 属性的值为大于 1 的正整数或 Inf;映射区域的格式为结构体阵列。此时只能通过结构体域赋值的方式来实现文件数据的写入。操作命令是:

```
m.Data(k).field = X;
```

其中,m.Data(k)为映射区域第 k 个结构体,field 为某个元素,X 为待写入的矩阵数据。X 的数据类型和规模与 field 域的数据类型和规模相同。下面给出写入结构体数组数据的实例代码。

程序 7-3 **StructArrayExample.m**

```
data = cell(4,1);
for kk = 1:length(data(:))
    if mod(kk,2) == 0
        data{kk} = int8(ones(3,1) * kk);
    else
        data{kk} = int16(ones(3,1) * kk);
    end
end
genData('sarray.dat',data(:));
mf = memmapfile('sarray.dat','format',{'int16',[1 3],'i16'; 'int8',[1 3],'i8'},'repeat',2);
mf.Data(1)
mf.Data(2)
mf.Writable = true;
mf.Data(2).i16 = int16([6 6 6]);
mf.Data(2).i16
```

上述实例的执行结果如下所示。

```
>> StructArrayExample
ans =
    i16: [1 1 1]
     i8: [2 2 2]
ans =
    i16: [3 3 3]
     i8: [4 4 4]
ans =
        6      6      6
```

需要注意的是,MATLAB 尚不支持直接将整个结构体写入映射文件,例如下列命令会产生错误。

```
>> mf = memmapfile('sarray.dat','format',{'int16',[1 3],'i16'; 'int8',[1 3],'i8'},
'repeat',2);
>> mf.Writable = true;
>> s.i8 = int8([1 2 3]);
>> s.i16 = int16([1 2 3]);
>> mf.Data(2) = s;
??? Error using ==> memmapfile.memmapfile>memmapfile.hParseStructDataSubsasgn at 391
When the Data field of a memmapfile object is a structure,
it may not be replaced by assignment.
```

因此用户只能将结构体中的内容分别写到映射文件中,操作命令如下所示。

```
>> mf.Data(2).i16 = s.i16;
>> mf.Data(2).i8 = s.i8;
```

第8章　MATLAB 中调用外部程序操作文件

MATLAB 是解释性语言,与可编译的程序语言(如 C/C++、Java)相比,运算效率较低。此外,如今的编程技术越来越强调程序的复用性。因此,为了提高程序的复用性和工程的开发效率,MATLAB 支持开发人员调用外部程序来操作文件。这些操作方式包括调用动态链接库、COM 组件和 ActiveX 控件,以及通过 DOS 命令调用 EXE 文件等。本章将分别介绍这些操作方式(COM 组件技术的基本原理和使用实例参见 6.3 节),以便说明 MATLAB 是如何通过调用外部程序来操作文件的。

8.1　通过动态链接库操作文件

8.1.1　动态链接库

一般情况下,用户将程序代码编译为可执行文件。而对于可执行文件来说,程序执行过程中调用的函数在编译时便已经确定。如果用户希望在程序运行时动态调用函数,则可以通过动态链接库来实现。在不同的操作系统中,动态链接库的名称有所不同。表 8-1 给出了动态链接库在不同操作系统中的名称和扩展名。

表 8-1　不同操作系统中动态链接库的名称和扩展名

操作系统	共享链接库	扩展名
Windows	动态链接库	.dll
UNIX、Linux	共享目标文件	.so
Macintosh	动态共享库	.dylib

MATLAB 可以运行在多种操作系统中,因此也支持表 8-1 中各种不同形式的动态链接库。本章以 Windows 平台下的动态链接库为基础进行说明。在 Windows 平台下,动态链接库的扩展名为.dll。一般情况下,动态链接库包含一组可以被外部程序动态调用的函数。

在程序设计中,应用动态链接库可以带来许多优点。例如,通过动态链接库可以提高软件的模块化程度;利用动态链接库可以动态加载程序,实现插件功能;利用动态链接库可以方便地实现软件的升级而不需要修改主程序的源代码;当多个软件同时调用同一动态链接库时,可以节省内存资源等。

在上述说明中提到,动态链接库本身提供的是一组可供外部程序动态调用的函数。因此,在使用动态链接库时,一般需要一个说明文件,以说明动态链接库提供的函数声明和参数类型等信息。本章重点说明 C/C++语言编写的动态链接库在 MATLAB 中的用法,因此该说明文件一般为头文件,在该头文件中对动态链接库提供的函数原型和数据结构进行了声明。当应用程序调用 DLL 文件时,只需包含相应的头文件即可。

8.1.2　MATLAB 动态链接库的基本操作

1. 加载动态链接库

在 MATLAB 操作动态链接库之前,需要首先将动态链接库文件加载到内存中。在 MATLAB 中通过 loadlibrary 函数加载动态链接库,loadlibrary 函数最常用的调用方式是:

```
loadlibrary(LibName,HeadFile);
```

其中 LibName 是库名称,HeadFile 是头文件名,如果 HeadFile 对应的文件不在当前目录中,则应当指定文件的绝对路径。下面以 MATLAB 提供的 libmx. dll 动态链接库为例来说明 loadlibrary 函数的操作。在<matlabroot>\bin\win32 目录(其中 matlabroot 表示 MATLAB 的安装目录)下,用户可以找到 libmx. dll 文件。libmx. dll 文件包含了一组可以利用 C/C++语言操作 MATLAB 阵列的函数。用户可以在 MEX 文件中(MATLAB 通过 MEX 文件调用 C/C++程序),或者在独立的可执行文件中调用 libmx. dll 提供的函数。

利用 loadlibrary 函数导入 libmx. dll 动态链接库的命令是:

```
>> hfile = [matlabroot '\extern\include\matrix.h'];
>> loadlibrary('libmx', hfile)
```

其中第一行命令用来获得头文件 matrix. h 的完整路径。该头文件是调用 libmx 库函数时所必须包含的。

2. 查看动态链接库信息

在 MATLAB 中,动态链接库加载成功后,可以通过 libfunctionsview 函数或 libfunctions 函数查看动态链接库中包含的库函数。其中 libfunctionsview 函数以图形界面的方式显示动态链接库中存在的库函数,libfunctions 函数则将动态链接库的信息输出在 MATLAB 命令行窗口中。下面分别进行说明。

(1) 采用 libfunctionsview 函数显示动态链接库中的库函数

仍以上述加载的 libmx 库为例,执行下述命令,打开动态链接库 libmx 的函数信息显示界面,如图 8-1 所示。

```
>> libfunctionsview libmx;
```

(2) 采用 libfunctions 函数显示动态链接库的函数信息

利用 libfunctions 函数可以在 MATLAB 的命令行窗口中显示动态链接库的信息。

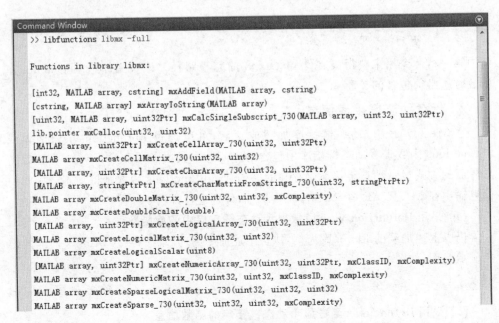

图 8 - 1　利用 libfunctionsview 函数查看 libmx 库所包含的函数

执行下列命令可在命令行窗口中罗列 libmx 函数库的详细信息,执行结果如图 8 - 2 所示。

```
>> libfunctions libmx - full
```

Command Window

```
>> libfunctions libmx -full

Functions in library libmx:

[int32, MATLAB array, cstring] mxAddField(MATLAB array, cstring)
[cstring, MATLAB array] mxArrayToString(MATLAB array)
[uint32, MATLAB array, uint32Ptr] mxCalcSingleSubscript_730(MATLAB array, uint32, uint32Ptr)
lib.pointer mxCalloc(uint32, uint32)
[MATLAB array, uint32Ptr] mxCreateCellArray_730(uint32, uint32Ptr)
MATLAB array mxCreateCellMatrix_730(uint32, uint32)
[MATLAB array, uint32Ptr] mxCreateCharArray_730(uint32, uint32Ptr)
[MATLAB array, stringPtrPtr] mxCreateCharMatrixFromStrings_730(uint32, stringPtrPtr)
MATLAB array mxCreateDoubleMatrix_730(uint32, uint32, mxComplexity)
MATLAB array mxCreateDoubleScalar(double)
[MATLAB array, uint32Ptr] mxCreateLogicalArray_730(uint32, uint32Ptr)
MATLAB array mxCreateLogicalMatrix_730(uint32, uint32)
MATLAB array mxCreateLogicalScalar(uint8)
[MATLAB array, uint32Ptr] mxCreateNumericArray_730(uint32, uint32Ptr, mxClassID, mxComplexity)
MATLAB array mxCreateNumericMatrix_730(uint32, uint32, mxClassID, mxComplexity)
MATLAB array mxCreateSparseLogicalMatrix_730(uint32, uint32, uint32)
MATLAB array mxCreateSparse_730(uint32, uint32, uint32, mxComplexity)
```

图 8 - 2　利用 libfunctions 函数查看 libmx 库所包含的函数

3. 利用 mbuild 函数生成动态链接库

在本章后续实例中，需要调用用户自定义或用户创建的动态链接库文件。采用 C/C++语言创建动态链接库文件的方法有很多种，比如采用 Visual C++编程环境。为了便于说明，本章均采用 MATLAB 提供的 mbuild 函数来创建动态链接库文件。在计算机上第一次使用 mbuild 函数创建动态链接库之前，需要配置 MATLAB C/C++编译器。在命令行窗口中输入 mbuild -setup 命令之后，按照提示键入"y"，窗口中将会显示当前计算机上的编译器，此时用户输入待使用编译器的序号，如下列命令中选择的是 Visual C++ 2010 编译器。然后键入"y"确认所选择的编译器，最后窗口中显示"Done..."提示，表示编译器已经配置好。操作命令如下所示。

```
>> mbuild - setup
Welcome to mbuild - setup.   This utility will help you set up
a default compiler.   For a list of supported compilers, see
http://www.mathworks.com/support/compilers/R2013a/win32.html
Please choose your compiler for building shared libraries or COM components:
Would you like mbuild to locate installed compilers [y]/n? y
Select a compiler:
[1] Microsoft Visual C++ 2010 in C:\Program Files\Microsoft Visual Studio 10.0
[0] None
Compiler: 1
Please verify your choices:
Compiler: Microsoft Visual C++ 2010
Location: C:\Program Files\Microsoft Visual Studio 10.0
Are these correct [y]/n? y
**************************************************************
  Warning: Applications/components generated using Microsoft Visual C++
           2010 require that the Microsoft Visual Studio 2010 run - time
           libraries be available on the computer used for deployment.
           To redistribute your applications/components, be sure that the
           deployment machine has these run - time libraries.
**************************************************************
Trying to update options file: C:\Users\jzl\AppData\Roaming\MathWorks\MATLAB\R2013a\
compopts.bat
From template:D:\PROGRA~1\MATLAB\R2013a\bin\win32\mbuildopts\msvc100compp.bat
Done . . .
```

利用 mbuild 函数创建动态链接库的步骤如下所示。

(1) 创建 C/C++源代码文件

在本例中，创建一个名称为 dlladd 的动态链接库文件。在该动态链接库中包含两个导出函数。其中函数 addDoubleS 的功能完成标量相加，函数 addDoubleV 的功能完成矢量相加。如下所示。

程序 8 - 1　dlladd. c

```
/ * dlladd. c 文件 * /
# include "dlladd. h"
DLLEXPORT double addDoubleS(double v1,double v2)
{
    return (v1 + v2);
}
DLLEXPORT void addDoubleV(double * v1,const double * v2, int size)
{
    int kk;
    for(kk = 0;kk<size;kk ++)
    {
        v1[kk] = v1[kk] + v2[kk];
    }
}
```

在 dlladd. h 文件中包含了 addDoubleS 和 addDoubleV 两个函数的声明,同时为了方便函数导出,定义了 DLLEXPORT 宏。dlladd. h 文件代码如下所示。

程序 8 - 2　dlladd. h

```
# ifndef _DLL_ADD_H
# define _DLL_ADD_H
# define DLLEXPORT  __declspec(dllexport)

DLLEXPORT double addDoubleS(double v1,double v2);
DLLEXPORT void addDoubleV(double * v1,const double * v2, int size);

# endif
```

(2) 创建 dlladd. exports 文件

文件代码如下所示。在 dlladd. exports 文件中使用"#"引导注释语句。

```
# dlladd. exports
# 此文件通知 mbuild 函数将 dlladd. c 生成 DLL 文件
# 导出函数列表如下
addDoubleS
addDoubleV
```

(3) 将 dlladd. c 文件编译为动态链接库

命令如下。

```
>> mbuild dlladd. c dlladd. exports - llibmx
```

编译完成后,当前目录下的文件如下所示。

```
>> dir
.                  dlladd.c        dlladd.exp      dlladd.h
..                 dlladd.dll      dlladd.exports  dlladd.lib
```

在上述文件列表中，当调用动态链接库时，可能会用到 dlladd. dll、dlladd. lib 和
dlladd. h 三个文件。在 MATLAB 中动态加载 dlladd. dll 时，只需用到 dlladd. dll 和
dlladd. h 两个文件。

（4）查看 dlladd. dll 文件

使用 loadlibrary 命令加载 DLL 文件，在第一次使用 loadlibrary 命令时，可能会
提示如下错误：

```
>> loadlibrary dlladd
Error using loadlibrary (line 254)
A 'Selected' compiler was not found.   You may need to run mex - setup.
```

这时需要执行命令 mex -setup 为 MATLAB 配置编译环境，即：

```
>> mex - setup
Welcome to mex - setup.   This utility will help you set up
a default compiler.   For a list of supported compilers, see
http://www.mathworks.com/support/compilers/R2013a/win32.html
Please choose your compiler for building MEX - files：
Would you like mex to locate installed compilers [y]/n? y
```

当遇到提问时输入 y 并回车，在列出编译器选项时，按需要选择合适的编译器，例如
下列命令中选择了 Visual C++ 2010：

```
Select a compiler：
[1] Lcc - win32 C 2.4.1 in D：\PROGRA~1\MATLAB\R2013a\sys\lcc
[2] Microsoft Visual C++ 2010 in C：\Program Files\Microsoft Visual Studio 10.0
[3] Microsoft Visual C++ 2005 SP1 in C：\Program Files\Microsoft Visual Studio 8
[0] None
Compiler：2
```

然后按照提示进行确认，当提示"Done..."后表示配置成功，结果如下所示。

```
Please verify your choices：
Compiler：Microsoft Visual C++ 2010
Location：C:\Program Files\Microsoft Visual Studio 10.0
Are these correct [y]/n? y
Trying to update options file：C:\Users\jzl\AppData\Roaming \MathWorks\MATLAB\R2013a\
mexopts. bat
From template:D:\PROGRA~1\MATLAB\R2013a\bin\win32 \mexopts\msvc100opts.bat
Done . . .
```

接下来就可以调用 loadlibrary 命令了。

```
>> loadlibrary dlladd
>> libfunctions dlladd - full
Functions in library dlladd:
double addDoubleS(double, double)
[doublePtr, doublePtr] addDoubleV(doublePtr, doublePtr, int32)
```

4. 调用动态链接库中包含的函数

可以看出,动态链接库提供了一种非常强大的可用于扩展 MATLAB 功能的方法。通过 MATLAB 提供的 calllib 函数可以调用动态链接库中包含的所有函数。以 dlladd. dll 文件的 addDoubleS 函数为例,其调用方式如下所示。

```
>> calllib('dlladd','addDoubleS',1,2)
ans =
     3
```

从执行结果可以看出,已经成功调用了 dlladd. dll 文件中的 addDoubleS 函数。

当然,上述对动态链接库的调用方式看起来有点奇怪,与普通 MATLAB 函数的调用风格差异较大。为了保证调用方式的统一,用户可以编写一个动态链接库的接口文件。例如,对于 addDoubleS 函数,用户可以编写一个 addDoubleS. m 的接口文件,如下所示。

程序 8 - 3　addDoubleS. m

```
function [out] = addDoubleS(in1,in2)
if ~libisloaded('dlladd')
    loadlibrary('dlladd');
end
out = calllib('dlladd','addDoubleS',in1,in2);
```

利用创建的 addDoubleS. m 文件,用户可以将动态链接库中函数 addDoubleS 的调用风格与普通 MATLAB 函数的调用风格保持统一。命令如下所示。

```
>> addDoubleS(1,2)
ans =
     3
```

8.1.3　MATLAB 动态链接库的操作函数

MATLAB 提供了一系列函数用于操作动态链接库,如表 8 - 2 所列。熟练使用这些函数是操作动态链接库的关键。下面通过实例给出这些函数的使用说明。

表 8 - 2　MATLAB 中操作动态链接库的函数列表

函数名称	函数功能
calllib	调用动态链接库函数
libfunctions	返回动态链接库包含的函数
libfunctionsview	采用 GUI 方式显示动态链接库包含的函数
libisloaded	判断是否已经加载了指定的动态链接库
libpointer	创建可应用于动态链接库的指针对象
libstruct	创建可应用于动态链接库的结构体指针对象
loadlibrary	加载指定的动态链接库
unloadlibrary	卸载指定的动态链接库

1. loadlibrary

在 MATLAB 中使用动态链接库文件中的函数之前,首先需要将动态链接库文件加载到内存中,该功能由 loadlibrary 函数实现,loadlibrary 函数的调用方法是:

```
loadlibrary('shrlib', 'hfile')
loadlibrary('shrlib', @protofile)
loadlibrary('shrlib', ..., 'options')
[notfound, warnings] = loadlibrary('shrlib', 'hfile')
```

其中 shrlib 表示动态链接库名称;hfile 表示包含路径的头文件名称;options 表示选项名称;protofile 为一个函数名称,此函数可以返回动态链接库中各函数的函数信息;@protofile 表示名称为 protofile 的函数句柄。用户可以采用 mfilename 选项生成 protofile。由于 protofile 返回动态链接库函数的信息,因此用户通过 protofile 加载动态链接库时可以不采用头文件。为了说明 protofile 和 options 的用法,下面给出一个实例。操作步骤如下。

(1) 生成动态链接库函数信息的说明文件

命令如下。

```
>> loadlibrary('dlladd','dlladd.h','mfilename','dlladdtype.m');
```

上述语句在加载动态链接库时生成库函数信息的说明文件,采用 mfilename 选项指定生成的库函数信息说明文件的名称,即 dlladdtype. m。MATLAB 生成的库函数信息说明文件如下所示。

```
function [methodinfo,structs,enuminfo,ThunkLibName] = dlladdtype
% DLLADDTYPE Create structures to define interfaces found in 'dlladd'.
% This function was generated by loadlibrary.m parser version 1.1.6.38 on Tue Jul 16 22:
29:44 2013
% perl options:'dlladd. i - outfile = dlladdtype.m'
```

```
ival = {cell(1,0)}; % change 0 to the actual number of functions to preallocate the data.
structs = [];enuminfo = [];fcnNum = 1;
fcns = struct('name',ival,'calltype',ival,'LHS',ival,'RHS',ival,'alias',ival);
ThunkLibName = [];
%    double addDoubleS (double v1 , double v2);
fcns.name{fcnNum} = 'addDoubleS'; fcns.calltype{fcnNum} = 'cdecl'; fcns.LHS{fcnNum} =
'double'; fcns.RHS{fcnNum} = {'double', 'double'};fcnNum = fcnNum + 1;
%    void addDoubleV (double * v1 , double * v2 , int size);
fcns.name{fcnNum} = 'addDoubleV'; fcns.calltype{fcnNum} = 'cdecl'; fcns.LHS{fcnNum} =
[]; fcns.RHS{fcnNum} = {'doublePtr', 'doublePtr', 'int32'};fcnNum = fcnNum + 1;
methodinfo = fcns;
```

用户可以调用 dlladdtype 函数生成 dlladd.dll 动态链接库包含的函数说明文件。命令如下所示。

```
>> [methodinfo,structs,enuminfo,ThunkLibName] = dlladdtype;
>> methodinfo
methodinfo =
        name: {'addDoubleS'  'addDoubleV'}
    calltype: {'cdecl'  'cdecl'}
         LHS: {'double'    []}
         RHS: {{1x2 cell}   {1x3 cell}}
       alias: {1x0 cell}
```

从上述执行结果可以看出,dlladdtype 函数返回的 methodinfo 结构体包含了 dlladd.dll 动态链接库文件中包含的函数信息。

(2) 利用 dlladdtype.m 文件加载动态链接库

命令如下。

```
>> loadlibrary('dlladd',@dlladdtype);
```

dlladdtype.m 文件生成以后,用户可以通过此文件加载动态链接库文件。这样用户在 MATLAB 环境中使用动态链接库时就不需要再同时包含动态链接库文件和头文件,而只需要动态链接库文件即可。

2. unloadlibrary

unloadlibrary 函数用来卸载当前内存中的某个动态链接库。其基本命令是:

```
unloadlibrary LibName
```

其中 LibName 是链接库名称。例如,卸载已加载的 libmx 库的命令是:

```
>> unloadlibrary libmx
```

3. libfunctions

libfunctions 函数用来查看一个动态链接库中包含的所有函数。其基本命令如下所示。

```
libfunctions LibName
```

如果在上述命令之后添加"- full"控制选项,则不仅显示函数名,还显示函数的输入参数类型和输出参数类型。例如,

```
>> hfile = [matlabroot '\extern\include\matrix.h'];
>> loadlibrary('libmx', hfile)
>> libfunctions libmx - full
Functions in library libmx:
[int32, MATLAB array, cstring] mxAddField(MATLAB array, cstring)
[cstring, MATLAB array] mxArrayToString(MATLAB array)
[uint32, MATLAB array, uint32Ptr] mxCalcSingleSubscript_730(MATLAB array, uint32, uint32Ptr)
lib.pointer mxCalloc(uint32, uint32)
...
```

与一般函数的书写方式类似,这里方括号包含的是输出参数的数据类型,圆括号包含的是输入参数的数据类型。

4. libfunctionsview

libfunctionsview 函数用来在一个 GUI 面板中查看动态链接库中的函数。其基本命令是:

```
libfunctionsview LibName
```

其中 LibName 为当前内存中待查询的库名称。

libfuncitonsview 函数的具体使用方法参见 8.1.2 小节的标题"2."。

5. libisloaded

libisloaded 函数用来判断共享库是否被载入到内存中,其基本命令是:

```
libisloaded('LibName');
```

其中 LibName 是待判断的库名称。如果库已经被载入,则返回逻辑 1,否则返回逻辑 0。例如:

```
>> hfile = [matlabroot '\extern\include\matrix.h'];
>> loadlibrary('libmx', hfile)
>> libisloaded('libmx')
ans =
    1
>> unloadlibrary libmx
>> libisloaded('libmx')
ans =
    0
```

用户采用 MATLAB 函数封装动态链接库函数,以提高程序调用的通用性。在

用户编写的 MATLAB 函数中,通常采用 libisloaded 函数来判断动态链接库是否被加载,以便在必要时加载动态链接库。具体实例见 8.1.2 小节标题"4."中的 addDoubleS. m 文件代码。

6. calllib

calllib 函数用来调用共享库中的函数,它是 MATLAB 调用动态链接库函数中非常重要的一个。其基本命令是:

```
[x1,...,xM] = calllib('LibName', 'funcname', arg1,..., argN)
```

其中 LibName 为库名称,funcname 为 LibName 库中的函数,arg1,...,argN 为该函数的 N 个输入参数,x1,...,xM 为该函数的 M 个输出参数。

关于 calllib 函数的使用实例见 8.1.2 小节的标题"4."。

7. libpointer

在调用动态链接库时,需要解决的最主要问题之一是数据类型的转换。MATLAB 只有一种变量类型,即 MATLAB 阵列。实际上,MATLAB 阵列是一个隐式数据类型,不同 MATLAB 阵列中存储的数据类型可以完全不同。比如双精度类型的 MATLAB 阵列中存储的数据类型是双精度数据,整型 MATLAB 阵列中存储的数据类型是整型数据,字符型 MATLAB 阵列中存储的数据类型是字符型数据,等等。用户在使用 C/C++语言创建动态链接库时,一般采用的是标准的 C/C++数据类型。其中数据传递最常用的变量类型是指针。利用指针传递数据是典型的地址传递方式,但是在 MATLAB 阵列中不存在指针类型。为了解决此问题,MATLAB 提供了 libpointer 对象。利用 libpointer 对象可以创建 MATLAB 与动态链接库进行交换的数据类型。

libpointer 函数为共享链接库的使用创建了一个指针对象,该对象支持除 void ** 以外的多重指针。其调用方法有如下几种:

```
p = libpointer
p = libpointer('type')
p = libpointer('type',value)
```

其中"p = libpointer"返回一个空指针(void *)对象,"p = libpointer('type')"返回一个 type 类型的空指针对象。例如:

```
p = libpointer('int16')
```

这与 C 语言中的

```
short * p = NULL;
```

是类似的。

"p = libpointer('type',value)"返回一个指向初值为 value 的、类型为 type 的指针

对象。

关于 libpointer 函数的详细用法,读者可参考 8.1.4 小节关于 MATLAB 与动态链接库参数传递和转换的相关内容。

8. libstruct

libstruct 函数创建一个结构体对象,此结构体对象可以作为动态链接库函数的输入参数。libstruct 函数创建的结构体对象类似于 C 语言中的结构体。其基本命令是:

```
s = libstruct('structtype')
s = libstruct('structtype',mlstruct)
```

其中"s = libstruct('structtype')"返回一个类型为 structtype 的空结构体。structtype 是通过 loadlibrary 函数导入的链接库中定义的一个结构体。"s = libstruct('structtype',mlstruct)"返回一个类型为 structtype 的结构体,该结构体由 mlstruct 初始化。

8.1.4　MATLAB 与动态链接库的参数传递和转换

利用 MATLAB 调用 C 语言动态链接库时存在的关键问题是数据类型的转换。在 MATLAB 中,通过阵列的方式来存储和处理各种类型的数据。在 C 语言中,除了基本数据类型之外,大都通过指针来操作各种类型的数据。综合来讲,在 C 语言中处理数据类型具有很强的灵活性,但操作的复杂度和难度较高。而在 MATLAB 中通过阵列来操作不同类型的数据,操作的复杂度和难度相对较低。

MATLAB 与 C 语言的数据转换涉及两个方面的内容,一个方面是如何将 MATLAB 的数据传输到 C 语言动态链接库函数中;另一个方面是如何将 C 语言动态链接库函数的运算结果返回到 MATLAB 中。在 MATLAB 中,阵列类型与 C 语言动态链接库类型的转换通过两个途径解决。一种途径是 MATLAB 根据数据类型自动转换,比如在调用动态链接库函数时,MATLAB 根据动态链接库函数输入参数的类型自动将 MATLAB 阵列类型转换为 C 语言类型;或者根据动态链接库输出参数的 C 语言类型自动将其转换为 MATLAB 阵列类型。另一种途径是通过 libstruct 和 libpointer 对象完成数据类型的转换。

1. MATLAB 与 C/C++语言数据类型的对照关系

在完成 MATLAB 与 C 语言动态链接库数据转换之前,需要了解 MATLAB 数据类型与 C 语言数据类型之间的转换关系。根据是否需要采用 libpointer 对象来传递参数,可将 MATLAB 的数据类型分为基本数据类型与扩展数据类型两大类。MATLAB 基本数据类型与 C 语言相应的数据类型对照表如表 8-3 所列,这些数据类型在相互转换时,不需要使用 libpointer 对象。

表 8 - 3　MATLAB 基本数据类型与 C 语言数据类型的转换关系

C 语言数据类型	对应的 MATLAB 数据类型
char，byte	int8
unsigned char，byte	uint8
short	int16
unsigned short	uint16
int	int32
long（32 bits）	int32
long（64 bits）	int64
unsigned int，unsigned long	uint32
float	single
double	double
char *	cstring（$1 \times n$ 字符阵列）
* char[]	字符串元组阵列

MATLAB 扩展数据类型与 C 语言相应数据类型的对照表如表 8 - 4 所列，这些类型的数据参数在进行转换时必须使用 libpointer 对象。

表 8 - 4　MATLAB 扩展的数据类型与 C 语言数据类型的转换关系

C 语言数据类型	MATLAB 扩展数据类型
整型指针（int *）	(u)int($size$)Ptr
采用常量方式传递字符串，实际上与 char * 相同	cstring（$1 \times n$ 字符阵列）
利用 libpointer 对象以引用的方式传递字符串	stringPtr
字符串指针（或者 ** char）	stringPtrPtr
8 位整型指针	int8Ptr
float *	singlePtr
double *	doublePtr
mxArray *	MATLAB 阵列
void *	voidPtr
void **	voidPtrPtr
type **	typePtrPtr，比如 double ** 对应的是 double-PtrPtr，int ** 对应的是 intPtrPtr

2. MATLAB 与动态链接库基本数据类型的直接传递

表 8 - 3 中罗列的基本数据类型在 MATLAB 与 C/C++程序之间是可以直接转换的，这种类型转换大都非常容易理解。其中 char * 与 cstring 的转换关系和 * char[]与字符串元组阵列的转换关系稍显复杂。下面通过实例对此进行说明。在工作目录下新增三个文件：strToUpper. h、strToUpper. c 和 strToUpper. exports，并

分别输入下列代码。

程序 8 − 4　strToUpper. h

```
# ifndef __STR_TO_UPPER_H_
# define __STR_TO_UPPER_H_

# define DLLEXPORT    __declspec(dllexport)

DLLEXPORT char * strToUpper(char * str);
DLLEXPORT void strToUpperCell(char ** pStr, int N);

# endif
```

程序 8 − 5　strToUpper. c

```
# include "strToUpper.h"

DLLEXPORT char * strToUpper(char * str)
{
    int nLen;
    int kk = 0;
    nLen = strlen(str);
    for(kk = 0;kk<nLen;kk ++)
    {
        str[kk] = toupper(str[kk]);
    }
    return str;
}

DLLEXPORT void strToUpperCell(char ** pStr, int N)
{
    int kk;
    for(kk = 0;kk<N;kk ++)
    {
        pStr[kk] = strToUpper(pStr[kk]);
    }
}
```

程序 8 − 6　strToUpper. exports

```
strToUpper
strToUpperCell
```

　　strToUpper. exports 程序中的 strToUpper 函数将字符串中所有字符转换为大写字符,strToUpperCell 函数将输入元组字符阵列转换为大写字符。在 MATLAB 中调用 strToUpper 和 strToUpperCell 两个函数的方法如下面的命令所示。

　　将 strToUpper. c 程序文件编译为 DLL 文件,并将动态链接库加载至 MAT-

LAB 中,分别调用 strToUpper 和 strToUpperCell 两个函数,命令如下。

```
>> mbuild strToUpper.c strToUpper.exports
>> loadlibrary('strToUpper')
>> calllib('strToUpper','strToUpper','ssss')
ans =
SSSS
>> a{1} = 's1'; a{2} = 's2'; a{3} = 's3';
>> [s] = calllib('strToUpper','strToUpperCell',a,length(a(:)))
s =
    'S1'
    'S2'
    'S3'
```

　　从上述执行结果可以看出,MATLAB 字符串 'ssss' 自动转换为了 strToUpper 函数的 char * 类型;而 MATLAB 的字符串元组阵列 a 自动转换为了 strToUpper-Cell 函数的 char ** 类型。

　　需要注意的是,在动态链接库函数 strToUpper 中,输出参数 char * 被自动转换为字符阵列类型。但是,在动态链接库函数 strToUpperCell 中,并没有输出参数,而在 MATLAB 中采用 calllib 函数调用 strToUpperCell 函数时却可以使用输出参数 s。这涉及 MATLAB 调用动态链接库的一个规则,即动态链接库函数中所有输入为指针类型的参数均会被 MATLAB 转换为输出参数输出。MATLAB 这样处理的原因在于,指针类型的参数可以被动态链接库函数作为数据输出的手段,因此 MAT-LAB 将所有输入为指针类型的参数作为输出参数附加在正常的输出参数之后进行输出。

　　对于 strToUpperCell 函数而言,输入参数 char ** pStr 被作为输出参数进行输出,根据表 8-3 所列的转换规则,char ** pStr(与 * char[]相同)将会被自动转换为字符串元组阵列进行输出。

3. 利用 libpointer 对象传递指针参数

　　如表 8-4 所列,扩展的 MATLAB 数据类型在 MATLAB 与动态链接库之间进行参数转换时需要使用 libpointer 对象。这些扩展类型主要为指针或指针的指针。在 MATLAB 中向动态链接库函数传递指针对象的一般步骤是:

- 构造 MATLAB 的 libpointer 指针。
- 调用动态链接库函数,向动态链接库函数传递指针对象。
- 在动态链接库函数中处理传递的指针及指向的数据块。

　　不同的指针类型,其处理方式是类似的。下面以 void * 指针为例进行说明。实例代码如下所示。下述 dispVoid 实例完成的主要功能是根据输入数据的内容和数据类型来显示数据。其中 void * pdata 指向输入的数据块,char * type 指向输入的数据块类型。dispVoid 实例的代码(包含. h、. c、. exports 三个文件)如下所示。

程序 8 - 7　dispVoid. h

```
# ifndef _DISP_VOID_H
# define _DISP_VOID_H

# define DLLEXPORT    __declspec( dllexport )
# include "matrix. h"
DLLEXPORT char * dispVoid(void * pdata, char * type);

# endif
```

程序 8 - 8　dispVoid. c

```
# include "dispVoid. h"
char * g_data = NULL;
DLLEXPORT char * dispVoid(void * pdata, char * type)
{
    int maxStrLen = 255;
    if(pdata == NULL)
    {
        return;
    }
    if(g_data == NULL)
    {
        g_data = (char *)malloc((maxStrLen + 1) * sizeof(char));
        g_data[maxStrLen] = '\0';
    }
    if(strcmp(type,"char") == 0)
    {
        int nlen;
        nlen = (strlen(pdata)>maxStrLen)? maxStrLen:strlen(pdata);
        memcpy(g_data,pdata,nlen);
        g_data[nlen] = '\0';
        return g_data;
    }
    if(strcmp(type,"single") == 0)
    {
        sprintf(g_data,"% f", * (float *)pdata);
        return g_data;
    }
    if(strcmp(type,"double") == 0)
    {
        sprintf(g_data,"% f", * (double *)pdata);
```

```
        return g_data;
    }
    if(strcmp(type,"int32") == 0)
    {
        sprintf(g_data,"%d",*(int *)pdata);
        return g_data;
    }
    if(strcmp(type,"int8") == 0)
    {
        sprintf(g_data,"%d",*(char *)pdata);
        return g_data;
    }
    sprintf(g_data,"%s,%s",type,"类型无法识别");
    return g_data;
}
```

程序 8 - 9　dispVoid. exports

```
dispVoid
```

执行下列命令将 dispVoid 实例编译为 DLL 文件。

```
>> mbuild dispVoid.c dispVoid.exports
```

在 MATLAB 中对 dispVoid 函数的测试命令如下所示。

```
>> loadlibrary dispVoid
>> c = libpointer('cstring','ABC');
>> calllib('dispVoid','dispVoid',c,'char')
ans =
ABC
>> d = libpointer('doublePtr',double(65));
>> calllib('dispVoid','dispVoid',d,'double')
ans =
65.000000
```

在 C 语言中,指针的指针一般用于传递指针类型的数据。如对于 char ＊＊p 而言,*p 或 p[0]表示一个 char 型数据地址。利用 char ＊＊p 可以传递多个字符串,或者利用 char ＊＊p 返回动态链接库函数分配的地址。为了进一步说明指针的指针这类问题,创建 ppStrAdd 函数,并在此函数中将输入的字符串自动添加到字符串数组中,字符串数组采用 char ＊＊来表示,函数执行完毕后返回 char ＊＊指针。其实例代码如下所示。

程序 8 - 10　strAdd. h

```
# ifndef _STR_ADD_H
# define _STR_ADD_H

# include "matrix. h"
# define DLLEXPORT    __declspec( dllexport )
DLLEXPORT char ** ppStrAdd(char * str);
DLLEXPORT void destroyPP();
# endif
```

程序 8 - 11　strAdd. c

```
# include "strAdd. h"
# define   nMaxStrNum 1024
char ** g_ppStr = NULL;
int g_numStr = 0;
DLLEXPORT char ** ppStrAdd(char * str)
{
    int kk;
    int nlen;
    if(g_ppStr == NULL)
    {
        g_ppStr = (char **)malloc(sizeof(char *) * nMaxStrNum);
        for(kk = 0;kk<nMaxStrNum;kk ++ )
        {
            g_ppStr[kk] = NULL;
        }
    }
    nlen = strlen(str);
    g_ppStr[g_numStr] = (char *)malloc(sizeof(char) * nlen);
    strcpy(g_ppStr[g_numStr],str);
    g_numStr = (g_numStr + 1) % nMaxStrNum;
    return g_ppStr;
}
DLLEXPORT void destroyPP()
{
    int kk;
    if(g_ppStr != NULL)
    {
        for(kk = 0; kk<nMaxStrNum; kk ++)
        {
            if(g_ppStr[kk] != NULL)
                free(g_ppStr[kk]);
        }
        free(g_ppStr);
    }
}
```

程序 8-12 strAdd. exports

```
ppStrAdd
destroyPP
```

在 C 程序文件中添加了两个函数,第一个函数 PPStrAdd 是为类型为 char**
的全局变量 g_ppStr 指向的空指针开辟内存空间,并将输入参数字符串添加到相应
的内存空间中。第二个函数 destroyPP 是释放全局变量 g_ppStr 二次指向的内存空
间。良好的编程习惯是在卸载动态链接库之前释放开辟的内存空间。

对上述程序首先编译为 DLL 文件,然后调用其中的 ppStrAdd 函数四次,在最
后一次调用时,将指针返回给变量 pp。在卸载动态链接库之前,调用 destroyPP 函
数释放内存空间。命令如下。

```
>> mbuild strAdd.c strAdd.exports
>> loadlibrary strAdd
>> calllib('strAdd','ppStrAdd','AAAAA');
>> calllib('strAdd','ppStrAdd','BBBBB');
>> calllib('strAdd','ppStrAdd','CCCCC');
>> pp = calllib('strAdd','ppStrAdd','123');
>> pp
pp =
libpointer
>> get(pp,'value')
ans =
    'AAAAA'
>> get(pp + 1,'value')
ans =
    'BBBBB'
>> get(pp + 2,'value')
ans =
    'CCCCC'
>> get(pp + 3,'value')
ans =
    '123'
>> get(pp + 4,'value')
ans =
    {[]}
>> calllib('strAdd','destroyPP');
>> unloadlibrary('strAdd');
```

上述命令中调用了 get(pp,'value')函数来获取 libpointer 对象的数据。

4. 传递 MATLAB 阵列类型数据

下面的实例在之前的 C 程序文件 dlladd. c 中增加了 addDoubleArray 函数,并且适当修改了 dlladd. h 文件和 dlladd. exports 文件。完整的代码如下所示。

程序 8 - 13　dlladd. c

```c
# include "dlladd. h"
DLLEXPORT double addDoubleS(double v1,double v2)
{
    return (v1 + v2);
}
DLLEXPORT void addDoubleV(double * v1,const double * v2, int size)
{
    int kk;
    for(kk = 0;kk<size;kk ++)
    {
        v1[kk] = v1[kk] + v2[kk];
    }
}

DLLEXPORT void addDoubleArray(mxArray * pA1,mxArray * pA2)
{
    double * pa1;
    double * pa2;
    int N1;
    int N2;
    int kk;
    pa1 = mxGetPr(pA1);
    pa2 = mxGetPr(pA2);
    N1 = mxGetNumberOfElements(pA1);
    N2 = mxGetNumberOfElements(pA2);
    if(N1! = N2)
    {
        printf("输入阵列个数不相同!\n");
        return;
    }
    for(kk = 0;kk<N1;kk ++)
    {
        pa1[kk] = pa1[kk] + pa2[kk];
    }
}
```

程序 8 - 14　dlladd. h

```
# ifndef _DLL_ADD_H
# define _DLL_ADD_H

# define DLLEXPORT __declspec(dllexport)

# include "matrix. h"

DLLEXPORT double addDoubleS(double v1,double v2);
DLLEXPORT void addDoubleV(double * v1,const double * v2, int size);
DLLEXPORT void addDoubleArray(mxArray * pA1,mxArray * pA2);

# endif
```

程序 8 - 15　dlladd. exports

```
# dlladd. exports
addDoubleS
addDoubleV
addDoubleArray
```

　　addDoubleArray 函数实现了对输入的两个 MATLAB 阵列进行求和操作。在 addDoubleArray 函数中,mxArray 是 MATLAB 阵列的 C/C++语言表示。这表明在 C/C++语言中,mxArray 数据类型与 MATLAB 阵列是完全等价的。MATLAB 提供了一组操作 mxArray 的 API 函数,这些 API 函数均以"mx-"开头。其中 mxGetPr 用于获取 mxArray 实部的数据指针,mxGetNumberOfElements 用于获取 mxArray 的元素个数。这些函数包含在 matrix. h 头文件中,所以需要在 dlladd. h 头文件中将文件 matrix. h 包含进来。在完成 dlladd. c 等文件的更新后将其重新编译为 DLL 文件,命令是:

```
>> mbuild dlladd.c dlladd.exports - llibmx
```

其中-llibmx 表示在编译动态链接库时附加 libmx. lib 链接库(注意-l 与 libmx 之间没有空格)。将 dlladd. dll 动态链接库加载至 MATLAB 中,并测试对 Array 阵列类型数据的调用。命令如下。

```
>> loadlibrary dlladd
>> a = [1 2; 3 4];
>> b = [4 5; 6 7];
>> a = calllib('dlladd','addDoubleArray',a,b)
a =
     5     7
     9    11
```

　　从上述命令可以看出,Array 阵列类型数据可以直接向动态链接库中传递。此外,Array 阵列也可以通过 libpointer 对象传递。调用 dlladd 动态链接库中的

addDoubleV 函数的方法是执行下列命令。

```
>> a = [1 2; 3 4];
>> b = [5 6; 7 8];
>> c = libpointer('doublePtr',[1 2; 3 4]);
>> d = libpointer('doublePtr',[5 6; 7 8]);
>> r1 = calllib('dlladd','addDoubleV',a,b,4)
r1 =
     6     8
    10    12
>> r2 = calllib('dlladd','addDoubleV',c,d,4)
r2 =
     6     8
    10    12
>> a
a =
     1     2
     3     4
>> c.value
ans =
     6     8
    10    12
```

从输出结果可以看出，动态链接库函数 addDoubleV 可以接收 MATLAB 数值阵列和 libpointer 指针两种数据类型。在 addDoubleV 中对输入参数进行了修改，从执行结果可以看出，如果输入参数为 MATLAB 阵列，则 addDoubleV 中对输入参数的修改并没有反映到最终的输入变量 a 中，这说明 MATLAB 仅是将阵列 a 的副本传递给了 addDoubleV 函数。如果输入参数为 libpointer 指针类型，则对象 c 在 addDoubleV 函数执行后，其指向的数据内容已经被更改，这说明当采用 libpointer 指针对象作为输入参数时，MATLAB 采用的是用地址传递参数的输入方式。用户应当特别注意 MATLAB 阵列和 libpointer 指针对象这两种不同的参数输入方式，以及这两种方式的操作差别。

5. 利用 libstruct 对象传递结构体参数

在 MATLAB 中调用动态链接库函数时，有两类参数比较特殊，一类是结构体类型，另一类是枚举类型。本部分和下一部分中分别介绍向动态链接库函数传递结构体类型和枚举类型参数的方法。

C 语言中结构体的定义方法如表 8-5 所列。

表 8-5　结构体在 C 语言中的定义方法

直接定义结构体	为结构体定义别名

struct _ST
{
　　int a;
　　double b;
　　char c;
}
	typedef struct _ST
	{
	　　int a;
	　　double b;
	　　char c;
	}stData;

　　向动态链接库函数中传递表 8-5 中定义的结构体,可以通过 libstruct 对象来实现。在利用 libstruct 创建结构体对象之前,首先利用 libfunctions 函数查看结构体的名称,并采用具有相同域的 MATLAB 结构体来初始化 libstruct 对象。利用 libstruct 向动态链接库函数传递结构体参数的实例代码如下所示。创建实例 color2gray,其功能是将用 RGB 三个颜色分量表示的彩色值转换为灰度值,相关程序如下所示。

程序 8-16　color2gray. h

```
#ifndef _COLOR_TO_GRAY_H
#define _COLOR_TO_GRAY_H

#define DLLEXPORT __declspec(dllexport)

//#include "matrix.h"

typedef struct _COLOR
{
    double r;
    double g;
    double b;
}doubleColor;

DLLEXPORT double color2gray(doubleColor c);
#endif
```

程序 8-17　color2gray. c

```
#include "color2gray.h"

DLLEXPORT double color2gray(doubleColor c)
{
    return (0.2989 * c.r + 0.5870 * c.g + 0.1140 * c.b);
}
```

程序 8-18　color2gray. exports

```
color2gray
```

在 color2gray. h 头文件中定义了 doubleColor 结构体,结构体包含三个 double
型数值元素,表示 RGB 模式下色彩三原色的值。执行下述命令编译 DLL 文件、加载
DLL 以及查看函数信息。

```
>> mbuild color2gray.c color2gray.exports
>> loadlibrary color2gray
>> libfunctions color2gray - full
Functions in library color2gray:
double color2gray(s_COLOR)
```

可以看出,doubleColor 结构体在动态链接库中对应的名称为 s_COLOR,这样
便可以通过 libstruct 函数创建一个结构体对象,并将此对象传递到动态链接库函数
中。执行下述命令查看运行结果。

```
>> c.r = 1;c.g = 0.5;c.b = 0.3;
>> st = libstruct('s_COLOR',c);
>> calllib('color2gray','color2gray',st)
ans =
      0.6266
```

6. 传递枚举类型参数

对于 C 语言枚举类型,可以通过两种方式向动态链接库传递参数。一种是直接
采用对应的整型数据,另一种是采用对应的字符串数据。其实例代码如下所示。

程序 8 - 19　enumExample. h

```
# ifndef _ENUM_EXAMPLE_H
# define _ENUM_EXAMPLE_H

# define DLLEXPORT __declspec( dllexport )

typedef enum
{
    red = 1, green = 2, blue = 4
}cE;

DLLEXPORT char * readEnum(cE val);

# endif
```

程序 8 - 20　enumExample. c

```
# include "enumExample.h"

DLLEXPORT char * readEnum(cE val)
{
    switch (val) {
       case 1 :return "输入 red";
       case 2: return "输入 green";
       case 4: return "输入 blue";
       default : return "输入选项未定义";
```

```
        }
    }
```

程序 8 – 21　　enumExample. exports

```
readEnum
```

在 MATLAB 中测试该实例代码的命令如下。

```
>> mbuild enumExample.c enumExample.exports
>> loadlibrary enumExample
>> calllib('enumExample','readEnum','red')
ans =
输入 red
>> calllib('enumExample','readEnum',2)
ans =
输入 green
```

8.1.5　调用第三方提供的动态链接库完成文件读取

一般来说，当用 MATLAB 打开结构简单的数据文件时，完全使用 MATLAB 自身提供的 fopen、fread、fgetl 等 I/O 操作函数即可。然而当文件的结构比较复杂时，采用 M 语言完成文件操作的效率较低，而采用 C 语言对复杂结构的文件进行操作则具有极强的优势，因此在 MATLAB 中调用 C 语言动态链接库函数可以很方便地解决复杂结构文件的存储和读取工作。

调用 C 语言动态链接库完成文件操作具有以下特点：

● 如果已经存在 C 语言的文件操作函数，则可以将 C 语言文件直接编译为动态链接库供 MATLAB 调用。

● 如果需要重新利用 C 语言编写文件操作函数，则此操作函数编译为动态链接库后可以供除 MATLAB 之外的多种语言调用。

因此采用动态链接库函数完成文件操作，一方面可以解决复杂结构文件的操作问题，另一方面可以提供标准化的动态链接库文件供多种开发环境使用。

在本节中，以 TDM 和 TDMS 格式的二进制数据文件（LabVIEW 标准格式）的操作为例进行说明。TDM 和 TDMS 文件格式是 NI 公司倡导的一种二进制文件格式，在 NI 的 LabVIEW 应用软件中，可以直接存储或读取 TDM 和 TDMS 格式文件。TDM 和 TDMS 格式的二进制文件的结构较为复杂。以 TDMS 文件为例，该类文件由多个段落组成，每个段落包含 Lead In、Meta Data、Raw Data 三部分。除了 Lead In 的大小固定外，Meta Data 和 Raw Data 的大小都是不固定的，Meta Data 中包含若干个对象块，每个对象块中包含该对象块的路径和若干个属性。

考虑到 TDM 和 TDMS 格式的复杂性，NI 公司提供了在 MATLAB 中读/写 TDM 和 TDMS 文件的 DLL 库和读/写实例。读者可在网络浏览器中输入 ftp://

ftp. ni. com/pub/devzone/epd/MATLAB_tdm_example_sp2010. zip 进行下载，或者在本书提供的资源中，从本章目录下获得压缩文件 matlab. tdm. example_sp2010. zip。将该压缩文件解压后会得到一个名为 MATLAB TDM Example 的文件夹，在 MATLAB 中将其子文件夹 .. \MATLAB TDM Example\samples\32-bit 设为工作目录。假定文件夹 MATLAB TDM Example 在 F 盘根目录下，则在 MATLAB 中执行如下命令将其设定为工作目录。

```
>> cd 'F:\MATLAB TDM Example\samples\32-bit'
```

打开其中的 ReadFile. m 文件并执行，执行时需要依次打开三个对话框。在 Select nilibddc. dll 对话框中选择 F:\MATLAB TDM Example\dev\bin\32-bit 目录下的 nilibddc. dll 文件。在 Select nilibddc_m. h 对话框中选择 F:\MATLAB TDM Example\dev\include\32-bit 目录下的 nilibddc_m. h 文件，在 Select a TDM or TDMS file 对话框中选择 F:\MATLAB TDM Example\samples\32-bit 路径下的 SineData. tdm 文件。程序执行结果是在 MATLAB 命令行窗口中显示：

```
File Name: SineData.TDM
File Description: Sine signals of various amplitudes and frequencies.
File Title: SineData
File Author: National Instruments
File Timestamp: 5/6/2008, 17:20:12:650.7454
```

此外还绘制了两幅图像，分别显示了不同幅度的正弦信号和不同频率的正弦信号，如图 8 - 3 所示。

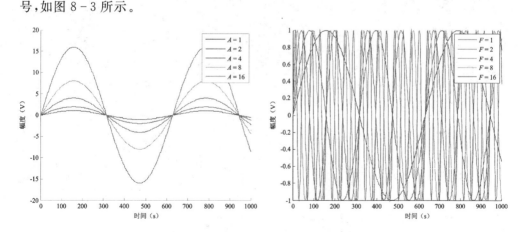

图 8 - 3　SineData. tdm 文件中的数据绘图

查看文件 ReadFile. m 的内容，其中主要语句包括加载 nilibddc 库，即

```
loadlibrary(NI_TDM_DLL_Path,NI_TDM_H_Path);
```

以及大量的 calllib 函数，如

```
[err,dummyVar,dummyVar,file] = calllib(libname,'DDC_OpenFileEx',Data_Path,'',1,fileIn);
```

此外还有部分 libpointer 函数,如

```
pfileauth = libpointer('stringPtr',blanks(fileauthlen));
```

单步执行 ReadFile. m 文件,当 nilibddc 库被载入后,在 MATLAB 命令行窗口中查看该库中的函数列表如下。

```
K >> m = libfunctions('nilibddc');
K >> size(m)
ans =
   135        1
```

可以看到,nilibddc 库中一共包含 135 个函数。当用户需要使用 MATLAB 处理 NI 设备采集的 TDM 或 TDMS 格式文件时,仅需下载该库的文件包,查看其中的函数列表,选择恰当的函数进行文件的读/写操作即可,而不需要独立编写. m 程序。在该示例包中也包含了写 TDM 文件的实例,这里不做赘述。

8.1.6　用户创建动态链接库完成文件操作

以 8.2.3 小节提供的 ReadData 函数为例来说明利用动态链接库完成文件操作的方法。其中动态链接库文件的头文件和函数文件如下所示。

程序 8 - 22　dllfile. h

```
/ * dllfile.h * /
# ifndef _DLL_FILE_H
# define _DLL_FILE_H
# include "basedef.h"
# include "matrix.h"
# include "string.h"
# include "stdio.h"
# ifndef NULL
# define NULL 0
# endif
DLLEXPORT mxArray * ReadFrameData(char * filename);
# endif
```

程序 8 - 23　dllfile. c

```
/ * dllfile.c * /
# include "dllfile.h"
DLLEXPORT mxArray * ReadFrameData(char * filename)
{
    FILE * fp = NULL;
        mxArray * pStruct = NULL;
```

```
        fp = fopen(filename,"rb");
        if(!fp)
        {
            char str[500];
            sprintf(str,"文件打开错误,fp = 0x%x",fp);
            return mxCreateString(str);
        }
        pStruct = ReadData(fp);
        fclose(fp);
        fp = NULL;
        return pStruct;
}
```

程序 8 - 24　basedef. h

```
#ifndef _BASE_DEF_H
#define _BASE_DEF_H
#define DLLEXPORT __declspec(dllexport)
#endif
```

程序 8 - 25　frame. c

```
#include "stdio. h"
#include "mat. h"
#include "matrix. h"
#define _START_FLAG 0xAAAAAAAA
#define _END_FLAG 0xEEEEEEEE

typedef struct _FRAME_HEAD
{
    unsigned int startv;
    unsigned int frameLen;
    unsigned int type;
}fmHead;

char *GetElementType(unsigned int type)
{
    switch(type)
    {
        case 1:
        {
            return "float";
        }
        case 2:
```

```
        {
            return "double";
        }
        case 3:
        {
            return "int16";
        }
        case 4:
        {
            return "int32";
        }
        default:
        {
            return "unknown";
        }
    }
}
int GetElementSize(unsigned int type)
{
    switch(type)
    {
        case 1:
        {
            return sizeof(float);
        }
        case 2:
        {
            return sizeof(double);
        }
        case 3:
        {
            return sizeof(short);
        }
        case 4:
        {
            return sizeof(int);
        }
        default:
        {
            return 1;//默认按字节计算
        }
    }
```

```
    }

mxClassID GetClassID(unsigned int type)
{
    switch(type)
    {
        case 1:
        {
            return mxSINGLE_CLASS;
        }
        case 2:
        {
            return mxDOUBLE_CLASS;
        }
        case 3:
        {
            return     mxINT16_CLASS;
        }
        case 4:
        {
            return mxINT32_CLASS;
        }
        default:
        {
            return mxDOUBLE_CLASS;//默认按字节计算
        }
    }
}


//读取数据帧
mxArray * ReadData(FILE * fp)
{
    int ib,ie;
    int fpos;
    int kk;
    unsigned int startv,endv;
    fmHead head;
    double filesize;
    char * fieldnames[5] = {"startv","frameLen","type","data","endv"};
    mxArray * pDataArray = NULL;
    mxArray * pOut = NULL;
    void * pData = NULL;
```

```
    int datasize;

    /*获取文件大小*/
    fseek(fp,0,SEEK_SET);
    ib = ftell(fp);
    fseek(fp,0,SEEK_END);
    ie = ftell(fp);
    filesize = ie - ib;

    /*统计数据帧个数*/
    fseek(fp,0,SEEK_SET);
    fpos = ftell(fp);
    kk = 0;
    while(fpos<filesize)
    {
        fread(&startv,sizeof(unsigned int),1,fp);
        if(startv == _START_FLAG)
        {
            fseek(fp,-4,SEEK_CUR);
            fread(&head,sizeof(fmHead),1,fp);
            fseek(fp,head.frameLen - sizeof(fmHead) - sizeof(unsigned int),SEEK_CUR);
            fread(&endv,sizeof(unsigned int),1,fp);
            kk = kk + 1;
        }
        fpos = ftell(fp);
    }


    /*创建输出的数据结构体*/
    pOut = mxCreateStructMatrix(kk,1,5,(const char **)fieldnames);
    /*读入数据*/
    fseek(fp,0,SEEK_SET);
    fpos = ftell(fp);
    kk = 0;
    while(fpos<filesize)
    {
        fread(&startv,sizeof(unsigned int),1,fp);
        if(startv == _START_FLAG)
        {
            fseek(fp,-4,SEEK_CUR);
            fread(&head,sizeof(fmHead),1,fp);
            mxSetField(pOut,kk,"startv", mxCreateDoubleScalar(head.startv));
            mxSetField(pOut,kk,"frameLen", mxCreateDoubleScalar(head.frameLen));
```

```
                mxSetField(pOut,kk,"type", mxCreateDoubleScalar(head.type));
                datasize =   head.frameLen - sizeof(fmHead) - sizeof(unsigned int);
                pDataArray = mxCreateNumericMatrix(datasize/GetElementSize(head.type),
1,GetClassID(head.type),mxREAL);
                pData = mxGetData(pDataArray);
                fread(pData,datasize,1,fp);
                mxSetField(pOut,kk,"data",pDataArray);
                fread(&endv,sizeof(unsigned int),1,fp);
                mxSetField(pOut,kk,"endv", mxCreateDoubleScalar(endv));
                kk = kk + 1;
            }
        fpos = ftell(fp);
    }
    return pOut;
}
```

程序 8 - 26　dllfile. exports

ReadFrameData

在上述文件中,ReadFrameData 函数调用 ReadData 函数完成对. frame 文件的读取。其中. frame 文件的定义如 8.2.2 小节所示。ReadFrameData 函数的输入为字符串,输出为 MATLAB 变量。其中输出的 MATLAB 变量为结构体类型,此结构体由 ReadData 函数根据输入的文件自动创建。实例的命令操作及执行结果如下。其中使用的 1. frame 文件可从 MATLAB 中文论坛与本书相关的页面中获取。

```
>> mbuild dllfile.c frame.c dllfile.exports -llibmx
>> loadlibrary dllfile
>> out = calllib('dllfile','ReadFrameData','1.frame')
out =
5x1 struct array with fields:
    startv
    frameLen
    type
    data
    endv
>> out(1)
ans =
    startv: 2.8633e + 009
    frameLen: 1828
        type: 3
        data: [906x1 int16]
        endv: 4.0086e + 009
```

8.2　MATLAB 调用外部程序

在 MATLAB 中可以直接调用外部程序。在编写与数据接口相关的程序时,通过调用外部程序可以最大限度地利用现有的软件资源。假定用户拥有一个可以转换文件格式的可执行文件,则在 MATLAB 中就可以利用该可执行文件完成文件格式转换。由于 MATLAB 是解释性语言,因此有些结构复杂的文件采用 MATLAB 直接读取时效率较低。所以,用户可以编写或者在现有代码的基础上进行修改后生成一个可执行文件,然后通过此可执行文件将数据转换为 MATLAB 可以快速读取的数据文件(如 Excel 文件或文本文件等)。下面对这一技术进行详细说明。

8.2.1　在 MATLAB 中执行外部程序

在 MATLAB 中可通过两种方式执行外部程序,一种是通过"!"操作符,另一种是通过 DOS 命令。在执行外部程序时,需要注意外部程序必须在 MATLAB 的路径列表中。这里以 DOS 命令 VER 为例说明上述两种操作方式的用法。

(1) 通过"!"操作符执行外部程序

命令如下。

```
>> !ver
Microsoft Windows [版本 6.1.7601]
```

(2) 通过 DOS 命令执行外部程序

命令如下。

```
>> dos('ver');
Microsoft Windows [版本 6.1.7601]
```

MATLAB 中 DOS 命令的具体调用方式是:

```
[status, result] = DOS('command', '-echo')
```

其中返回参数中的 status 表示 command 的执行状态,如果为 0 表示执行成功;否则表示执行出错,命令如下所示。

```
>> [s,r] = dos('ver1')
s =
    1
r =
    'ver1' 不是内部或外部命令,也不是可运行的程序或批处理文件。
```

默认情况下不采用 '-echo' 选项,如果采用的话,则命令执行结果总是显示在 MATLAB 的命令行窗口中;如果不采用,则命令执行结果保存在返回的结果参数 result 中。命令如下所示。

```
>> [s,r] = dos('ver');
>> [s,r] = dos('ver','- echo');
   Microsoft Windows [版本 6.1.7601]
```

8.2.2　通过外部程序返回文件信息

在实时数据采集中,经常采用数据帧的方式存储数据。下述实例采用一个自定义的数据帧来存储数据,并采用外部程序返回文件信息。数据帧的定义如表 8 - 6 所列。

表 8 - 6　数据帧定义

帧起始标志	帧大小	数据类型	数　据	帧结束标志
0xAAAAAAAA	uint32	uint32	可变类型,个数可变	0xEEEEEEEE

在数据存储过程中可能会存在无效帧的情况,因此需要通过帧起始标志、帧结束标志和帧大小来共同验证数据帧是否有效。数据文件中存在多个数据帧,各个数据帧的类型可能不同,下面给出一个实例 showinfo.cpp 说明如何通过外部程序返回文件信息。为了便于说明,本例中采用的数据帧文件均以 .frame 为扩展名。

在 showinfo.cpp 文件中通过函数 SearchFlag 完成数据文件中有效数据帧的搜索和信息显示工作。实例文件如下。

程序 8 - 27　showinfo.cpp

```cpp
//showinfo.cpp
# include "stdio.h"
# define _START_FLAG 0xAAAAAAAA
# define _END_FLAG 0xEEEEEEEE
typedef struct _FRAME_HEAD
{
    unsigned int startv;
    unsigned int frameLen;
    unsigned int type;
}fmHead;
char * GetElementType(unsigned int type)
{
    switch(type)
    {
        case 1:
        {
            return "float";
        }
        case 2:
```

```
        {
            return "double";
        }
        case 3:
        {
            return "int16";
        }
        case 4:
        {
            return "int32";
        }
        default:
        {
            return "unknown";
        }
    }
}
int GetElementSize(unsigned int type)
{
    switch(type)
    {
        case 1:
        {
            return sizeof(float);
        }
        case 2:
        {
            return sizeof(double);
        }
        case 3:
        {
            return sizeof(short);
        }
        case 4:
        {
            return sizeof(int);
        }
        default:
        {
            return 1;//默认按字节计算
        }
    }
```

```c
}

//搜索有效帧
void SearchFlag(FILE * fp)
{
    int ib,ie;
    int fpos;
    int kk;
    unsigned int startv,endv;
    fmHead head;
    double filesize;
    fseek(fp,0,SEEK_SET);
    ib = ftell(fp);
    fseek(fp,0,SEEK_END);
    ie = ftell(fp);
    filesize = ie - ib;
    fseek(fp,0,SEEK_SET);
    fpos = ftell(fp);
    kk = 0;
    while(fpos<filesize)
    {
        fread(&startv,sizeof(unsigned int),1,fp);
        if(startv == _START_FLAG)
        {
            fseek(fp,- 4,SEEK_CUR);
            fread(&head,sizeof(fmHead),1,fp);
            fseek(fp,head.frameLen- sizeof(fmHead)- sizeof(unsigned int), SEEK_CUR);
            fread(&endv,sizeof(unsigned int),1,fp);
            kk = kk + 1;
            if(endv == _END_FLAG)
            {
                printf("第%d帧数据,类型:%s, 帧大小:%d字节,%d个元素\n",
                    kk,
                    GetElementType(head.type),
                    head.frameLen,
                    head.frameLen/GetElementSize(head.type));
            }
        }
        fpos = ftell(fp);
    }
}

int main(int argc, char * argv[])
```

```
{
    FILE * fp = NULL;
    if(argc< = 1)
    {
        printf("请输入文件名\n");
        return 1;
    }
    fp =   fopen(argv[1],"rb");
    if(!fp)
    {
        printf("文件打开错误,fp = 0x%x\n",fp);
        return 1;
    }
    SearchFlag(fp);
    fclose(fp);
    fp = NULL;
    return 0;
}
```

实例 showinfo 的编译和执行结果如下所示。

```
>> mbuild showinfo.cpp
>> !showinfo 1.frame
第 1 帧数据,类型:int16, 帧大小:1828 字节,914 个元素
第 2 帧数据,类型:float, 帧大小:3668 字节,917 个元素
第 3 帧数据,类型:int16, 帧大小:212 字节,106 个元素
第 4 帧数据,类型:float, 帧大小:2204 字节,551 个元素
第 5 帧数据,类型:int32, 帧大小:3876 字节,969 个元素
```

从上述执行结果可以看出,showinfo 执行完成后,文件中的数据帧信息在 MATLAB 命令行窗口中得到了显示。但用户不能通过 showinfo 外部程序的执行向 MATLAB 窗口返回参数。为了解决这一问题,可以通过 DOS 命令获取 showinfo 执行时显示的信息,然后通过自定义函数 result2cell 将 showinfo 显示的信息转换为元组阵列,以便于后续处理。

程序 8 - 28　　result2cell. m

```
function [outc] = result2cell(r,schar)
% function [outc] = result2cell(r,schar)
% r 表示外部命令执行结果字符串
% schar 表示拟采用的分割符号,默认采用 ASCII 字符 10,即换行符
if nargin == 1
```

```
    schar = 10;
end
ind = find(r == schar);
nn = length(ind(:));
outc = cell(nn,1);
ib = 1;
for kk = 1:nn
    ie = ind(kk);
    outc{kk} = r(ib:(ie-1));
    ib = ie+1;
end
```

执行测试命令,其结果如下所示。

```
>> [s,r] = dos(strcat('showinfo.exe',32,'1.frame'));
>> outc = result2cell(r);
>> outc
outc =
    '第 1 帧数据,类型:int16, 帧大小:1828 字节,914 个元素'
    '第 2 帧数据,类型:float, 帧大小:3668 字节,917 个元素'
    '第 3 帧数据,类型:int16, 帧大小:212 字节,106 个元素'
    '第 4 帧数据,类型:float, 帧大小:2204 字节,551 个元素'
    '第 5 帧数据,类型:int32, 帧大小:3876 字节,969 个元素'
>> class(outc)
ans =
cell
```

将 showinfo. exe 执行后的输出结果转换为元组阵列之后,如果用户需要将输出结果参数 outc 的内容进一步数值化(将其中有意义的 ASCII 数字转换为数值),则可以进一步通过 MATLAB 提供的字符串操作函数完成操作。

程序 8 - 29　result2double. m

```
function [outd] = result2double(outc)
% outc 经过 result2cell 函数将外部程序执行结果转换为元组阵列的输出结果
nn = length(outc(:));
outd = zeros(nn,3);
for kk = 1:nn
    outd(kk,1:3) = sscanf(outc{kk},'第 %f 帧数据,类型:int32, 帧大小:%f 字节,%f
个元素');
end
```

在 MATLAB 命令行窗口中调用 result2double 函数,命令和结果如下。

```
>>  [outd] = result2double(outc);
>>  outd
outd =
        1          1          1
        2          2          2
        3          3          3
        4          4          4
        5       3876        969
```

8.2.3 通过外部程序转换文件格式

由于数据来源不同,数据格式可能存在差异。在数据处理过程中,往往需要将数据转换为特定格式的数据再进行处理。如果数据格式比较简单,则可以通过 MATLAB 提供的文件 I/O 函数直接读取或转换。如果数据格式比较复杂,则通过外部程序可以较好地完成此项任务。在 MATLAB 应用中,最常见的应用是将数据文件转换为 MAT 文件。由于 MATLAB 可以直接加载 MAT 文件进行处理,因此将数据文件转换为 MAT 文件将带来极大的便利。关于 MAT 文件的操作,读者可以参看第 3 章。下面给出一个利用外部程序转换文件格式的实例,将 . frame 文件转换为 MAT 文件。实际上,MAT 文件的基本元素即变量,在 MAT 文件中,数据以变量的方式存储。MAT 文件中存储的变量可以是任意 MATLAB 阵列类型。在下述实例中将 . frame 文件的数据转换为一个结构体阵列变量,并将其存储为 MAT 文件。实例操作步骤如下:

① 为了便于将 . frame 文件转换为 MAT 文件,定义结构体如表 8-7 所列。

表 8-7 帧数据结构体各域及说明

域　名	说　明
startv	起始标志
framelen	帧长度
type	帧数据类型
data	帧数据
endv	结束标志

② 在创建 MAT 数值阵列变量时,需要输入数值阵列的类型。由于 . frame 文件中的数据可能是多种类型的数据,因此需要创建一个函数来获取数据类型。函数代码如下。

```
mxClassID GetClassID(unsigned int type)
{
    switch(type)
    {
```

```
    case 1:
    {
        return mxSINGLE_CLASS;
    }
    case 2:
    {
        return mxDOUBLE_CLASS;
    }
    case 3:
    {
        return  mxINT16_CLASS;
    }
    case 4:
    {
        return mxINT32_CLASS;
    }
    default:
    {
        return mxDOUBLE_CLASS;//默认按字节计算
    }
    }
}
```

③ 编写单个数据帧读入函数，读入后的数据自动转换为结构体阵列，代码如下
所示。

```
//读取数据帧
mxArray * ReadData(FILE * fp)
{
    int ib,ie;
    int fpos;
    int kk;
    unsigned int startv,endv;
    fmHead head;
    double filesize;
    char * fieldnames[5] = {"startv","frameLen","type","data","endv"};
    mxArray * pDataArray = NULL;
    mxArray * pOut = NULL;
    void * pData = NULL;
    int datasize;
    /* 获取文件大小 */
    fseek(fp,0,SEEK_SET);
```

```
ib = ftell(fp);
fseek(fp,0,SEEK_END);
ie = ftell(fp);
filesize = ie - ib;
/*统计数据帧个数*/
fseek(fp,0,SEEK_SET);
fpos = ftell(fp);
kk = 0;
while(fpos<filesize)
{
    fread(&startv,sizeof(unsigned int),1,fp);
    if(startv == _START_FLAG)
    {
        fseek(fp,-4,SEEK_CUR);
        fread(&head,sizeof(fmHead),1,fp);
        fseek(fp,head.frameLen-sizeof(fmHead)-sizeof(unsigned int),SEEK_CUR);
        fread(&endv,sizeof(unsigned int),1,fp);
        kk = kk + 1;
    }
    fpos = ftell(fp);
}

    /*创建输出的数据结构体*/
    pOut = mxCreateStructMatrix(kk, 1, 5, (const char **)fieldnames);
    /*读入数据*/
fseek(fp,0,SEEK_SET);
fpos = ftell(fp);
kk = 0;
while(fpos<filesize)
{
    fread(&startv,sizeof(unsigned int),1,fp);
    if(startv == _START_FLAG)
    {
        fseek(fp,-4,SEEK_CUR);
        fread(&head,sizeof(fmHead),1,fp);//读取数据帧的头
        //将读取的数据帧头转换为 MATLAB 结构体
        mxSetField(pOut,kk,"startv", mxCreateDoubleScalar(head.startv));
        mxSetField(pOut,kk,"frameLen", mxCreateDoubleScalar(head.frameLen));
        mxSetField(pOut,kk,"type", mxCreateDoubleScalar(head.type));
        datasize =  head.frameLen - sizeof(fmHead) - sizeof(unsigned int);
        //创建数值阵列
        pDataArray = mxCreateNumericMatrix(
```

```
                datasize/GetElementSize(head.type),
                1,
                GetClassID(head.type),mxREAL);
        //获取数值阵列的数据区指针
        pData = mxGetData(pDataArray);
        //将数据读入到数据区指针中
        fread(pData,datasize,1,fp);
        //将创建的数值阵列 pDataArray 设置为结构体域值
        mxSetField(pOut,kk,"data",pDataArray);
        fread(&endv,sizeof(unsigned int),1,fp);
        //将读入的结束符设置为结构体域值
        mxSetField(pOut,kk,"endv", mxCreateDoubleScalar(endv));
        kk = kk + 1;
        }
        fpos = ftell(fp);
    }
    return pOut;
}
```

④ 编写主函数,代码如下。

程序 8 - 30　frame2mat. cpp

```
//frame2mat.cpp
# include "stdio.h"
# include "mat.h"
# include "matrix.h"
# define _START_FLAG 0xAAAAAAAA
# define _END_FLAG 0xEEEEEEEE
typedef struct _FRAME_HEAD
{
    unsigned int startv;
    unsigned int frameLen;
    unsigned int type;
}fmHead;
char * GetElementType(unsigned int type);//代码参看 8.2.2 小节
int GetElementSize(unsigned int type);//代码参看 8.2.2 小节
int main(int argc, char * argv[])
{
    FILE * fp = NULL;
    mxArray * pStruct;
    MATFile * pMatFile;
    if(argc<3)
```

```
    {
        printf("请输入数据文件名和输出 MAT 文件名称\n");
        return 1;
    }
    fp = fopen(argv[1],"rb");
    if(!fp)
    {
        printf("文件打开错误,fp = 0x%x\n",fp);
        return 1;
    }
    pStruct = ReadData(fp);
    fclose(fp);
    fp = NULL;

    pMatFile = matOpen(argv[2],"w");
    matPutVariable(pMatFile,"framedata",pStruct);
    matClose(pMatFile);

    mxDestroyArray(pStruct);
    return 0;
}
```

⑤ 测试。

首先对 frame2mat.cpp 文件进行编译,将其编译为 EXE 文件,然后在 MAT-LAB 命令行窗口中执行,如下所示。

```
>> mbuild frame2mat.cpp - llibmat - llibmx
```

在上述命令中,"- l"选项表示附加的库文件,- llibmat 表示附加的 libmat.lib 文件,- llibmx 表示附加的- libmx.lib 文件。

上述命令执行成功后,会在 frame2mat.cpp 的目录中生成 frame2mat.exe 文件,通过如下命令执行 frame2mat.exe。

```
>> !frame2mat 1.frame 1.mat
```

上述命令表示将 1.frame 文件转换为 1.mat 文件。转换完成后,通过 load 函数加载 MAT 文件,命令如下所示。

```
>> load 1.mat
>> framedata(2)
ans =
      startv: 2.8633e + 009
    frameLen: 3668
        type: 1
        data: [913x1 single]
        endv: 4.0086e + 009
```

从上述执行结果可以看出,1. frame 文件已经被顺利地转换为了 MAT 文件。但是 startv 和 endv 的值没有采用十六进制表示,此时可通过如下 loadframe 函数重新加载 MAT 文件。函数代码如下。

程序 8 - 31　loadframe. m

```
function [framedata] = loadframe(filename)
framedata = load(filename);
framedata = framedata.framedata;
for kk = 1:length(framedata(:))
    framedata(kk).startv = dec2hex(framedata(kk).startv);
    framedata(kk).endv = dec2hex(framedata(kk).endv);
end
```

loadframe 函数的调用如下所示。

```
>> [framedata] = loadframe('1.mat');
>> framedata(1)
ans =
      startv: 'AAAAAAAA'
    frameLen: 1828
        type: 3
        data: [906x1 int16]
        endv: 'EEEEEEEE'
>> framedata(2)
ans =
      startv: 'AAAAAAAA'
    frameLen: 3668
        type: 1
        data: [913x1 single]
        endv: 'EEEEEEEE'
```

8.3　调用 ActiveX 控件

8.3.1　ActiveX 简介

ActiveX 是一种软件复用组件(reusable software components)架构。1996 年,微软在 Windows 系统中广泛应用的 COM(Component Object Model)和 OLE(Object Linking and Embedding)的基础上,提出了 ActiveX。其中 COM 或称组件对象模型,为将两个或多个不同的应用程序集成到一个复杂的应用方案中提供了一种架构,通过使用 COM 技术,用户可将不同软件供应商提供的应用程序融合到一个复杂的应用方案中,从而提高应用程序开发的效率,同时便于应用程序的更新。

OLE 或称对象连接与嵌入,是一种创建复合文档的技术,复合文档包含了由不同源应用程序创建的、具有不同类型的数据,诸如文字、声音、图像和应用程序等。

OLE 的最初版本仅面向复合文档,而 COM 则是应 OLE 的需求而诞生的,其基本出发点是让某个软件通过一个通用的机构为另一个软件提供服务。所以 OLE 是先于 COM 被提出来的,但是 COM 却是 OLE 的基础。实际上,COM 是一个纯技术名词,而 OLE 和 ActiveX 则是两个商标名称。COM 最初诞生时是以 OLE 为商标的,但是它与 OLE 有很大不同,为了避免用户将这两者混淆,微软在 1996 年使用 ActiveX 作为新的商标名称。因此,ActiveX 是宽松定义的、基于 COM 的技术集合,而 OLE 仍然仅指复合文档。

8.3.2　MATLAB 调用 ActiveX 控件

MATLAB 作为客户端调用外部组件可分为两种情形,一种是在 MATLAB 进程内调用,另一种是在 MATLAB 进程外调用。为了对这两种情形进行区分,MAT-LAB 称第一种情形为调用 ActiveX 控件,称第二种情形为调用 COM 服务器端组件,实际上 ActiveX 控件与 COM 组件的区别并不明显。为了保持一致,这里使用 MATLAB 的区分方法。

在 MATLAB 中,与 ActiveX 控件和 COM 组件相关的函数或操作主要有如下几种。

1. 查看所有的 ActiveX 控件

命令如下。

```
list = actxcontrollist;
```

例如在某计算机上获得的 list 为一个 368×3 的 cell 阵列,表示该计算机上一共有 368 个 ActiveX 控件,如图 8-4 所示,不同计算机的 ActiveX 的数量通常是不同的。

在如图 8-4 所示的列表中,第 1 列为控件的名称,第 2 列为控件的 ID,第 3 列为控件的路径。例如,在一台安装了 Windows 7(32 位)操作系统和 Microsoft Office 2007 的计算机上可以看到,日历控件的名称为"日历控件 12.0",其 ID 为"MSCAL. Calendar.7",其路径为"C:\Program Files\Microsoft Office\Office12\MSCAL. OCX"。

2. 创建 ActiveX 控件

命令为:

```
h = actxcontrol('progid');
```

其中 progid 为 ActiveX 控件的 ID,例如创建一个日历控件的命令为:

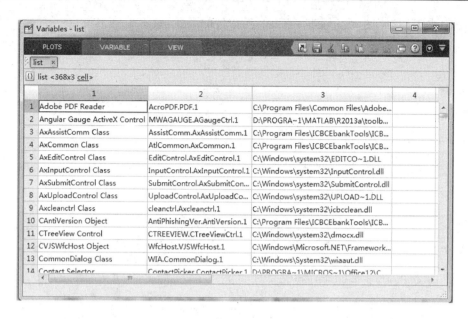

图 8-4　ActiveX 控件列表

```
>> f = figure('position',[300 300 600 400]);
>> h = actxcontrol('MSCAL.Calendar.7','position',[0 0 600 400]);
```

日历控件面板显示如图 8-5 所示。

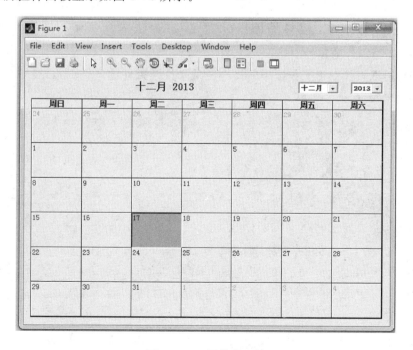

图 8-5　日历控件面板

双击工作空间中的 h 变量,查看日历控件的属性,如图 8-6 所示。

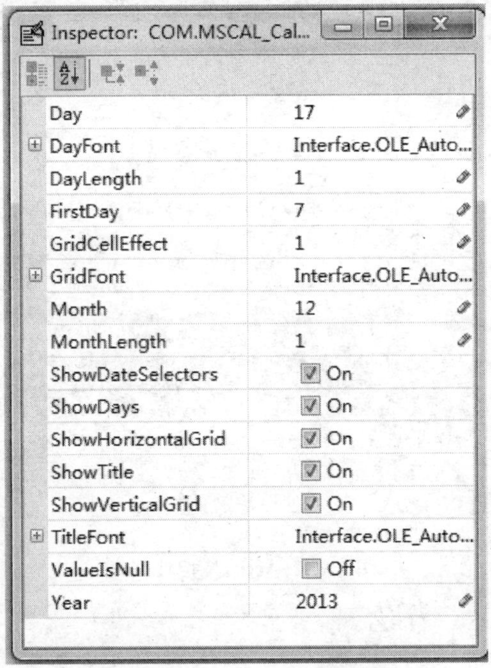

图 8-6　日历控件的属性

3. 获取 ActiveX 控件的信息

(1) 查看控件的属性

用户可以直接双击工作区中的控件变量来打开控件的属性面板,也可以执行下面的命令来实现:

```
get(handle);      % 在 MATLAB 命令行窗口中打印控件的所有属性
inspect(handle);  % 打开控件的属性面板
```

例如,查看日历控件属性的命令及结果如下。

```
>> f = figure('position',[300 300 600 400]);
>> h = actxcontrol('MSCAL.Calendar.7','position',[0 0 600 400]);
>> get(h)
           BackColor: 2147483663
                 Day: 17
             DayFont: [1x1 Interface.OLE_Automation.IFontDisp]
        DayFontColor: 0
           DayLength: 1
            FirstDay: 7
       GridCellEffect: 1
```

```
            GridFont: [1x1 Interface.OLE_Automation.IFontDisp]
       GridFontColor: 10485760
      GridLinesColor: 2147483664
               Month: 12
         MonthLength: 1
    ShowDateSelectors: 1
            ShowDays: 1
  ShowHorizontalGrid: 1
           ShowTitle: 1
    ShowVerticalGrid: 1
           TitleFont: [1x1 Interface.OLE_Automation.IFontDisp]
      TitleFontColor: 10485760
               Value: '12 - 17'
          ValueIsNull: 0
                Year: 2013
```

(2) 查看控件的方法

MATLAB 提供了如下命令或操作查看控件的方法。

```
handle.methods              % 返回控件 handle 的方法名称
methods(handle)             % 返回控件 handle 的方法名称
methods(handle,'- full');   % 返回控件 handle 的方法名称、输入参数类型和返回参数类型
methodsview(handle);        % 打开方法显示面板
```

实例如下所示。

```
>> methods(h)
Methods for class COM.MSCAL_Calendar_7:
AboutBox    PreviousDay      Today            events          move        set
NextDay     PreviousMonth    addproperty      get             propedit
NextMonth   PreviousWeek     constructorargs  interfaces      release
NextWeek    PreviousYear     delete           invoke          save
NextYear    Refresh          deleteproperty   load            send
>> methods(h,'- full')
Methods for class COM.MSCAL_Calendar_7:
HRESULT AboutBox(handle)
HRESULT NextDay(handle)
HRESULT NextMonth(handle)
HRESULT NextWeek(handle)
HRESULT NextYear(handle)
HRESULT PreviousDay(handle)
HRESULT PreviousMonth(handle)
HRESULT PreviousWeek(handle)
HRESULT PreviousYear(handle)
```

```
HRESULT Refresh(handle)
HRESULT Today(handle)
addproperty(handle, string)
MATLAB array constructorargs(handle)
delete(handle, MATLAB array)
deleteproperty(handle, string)
MATLAB array events(handle, MATLAB array)
MATLAB array get(handle)
MATLAB array get(handle, MATLAB array, MATLAB array)
MATLAB array get(handle vector, MATLAB array, MATLAB array)
MATLAB array interfaces(handle)
MATLAB array invoke(handle)
MATLAB array invoke(handle, string, MATLAB array)
load(handle, string)
MATLAB array move(handle)
MATLAB array move(handle, MATLAB array)
propedit(handle)
release(handle, MATLAB array)
save(handle, string)
MATLAB array send(handle)
MATLAB array set(handle)
MATLAB array set(handle, MATLAB array, MATLAB array)
MATLAB array set(handle vector, MATLAB array, MATLAB array)
>> methodsview(h)
```

方法面板显示如图 8 - 7 所示。

(3) 查看控件的事件

命令如下。

```
handle. events;
events(handle); %　返回控件 handle 的事件
```

例如查看上例中产生的日历控件的事件信息的命令如下。

```
>> f = figure('position',[300 300 600 400]);
>> h = actxcontrol('MSCAL. Calendar. 7','position',[0 0 600 400]);
>> h. events
Click = void Click()
DblClick = void DblClick()
KeyDown = void KeyDown(int16 KeyCode, int16 Shift)
KeyPress = void KeyPress(int16 KeyAscii)
KeyUp = void KeyUp(int16 KeyCode, int16 Shift)
BeforeUpdate = void BeforeUpdate(int16 Cancel)
AfterUpdate = void AfterUpdate()
NewMonth = void NewMonth()
NewYear = void NewYear()
```

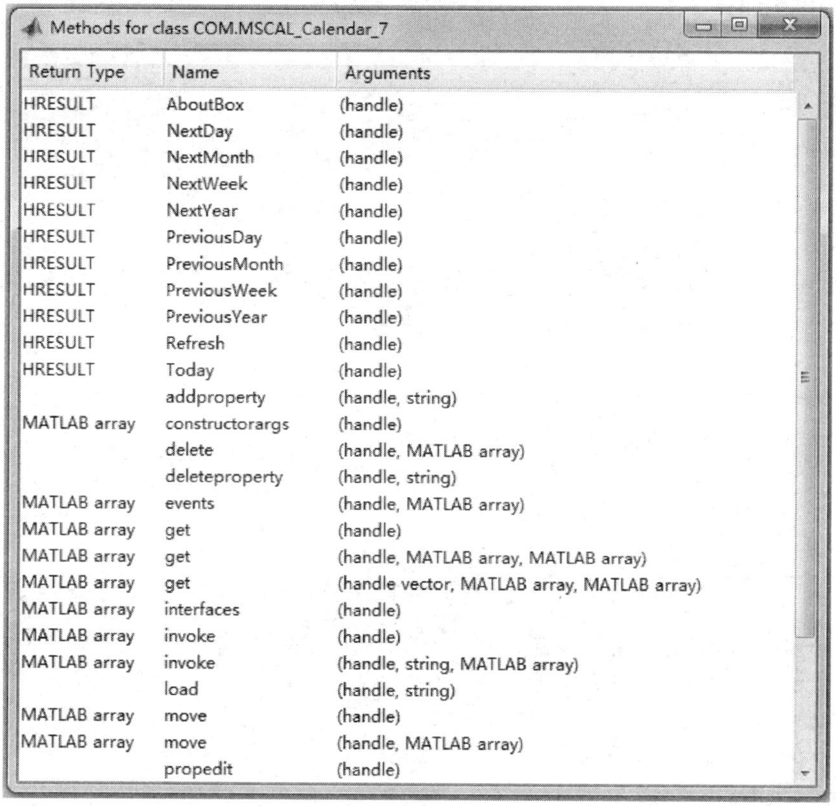

图 8-7　日历控件的方法列表

8.3.3　调用 ActiveX 打开文件实例

调用 ActiveX 控件可以打开某些直接使用 MATLAB 命令无法正确打开的文件，并进行相关操作。例如，在某计算机上查看控件列表，发现其中有名为 Acro-PDF.PDF.1 的控件（注意，只有在安装了 Acrobat 应用程序后才能看到此控件）的命令如下。

```
>> list = actxcontrollist;
>> list(1,:)
ans =
     'Adobe PDF Reader'     'AcroPDF.PDF.1'     [1x63 char]
```

创建一个 AcroPDF.PDF.1 控件的命令如下。

```
>> f = figure('position',[300 300 600 400]);
>> h = actxcontrol('AcroPDF.PDF.1','position',[0 0 600 400]);
```

查看控件方法列表的命令如下。

```
>> methods(h,'-full')
Methods for class COM.AcroPDF_PDF_1：
Variant GetVersions(handle)
bool LoadFile(handle, string)
Print(handle)
addproperty(handle, string)
MATLAB array constructorargs(handle)
delete(handle, MATLAB array)
deleteproperty(handle, string)
MATLAB array events(handle, MATLAB array)
MATLAB array get(handle)
MATLAB array get(handle, MATLAB array, MATLAB array)
MATLAB array get(handle vector, MATLAB array, MATLAB array)
goBackwardStack(handle)
goForwardStack(handle)
gotoFirstPage(handle)
gotoLastPage(handle)
gotoNextPage(handle)
gotoPreviousPage(handle)
MATLAB array interfaces(handle)
MATLAB array invoke(handle)
MATLAB array invoke(handle, string, MATLAB array)
load(handle, string)
MATLAB array move(handle)
MATLAB array move(handle, MATLAB array)
postMessage(handle, Variant)
printAll(handle)
printAllFit(handle, bool)
printPages(handle, int32, int32)
printPagesFit(handle, int32, int32, bool)
printWithDialog(handle)
propedit(handle)
release(handle, MATLAB array)
save(handle, string)
MATLAB array send(handle)
MATLAB array set(handle, MATLAB array, MATLAB array)
MATLAB array set(handle)
MATLAB array set(handle vector, MATLAB array, MATLAB array)
setCurrentHighlight(handle, int32, int32, int32, int32)
setCurrentHightlight(handle, int32, int32, int32, int32)
setCurrentPage(handle, int32)
setLayoutMode(handle, string)
```

```
setNamedDest(handle, string)
setPageMode(handle, string)
setShowScrollbars(handle, bool)
setShowToolbar(handle, bool)
setView(handle, string)
setViewRect(handle, single, single, single, single)
setViewScroll(handle, string, single)
setZoom(handle, single)
setZoomScroll(handle, single, single, single)
```

可以看到,该控件包含 49 个函数,其中载入 PDF 文档的函数是:

```
bool LoadFile(handle, string)
```

其中 handle 为控件名称,string 为 PDF 文档的路径。使用该函数可以载入一个 PDF 文件。例如在 MATLAB 的安装目录下,在路径 “.. \R2013a\toolbox\qualkits\iec\ polyspace\r2013a\doc” 下有 PDF 文档,名称为 “c_ref.pdf”。(其他版本的 MATLAB 目录下可能没有此文档,选择任意一个 PDF 文档即可),利用 ActiveX 控件打开该文档,命令如下。

```
>> filepath = [matlabroot '\toolbox\qualkits\iec\polyspace\r2013a\doc\c_ref.pdf '];
>> LoadFile(h,filepath);
```

结果如图 8-8 所示。

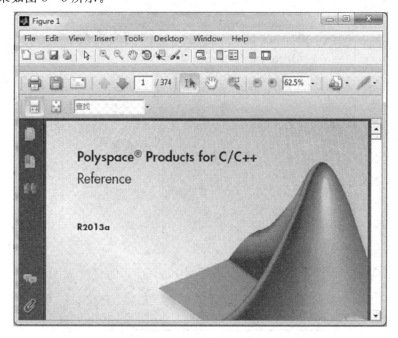

图 8-8　PDF 控件面板一

在控件的函数列表中,还可以看到函数 gotoNextPage(handle),其含义为进入 PDF 文档的下一页。执行命令

```
>> gotoNextPage(h)
```

结果如图 8-9 所示。

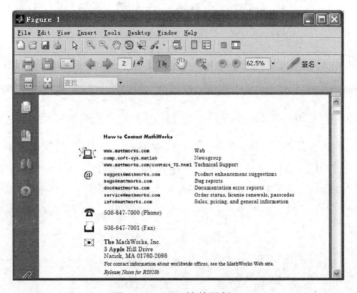

图 8-9 PDF 控件面板二

调用 Print 函数可以打开打印面板,命令如下,结果如图 8-10 所示。

图 8-10 打印界面

```
>> Print(h)
```

　　对于方法列表中的大多数函数,用户可以根据函数名及输入参数和输出参数的类型大致获知函数的用法。

　　不同软件商提供了各自的 ActiveX 控件,使得不同类型的文件均能在 MAT-LAB 或其他应用程序中被读/写或者执行其他操作。ActiveX 控件和 COM 组件技术消弭了不同应用程序处理相同类型文件之间的一些障碍。

第9章　MATLAB 环境下操作串口

　　串口是串行端口的简称,广义的串口包括所有串行通信端口,如 USB、GPIB、RS422 等,狭义的串口通常仅指 RS 系列标准(包括 RS232、RS422、RS485,本章中描述的串口表示狭义的概念)。作为一种规范、简单的通信协议,串口通信标准仍然是当前最常用的通信协议之一。本章首先介绍串口通信的基础知识;其次详细说明 MATLAB 提供的串口对象的属性和方法,并给出一些实例;最后介绍在 MATLAB 中调用 MEX 文件和 DLL 文件来操作串口的方法。

9.1　串口通信基础

9.1.1　串口通信

　　数字通信一般分为并行通信和串行通信两类。它们的区别主要在于传输方式不同。并行通信在一个时钟周期内可传输多比特(bit)数据,而串行通信在一个时钟周期内最多只传输一比特数据。当其他条件相同时,并行通信的传输速率更高。但是在硬件需求方面,理论上串行通信只需要 1 条传输线即可,而并行通信则需要多条传输线。在传输距离上,串行通信通常也比并行通信远得多。串行通信的传输速率受到时钟周期的限制,然而 CPU 主频的飞速提高已使得大多数情况下时钟频率不再是通信的瓶颈。所以,串行通信在今天受到更多的青睐。例如 PC 机上的硬盘接口类型的主流已经由并行方式转向了串行方式。

　　如在两个设备之间传输字符"A",其 ASCII 码的二进制表示为 01000001,在没有其他控制命令的情况下,在并行方式下,利用 1 个时钟周期,使用 8 条传输线,同时传输逻辑 0,1,0,0,0,0,0,1。在串行方式下,使用 1 条传输线,需要 8 个时钟周期,依次传输逻辑 0,1,0,0,0,0,0,1。

　　串口通信是设备之间最常用的通信协议之一。一般情况下,串口通信的一端是计算机,另一端是其他设备(如科学仪器)等。最早出现的串口通信标准为 RS232 (Recommended Standard number 232),目前应用广泛的串口通信标准还包括 RS422 和 RS485 等。

9.1.2　串口的数据协议

　　串口通信的基本单位是字节,其中最常用的通信协议是基于 ASCII 码的数据通信,每个字符对应的 ASCII 码采用单个字节进行描述,通过由一系列字符构建的字符串来传递信息。

　　每个标准的 ASCII 码由 7 比特的二进制数字表示。例如字符"A"对应的二进制值为 1000001，十进制值为数字 65。由于在大多数计算机中，内存管理的单位是字节（byte），而 1 个字节占用 8 比特二进制码。所以在实际应用中，人们在使用 ASCII 编码时，在多数情况下仍然使用 8 比特而不是 7 比特。最高的 1 个比特位（称为 MSB）可以作为校验位使用。

　　串口通信方式有同步和异步之分。同步方式需要发送端和接收端有相同的时钟，它受环境噪声的影响更大，从而限制了通信距离，所以大多数串行通信采用异步方式。这就要求除了编码方式外，还应有统一的数据格式来规范通信。UART（通用异步收发报机，The Universal Asynchronous Receiver and Transmitter）是一种广泛应用的异步通信数据模式。一个典型的 UART 帧格式如图 9 - 1 所示。

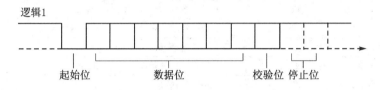

图 9 - 1　UART 帧格式

　　串口通信基本上沿用了 UART 模式。当没有数据传输时，数据线处于逻辑 1 状态。当进行数据传输时，每帧（frame）的第一个比特（起始位）总是逻辑 0，并且总是从逻辑 1 跳变到逻辑 0。接下来是若干数据位，由于采用 ASCII 编码，所以一般是 7 位或 8 位，在时序关系上，数据二进制值的低位先传，高位后传。接下来的一位校验位是可选的，即可以没有校验位。数据传输单元的最后是停止位，停止位可以占用 1 比特或 2 比特。停止位始终处于逻辑 1 的状态，后续如果没有数据传输，那么数据线将处于逻辑 1 的状态。

　　串口通信的校验方式有以下五种：

● None，表示没有校验位。
● Even，如果数据位中 1 的个数为偶数，则校验位为 0，否则为 1。
● Odd，如果数据位中 1 的个数为奇数，则校验位为 0，否则为 1。
● Mark，表示该位始终为逻辑 1。
● Space，表示该位始终为逻辑 0。

　　一般来说，串口通信的方式可以表示为"数据位数-校验方式-停止位数"。例如 7 - E - 1 表示数据位数为 7 位，校验方式为 Even，有 1 位停止位。

9.1.3　串口的物理接口

　　串口通信中的信号有两类：数据信号和控制信号，为了支持这些信号，RS232 协议定义了 25 针的接口类型和 9 针的接口类型。实际中，计算机及其他外围设备多采用

9 针接口(DB9 型接口),如图 9 - 2 所示。DB9 针头(俗称公头)的针脚定义如表 9 - 1
所列。

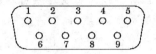

图 9 - 2　　RS232 DB9 针头

表 9 - 1　　RS232 DB9 接口针脚定义

编　号	定　义	方　向	说　明
1	DCD	←	载波检测(Data Carrier Detect)
2	RD	←	接收数据(Received Data)
3	TD	→	发送数据(Transmitted Data)
4	DTR	→	数据终端就绪(Data Terminal Ready)
5	GND	←	公共地(Signal Ground)
6	DSR	←	数据设备就绪(Data Set Ready)
7	RTS	→	请求发送(Request To Send)
8	CTS	←	允许发送(Clear To Send)
9	RI	←	振铃提示(Ring Indicator)

注:←表示信号输入,→表示信号输出。

表 9 - 1 中的针脚 2 用来接收数据,针脚 3 用来发送数据,针脚 5 是公共地。实
际中,在多数情况下,只要这三个针脚接通,串口就可以正常工作了。

DB25 接口的常用针脚定义如表 9 - 2 所列。

表 9 - 2　　RS232 DB25 接口常用针脚定义

编　号	定　义	方　向	说　明
8	DCD	←	载波检测(Data Carrier Detect)
3	RD	←	接收数据(Received Data)
2	TD	→	发送数据(Transmitted Data)
20	DTR	→	数据终端就绪(Data Terminal Ready)
7	GND	—	公共地(Signal Ground)
6	DSR	←	数据设备就绪(Data Set Ready)
4	RTS	→	请求发送(Request To Send)
5	CTS	←	允许发送(Clear To Send)
22	RI	←	振铃提示(Ring Indicator)

9.1.4　串口的连接方法

通常将数据通信中的设备分为两类:DTE(数据终端设备,Data Terminal Equipment)和 DCE(数据通信设备,Data Communications Equipment)。DTE 具有一定的数据处理能力和数据收/发能力,如 PC 机;DCE 是连接 DTE 的通信设备,如连接 PC 机的 Modem(调制解调器)。对于标准的串口,通常从外观就能判断是 DTE 还是 DCE,DTE 是针头,DCE 是孔头(俗称母头)。

DTE 和 DCE 在通信中通常有两种连接方式,如图 9-3 所示。第一种是 DTE 连接到 DCE,再经 DCE 连接到 DTE。第二种是两个 DTE 进行直连。

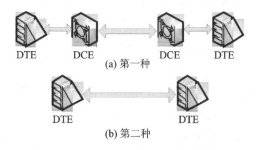

图 9-3　通信中 DTE 与 DCE 的两种连接方式

对于第一种方式,DB9 和 DB25 各自的连线方式如图 9-4 所示。

DB9 与 DB25 的转换方式如图 9-5 所示。

DTE	DCE		DTE	DCE		DTE(DB9)	DCE(DB25)
DCD 1	1 DCD		DCD 8	8 DCD		DCD 1	8 DCD
RD 2	2 RD		RD 3	3 RD		RD 2	3 RD
TD 3	3 TD		TD 2	2 TD		TD 3	2 TD
DTR 4	4 DTR		DTR 20	20 DTR		DTR 4	20 DTR
GND 5	5 GND		GND 7	7 GND		GND 5	7 GND
DSR 6	6 DSR		DSR 6	6 DSR		DSR 6	6 DSR
RTS 7	7 RTS		RTS 4	4 RTS		RTS 7	4 RTS
CTS 8	8 CTS		CTS 5	5 CTS		CTS 8	5 CTS
RI 9	9 RI		RI 22	22 RI		RI 9	22 RI
DB9连线方式			DB25连线方式				

图 9-4　DTE 与 DCE 连接时的针脚连线方式

图 9-5　DTE 与 DCE 连接时
DB9 与 DB25 的互联方式

对于第二种方式,即 DTE 与 DTE 直连,不经过 DCE 进行通信,DB9 和 DB25 各自的连线方式如图 9-6 所示。

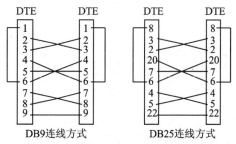

图 9-6　DTE 与 DTE 连接时的针脚连线方式

实际中,只要连接 TD、RD、GND 三对针脚就可以通信了,如图 9-7 所示。

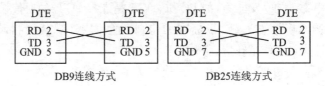

图 9-7　DTE 与 DTE 连接时的最简连线方式

9.2　MATLAB 串口对象

MATLAB 通过串口对象(serial object)对串口进行操作。在 MATLAB 中通过 serial 函数构造串口对象,serial 函数的调用方式如下所示。

```
s = serial(port)
s = serial('port','p1',v1,'p2',v2,...)
```

serial 的输出参数 s 为串口对象;输入参数 port 为串口端口号;p1,p2,... 为属性名称;v1,v2,... 为属性值。比如,创建端口号为"COM1"的串口对象的方法如下所示。

```
>> s = serial('COM1');
```

下面通过实例详细介绍串口对象的属性和方法。

9.2.1　MATLAB 串口对象的属性

1. 串口对象的属性列表

串口对象的属性如表 9-3 所列。

表 9-3　串口对象属性

属　性	意　义	{默认值}	其他值
通信属性(Communications Properties)		
BaudRate	波特率	9 600
DataBits	数据位	{8}	5	6	7
Parity	校验码类型	{None}	Odd	Even	Mark	Space
StopBits	停止位	{1}	1.5	2
Terminator	结束符类型	
写入属性(Write Properties)		
BytesToOutput	当前在发送缓存中的字节数	
OutputBufferSize	发送缓存的大小	512

属　　性	意　　义	〔默认值〕|其他值
Timeout	发送或接收操作最大等待时间	
TransferStatus	异步发送或接收是否正在进行	
ValueSent	写入数据的总大小	
读取属性（Read Properties）		
BytesAvailable	当前在接收缓存中的字节数	
InputBufferSize	接收缓存的大小	512
ReadAsyncMode	异步接收模式是连续还是手动	〔continuous〕| manual
Timeout	发送或接收操作最大等待时间	
TransferStatus	异步发送或接收是否正在进行	〔idle〕| read | write | read&write
ValuesReceived	接收数据的总大小	
回调属性（Callback Properties）		
BreakInterruptFcn	中断回调函数	
BytesAvailableFcn	字节计数回调函数	
BytesAvailableFcnCount	字节计数	
BytesAvailableFcnMode	字节计数回调函数触发方式,可以设置为"字节计数模式"或"结束符模式"	〔terminator〕| byte
ErrorFcn	错误回调函数	
OutputEmptyFcn	发送缓存清空回调函数	
PinStatusFcn	CD、CTS、DSR、RI 针脚的状态回调函数	
TimerFcn	计时回调函数	
TimerPeriod	计时回调函数调用间隔	〔1〕(单位为秒,最小可设为 0.01)
针脚控制属性（Control Pin Properties）		
DataTerminalReady	DTR 针脚状态	〔on〕| off
FlowControl	数据流控制方式	〔none〕| hardware | software
PinStatus	CD、CTS、DSR、RI 针脚的状态	
RequestToSend	RTS 针脚状态	〔on〕| off
记录属性（Recording Properties）		
RecordDetail	记录文件信息。在 compact 模式下,只记录写入串口的数据个数、从串口读取数据的个数、写入数据的类型以及事件信息。在 verbose 模式下,除了会写入与 compact 模式类似的一般信息之外,还会将从串口中读取和写入串口的数据写到记录文件中	〔compact〕| verbose

续表 9－3

属　性	意　义	｛默认值｝｜其他值
RecordMode	文件记录的模式。将数据记录至单个文件或多个文件中。其中 overwrite 模式会覆盖默认记录文件；append 模式会向记录文件中追加数据；index 模式会改变数据文件的名称	｛overwrite｝｜ append ｜ index
RecordName	记录文件名	｛record. txt｝
RecordStatus	数据或事件信息是否记录至文件中。On 记录，Off 停止记录。	｛off｝｜ on
通用属性（General Purpose Properties）		
ByteOrder	设备字节存储顺序	｛littleEndian｝｜ bigEndian
Name	串口名，自动在 Port 值的前面添加"Serial-"字样。如 Port 为"COM1"，则 Name 为"Serial-COM1"	
Port	串口名	
Status	串口对象与设备连接的状态	
Tag	串口对象标签	
Type	对象类型	
UserData	串口对象关联数据	

2. 串口对象属性的设置方法

串口对象属性的设置方法有三种，下面通过实例进行说明：
① 在创建对象时设置，如：

```
>> s = serial('COM1','BaudRate',4800);
```

② 使用 set 方法设置，如：

```
>> s = serial('COM1');
>> set(s,'BaudRate',4800);
```

③ 使用点操作符设置，如：

```
>> s = serial('COM1');
>> s.BaudRate = 4800;
```

3. 串口对象主要属性说明

(1) 通信属性（Communications Properties）

通常在创建一个串口对象时，应确认相关的通信属性设置是否正确，即应该与串口设备的相应参数一致。这其中包括波特率（BaudRates）、校验位（Parity）、数据位（DataBits）、停止位（StopBits）等。

1）波特率（BaudRate）

常用的波特率可以设置为如下数值：110、300、600、1 200、2 400、4 800、9 600、14 400、19 200、38 400、57 600、115 200、128 000 和 256 000 等。随着技术的发展，波特率的上限也在不断提高。理论上，波特率设置为其他整数也是可以的，只要参与通信的两个 DTE 设备的波特率保持一致并低于上限即可。然而，通常情况下多数设备采用的是上述几种选择。

2）校验位（Parity）

如前所述，校验位有五种选择：None，Even，Odd，Mark，Space。当选择 None 时，校验位将不参与组成传输单元，即其位数为 0。在其余四种选择下，校验码都将在传输单元中占据 1 比特的空间。

数据的校验过程为：发送端根据设置的校验方式和待发送数据的二进制值（1 的个数）设置校验位为 0 或 1；接收端根据校验方式和接收数据的二进制值（1 的个数）计算校验码；接收端将计算得到的校验码与接收到的校验码进行比对，检查是否相等。如果二者相等则为正常接收数据，如果不相等则将该次接收的数据包（对应一个字符）丢弃。

实际中有时不希望发生丢包的情况，以免接收数据发生错位，这时即使接收到一个错误字符，也希望它在数据中占据一个字节，对于这种情况，可以将校验位设置为 None。用户应权衡"错位"和"错误"的影响，并根据发送端校验位的可设范围来设置接收端的校验位。

3）数据位（DataBits）

数据位可设置为 5、6、7、8 四种数值，默认值为 8。如果传输 ASCII 码，至少需要设为 7 位；如果传输二进制数据，则需要设为 8 位。5 和 6 适用于某些特殊的通信设备。

4）停止位（StopBits）

停止位给出了确认一帧数据结束所需要的比特数。其值可设为 1、1.5、2 三种数值，默认值为 1。如前所述，停止位传输的信号始终为逻辑 1。

5）结束符（Terminator）

结束符属性是指传输数据中的结束符。它可以是 0～127 中的任意一个整数。特别地，当结束符为"LF"或 10 时，表示换行，为"CR"或 13 时，表示回车，这是常用的两个结束符。它们也可以组合起来使用，如"LF/CR"表示换行回车，"CR/LF"表示回车换行。当组合起来使用时，没有数字可以替代。结束符的默认值为"LF"。当使用 fprintf 方法发送数据时，所有的"\n"将被结束符替代。当使用 fscanf、fgetl、fgets 方法从串口接收数据时，读取操作将在接收到结束符时终止。

(2) 读取属性(Read Properties)

1) 异步读取模式(ReadAsyncMode)

异步读取模式属性可以设置为{continuous}或 manual(这里使用大括号引用的值表示默认值,下同),意为连续模式或手动模式。

当采用连续模式时,串口对象将连续查询串口设备数据是否可读,一旦数据可读,则串口对象将数据读取至接收缓存中,用户可使用 fgetl、fgets、fscanf 中的任意一种方法即时读取接收缓存中的数据。

当采用手动模式时,串口对象不会连续查询串口设备。为了异步读取数据,用户需要使用 readasync 函数来查询串口设备,如果串口端有数据,则接收至接收缓存中。

下面通过一段代码实例来说明 ReadAsyncMode 属性的设置方法及 serial 对象的不同处理方式。为了完成下述实例,需要两台通过串口连接的计算机。关于两台计算机通过串口连接的方法,可参考 9.1.4 小节中关于 DTE 和 DTE 之间连线方式的说明。

设第一台 PC 为 DTE1,参与通信的串口为 COM3,第二台 PC 为 DTE2,参与通信的串口为 COM1。在 DTE2 的 MATLAB 工作目录下建立脚本文件 serial_testReadAsyncMode2.m,并输入以下代码。

程序 9 - 1　　serial_testReadAsyncMode2.m

```
% serial_testReadAsyncMode2.m
s = serial('COM2');
fopen(s);
tic
for ii = 1:3000
    if(isequal(s.TransferStatus,'write'))
    else
        fprintf(s,'test');
    end
    pause(0.01);
end
toc;
fclose(s);
delete(s);
clear s; % end of code
```

在 DTE1 的 MATLAB 工作目录下建立脚本文件 serial_testReadAsyncMode1.m,并输入如下代码。

程序 9 - 2　serial_testReadAsyncMode1. m

```
deltaTime = 0.2;
s = serial('COM3');
s. InputBufferSize = 8192;
s. ReadAsyncMode = 'manual';
fopen(s);
for ii = 1:5
    pause(deltaTime);
    bytesBeforeReadasync = s. BytesAvailable;
    disp(strcat('Before readasync();', num2str(bytesBeforeReadasync)));
end
for ii = 1:5
    readasync(s);
    pause(deltaTime);
    bytesAfterReadasync = s. BytesAvailable;
    disp(strcat('After readasync();',num2str(bytesAfterReadasync)));
end
stopasync(s);
for ii = 1:5
    pause(deltaTime);
    bytesAfterStopasync = s. BytesAvailable;
    disp(strcat('After stopasync();', num2str(bytesAfterStopasync)));
end
s. ReadAsyncMode = 'continuous';
for ii = 1:5
    pause(deltaTime);
    bytesContinuous = s. BytesAvailable;
    disp(strcat('Mode is Continuous;', num2str(bytesContinuous) ));
end
fclose(s);
delete(s);
clear s; % end of code
```

　　在 DTE2 上的程序中,使用 for 循环连续发送数据。在 DTE1 上的程序中,需要调用 BytesAvailable 属性查看缓存中的数据量,根据缓存中的数据量查看 ReadAsyncMode 属性对串口接收的影响。首先运行 DTE2 上的程序,然后执行 DTE1 上的程序,在 DTE1 的 MATLAB 窗口中显示的运行结果如表 9 - 4 所列。在 DTE1 上的程序中,共有四个 for 循环,每个 for 循环中均采用 disp 函数输出信息。按照 for 循环出现的先后顺序将它们编号为 1~4。表 9 - 4 分别给出了这四个 for 循环的输出结果和结果说明。

表 9 - 4　串口对象属性实例运行结果

编号	输　出	说　明
1	Before readasync():0 Before readasync():0 Before readasync():0 Before readasync():0 Before readasync():0	ReadAsyncMode 属性设置为 'manual'。 在第一个 for 循环中,由于没有调用 readasync 函数,所以通过 BytesAvailable 属性可知串口对象 s 缓存中的数据量一直为零,说明缓存中没有发生变化
2	After readasync():5 After readasync():15 After readasync():17 After readasync():22 After readasync():32	在第二个 for 循环中,通过调用 readasync 函数,利用 serial 对象从串口中读入数据。通过 BytesAvailable 属性可知串口对象 s 缓存中的数据量不断发生变化,说明通过 readasync 函数已经从串口中读入了数据
3	After stopasync():32 After stopasync():32 After stopasync():32 After stopasync():32 After stopasync():32	在第三个 for 循环中,不再调用 readasync 函数,所以 serial 对象 s 缓存中的数据量不再发生变化,说明不再从串口读入数据
4	Mode is Continuous:80 Mode is Continuous:142 Mode is Continuous:192 Mode is Continuous:248 Mode is Continuous:304	在第四个 for 循环中,由于 ReadAsyncMode 属性已经被设置为 'continuous'。因此,serial 对象 s 会连续不断地查询串口并读入数据,此时 serial 对象 s 缓存中的数据量不断发生变化

　　ReadAsyncMode 属性可以设置为 manual 和 continuous 两种模式,不同的设置,其表现形式有所不同。从上述实例可以看出,当 ReadAsyncMode 设置为 manual 时,只有执行 readasync 函数后,串口才会将数据读取到缓存中;当 ReadAsyncMode 设置为 continuous 时,MATLAB 串口对象会持续查询串口并读入数据,因此不需要用户显式地调用函数来从串口获取数据。一般情况下,用户可以选择 continuous 模式,这种模式的操作相对简单。但在 manual 模式下,查询串口的次数较少,因此占用系统资源较少;在 continuous 模式下,查询串口的次数较多,因此占用系统资源较多。manual 模式一般需要与定时函数联合使用,定时利用 readasync 函数来读取串口中的数据,这样虽然增加了操作的复杂度,但可以减少串口的查询次数,从而减少系统资源的占用。

　　2) TransferStatus 属性

　　TransferStatus 属性表明了当前串口的工作状态。该属性可以设置为{idle} | read | write | read&write,依次表示串口当前的状态为空闲、读取、发送、发送和读取。在 serial_testReadAsyncMode2. m 的实例中,使用 while 循环发送数据的代码片段中就利用 TransferStatus 属性查看是否可以通过 serial 对象向串口写入数据。

如果 TransferStatus 为 write,则不进行发送操作,进入下一次循环;如果不为 write,则进行发送操作。该属性在串口通信中具有重要的作用。通常其应用方法如下列命令实例所示。

```
while condition % 循环条件
    if(isequal(s.TransferStatus,'write'))
    else
        fprintf(s,'test');
    end
end
```

(3) 回调属性(Callback Properties)

1) BreakInterruptFcn

回调属性中的 BreakInterruptFcn 属性指定了中断发生时调用的函数。在串口通信中,当传输线上没有数据传输时,正常情况下传输线将始终处于逻辑 1 的状态。如果传输线处于逻辑 0 状态的持续时间大于一帧的时间(该时间由波特率和数据格式决定),那么串口的接收端将收到中断。一般称长于一帧时间而短于两帧时间的中断为短中断(short break),长于两帧时间的中断称为长中断(long break)。在某些设备中,中断信号用来清空缓存。

在 MATLAB 中,函数 serialbreak 用来向串口发送中断信息,其中 serialbreak(obj)向串口 obj 发送持续 10 ms 的中断,serialbreak(obj,time)向串口 obj 发送持续时间为 time(单位为 ms)的中断。

例如,将串口 COM1 的 2、3 针脚相连,形成通信回路。在 MATLAB 的工作目录下建立 Serial_testBreakInterruptFcn. m 文件,并输入如下代码。

程序 9 - 3　Serial_testBreakInterruptFcn. m

```
function Serial_testBreakInterruptFcn()
%% Serial_testBreakInterruptFcn.m
s = serial('COM1');
% s.BaudRate = 9600;
% s.DataBits = 8;
s.BreakInterruptFcn = @myCallback;
fopen(s);
disp('Send a string!');
fprintf(s,'hello');
disp('Receive the string!');
data = fgetl(s);
disp(strcat('The string is "',data,'"!'));
disp('Send a break!');
serialbreak(s);
```

```
pause(1);  % wait a second to get the break
disp('Close the serial port.');
fclose(s);
end
%% myCallback function
function myCallback(obj,event)
    display('OK! Receive a break!');
end
```

上述代码中使用 serialbreak 函数发送中断,回调函数 myCallBack 可以写在
Serial_testBreakInterruptFcn. m 文件中,也可以单独写在 myCallBack. m 文件中,该
函数打印了一行提示信息。用户可以在 MATLAB 命令行中测试上述实例。命令
如下。

```
>> Serial_testBreakInterruptFcn
```

结果如下所示。

```
Send a string!
Receive the string!
The string is "hello"!
Send a break!
OK! Receive a break!
Close the serial port.
```

2) BytesAvailableFcn

当串口对象读入缓存中的数据满足一定条件时,调用 BytesAvailableFcn 函数。
调用 BytesAvailableFcn 函数的条件有两个,一是输入缓存中可读字节数达到设定
值;二是输入缓存中收到结束符。具体采用何种方式,由 BytesAvailableFcnMode 属
性决定,该属性可取 terminator 或者 byte,分别对应结束符方式和字节数方式,其默
认值为 terminator。如果该属性设为 byte,则还需要设置 BytesAvailableFcnCount
属性,以给出回调函数执行时对应字节数的阈值,默认值为 48,即表示输入缓存中达
到 48 字节时调用回调函数。

下面通过一个实例说明 BytesAvailableFcn 属性的使用方法。假定串口 COM1
的 2、3 针脚连通,形成自回路。在工作目录下建立 Serial_testBytesAvailableFcn. m
文件,并输入如下代码。

程序 9 - 4　　Serial_testBytesAvailableFcn. m

```
function [] = Serial_testBytesAvailableFcn()
% 通过串口传输量化的正弦信号
global s;
global r_data;
s = serial('COM1');
```

```matlab
% set port properties
s.inputbuffersize = 8192;
s.BytesAvailableFcn = @myCallBack;
s.BytesAvailableFcnCount = 2048;
s.BytesAvailableFcnMode = 'byte';
% open the serial port
fopen(s);
% make signal
N = 1024;
t = [0:N-1]/N * 2 * pi;
signal = 16 * sin(t);
% transmit the signal
for ii = 1:N
    if isequal(s.TransferStatus,'write')
    else
        fwrite(s,round(signal(ii)),'int16');
    end
end
pause(1);
fclose(s);
delete(s);
clear s;
end % end of main function

function myCallBack(obj,event)
global s;
global r_data;
r_data = fread(s,1024,'int16');
plot(r_data);
xlabel('采样点');
ylabel('幅度');
title('串口接收数据');
end % end of myCallBack function
% end of Serial_testBytesAvailableFcn.m
```

　　在上述代码中,发送了 1 024 个 int16 型的二进制数值,共 2 048 字节,故设置字节计数回调函数的字节数为 2 048。在数值传输完毕后,输入缓存中达到了 2 048 字节,此时激活回调函数。在回调函数中,使用 fread 函数读取这 1 024 个 int16 型数值并绘图。在 MATLAB 命令行窗口中输入如下代码对上述实例进行测试。

```
>> Serial_testBytesAvailableFcn
```

　　测试结果如图 9-8 所示。

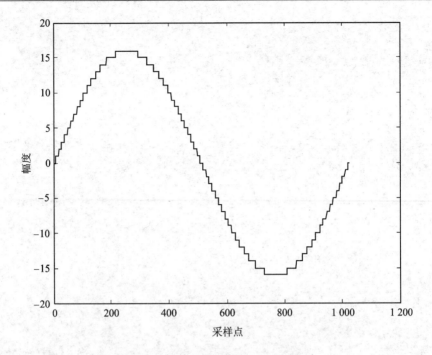

图 9 - 8　使用串口传输量化的正弦信号

3）ErrorFcn、OutputEmptyFcn、PinStatusFcn、TimerFcn

与 BreakInterruptFcn 属性和 BytesAvailableFcn 属性类似，回调属性中的 ErrorFcn、OutputEmptyFcn、PinStatusFcn、TimerFcn 均为回调函数，具体意义参见表 9 - 3，这里不再举例。回调函数不是由用户在程序中调用，而是由特定事件或条件触发。合理使用回调函数可以提高程序执行的效率，实现更多功能。例如在程序 9 - 4 的例子程序里，当缓存中的数据达到设定值时，将这些数据一次读进来，这与每次只读一个 int16 型数据、多次读取相比，前者的效率更高，而前者正是通过回调函数来实现的。

(4) 针脚控制属性(Control Pin Properties):FlowControl

FlowControl(流控制)属性给出了流控制(或称握手)的方式。流控制是防止串口通信中数据丢失的重要手段。在串口通信中，如果数据接收缓存已满，并且数据没有被及时取走，此时继续接收到的数据就会丢失。流控制给出了两种方式来解决此问题：硬件流控制和软件流控制。

FlowControl 属性可取 none、hardware 或 software。当该属性的值为 none 时，表示没有流控制。当该属性为 hardware 时，表示采用硬件流控制，此时会用到 RS232 标准中的 RTS 和 CTS 针脚。这种流控制的过程为：首先根据接收端缓存的大小设置一个高位标志(可为缓存的 75%)和一个低位标志(可为缓存的 25%)，当缓存内的数据量达到高位时，在接收端将 CTS 针脚置为逻辑 0，当发送端的程序检测到 CTS 为 0 后，就停止发送数据，直到接收端缓存的数据量低于低位并将 CTS 置为逻辑 1。RTS 则用来标明接收设备是否准备好接收数据。

当 FlowControl 属性为 software 时,采用软件流控制。软件流控制采用两个特殊的 ASCII 码进行收/发控制,这两个 ASCII 码的十进制值分别为 17 和 19,也称为 XON 和 XOFF。当接收端需要阻止发送端发送数据时,就向发送端发送一个 XOFF 字符;当需要通知发送端继续发送数据时,就向发送端发送一个 XON 字符。这种控制方法的一个缺点是,当采用二进制方式进行双向传输数据时,可能会将作为数据的 17 和 19 与作为控制命令的 17 和 19 混淆。

(5) 记录属性(Recording Properties)

如果打开记录操作,串口对象会自动记录串口信息和数据。记录属性列表给出了与记录操作相关的设置。用户执行 record(obj,'on') 操作后,开始记录串口信息和数据;用户执行 record(obj,'off') 操作后结束串口信息和数据的记录。

1) RecordName 属性

RecordName 属性给出了信息记录的文件名,默认值为"record.txt"。

2) RecordMode 属性

RecordMode 属性给出了记录行为的模式,有三种取值:overwrite、append 和 index,默认值为 overwrite。其中 overwrite 指当执行 record 函数时,信息会重写到记录文件中,文件中原来的信息将被清除。append 指当执行 record 函数时,信息会添加到记录文件的后面,原来的信息将保留下来。index 指当执行 record 函数时,信息会添加到新创建的记录文件中。下面一段实例命令说明了如何设置与记录相关的属性。

```
>> s = serial('COM1');
>> fopen(s);
>> s.RecordName = 'MyRecord.txt';
>> s.RecordMode = 'index';
>> record(s)
>> record(s,'off')
>> s.RecordName
ans = MyRecord01.txt
>> fclose(s)
>> delete(s)
>> clear s
```

从上述实例中可以看出,当记录模式选择 index 时,在串口对象将记录状态设备关闭后,记录文件名会被自动更新。这说明对于两次不同的记录行为,串口对象会将两次不同的串口数据记录写入到不同的记录文件中。

3) RecordDetail 属性

RecordDetail 属性控制写入信息文件的信息量,该属性可设置为 compact 或 verbose。其中 compact 表示记录串口读/写的数据个数、数据类型和事件信息。如果该属性设为 verbose,则除了记录上述信息外,还会记录读/写的数据本身。

4) RecordStatus 属性

RecordStatus 属性是只读属性。其值只能取 off 或 on,默认值为 off。当执行 record(obj) 函数后,其值变为 on,当执行 record(obj,'off') 函数后,其值变为 off。

下面给出一个操作实例,命令如下所示。

```
>> s = serial('COM1');
>> s.recordmode = 'overwrite';
>> s.recordname = 'myRecordFile.txt';
>> s.recorddetail = 'compact';
>> fopen(s)
>> record(s)
>> a = [1:10];
>> fwrite(s,a,'int16');
>> r_data = fread(s,7,'int16');
>> record(s,'off')
>> fclose(s)
>> delete(s)
>> clear s
```

由于 RecordMode 属性采用了 overwrite 模式,所以记录文件名不会发生变化,仍然为 myRecordFile.txt。而 RecordDetail 属性设置为 compact,说明只记录串口操作的概要信息,而不存储数据信息。上述代码执行完毕后,打开 myRecordFile.txt 文件,可以看到如下信息。

```
Legend:
   * - An event occurred.
   > - A write operation occurred.
   < - A read operation occurred.
1        Recording on 18 - Dec - 2013 at 19:46:04.791. Binary data in little endian format.
2        > 10 int16 values.
3        < 7 int16 values.
4        Recording off.
```

从 myRecordFile.txt 文件内容可以看出,文件中的 Legend 项目给出了事件、写、读三种行为在记录文件中的表示方法,Legend 项目之后依时间顺序记录串口操作行为。

(6) 通用属性(General Purpose Properties)

通用属性中的 ByteOrder 属性(字节存储顺序属性)只有两个值可取:littleEndian(小端模式)和 bigEndian(大端模式)。在小端模式下,先接收到的字节存放在内存的低位。在大端模式下,先接收到的字节存放在内存的高位。不论采取何种模式,都应保证发送端和接收端的模式一致。在 MATLAB 下,串口对象该属性的默认值为小端模式。

例如,在自发自收模式下,假定串口 s 已经打开,此时执行如下命令。

```
>> fprintf(s,'AB');
>> a = fread(s,1,'int16')
a = 16961
```

在上述实例中,"A"和"B"的 ASCII 码值分别是 0x41 和 0x42,16 961 的十六进制值为 0x4241,即在小端模式下,先接收到的字节("A")存放在了内存的低位。

9.2.2　MATLAB 串口对象操作的一般流程

MATLAB 串口对象操作的一般流程是:
① 创建串口对象,设置串口对象属性。
② 打开串口。如果串口设备不存在,则报错。
③ 向串口写入数据,或从串口读取数据。
④ 关闭串口。
⑤ 删除串口对象。
⑥ 在 MATLAB 空间中清除串口对象变量。
下面给出 MATLAB 串口对象操作的实例。

程序 9 - 5　SerialObjectExample.m

```
s = serial('COM1');          % 创建串口对象
set(s,'BaudRate',4800);      % 设置串口对象属性
fopen(s);                    % 打开串口设备
fprintf(s,' * IDN?')         % 向串口设备写入数据
out = fscanf(s);             % 从串口设备读取数据
fclose(s)                    % 关闭串口设备
delete(s)                    % 删除串口对象
clear s                      % 清除串口对象变量
```

从上述操作实例可以看出,利用串口对象操作串口主要依靠串口对象的方法。

9.2.3　MATLAB 串口对象的方法

MATLAB 串口对象方法的简要描述如表 9 - 5 所列。在该表之后给出其中部分常用方法的说明。

表 9-5　串口对象的方法列表

方　法	功　能
clear(serial)	从 MATLAB 的工作区中删除串口对象
delete (serial)	从内存中删除串口对象
disp (serial)	显示串口对象的简要信息
fclose (serial)	关闭串口
fgetl (serial)	从串口终端读取一行文本信息
fgets (serial)	从串口终端读取一行文本信息
fopen (serial)	打开串口
fprintf (serial)	向串口写入文本数据
fread (serial)	从串口读取二进制数据
fscanf (serial)	从串口读取格式化的数据
fwrite (serial)	向串口写入二进制数据
get (serial)	获取串口的属性
instrcallback	事件发生时打印信息,包括事件类型、发生的时间和串口名称
instrfind	查找串口对象
instrfindall	查找所有串口对象(包括可见的和隐藏的)
isvalid (serial)	判断串口对象是否可见
length (serial)	返回串口对象的长度
load (serial)	加载串口对象
readasync	从串口中通过异步方式读取数据
record	将数据和事件记录至文件中
save (serial)	保存串口对象
serial	创建串口对象
serialbreak	产生中断
set (serial)	设置串口属性
size (serial)	返回串口对象的大小
stopasync	停止异步的读/写操作

(1) fgets 和 fgetl 方法

　　fgets 和 fgetl 方法的功能为从串口终端中读取一行文本信息,二者的区别是:
fgets 的返回值中包含结束符,fgetl 则不包含。例如使用 fprintf 方法连续发送"test"
字符串,并在每个字符串后添加结束符(串口对象的 Terminator 属性)。命令如下。

```
s1 = serial('COM1');
fopen(s1);
while condition  %循环条件
    if( isequal(s1.TransferStatus,'write') )
    else
        fprintf(s,'test\n');
    end
end
```

在另一个串口分别使用 fgets 和 fgetl 方法读取数据的命令如下。

```
s2 = serial('COM2');
fopen(s2);
data1 = fgets(s2);
data2 = fgetl(s2);
```

使用 int8 函数将字符串转换成数值的命令如下。

```
>> int8(data1)
ans =   116   101   115   116   10
>> int8(data2)
ans =   116   101   115   116
```

可以看出，使用 fgets 方法获得的字符串中包含了结束符，这里使用默认的换行符 'LF'，即十进制的 10。使用 fgetl 方法获得的字符串中不包含结束符。

（2）fclose、delete 和 clear 方法

fclose(serial)、delete(serial) 和 clear(serial) 的含义分别是关闭串口、从内存中删除串口和从 MATLAB 工作区中删除串口。在命令行窗口中直接输入串口对象的名称，可以直接查看 MATLAB 串口对象的基本信息。通过查看该信息，可以观察串口对象状态的变化。下面通过一段实例说明 fclose、delete 和 clear 方法执行后，MATLAB 串口对象状态的变化。

```
>> s = serial('COM1');
>> fopen(s);
>> s
  Serial Port Object : Serial-COM1
  Communication Settings
    Port:               COM1
    BaudRate:           9600
    Terminator:         'LF'
  Communication State
    Status:             open
    RecordStatus:       off
```

```
    Read/Write State
      TransferStatus：      idle
      BytesAvailable：      0
      ValuesReceived：      0
      ValuesSent：          0
>> fclose(s);
>> s
    Serial Port Object ：Serial-COM1
    Communication Settings
      Port：                COM1
      BaudRate：            9600
      Terminator：          'LF'
    Communication State
      Status：              closed
      RecordStatus：        off
    Read/Write State
      TransferStatus：      idle
      BytesAvailable：      0
      ValuesReceived：      0
      ValuesSent：          0
>> delete(s);
>> s
Invalid instrument object.
This object has been deleted and cannot be
connected to the hardware. This object should
be removed from your workspace with CLEAR.
>> clear s
>> s
    ??? Undefined function or variable 's'.
```

　　从上述实例命令可以看出,一个打开的串口对象在执行 fclose 方法后,只是将 Status 属性由 open 更改为 closed。从操作上看,在执行 fclose 之后,发送和传输操作也将被禁止。在执行 delete 方法后,串口对象虽然在工作区中仍然存在,但是不再与硬件关联。执行 clear 方法后,串口对象变量从工作区中被清除。如果将串口对象执行 delete 方法后的 Status 属性定义为 Invalid(实际上执行 delete 方法的串口对象并没有这个属性),则可以列出如表 9-6 所列三个方法对应的 MATLAB 串口对象的状态。

表 9-6　执行 fopen、fclose、delete 方法后串口的状态

执行方法	串口状态	串口名称
fopen	open	Serial-COM1
fclose	closed	Serial-COM1
delete	Invalid	Invalid

(3) instrfind 和 instrfindall 方法

对一个状态为 open 的串口对象,如果直接执行 clear 方法将其从工作区中删掉,那么其状态仍然是 open 的,并不会因为工作区中没有该串口对象而关闭,因此其他程序也不能使用该串口。在这种情况下,可以通过如下两种方法释放串口设备:

① 退出 MATLAB。

② 调用 instrfindall 或 instrfind 方法获得 MATLAB 打开的串口对象,将所有状态为 open 的串口对象通过 fclose 方法关闭。

instrfind 和 instrfindall 方法都可以返回当前内存中的串口对象。其区别是 instrfind 方法只返回 ObjectVisibility 属性为 on 的串口,instrfindall 方法则无视该属性的值。串口对象的 ObjectVisibility 属性的默认值是 on。

下列命令实例说明了这两个方法的区别。

```
>> s1 = serial('COM1');
>> s2 = serial('COM2');
>> s3 = serial('COM3');
>> s1.ObjectVisibility
ans = on
>> s2.ObjectVisibility = 'on';
>> s3.ObjectVisibility = 'off';
>> instrfind

   Instrument Object Array

   Index:   Type:    Status:    Name:
   1        serial   closed     Serial-COM1
   2        serial   closed     Serial-COM2
>> instrfindall

   Instrument Object Array

   Index:   Type:    Status:    Name:
   1        serial   closed     Serial-COM1
   2        serial   closed     Serial-COM2
   3        serial   closed     Serial-COM3
```

(4) instrcallback 方法

instrcallback 方法一般用做串口对象事件的回调函数,当事件发生时,该方法打印事件的类型、事件发生的时间和事件所属的对象名。如:

```
>> s = serial('COM1');
>> set(s,'OutputEmptyFcn',@instrcallback)
>> fopen(s);
>> fprintf(s,'test','async');
OutputEmpty event occurred at 11:19:26 for the object: Serial-COM1.
```

上述代码中 OutputEmptyFcn 为发送缓冲区清空时调用的回调函数句柄,是串口对象的一个属性。最后一行打印的信息即为 instrcallback 方法打印的信息。

(5) isvalid 方法

isvalid(serial)方法返回串口对象是否可见。对于 Status 属性为 open 或 closed 的串口对象,该函数返回 1;对串口对象执行 delete 方法后再调用 isvalid(serial)方法时,返回 0。如:

```
>> s = serial('COM1');
>> fopen(s);
>> isvalid(s);
ans = 1
>> fclose(s);
>> isvalid(s)
ans = 1
>> delete(s)
>> isvalid(s)
ans = 0
```

(6) readasync 和 stopasync 方法

readasync 和 stopasync 方法在 9.2.1 小节介绍 ReadAsyncMode 属性的例子中已经使用过,只有 ReadAsyncMode 为 manual 时,这两个函数才有效。它们分别表示开始一次异步读取和结束异步操作。

(7) serialbreak 方法

serialbreak 方法产生一个默认为 10 ms 的中断,用户也可以自己设置中断的时间。该方法一般与串口对象的 BreakInterruptFcn 属性配合使用。参见 9.2.1 小节对 BreakInterruptFcn 属性的说明和实例。

(8) fread、fwrite、fscanf 和 fprintf 方法

fread 和 fwrite 是一对读/写二进制数据的方法,fscanf 和 fprintf 是一对读/写文本格式数据的方法。仍然将串口 COM1 的 2、3 引脚相连形成自回路,执行下面的语句:

```
>> s = serial('COM1');fopen(s);
>> fprintf(s,'ABCD');
>> a = fread(s,1,'int8')
a =
    65
>> b = fread(s,1,'int16')
b =
    17218
>> fclose(s)
>> delete(s)
>> clear s
```

上面是写文本格式数据、读二进制数据的几行代码。在 ASCII 规范中,字符"A"的十进制值为 65;字符"B"、"C"的十进制值分别为 66、67,十六进制表示分别为 0x42、0x43,在小端模式(byteorder 属性为默认值 littleEndian)下用 int16(16 位整型)格式读取的 b 为 0x4342,其十进制值为 17 218。

9.2.4　串口对象编程实例:读取 GPS 模块的信息

本实例使用 MATLAB 对串口进行编程,读取 GPS 模块中的 GPS 信息,实例中使用的 GPS 模块可以通过串口向 PC 机传输 GPS 信息。在工作目录下建立 get_GPS_data.m 文件,并输入如下代码。

程序 9-6　get_GPS_data.m

```
function get_GPS_data(comName)
if nargin<1 || nargin >1
    disp('输入参数个数有误');
    return;
end
sCom = serial(comName);
sCom.BaudRate = 4800;               %波特率
sCom.InputBufferSize = 8192;        %接收缓存大小,单位字节
sCom.Timeout = 5;                   %等待时间,超过此值则跳出接收,单位为 s
% sCom.Parameters = Value;          %设置其他串口参数
% ...

try
    fopen(sCom);                    %如果该端口不存在,则报错,并由 catch 命令捕捉
catch
    disp('创建串口失败');
    return;
end
disp('创建串口成功');

gpsfilename = strcat('GPS_', datestr(now),'.txt');
                                %使用系统时间定义文件名
gpsfilename(gpsfilename == ':') = '-';
fp = fopen(gpsfilename,'w');
if fp == -1
    disp('待写入文件不存在');
    return;
end

ii = 1;
while ii<100
    dataR = [];
    [dataR,count,msg] = fgets(sCom);
    if isempty(msg) == 0            %若 msg 不为空,则获取数据失败
                                    %表示在 Timeout 的时间内串口未传送数据,跳出循环
        disp('获取数据失败');
```

```
            break;
        end
        disp(dataR);
        fprintf(fp,dataR);
        ii = ii + 1;
    end

    fclose(fp);                    % 关闭数据保存的文件
    fclose(sCom);                  % 关闭串口
    delete(sCom);
    clear sCom;
end                                % end of function file
```

对于不同的 GPS 设备和不同的数据传输方式,部分参数有所不同。对于该 GPS 设备,当使用文本传输时默认波特率为 9 600,当使用 NMEA 格式上传数据时默认波特率为 4 800。数据格式和波特率在 GPS 的设置面板中可以调节。在使用上述 .m 文件时需要确认这些参数是否一致。

通过计算机的设备管理器查看连接 GPS 设备的串口名称,本例中假定其为 COM3,则在命令行窗口中输入命令

```
>> get_GPS_data('COM3');
```

此时在 MATLAB 的命令行窗口中实时显示获得的 GPS 信息,并将这些信息存入 get_GPS_data.m 文件所在目录下的 txt 文件中。例如在某次操作中获得的部分 GPS 信息如下所示。

```
@101125114817N3819189E11753494g018 – 00015E0000N0000U0000
@101125114818N3819189E11753494g018 – 00015E0000N0000U0000
@101125114819N3819190E11753494g018 – 00015E0000N0000U0000
@101125114820N3819190E11753494g018 – 00015E0000N0000U0000
@101125114821N3819190E11753495g018 – 00015E0000N0000U0000
……
```

上述信息中包含了时间信息和经纬度信息,例如第一行显示的格林威治时间为 2010 - 11 - 25,11:48:17;经纬度信息为 N38°19.189′ E117°53.494′。这些信息可以通过 MATLAB 文本文件操作进行抽取,这里不再详述。

9.3　在 MATLAB 中调用 C/C++程序操作串口

MATLAB 提供的串口对象用于操作串口设备,但在某些情况下,在 MATLAB 中利用 M 语言来操作串口程序在实时性方面不能满足要求。此外,在实际应用中,用户可能已经积累了用其他语言(如 C/C++)编写的操作串口的代码。不同串口设

备的操作模式和数据解码方式可能有所差异,如果在 MATLAB 中可以调用 C/C++
程序来操作串口,则可以为用户提供一种新的选择。通过在 MATLAB 中调用
C/C++程序,一方面可以满足用户的一些特殊需要,另外还可以充分复用现有的
C/C++代码段。在 MATLAB 中调用 C/C++程序一般有两种方法:一种是通过
MEX 文件调用;另一种是通过将 C/C++程序编译为 DLL(动态链接库)文件,而在
MATLAB 中调用动态链接库。

9.3.1　通过 MEX 文件调用操作串口的 C/C++程序

　　MATLAB 可以将 C/C++程序编译为 MEX 文件并直接调用。在 Windows 平
台下,MEX 文件本质上就是动态链接库。实际上,在 MATLAB 6.5 版本之前,编译
的结果就是以 .dll 为扩展名的文件;在 MATLAB 7.0 以后,才将扩展名改为
.mexw32或.mexw64。MATLAB 编译 C/C++程序文件需要配置编译环境,用户
可以通过"mex -setup"命令进行配置。

　　下面通过一个实例来说明如何通过 MEX 文件调用操作串口的 C/C++程序。
实例完成的主要功能是通过串口发送 TXT 文件。实例运行的硬件环境为:一台含
有两个串口的计算机,用户仅需要一条串口连接线将 PC 机上的两个串口连接起来,
串口线的连接方式为 DTE 至 DTE,如 9.1.4 小节所示。实例主要由 mexFunction、
Thread_Sending 和 Thread_Receiving 三个部分组成,其中 mexFunction 为 MEX 文
件的主函数,Thread_Sending 为串口发送线程函数,Thread_Receiving 为串口接收
线程函数。实例各部分的代码如下所示。

(1) 头文件和相关声明

头文件和相关声明的代码如下。

程序 9-7　SerialPortDataTrans.h

```
#ifndef _SERIAL_PORT_DATA_TRANS_H__
#define _SERIAL_PORT_DATA_TRANS_H__

/*引用的头文件*/
#include "mex.h"
#include <math.h>
#include <windows.h>
#include <stdlib.h>
#include <stdio.h>
#include <process.h>
/*发送包大小、接收包大小以及数据存储文件的名称*/
#define SIZE_SENDING 16              //发送包大小
#define SIZE_RECEIVING 1024          //接收包大小
#define END_MARKER "$ END"           //发送结束标识符
/*全局变量定义*/
```

```
char * g_file_name;                                    //发送数据文件

/ * 线程函数声明 * /
DWORD WINAPI Thread_Sending(char * sendPort);          //发送线程
DWORD WINAPI Thread_Receiving(char * receivePort);     //接收线程

# endif
```

(2) mexFunction

在用 C/C++ 语言编写 MEX 文件的源代码时，必须创建 mexFunction 函数。mexFunction 函数的作用与一般 C/C++ 语言程序设计中的 main 函数的功能类似。如果说 main 函数提供的是操作系统与 C 语言子程序之间的接口，那么 mexFunction 函数的作用则是 MATLAB 与 C/C++ 语言子程序之间的接口。另外，在利用 C/C++ 语言编写 MEX 文件源代码时，需要包含 "mex.h" 头文件，代码是：

```
# include "mex.h"
void mexFunction(int nlhs, mxArray * plhs[], int nrhs, const mxArray * prhs[]);
```

其中 mexFunction 函数的输入参数的含义如表 9－7 所列。

表 9－7　mexFunction 函数输入参数列表

输入参数名称	含　义
int nlhs	输出参数的个数
mxArray * plhs	输出参数的 mxArray 数组
int nrhs	输入参数的个数
mxArray * prhs	输入参数的 mxArray 数组

在 MATLAB 中，所有的数据类型都使用 mxArray 结构来表示。通过接口函数 mexFunction，可以与 MATLAB 环境进行数据交换。MATLAB 与 mexFunction 进行数据交换的过程可以用图 9－9 来说明，从中可以看出，输入参数用 nrhs 和 prhs 这两个量来描述。prhs 是一个 mxArray 结构的指针数组，而 nrhs 则表示该数组的大小，即输入参数的个数。同样，输出参数用 plhs 和 nlhs 来描述。其中 plhs 是一个 mxArray 结构的指针数组，而 nlhs 则表示 plhs 的大小，即输出参数的个数。MEX 文件的一般结构如图 9－9 所示。假设编写的 MEX 函数（myfunc）的输入参数为三个，输出参数为两个，则在 MATLAB 命令行中执行 MEX 文件的格式为：

```
>> [Out1,Out2] = myfunc(In1,In2,In3);
```

而在 MEX 文件中，In1 对应的 mxArray 为 prhs[0]，In2 对应的 mxArray 为 prhs[1]，In3 对应的 mxArray 为 prhs[2]。在 mexfunction 函数中，用户通过 nrhs 判断输入参数的个数；通过 nlhs 判断输出参数的个数，然后创建 plhs[0] 和 plhs[1] 这两个 mxArray 作为输出数据。在 MEX 文件中，一个 mxArray 变量与 MATLAB 环境中的一个阵列变量等同。

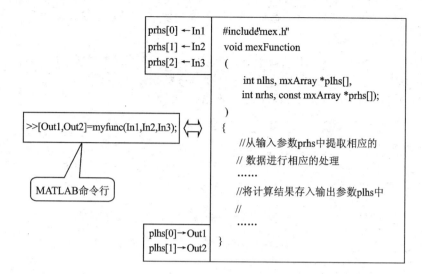

图 9 - 9　mexFunction 函数与 MATLAB 进行数据交换示意图

在本例中，mexFunction 函数的实现代码如下所示。

程序 9 - 8　SerialPortDataTrans. c

```c
#include "SerialPortDataTrans.h"
void mexFunction(int nlhs, mxArray * plhs[], int nrhs, const mxArray * prhs[])
{
    char * s_portName;
    char * r_portName;
    HANDLE * g_pThread;
    s_portName = (char *)mxCalloc(5,sizeof(char));
    r_portName = (char *)mxCalloc(5,sizeof(char));
    mxGetString(prhs[0],s_portName,5);
    mxGetString(prhs[1],r_portName,5);

    g_pThread = (HANDLE *)malloc(2 * sizeof(HANDLE));
    g_pThread[0] = (HANDLE)CreateThread(NULL,0, Thread_Sending, s_portName, 0, NULL);
    g_pThread[1] = (HANDLE)CreateThread( NULL, 0, Thread_Receiving, r_portName, 0, NULL);
    WaitForMultipleObjects(2,g_pThread,TRUE,INFINITE);
    printf("两个线程均结束.\n");
    mxFree(s_portName);
    mxFree(r_portName);
    free(g_pThread);
}
```

在上述 mexFunction 函数中，用户的输入参数有两个，即 prhs[0] 和 prhs[1]。其中 prhs[0]表示发送数据的串口端口名；prhs[1]表示接收数据的串口端口名。发送数据的串口端口名和接收数据的串口端口名最终通过 mxGetString 函数转换为 C 字符串,存放在 s_portName 和 r_portName 中。

在 mexFunction 函数中创建了两个线程。其中线程一 Thread_Sending 通过串口发送数据,线程二 Thread_Receiving 通过串口接收数据。

(3) 实例中调用的 Windows C/C++ API 函数

在本实例中调用的 C/C++ API 函数及其功能如下所示。

1) CreateFile

```
HANDLE CreateFile(
    LPCTSTR lpFileName,
    DWORD dwDesiredAccess,
    DWORD dwShareMode,
    LPSECURITY_ATTRIBUTES lpSecurityAttributes,
    DWORD dwCreationDisposition,
    DWORD dwFlagsAndAttributes,
    HANDLE hTemplateFile
);//该函数创建串口句柄并打开
```

2) PurgeComm

```
BOOL PurgeComm(
    HANDLE hFile,
    DWORD dwFlags
);//该函数将串口缓存清空
```

3) GetCommState

```
BOOL GetCommState(
    HANDLE hFile,
    LPDCB lpDCB
);//该函数获取串口当前的参数
```

4) SetCommState

```
BOOL SetCommState(
    HANDLE hFile,
    LPDCB lpDCB
);//该函数将串口参数设置为 lpDCB 结构体中定义的参数
```

5) WriteFile

```
BOOL WriteFile(
    HANDLE hFile,
    LPCVOID lpBuffer,
    DWORD nNumberOfBytesToWrite,
    LPDWORD lpNumberOfBytesWritten,
    LPOVERLAPPED lpOverlapped
);//该函数向串口中写入数据
```

6）ReadFile

```
BOOL ReadFile(
    HANDLE hFile,
    LPVOID lpBuffer,
    DWORD nNumberOfBytesToRead,
    LPDWORD lpNumberOfBytesRead,
    LPOVERLAPPED lpOverlapped
);//该函数从串口中读取数据
```

7）CloseHandle

```
BOOL CloseHandle(
    HANDLE hObject
);//关闭串口
```

（4）Thread_Sending 线程函数

Thread_Sending 线程函数的代码及说明如下所示。

程序 9 - 9　　Thread_Send. c

```c
# include "SerialPortDataTrans. h"
DWORD WINAPI Thread_Sending(char * sendPort)
{
    HANDLE hComm;
    DCB portDCB;
    DWORD nToWrite,nWritten,fileSize;
    char * ch = NULL;
    char * strBuffer = NULL;
    FILE * fp = NULL;
    int nb,ne;
    int ii;
    printf("线程 1 创建成功.\n");
    nToWrite = SIZE_SENDING;
    /* 打开串口 */
    hComm = CreateFile(sendPort, GENERIC_READ | GENERIC_WRITE,
            0, NULL,OPEN_EXISTING, 0, NULL);
    if (hComm == INVALID_HANDLE_VALUE)
    {
        printf("ERROR!发送端串口创建失败.\n");
        return 0;
    }
    else
    {
        printf("OK!发送端串口创建成功.\n");
```

```c
}
if(!PurgeComm(hComm,PURGE_TXCLEAR | PURGE_RXCLEAR) == TRUE)
{
    printf("ERROR!发送端清空缓存失败.\n");
    return 0;
}
else
{
    printf("OK!发送端清空缓存成功.\n");
}

/*设置串口参数*/
if (!GetCommState(hComm,&portDCB) == TRUE)//获取串口参数
{
    printf("ERROR!发送端串口参数获取失败.\n");
    return 0;
}
else
{
    printf("OK!发送端串口参数获取成功.\n");
}
portDCB.BaudRate = CBR_4800;            //传送数据的波特率
portDCB.ByteSize = 8;                   //num of data bits
portDCB.Parity = 0;                     //0:none
portDCB.XoffLim = SIZE_SENDING;         //计数
if (!SetCommState(hComm, &portDCB) == TRUE)    //设置串口参数
{
    printf("ERROR!发送端串口参数设置失败.\n");
    return 0;
}
else
{
    printf("OK!发送端串口参数设置成功.\n");
}
/*读取发送文件中的数据至 strBuffer,并在末尾添加"$END"标志*/
g_file_name = (char *)mxCalloc(255,sizeof(char));
strcpy(g_file_name,"test.txt");
fp = fopen(g_file_name,"rb");
if (fp == NULL)
{
    printf("待发送的文件不存在.\n");
    return 0;
```

```
}
fseek(fp,0,SEEK_SET);
nb = ftell(fp);
fseek(fp,0,SEEK_END);
ne = ftell(fp);
fseek(fp,0,SEEK_SET);
fileSize = ne - nb;
strBuffer = (char *)malloc((fileSize + sizeof(END_MARKER)) * sizeof(char));
memset(strBuffer, 0x00, (fileSize + sizeof(END_MARKER)) * sizeof(char));
fread(strBuffer,sizeof(char),fileSize,fp);
strncpy(strBuffer + fileSize,END_MARKER,sizeof(END_MARKER));

/* 开始发送文件 */
//首先发送数据量
if (!WriteFile(hComm,&fileSize,sizeof(DWORD), &nWritten, NULL) == TRUE)
{
    printf("数据包发送失败.\n");
    return 0;
}
//循环发送数据
for(ii = 0; ii<(fileSize + sizeof(END_MARKER))/nToWrite;ii ++)
{
    ch = strBuffer + ii * nToWrite;
    if (!WriteFile(hComm,ch,nToWrite, &nWritten, NULL) == TRUE)
    {
        printf("数据包发送失败.\n");
        return 0;
    }
}
if( (ii = (fileSize + sizeof(END_MARKER)) % nToWrite) > 0)
{
    printf("发送包大小不能整除数据包.\n");
    ch = strBuffer + (fileSize + sizeof(END_MARKER)) - ii;
    if (!WriteFile(hComm,ch,ii, &nWritten, NULL) == TRUE)
    {
        printf("数据包发送失败.\n");
        return 0;
    }
}

/* 发送完毕,关闭串口,退出线程 */
if (!CloseHandle(hComm) == TRUE) //关闭串口
{
```

```
        printf("发送端串口关闭失败.\n");
        return 0;
    }
    else
    {
        printf("发送端串口关闭成功.\n");
    }
    if(strBuffer) free(strBuffer);
    if(fp) fclose(fp);
    if(ch) free(ch);
    return 1;
}
```

(5) 启动线程接收函数 Thread_Receiving

线程接收函数 Thread_Receiving 的代码如下所示。

程序 9 - 10　　Thread_Receive. c

```
# include "SerialPortDataTrans.h"
DWORD WINAPI Thread_Receiving(char * receivePort)
{
    HANDLE hComm;
    DCB portDCB;
    char * ch;
    DWORD nRead,nToRead,dataSize;
    DWORD tTransmitExit;
    int ii;
    ch = (char *)malloc(sizeof(char) * (SIZE_RECEIVING + 8));
    nToRead = SIZE_RECEIVING;

    / * 打开串口 * /
    hComm = CreateFile(receivePort, GENERIC_READ | GENERIC_WRITE,
            0, NULL, OPEN_EXISTING, 0, NULL);
    if (hComm == INVALID_HANDLE_VALUE)
    {
        printf("ERROR!接收端串口创建失败.\n");
        return 0;
    }
    else
    {
        printf("OK!接收端串口创建成功.\n");
    }
    if (!PurgeComm(hComm,PURGE_TXCLEAR | PURGE_RXCLEAR) == TRUE)
    {
        printf("ERROR!接收端串口清空缓存失败.\n");
```

```
        return 0;
    }
    else
    {
        printf("OK!接收端串口清空缓存成功.\n");
    }


    /*设置串口参数*/
    if (!GetCommState(hComm,&portDCB) == TRUE)//获取串口参数
    {
        printf("ERROR!接收端串口参数获取失败.\n");
        return 0;
    }
    else
    {
        printf("OK!接收端串口参数获取成功.\n");
    }
    portDCB.BaudRate = CBR_4800;              //波特率
    portDCB.ByteSize = 8;                      //num of data bits
    portDCB.Parity = 0;                        //0:none
    portDCB.XoffLim = nToRead;                 //计数
    if (!SetCommState(hComm, &portDCB) == TRUE)  //设置串口参数
    {
        printf("ERROR!接收端串口参数设置失败.\n");
        return 0;
    }
    else
    {
        printf("OK!接收端串口参数设置成功.\n");
    }


    /*接收数据*/
    //首先接收数据量(以 byte 为单位)
    if (!ReadFile(hComm, &dataSize, sizeof(DWORD), &nRead, NULL) == TRUE)
    {
        printf("ERROR!接收数据失败.\n");
        return 0;
    }
    printf("数据量为 %d Bytes.\n",dataSize);
    //循环接收数据
    for(ii = 0; ii<ceil(((float)dataSize + sizeof(END_MARKER))/nToRead); ii++)
```

```
{
        memset(ch,'\0',SIZE_RECEIVING + 8);
        if (!ReadFile(hComm, ch, nToRead, &nRead, NULL) == TRUE)
        {
            printf("ERROR!接收数据失败.\n");
            return 0;
        }
        else
        {
            printf("OK!接收数据成功.\n");
        }
        printf("接收到的数据为:\n%s\n",ch);
    }

    /*关闭串口,释放内存,退出线程*/
    if (!CloseHandle(hComm) == TRUE)
    {
        printf("ERROR!接收端串口关闭失败.\n");
        return 0;
    }
    else
    {
        printf("OK!接收端串口关闭成功.\n");
    }
    if(ch) free(ch);
    return 1;
}
```

在上述发送数据和接收数据线程函数中,采用了通过发送数据量和结束标识的策略,来通知接收线程数据发送完毕。在发送线程中,在获取发送数据的数据量后,最先把该数据量发送给接收端,接收端根据此数据量来决定循环接收的次数。在发送文本数据的末尾,添加发送了一个结束标识"$END",只是在接收程序中没有对该结束标识进行检测,用户可以根据实际需求来决定是否包含该结束标识。

在 MATLAB 命令行窗口中通过 MEX 命令编译上述实例工程中的文件,即

```
>> mex SerialPortDataTrans.c Thread_Receive.c Thread_Send.c
```

如果编译成功,则在工作目录下会出现 SerialPortDataTrans.mexw32 文件。此时在工作目录下添加 test.txt 文件,文件内容如下:

MATLAB is a high-level technical computing language and interactive environment for algorithm development, data visualization, data analysis, and numeric computation. Using the MATLAB product, you can solve technical computing problems faster than with traditional programming languages, such as C, C++, and Fortran.

You can use MATLAB in a wide range of applications, including signal and image processing, communications, control design, test and measurement, financial modeling and analysis, and computational biology. Add-on toolboxes (collections of special-purpose MATLAB functions, available separately) extend the MATLAB environment to solve particular classes of problems in these application areas.

MATLAB provides a number of features for documenting and sharing your work. You can integrate your MATLAB code with other languages and applications, and distribute your MATLAB algorithms and applications. Features include:

* High-level language for technical computing
* Development environment for managing code, files, and data
* Interactive tools for iterative exploration, design, and problem solving
* Mathematical functions for linear algebra, statistics, Fourier analysis, filtering, optimization, and numerical integration
* 2-D and 3-D graphics functions for visualizing data
* Tools for building custom graphical user interfaces
* Functions for integrating MATLAB based algorithms with external applications and languages, such as C, C++, Fortran, Java, COM, and Microsoft Excel.

查看串口名,例如分别为 COM2 和 COM3,则在命令行窗口中输入:

```
>> SerialPortDataTrans('COM2','COM3');
```

成功运行后会在命令行窗口中打印如下内容:

```
线程 1 创建成功.
OK! 接收端串口创建成功.
OK! 接收端串口清空缓存成功.
OK! 接收端串口参数获取成功.
OK! 接收端串口参数设置成功.
OK! 发送端串口创建成功.
OK! 发送端清空缓存成功.
OK! 发送端串口参数获取成功.
OK! 发送端串口参数设置成功.
```

数据量为 1571 Bytes.

OK! 接收数据成功.

接收到的数据为:

MATLAB is a high-level technical computing language and interactive environment for algorithm development, data visualization, data analysis, and numeric computation. Using the MATLAB product, you can solve technical computing problems faster than with traditional programming languages, such as C, C++, and Fortran.

You can use MATLAB in a wide range of applications, including signal and image processing, communications, control design, test and measurement, financial modeling and analysis, and computational biology. Add-on toolboxes (collections of special-purpose MATLAB functions, available separately) extend the MATLAB environment to solve particular classes of problems in these application areas.

MATLAB provides a number of features for documenting and sharing your work. You can integrate your MATLAB code with other languages and applications, and distribute your MATLAB algorithms and applications. Features include:

  * High-level language for technical computing
  * Devel

发送包大小不能整除数据包.

发送端串口关闭成功.

OK! 接收数据成功.

接收到的数据为:

opment environment for managing code, files, and data

  * Interactive tools for iterative exploration, design, and problem solving

  * Mathematical functions for linear algebra, statistics, Fourier analysis, filtering, optimization, and numerical integration

  * 2-D and 3-D graphics functions for visualizing data

  * Tools for building custom graphical user interfaces

  * Functions for integrating MATLAB based algorithms with external applications and languages, such as C, C++, Fortran, Java, COM, and Microsoft Excel. $ END

OK! 接收端串口关闭成功.

两个线程均结束.

　　为了程序编写和调试方便,上述实例是在同一台计算机上执行的,使用一条串口线将该计算机的两个串口连接起来。然而,实际应用中通常是在不同计算机上运行串口通信程序的,这时就需要修改本例中程序 9-8 中的 mexFunction 函数,而其他子函数则不需要修改。

9.3.2　调用 DLL 文件操作串口

动态链接库 DLL,即 Dynamic Linkable Library,可以为用户提供一些可以直接拿来使用的变量、函数或类。Visual C++支持三种 DLL,分别是 Non-MFC DLL(非 MFC 动态库)、MFC Regular DLL(MFC 规则 DLL)、MFC Extension DLL(MFC 扩展 DLL)。下面给出一个使用非 MFC 动态链接库从串口读取数据的实例,实例实现了实时读取 GPS 串口数据,并将其写入文本文件中的功能。主要步骤如下。

(1) 在 Visual Studio 2010 环境下创建一个 DLL 项目

在 Visual Studio 2010 环境下新建一个 Win32 项目,"应用程序类型"选择"DLL","附加选项"选择"空项目"。部分界面如图 9-10 所示。

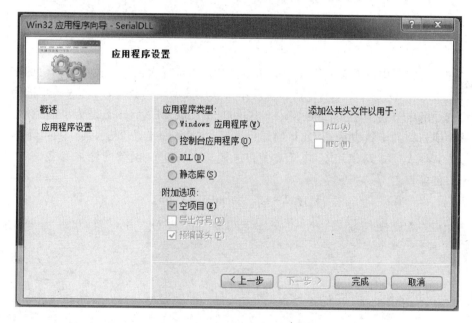

图 9-10　创建 DLL 工程

(2) 为工程添加代码文件

工程包括两个代码文件,分别为 SerialDLL.h 和 SerialDLL.cpp,其内容与 9.3.1 小节的非常类似,如下所示。

程序 9-11　SerialDLL.h

```
/ * 包含的头文件 * /
# include <math.h>
# include <windows.h>
# include <stdlib.h>
```

```
# include <stdio. h>
# include <process. h>
# ifndef _SERIAL_DLL_U__
# define _SERIAL_DLL_U__
# define RECEIVING_BLOCK_SIZE 1024
# define RECEIVING_BLOCK_NUM 10
# define DLLEXPORT __declspec(dllexport)
# ifdef __cplusplus
extern "C" {
# endif /* __cplusplus */
    DLLEXPORT int ReadData(char * COMM);
# ifdef __cplusplus
};
# endif /* __cplusplus */
# endif
```

在上述代码中,RECEIVING_BLOCK_SIZE 表示每次从串口读取数据块的字节数,RECEIVING_BLOCK_NUM 表示从串口读取数据块的数量,二者的乘积即为从串口读取的字节数。定义__declspec(dllexport)为 DLLEXPORT 是为了简化表示,用该声明修饰的函数表示是 DLL 的导出函数。"extern "C""表示其声明范围内的函数或其他表达式均使用 C 进行编译和链接。ReadData 函数的输入参数 COMM 是串口的端口名。

程序 9 – 12　SerialDLL. cpp

```
# include "SerialDLL. h"
DLLEXPORT int ReadData(char * receivePort)
{
    HANDLE hComm;
    DCB portDCB;
    char * ch;
    DWORD nRead,nToRead;
    int ii;
    FILE * fw = fopen("RcvFile. txt","w");
    ch = (char *)malloc(sizeof(char) * (RECEIVING_BLOCK_SIZE + 8));
    nToRead = RECEIVING_BLOCK_SIZE;

    /*打开串口*/
    hComm = CreateFile(receivePort, GENERIC_READ | GENERIC_WRITE,
                    0, NULL, OPEN_EXISTING, 0, NULL);
    if (hComm == INVALID_HANDLE_VALUE)
    {
```

```c
        printf("ERROR!接收端串口创建失败.\n");
    return - 1;
}
else
{
        printf("OK!接收端串口创建成功.\n");
}
if (! PurgeComm(hComm,PURGE_TXCLEAR|PURGE_RXCLEAR) == TRUE)
{
        printf("ERROR!接收端串口清空缓存失败.\n");
    return - 2;
}
else
{
        printf("OK!接收端串口清空缓存成功.\n");
}
/ * 设置串口参数 * /
if (!GetCommState(hComm,&portDCB) == TRUE)/ * 获取串口参数 * /
{
        printf("ERROR!接收端串口参数获取失败.\n");
    return - 3;
}
else
{
        printf("OK!接收端串口参数获取成功.\n");
}
portDCB. BaudRate = CBR_4800;                 / * 波特率 * /
portDCB. ByteSize = 8;                        / * num of data bits * /
portDCB. Parity = 0;                          / * 0：none * /
portDCB. XoffLim = nToRead;                   / * 计数 * /
if (!SetCommState(hComm, &portDCB) == TRUE)   / * 设置串口参数 * /
{
        printf("ERROR!接收端串口参数设置失败.\n");
    return - 4;
}
else
{
        printf("OK!接收端串口参数设置成功.\n");
}
/ * 接收数据 * /
/ * 循环接收数据 * /
```

```
    for(ii = 0; ii<RECEIVING_BLOCK_NUM; ii++)
    {
        memset(ch,'\0',RECEIVING_BLOCK_SIZE+8);
        if (!ReadFile(hComm, ch, nToRead, &nRead, NULL) == TRUE)
        {
            printf("ERROR!接收数据失败.\n");
            return -5;
        }
        else
        {
            printf("OK!接收数据成功.\n");
        }
        fprintf(fw," % s\n",ch);
    }
    /* 关闭串口,释放内存,退出线程 */
    if (!CloseHandle(hComm) == TRUE)
    {
        printf("ERROR!接收端串口关闭失败.\n");
        return -6;
    }
    else
    {
        printf("OK!接收端串口关闭成功.\n");
    }
    fclose(fw);
    if(ch) free(ch);
    return 1;
}
```

(3) 项目配置和编译

由于 Visual Studio 2010 的默认字符集为 Unicode,因此,为了向前兼容 VC++ 6.0 的编译环境,本例是在 ASCII 字符集下进行编写的,为此需要修改项目属性。修改的方法是:选择"项目"→"属性"菜单项,打开属性设置对话框,在左侧选项框中选择"配置属性"→"常规",在右侧选项框中选择"字符集"→"未设置"(默认值是"使用 Unicode 字符集"),完成属性设置。如图 9-11 所示。

编译工程成功后在 Debug 目录下产生了一个 SerialDLL.dll 文件。

(4) 在 MATLAB 中加载 DLL 文件并查看函数

在 MATLAB 环境中将工程所在的目录设置为工作目录,加载 DLL 文件并查看其中的函数内容。命令如下。

图 9 - 11　设置 SerialDLL 项目的字符集属性

```
>> loadlibrary('Debug\SerialDLL','SerialDLL.h');
>> libfunctions SerialDLL - full
Functions in library SerialDLL:
[int32, cstring] ReadData(cstring)
```

上述命令中的 loadlibrary 函数是加载 DLL,libfunctions 函数是罗列 DLL 中的函数信息,使用"- full"控制项后可以罗列函数的输入参数和输出参数。关于这些函数的详细用法,可以参考 8.1.3 小节的相关内容。可以看到,DLL 加载成功,其中包含一个 ReadData 函数。

(5) 外部硬件连接

本例中使用了一个手持式 GPS 作为串口的输入设备,GPS 数据采用 NMEA 格式。使用串口调试助手查看输入数据的内容,如图 9 - 12 所示。

在确认 GPS 输入数据无误后,在串口调试助手中关闭串口。

(6) 在 MATLAB 中调用 DLL 函数

在 MATLAB 中调用 DLL 中的 ReadData 函数,命令如下所示。

```
>> calllib('SerialDLL','ReadData','COM1')
ans =
    1
```

　　函数返回 1,表示成功打开了串口,并进行了数据读取和写入文件,成功关闭了串口。这时查看文件 RcvFile.txt,其部分内容如图 9-13 所示。

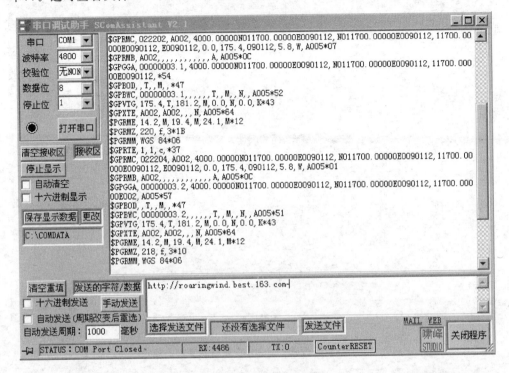

图 9-12　串口调试助手

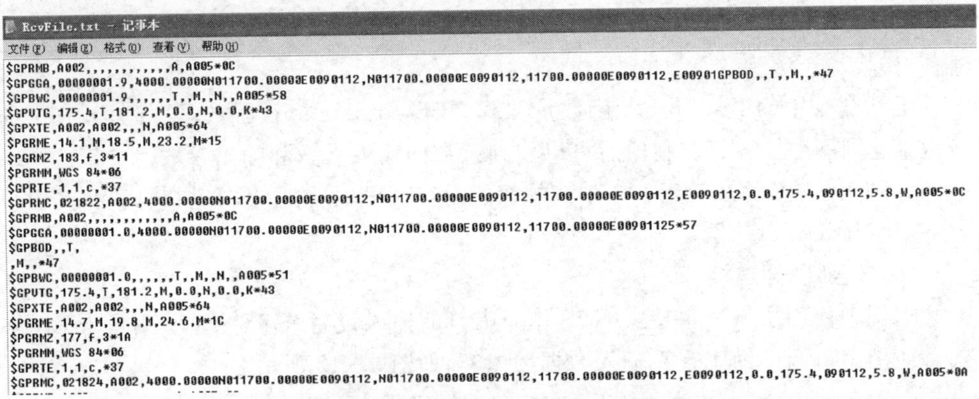

图 9-13　RcvFile.txt 文件内容

第 10 章　MATLAB 环境下操作网络接口

TCP 协议和 UDP 协议是当前网络上应用广泛的通信协议。多个相互连接的计算机通过共同遵守这些网络协议来实现资源共享和信息传递,极大地扩展了计算机的功能。MATLAB 应用程序通过操作 tcpip 对象和 udp 对象实现基于这两种协议的网络数据传输。本章简要介绍 TCP 协议和 UDP 协议的不同点,描述在 MATLAB 中操作网络数据的总体步骤和常用方法,给出 tcpip 对象和 udp 对象的常用属性和方法,最后介绍 MATLAB 对网络接口的常用操作。

10.1　TCP 协议和 UDP 协议

TCP 协议(传输控制协议,Transmission Control Protocol)和 UDP 协议(用户数据报协议,User Datagram Protocol)是 TCP/IP 协议族中位于传输层中最重要的两种协议。TCP 协议与 UDP 协议的区别主要表现在以下几个方面。

1. "基于连接"与"无连接"

TCP 协议是"基于连接"的,当使用 TCP 协议时,参与通信的两台设备在通信时必须时刻保持连接的状态。UDP 协议是"无连接"的,当使用 UDP 协议时,发送端设备在发送数据时并不检查接收端设备是否已经连接上,或者是否已经做好接收数据的准备。如果接收端没有连接或者没有做好准备,那么数据包就会丢失。

2. "数据流"与"数据包"

TCP 协议是基于"数据流"的,而 UDP 协议则是基于"数据包"的。从应用的角度来看,基于 TCP 协议更适合传输较长的数据。在发送端,当用户通过 TCP 协议发送较长的数据段时,数据从应用层发送至传输层,TCP 协议栈负责将数据分解为小数据包,并为小数据包增加包头信息。在接收端,TCP 协议栈根据包头信息,将小数据包重新组装为较长的数据段。从应用层的角度看,传输的是一段数据流,只是TCP 协议隐藏了数据分包发送的细节。

UDP 协议是基于"数据包"的,"数据包"是 UDP 协议传输的基本单位。如果用户希望通过 UDP 协议传输较长的数据段,那么需要在应用层编写相关的程序将长数据块分解为小的数据块。同样,在 UDP 的接收端,用户需要自己接收和组装 UDP 的数据包。

3. "可靠"与"不可靠"

需要注意这里"可靠"与"不可靠"的概念。所谓"可靠"即网络协议本身保证数据传输的正确性;"不可靠"即网络协议本身不保证数据传输的正确性。如果说网络协议"不可靠",不等于说网络协议"出现错误的频率非常高"。即使是 UDP 协议,在网络条件较好的情况下,只要发送端和接收端的程序被正确配置,数据传输的丢包率也会非常低。

TCP 协议是"可靠"的,其含义是 TCP 协议保证数据传输的正确性。在数据发送之前,TCP 协议负责将数据分解为小包,每个小包附加必要的校验信息(如数据包序号等),接收端可以据此判断哪些数据包收到了,接收端在收到数据包的同时会自动向发送端发送确认信息。通过这种设计,TCP 协议可以保证数据传输的可靠性。

UDP 协议是"不可靠"的,其含义是 UDP 协议不保证数据传输的正确性。在接收端接收到数据包之后,并不会自动发送确认信息。因此发送端不管接收端是否正确接收到数据,只是一味地将数据发送至接收端。UDP 协议是"不可靠"的,并不等于说 UDP 协议比 TCP 协议差。用户使用 UDP 协议完全可以创建非常稳定的数据传输应用,其代价是用户必须在用户层设计数据校验程序,以保证数据传输的正确性。此外,用户如果对数据传输的速度和实时性要求很高,而且工作环境为拓扑结构相对简单的局域网,那么采用 UDP 协议则非常合适。例如在电视会议中,为了获得更好的使用效果和更高的画面帧刷新率,通常使用 UDP 协议。

总的来看,TCP 协议是一种基于连接且可靠的数据流网络通信协议,但其实时性较差。UDP 协议是一种无连接的且不可靠的数据包的网络通信协议,但是其实现简单、实时性高。两者没有优劣之分,只有与应用是否匹配之别。因此,用户在实际中要结合具体的应用需求来选择合适的网络协议。

10.2　MATLAB 中操作网络数据接口的一般方法

在 MATLAB 中调试网络数据接口时通常需要有两个网络节点,每个网络节点在运行时具有独立的 IP 地址。这两个网络节点可以是两台计算机,也可以是一台计算机上安装的两块网卡。如果采用 echotcpip 或 echoudp 函数打开自动应答服务,则用户也可以在一台计算机上调试与 MATLAB 网络接口相关的程序。

MATLAB 操作网络数据接口是通过对象来实现的。其中通过 tcpip 对象完成 TCP/IP 协议的数据通信操作;通过 udp 对象完成 UDP 协议的数据通信操作。在 MATLAB 中操作网络数据接口的一般步骤是:

① 创建 tcpip 对象或 udp 对象。

② 设置对象的某些属性。

③ 利用上述对象完成网络数据的读/写操作。

④ 操作完成后关闭网络对象。

⑤ 删除网络对象,清除网络对象在 MATLAB 工作区中对应的变量。

10.2.1　基于 TCP/IP 协议的操作实例

下面的实例完成了在 MATLAB 中利用 tcpip 对象进行 TCP/IP 协议的数据通信操作。

程序 10 - 1　testtcpip. m

```
function [] = testtcpip()
% 创建 tcpip 对象
echotcpip('off');
echotcpip('on',5001);                  % 启动 TCP/IP 应答服务器
net = tcpip('127.0.0.1',5001);         % 创建 tcpip 对象
fopen(net);                            % 创建 TCP/IP 链接
fwrite(net,[1 2 3 4 5 6],'int16');     % 写入数据
pause(0.1);

% 查看发送的元素个数(16 位整型,6 个元素)
disp(strcat('发送元素个数为 ',num2str(net.ValuesSent),'个'));
% 查看接收的数据
nBytes = get(net,'BytesAvailable');
if nBytes>2
    data = fread(net,nBytes/2,'int16');
    data = reshape(data,1,length(data(:)));
    disp('接收到的数据为:');
    disp(data);
else
    disp('没有收到数据');
end

fclose(net);       % 关闭链接
delete(net);       % 删除 tcpip 对象,释放设备资源
clear('net');      % 清除 MATLAB 工作区的变量
end
```

在 testtcpip. m 实例中,采用 echotcpip 函数打开自动应答服务器。比如 echotcpip('on',5001),即在本机 5001 端口开启自动应答服务器,自动应答服务器启动以后,用户可以在单台计算机上完成 TCP/IP 相关功能的初步测试。在 MAT-LAB 命令行窗口中输入如下命令来对上述实例进行测试。

```
>> testtcpip
发送元素个数为6个
接收到的数据为:
    1     2     3     4     5     6
```

10.2.2 基于 UDP 协议的操作实例

下面的 testudp.m 实例完成了在 MATLAB 中利用 udp 对象进行 UDP 协议的数据通信操作。

程序 10 - 2   testudp.m

```
function [] = testudp()
echoudp('off');
echoudp('on',4012);      % 启动 UDP 应答服务器
%创建 udp 对象
u = udp('127.0.0.1','RemotePort',4012,'LocalPort',4013);
fopen(u);
%发送数据
fwrite(u,1:5,'int16');
pause(0.01);
%接收数据
A = fread(u,10,'int16');
A = reshape(A,1,length(A(:)));
disp('接收到的数据为:');
disp(A);
echoudp('off');
fclose(u);          % 关闭网络接口
delete(u);          % 删除 udp 对象,释放网络设备
end
```

在 MATLAB 命令行窗口中对 testudp.m 实例的测试结果如下所示。

```
>> testudp
接收到的数据为:
    1      2      3      4      5
```

10.3   tcpip 对象和 udp 对象的属性和方法

tcpip 对象和 udp 对象是在 MATLAB 中利用 TCP/IP 协议和 UDP 协议进行网络通信的关键。因此用户有必要熟悉 tcpip 对象和 udp 对象的属性和方法,以下详细介绍这些属性和方法。

10.3.1   tcpip 对象和 udp 对象的通用属性

tcpip 对象和 udp 对象通用属性名称及功能说明如表 10 - 1 所列。

表 10-1　tcpip 对象和 udp 对象通用属性名称及功能说明

属性名称	说　明	默认值
ByteOrder	字节序，bigEndian 或 littleEndian	bigEndian
BytesAvailable	可读取的字节数	0
BytesAvailableFcn	可读取字节数的回调函数，当可读取字节数超过一定范围时或接收到特定结束符时调用	空
BytesAvailableFcnCount	调用 BytesAvaiableFcn 函数的字节数	48
BytesAvailableFcnMode	设置 BytesAvailableFcn 函数的调用模式	terminator
BytesToOutput	等待发送的字节数	0
ErrorFcn	设置执行出错时调用的回调函数	空
InputBufferSize	设置或返回输入缓存的字节数	512
LocalHost	本机主机名或 IP 地址	空
LocalPort	本机主机端口	0
LocalPortMode	主机端口设置模式，有 auto 和 manual 两种模式。如果设置为 auto 模式，则自动选择未被占用的网络端口；如果设置为 manual 模式，则用户可以手动设置网络端口	auto
Name	udp 或 tcpip 对象的名称	UDP-IP 地址 TCPIP-IP 地址
ObjectVisibility	对象可视状态，是一种用于保护接口对象的方式。当设为 off 时，调用 instrfind 函数不能返回接口对象的信息	on
OutputBufferSize	输出缓存大小，单位为字节	512
OutputEmptyFcn	设置输出缓存为空时调用的函数	空
ReadAsyncMode	异步读取模式，可以设置为 continuous 和 manual 两种模式	continuous
RecordDetail	信息记录模式。MATLAB 支持自动记录网络数据，其中 compact 模式只记录网络通信的基本信息；verbos 模式则记录全部的数据信息	compact
RecordMode	记录模式，可以设置为 append、overwrite 和 index 三种模式。其中 append 模式将所有网络信息和数据记录到一个文件中；在 overwrite 模式下，每次启动记录时，均会自动清除原有的文件内容；在 index 模式下，每次启动记录时，均会自动生成一个新的文件名	overwrite

属性名称	说　明	默认值
RecordName	记录文件名	record. txt
RecordStatus	记录状态,为 on 表示启动记录;为 off 表示关闭记录	off
RemoteHost	远程主机名称或 IP	
RemotePort	远程主机端口号	9090(UDP)或 80(TCP/IP)
Status	udp 或 tcpip 对象是否已经打开	closed
Tag	为接口对象设置标签	空
Terminator	结束符	LF
Timeout	接收数据的最长等待时间,单位为秒	10.0
TimerFcn	定时器回调函数	空
TimerPeriod	定时器周期,单位为秒	1.0
TransferStatus	异步读/写状态,有 idle、read、write 和 read&write 四种模式	idle
Type	对象类型	udp 或 tcpip
UserData	用户数据	空
ValuesReceived	读取的数据元素个数	0
ValuesSent	发送的数据元素个数	0

10.3.2　tcpip 对象的其他属性

tcpip 对象其他属性名称及功能说明如表 10 - 2 所列。

表 10 - 2　tcpip 对象其他属性名称及功能说明

属性名称	说　明	默认值
NetWorkRole	网络建立模式,有 client 和 server 两个值,分别表示客户端模式和服务器端模式	client
TransferDelay	指定使用 TCP/IP 协议的分片算法,可设置为 on 或 off。在网络较慢的情况下可以将其设置为 on,以提高发送效率	on

10.3.3　udp 对象的其他属性

udp 对象其他属性名称及功能说明如表 10 - 3 所列。

表 10 - 3　udp 对象其他属性名称及功能说明

属性名称	说　明	默认值
DatagramAddress	数据包发送主机地址	空
DatagramReceivedFcn	UDP 包到达时调用的回调函数	空
DatagramTerminateMode	UDP 包的结束模式,为 on 时 fread 只读取一个数据包的内容;为 off 时 fread 可读取多个数据包的内容	on
InputDatagramPacketSize	接收数据包的最大长度,单位为字节	512
OutputDatagramPacketSize	发送数据包的最大长度,单位为字节	512

10.3.4　tcpip 对象和 udp 对象的常用方法

tcpip 对象和 udp 对象的常用方法及功能说明如表 10 - 4 所列。

表 10 - 4　tcpip 对象和 udp 对象的常用方法及功能说明

方法名称	功　能
get	获取对象的属性
set	设置对象的属性
fopen	打开网络接口,建立连接
fclose	关闭网络接口,取消连接
record	开启或关闭自动记录
fprintf	发送文本数据
fgetl	获取一行文本,去除结束符
fgets	获取一行文本,保留结束符
fread	读取二进制数据
fscanf	读取文本数据
fwrite	写入二进制数据
echotcpip	创建 TCP/IP 应答服务器
resolvehost	获取计算机 IP 地址或主机名
delete	删除对象
flushinput	清空接收缓存
flushoutput	清空发送缓存
inspect	查看对象属性
instrcallback	事件信息显示回调函数
instrfind	查找 instrument control 工具箱的对象
instrfindall	查找所有 instrument control 工具箱的对象
instrreset	关闭并删除所有 instrument control 工具箱的对象
stopasync	停止异步读/写操作
instrhelp	instrument control 工具箱帮助命令

10.4　MATLAB 网络接口对象的常用操作方法

10.4.1　创建 tcpip 对象

tcpip 对象的创建通过 tcpip 函数实现，主要包括以下几种方式：

```
obj = tcpip('rhost')
obj = tcpip('rhost',rport)
obj = tcpip(...,'PropertyName',PropertyValue,...)
```

其中输入参数和输出参数的说明如表 10 - 5 所列。

表 10 - 5　tcpip 函数的输入参数和输出参数

参　　数	说　　明
'rhost'	待连接的主机地址
'rport'	待连接的主机端口
'PropertyName'	tcpip 对象的属性名称
PropertyValue	tcpip 对象的属性值
obj	tcpip 对象

例如建立本机与 IP 地址为 192.168.1.9 的主机的连接，并将接收缓存设置为 1 024 字节的 tcpip 对象的创建方法如下所示。

```
>> mytcp = tcpip('192.168.1.9','InputBufferSize',1024);
```

10.4.2　创建 udp 对象

udp 对象的创建通过 udp 函数实现，有如下几种方式：

```
obj = udp('');
obj = udp('rhost');
obj = udp('rhost',rport);
obj = udp(..., 'PropertyName', PropertyValue, ...);
```

其中各输入参数和输出参数的含义如表 10 - 6 所列。

表 10 - 6　udp 函数的输入参数和输出参数

参　　数	说　　明
'rhost'	服务器地址
rport	服务器端口
'PropertyName'	udp 对象的属性名称
PropertyValue	udp 对象的属性值
obj	返回的 udp 对象

例如下列语句创建了一个 udp 对象,该 udp 对象的数据发送目标地址为 192.168.123.158,数据发送的目标端口为 8866,本机端口为 8844。

```
>> myudp = udp('192.168.123.158', 'RemotePort', 8866, 'LocalPort', 8844);
```

10.4.3　利用回调函数接收 UDP 协议数据

在使用 UDP 数据时,可以利用 DatagramReceivedFcn 属性设置的回调函数来接收 UDP 数据。当接收到 UDP 数据包之后,由 DatagramReceivedFcn 属性设置的回调函数会被调用,用户可以在此回调函数中接收和处理数据。下面通过实例 DatagramReceivedFcnTest. m 来说明 DatagramReceivedFcn 属性的用法。

程序 10 - 3　**DatagramReceivedFcnTest. m**

```matlab
function [] = DatagramReceivedFcnTest()
% function [] = DatagramReceivedFcnTest()
% DatagramReceivedFcn
echoudp('off');
echoudp('on',5001);                        % 启动 UDP 应答服务器
net = udp('127.0.0.1',5001);               % 创建 udp 对象
set(net,'DatagramReceivedFcn',@mycallback);
set(net,'UserData',0);
set(net,'DatagramTerminateMode','on');
fopen(net);                                % 创建 UDP 连接
data = [0.11 0.22 0.33];
for kk = 1:length(data(:))
    fwrite(net,data(kk),'float');          % 写入数据
    pause(0.1);
end
fclose(net);
delete(net);
echoudp('off');
end

function mycallback(obj,event)
bytes = get(obj,'UserData');
BytesAvailable = get(obj,'BytesAvailable');
bytes = bytes + BytesAvailable;
data = fread(obj,BytesAvailable/4,'float');
fprintf(1,'本次收到数据为" % 3.2f",共读取字节数:% d,本次读取字节数:% d\n',data,
bytes,BytesAvailable);
set(obj,'UserData',bytes);
end
```

实例 DatagramReceivedFcnTest. m 的测试及运行结果如下所示。

```
>> DatagramReceivedFcnTest
本次收到数据为"0.11"，共读取字节数:4,本次读取字节数:4
本次收到数据为"0.22"，共读取字节数:8,本次读取字节数:4
本次收到数据为"0.33"，共读取字节数:12,本次读取字节数:4
```

10.4.4　利用回调函数接收 TCP/IP 协议数据

在使用 tcpip 对象时，利用 BytesAvailableFcn 属性设置回调函数可以方便地实现数据的自动接收。当接收缓冲区的数目达到一定数量（以字节为单位）后，Bytes-AvailableFcn 属性设置的回调函数便会自动启动，用户可以在此回调函数中接收和处理数据。与 BytesAvailableFcn 属性相关的各种属性及功能如表 10-7 所列。

表 10-7　与 BytesAvailableFcn 属性相关的属性及功能列表

属性名称	说　明
BytesAvailable	可读取的字节数
BytesAvailableFcn	可读取字节数回调函数，当可读取字节数超过一定范围时或接收到特定结束符时调用
BytesAvailableFcnCount	调用 BytesAvaiableFcn 函数的字节数
BytesAvailableFcnMode	设置 BytesAvailableFcn 函数的调用模式

下面通过实例 BytesAvailableFcnTest. m 来说明 BytesAvailableFcn 属性的用法。在 BytesAvailableFcnTest 实例函数中，输入参数 mode 表示 BytesAvailableFcn 的调用模式，可以设置为 byte 和 terminator 两种模式。其实 byte 模式表示根据接收缓冲区字节数的大小来触发由 BytesAvailableFcn 设置的回调函数，而 terminator 则表示接收到行结束符('\n')后触发由 BytesAvailableFcn 设置的回调函数。

程序 10-4　BytesAvailableFcnTest. m

```
function [] = BytesAvailableFcnTest(mode)
% function [] = BytesAvailableFcnTest(mode)
echotcpip('off');
echotcpip('on',5001);                        % 启动 TCP/IP 应答服务器
net = tcpip('127.0.0.1',5001);               % 创建 tcpip 对象
set(net,'BytesAvailableFcn',@mycallback);
set(net,'BytesAvailableFcnCount',3);
set(net,'BytesAvailableFcnMode',mode);
set(net,'UserData',0);
fopen(net);                                  % 创建 TCP/IP 连接
data = sprintf('%3.2f,\n',[0.11 0.22 0.33]);
for kk = 1:length(data(:))
```

```
    fwrite(net,data(kk),'char');% 写入数据
    pause(0.1);
end
fclose(net);
delete(net);
end
function mycallback(obj,event)
bytes = get(obj,'UserData');
BytesAvailable = get(obj,'BytesAvailable');
bytes = bytes + BytesAvailable;
str = fread(obj,BytesAvailable,'char');
fprintf(1,'本次收到数据为"%s"，共读取字节数:%d,本次读取字节数:%d\n',str,bytes,
BytesAvailable);
    set(obj,'UserData',bytes);
    end
```

在 MATLAB 命令行窗口中执行 BytesAvailableFcnTest 实例函数，读者可以仔细对比 terminator 和 byte 两种工作模式下输出结果的不同。在 terminator 模式下，当接收到行结束符"\n"时调用 BytesAvailableFcn 函数；在 byte 模式下，当接收缓存中的数据大于或等于 3 字节时，调用 BytesAvailableFcn 函数。输入的命令及执行结果如下。

```
>> BytesAvailableFcnTest('byte')
本次收到数据为"0.1"，共读取字节数:3,本次读取字节数:3
本次收到数据为"1,"，共读取字节数:6,本次读取字节数:3
本次收到数据为"0.2"，共读取字节数:9,本次读取字节数:3
本次收到数据为"2,"，共读取字节数:12,本次读取字节数:3
本次收到数据为"0.3"，共读取字节数:15,本次读取字节数:3
本次收到数据为"3,"，共读取字节数:18,本次读取字节数:3
>> BytesAvailableFcnTest('terminator')
本次收到数据为"0.11,"，共读取字节数:6,本次读取字节数:6
本次收到数据为"0.22,"，共读取字节数:12,本次读取字节数:6
本次收到数据为"0.33,"，共读取字节数:18,本次读取字节数:6
```

10.4.5 利用记录文件记录网络数据及事件

在 MATLAB 网络数据接口的操作中，可以通过 tcpip 或 udp 对象的数据自动记录功能来记录网络数据及事件信息。与数据自动记录相关的属性及其说明如表 10 - 8 所列。

表 10 - 8　数据自动记录相关的属性及其说明

属性名称	说　　明
RecordDetail	信息记录模式。MATLAB 支持自动记录网络数据,其中 compact 模式只记录网络通信的基本信息;verbos 模式则记录全部的数据信息

续表 10 - 8

属性名称	说　明
RecordMode	记录模式,可以设置为 append、overwrite 和 index 三种模式。其中 append 模式将所有网络信息和数据记录到一个文件中;在 overwrite 模式下,每次启动记录时,均会自动清除原有的文件内容;在 index 模式下,每次启动记录时,均会自动生成一个新的文件名
RecordName	记录文件名
RecordStatus	记录状态,为 on 则启动记录;为 off 则关闭记录

下面给出一个采用 udp 对象自动记录网络数据的实例 RecordTest. m,其代码如下所示。

程序 10 - 5　RecordTest. m

```matlab
function [] = RecordTest(mode)
% function [] = RecordTest(mode)
% mode 可以设置为 'compact' 和 'verbose' 两种模式
echoudp('off');
echoudp('on',5001);               % 启动 UDP 应答服务器
net = udp('127.0.0.1',5001);      % 创建对象
set(net,'RecordDetail',mode);
fopen(net);                       % 创建连接
record(net,'on');
data = [0.11 0.22 0.33];
fwrite(net,data(:),'float');      % 写入数据
fread(net,3,'float');
record(net,'off');
fclose(net);
delete(net);
echoudp('off');
end
```

在 MATLAB 命令行窗口中执行 RecordTest 函数的命令如下。

```matlab
>> RecordTest('verbose');
>> edit record.txt
```

RecordTest 函数执行完毕后,在 MATLAB 工作目录下打开 record. txt 文件,其内容如图 10 - 1 所示。可以看出,文件 record. txt 中正确存储了网络发送和接收的数据。

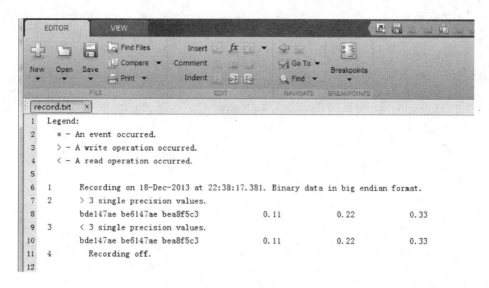

图 10 - 1　record. txt 文件内容

10.4.6　利用定时器及其回调函数发送数据

在网络通信程序中,定时器是经常用到的一种功能。利用定时器,用户可以在指定的时间发送数据。MATLAB 提供的 tcpip 对象和 udp 对象均提供了定时器和定时触发回调函数的功能。与定时器相关的两个属性如表 10 - 9 所列。

表 10 - 9　与 tcpip 和 udp 对象定时器相关的属性及其说明

属性名称	说　明
TimerFcn	定时器回调函数
TimerPeriod	定时器周期

用户可以通过 TimerFcn 函数设置定时器的触发函数,通过 TimerPeriod 属性设置定时器周期属性。下面通过一个实例来说明如何利用定时器和回调函数定时发送数据。在下述实例中,发送端程序在"192.168.123.34"网络节点上执行,接收端程序在"192.168.123.241"网络节点上执行。其中发送端程序和接收端程序通过输入参数 flag 控制,如果 flag 为 'send' 则为发送端;否则为接收端。实例由两部分组成,其中第一部分为主函数,第二部分为回调函数。下面分别进行说明。

(1) 主函数

主函数的代码及说明如下所示。

程序 10 - 6　udp_two. m

```
function [] = udp_two(flag)
% flag = 'send','recv'
```

```matlab
echoudp('off');
hd = dialog('WindowStyle', 'normal', 'Name', 'UDP 双节点通信 '); % 创建对话框
set(hd,'position',[199    377    247    135]);
if isequal(flag,'send')
    % 启动发送端,首先创建两个按钮
    uicontrol(hd,'string',' 开始发送 ','position',[30 30 80 100],...
              'callback',@startcallback);
    uicontrol(hd,'string',' 结束发送 ','position',[130 30 80 100],...
              'callback',@stopcallback);
                        % 初始化 udp 对象
    u = udp('192.168.123.241', 'RemotePort', 4012, 'LocalPort', 4012);
    ud.u = u;
    ud.data = 0;
    % 设置用户数据
    set(u,'UserData',ud);
else
    % 当输入 flag 为非 'send' 时,启动接收端
    % 创建 udp 对象
    u = udp('192.168.123.34', 'RemotePort', 4012, 'LocalPort', 4012);
    uicontrol(hd,'style','text','string','Recv Data...', 'position',[30 30 170 100]);
    set(u,'DatagramReceivedFcn',@recvcallback);
    % 设置用户数据
    ud.data = 0;
    ud.nsend = 10;
    ud.u = u;
    ud.bytes = 0;
    set(hd,'UserData',ud);
    set(u,'UserData',ud);
    set(u,'DatagramTerminateMode','on');
    % 打开 udp 网络接口
    fopen(u);
end
set(hd,'UserData',ud,'CloseRequestFcn',@closefigure);
end
```

(2) 回调函数

本实例共包含五个回调函数,分别是 startcallback、stopcallback、recvcallback、closefigure、senddata。其中 startcallback、stopcallback 和 closefigure 三个回调函数分别对应开始发送按钮、结束发送按钮和图形界面关闭事件,recvcallback 和 senddata 回调函数分别对应接收到 udp 数据包和定时器定时发送两个事件。

程序 10 - 7　startcallback. m

```
function startcallback(obj,event)
hd = get(obj,'parent');
ud = get(hd,'UserData');
fclose(ud.u);
set(ud.u,'TimerFcn',@senddata,'TimerPeriod',1.0);
fopen(ud.u);
end
```

程序 10 - 8　stopcallback. m

```
function stopcallback(obj,event)
hd = get(obj,'parent');

ud = get(hd,'UserData');

fclose(ud.u);

set(ud.u,'TimerFcn','');

fopen(ud.u);

end
```

程序 10 - 9　recvcallback. m

```
function recvcallback(obj,event)
ud = get(obj,'UserData');
BytesAvailable = get(obj,'BytesAvailable');
ud.bytes = ud.bytes + BytesAvailable;
data = fread(obj,BytesAvailable/4,'int32');
fprintf(1,'本次收到数据为"%3.2f",共读取字节数:%d,本次读取字节数:%d\n',data,
ud.bytes,BytesAvailable);
set(obj,'UserData',ud);
end
```

程序 10 - 10　closefigure. m

```
function closefigure(obj,event)
ud = get(obj,'UserData');
%关闭和释放网络资源
if isfield(ud,'u')
    fclose(ud.u);
    delete(ud.u);
end
delete(obj);
end
```

程序 10 - 11　senddata. m

```
function senddata(obj,event)
ud = get(obj,'UserData');
if isfield(ud,'data') && isfield(ud,'u')
    fwrite(ud.u,ud.data,'int32');
    fprintf(1,'发送数据 % d\r',ud.data);
    ud.data = ud.data + 1;
end
set(obj,'UserData',ud);
end
```

(3) 实例测试

在发送端输入 udp_two('send')指令,在接收端输入 udp_two('recv')指令。发送端和接收端程序运行的界面如图 10 - 2 所示。单击"开始发送"按钮后,接收端便会打印出接收到的数据信息。

图 10 - 2　发送端界面(左)和接收端界面(右)

第11章　MATLAB 数据采集和输出

本书前面各章节中介绍了从各种文件中读取数据的方法,此外还介绍了从网口和串口中获取数据的方法。无论是文件、串口还是网口,用户在得到数据之前和将数据输出之后,数据始终以二进制的方式存在。在实际应用中,还有一类数据操作在本书中尚未涉及,即直接获取外部物理世界的数据或将数据转换为外部世界的物理量。以人们在日常生活中经常接触到的声音为例,如果要获取声音信号,必须利用特定的声传感器将声信号转换为电信号,然后通过数据采集设备将电信号转换为二进制数据。如果用户希望播放计算机中保存的二进制声音数据(比如以 WAV 格式或 MP3格式保存的声音数据),则需要将二进制数据转换为电信号,然后通过电信号驱动声传感器播放声音。将声音转换为二进制数据的过程可以称为数据采集的过程;将二进制数据转换为声音的过程可以称为数据输出的过程。本章将这种物理量与二进制数据之间相互转换的过程通称为数据采集和输出。

11.1　利用 MATLAB 完成数据采集和输出的基本原理

物理量与二进制数据的转换必然涉及相关传感器和硬件设备。在 MATLAB中,可以通过 MATLAB 数据采集工具箱实现数据采集和输出相关的硬件操作。MATLAB 数据采集工具箱由三层架构组成,包括 MATLAB 函数、数据采集引擎和硬件驱动适配器,如图 11-1 所示。

数据采集最常用的硬件设备是模/数转换器(A/D),数据输出最常用的硬件设备是数/模转换器(D/A)。在计算机中,PCI 或 CPCI 插卡是最常见的数据采集和输出的工作模式之一。硬件设备厂商会提供设备驱动,MATLAB 通过一系列动态链接库实现了不同硬件厂商设备的兼容,这些动态链接库就是硬件驱动适配器。在硬件驱动适配器之上,MATLAB 通过一系列的 MEX 文件(实际上也是动态链接库)实现数据采集和数据输出操作,称为数据采集引擎(Data Acquisition Engine)。在硬件驱动适配器和数据采集引擎之上,MATLAB 提供了一系列的函数(M 语言实现)供用户调用。

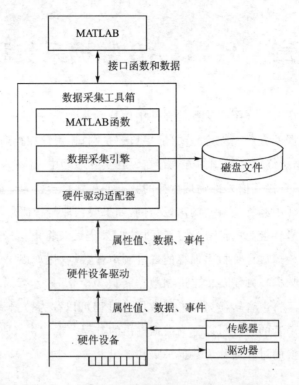

图 11-1　MATLAB 数据采集工具箱的三层架构

11.2　数据采集和输出的基本概念

　　在实际应用中,各种物理量转换为二进制数据的流程如图 11-2 所示。通过图 11-2 可以看出,数据输出基本上是数据采集的逆过程。数据采集和数据输出系统主要包括硬件、换能器(传感器、驱动器)、信号调理、计算机、软件等部分。其中数据采集和输出的硬件设备主要用于完成模/数转换和数/模转换。换能器用于完成物理量与电信号的转换。信号调理主要用于数据采集系统中,通过放大、滤波等操作,使物理量对应的电信号满足数据采集设备的要求(如信号幅度、动态范围和频率范围等)。计算机主要完成数据获取、存储、输出、总线操作和数据处理等功能。

　　MATLAB 支持三类硬件设备,即模拟输入、模拟输出、数字输入和输出。其中,通过 analoginput 对象支持模拟输入操作,可将输入的模拟量转换为二进制数字量。通过 analogoutput 对象支持模拟输出操作,可将二进制数据转换为模拟输出量。通过 digitalio 对象完成数字 I/O 操作。有的硬件设备同时包含多种功能(比如有的采集卡同时具备 1 路模拟输出通道),MATLAB 也支持这样的设备。数据采集和输出的硬件一般都需要和计算机连接才能正常工作。它们和计算机连接的方式一般有两类,一类是通过插槽(如 PCI、PXI、CPCI 插槽等)进行连接,另一类利用连接线缆(如 USB 等)。

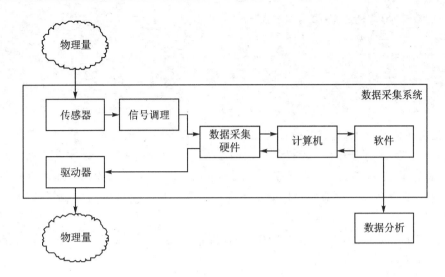

图 11 - 2　数据采集的流程

11.3　利用 MATLAB 完成数据采集和输出的主要步骤

在 MATLAB 环境下进行数据采集和输出的主要步骤如图 11 - 3 所示。

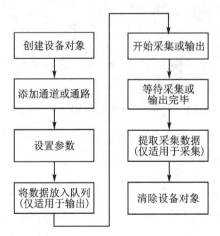

图 11 - 3　MATLAB 完成数据采集或输出的基本步骤

在 MATLAB 中,通过 analoginput、analogoutput 和 digitalio 三个类支持模拟输入、模拟输出和数字 I/O 三类设备。关于类对象的创建和使用方法,读者可参考 2.2.6 小节。下面通过一个实例来说明利用 MATLAB 如何完成数据采集和输出。在下述实例中,采用计算机声卡完成声音数据采集和声音数据播放的功能。命令如下。

```
% 查看当前计算机是否存在可用的声卡
>> out = daqhwinfo;
>> out.InstalledAdaptors
ans =
    'parallel'
    'winsound'
```

在上述代码段中,通过 daqhwinfo 函数查看当前计算机上可用的硬件驱动适配器信息。如果当前计算机上安装了 MATLAB 支持的数据采集设备或数据输出设备,并且正确安装了驱动,那么通过 daqhwinfo 函数返回的结构体 out 的 InstalledAdaptors 域便会包含相应的硬件驱动适配器信息。从上述输出结果中可以看出,当前计算机中包含了可用的声卡设备(即"winsound")。

通过 daqhwinfo 函数甚至可以查看如何创建特定的硬件设备。仍然以声卡设备为例,命令如下。

```
% 查看声卡设备的详细信息
>> infoSoundCard = daqhwinfo('winsound');
>> infoSoundCard
infoSoundCard =
          AdaptorDllName: 'D:\Program Files\MATLAB\R2013a\toolbox\daq\daq\private\
mwwinsound.dll'
       AdaptorDllVersion: '3.3 (R2013a)'
             AdaptorName: 'winsound'
              BoardNames: {'? '}
        InstalledBoardIds: {'0'}
    ObjectConstructorName:{'analoginput('winsound',0)' 'analogoutput('winsound',0)'  ''}
```

当输入参数为 winsound 时,daqhwinfo 函数返回的结构体 infoSoundCard 包含了当前计算机声卡的详细信息。例如 AdaptorDllName 域中包含了硬件适配器的位置(实际上就是一个动态链接库),即:

```
>> infoSoundCard.AdaptorDllName
ans =
D:\Program Files\MATLAB\R2013a\toolbox\daq\daq\private\mwwinsound.dll
```

在应用过程中,更需要关注的是 ObjectConstructorName 域,此域中包含了创建声卡硬件设备对象的实例,即:

```
>> infoSoundCard.ObjectConstructorName{1}
ans =
analoginput('winsound',0)
>> infoSoundCard.ObjectConstructorName{2}
ans =
analogoutput('winsound',0)
```

需要注意的是,ObjectConstructorName 域实际上是一个元组阵列,所以采用
"{"和"}"号索引。infoSoundCard. ObjectConstructorName{1}表示元组的第一个元素,说明如何利用声卡创建一个声音数据采集设备对象;infoSoundCard. ObjectConstructorName{2}表示元组的第二个元素,说明如何利用声卡创建一个声音数据播放设备对象。

下面的命令创建一个声音数据采集设备对象。

```
>> ai = analoginput('winsound',0);
```

ai 即为创建完成的声音数据采集设备对象,它是一个 handle 类,该类的特点是多个类对象指向一个实体(参考 2.2.6 小节)。ai 对象创建完成后,用户可以通过它完成声音数据采集工作。在完成数据采集之前,必须为 ai 对象添加通道,每个设备支持的最大通道数由硬件设备决定。

创建声音设备采集对象之后执行下列命令,依次为设备对象添加通道、设置参数并采集数据。

```
>> addchannel(ai,1);
>> set(ai,'SamplesPerTrigger',80000);% 设置一次触发采集数据
>> start(ai);                        % 启动声音数据采集
>> data = getdata(ai);              % 待采集完成后获取采集的数据
>> t = (0:(length(data(:))-1))/get(ai,'SampleRate');% 根据采样率设定时间轴坐标
>> plot(t,data);xlabel('采集时间(s)');ylabel('归一化幅度');% 绘制采集的声音数据
```

采集过程中敲击桌面制造声音,采集的声音数据图像如图 11-4 所示。

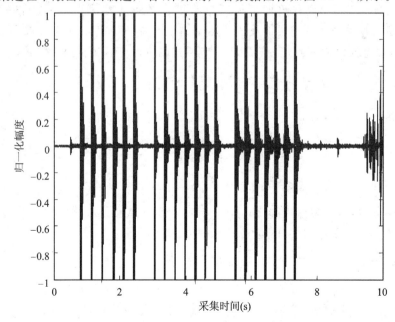

图 11-4　采集声音数据实例

上例中,在 start(ai)语句启动后,开启采集声音数据,采集的时间持续 10 s(默认的采样率是 8 000 点/秒,采样点数为 80 000,所以采样时间为 10 s)。在采集过程中,可随意敲击桌面产生声音。采集的声音信号可以采用 wavplay 函数或 audioplayer 函数(尽量使用 audioplayer 函数,因为 wavplay 函数将从未来版本中删除)回放,命令如下。

```
>> wavplay(data,8000);
```

使用 audioplayer 函数播放的方式为:

```
>> player = audioplayer(data,8000);
>> play(player);
```

设备操作完成后,通过 delete 函数销毁数据采集设备对象,命令如下所示。

```
>> delete(ai);
>> clear ai;
```

11.4 MATLAB 数据采集工具箱的常用函数及操作方法

MATLAB 控制数据采集系统是通过操作设备对象来实现的。在 11.1 节中提及,MATLAB 数据采集工具箱由三层架构组成,其中包括 MATLAB 函数。11.3 节给出了使用 MATLAB 的数据采集工具箱进行数据采集和数据输出的一般步骤(图 11-3),并提供了一些实例代码。本节主要介绍 MATLAB 数据采集工具箱中的常用函数及操作方法,并且按照 11.3 节所述的一般步骤依次进行描述。

11.4.1 注册驱动接口、查看硬件信息

在创建设备对象之前,需要确认是否已经注册了硬件驱动接口。通常情况下在第一次创建设备对象时,硬件驱动接口会被自动注册,如果因为某些原因未被注册,则需要进行手动注册。注册硬件驱动接口的函数为:

```
daqregister('adaptor');
```

其中 adaptor 为接口名称,可以分为两类。一类是 MATLAB 直接支持的接口,包括 advantech、mcc、nidaq、parallel 和 winsound,如:

```
daqregister('winsound');
```

advantech 表示是台湾研华公司的数据采集产品,mcc 表示是美国 Measurement Computing Corporation 公司(现已被 NI 收购)的数据采集产品,nidaq 表示是美国 NI(National Instruments)公司的数据采集产品,parallel 表示并口数据采集设备,

winsound表示声音采集卡(声卡)。

另一类是第三方接口,此时 adaptor 参数必须包含绝对路径,如:

```
daqregister('D:/MATLABR12/toolbox/daq/myadaptors/myadaptor.dll');
```

除了应确认要使用的硬件驱动接口是否已经被注册外,用户通常还需要了解当前计算机上数据采集硬件的种类及其相关信息,这时可以调用 daqhwinfo 函数。当该函数没有输入参数时,在返回的结构体中包括了数据采集工具箱的版本、MAT-LAB 版本及当前所有数据采集硬件的接口名称,例如:

```
>> mydaq = daqhwinfo
mydaq =
           ToolboxName: 'Data Acquisition Toolbox'
        ToolboxVersion: '3.3 (R2013a)'
        MATLABVersion: '8.1 (R2013a)'
     InstalledAdaptors: {2x1 cell}
>> mydaq.InstalledAdaptors
ans =
     'parallel'
     'winsound'
```

当 daqhwinfo 函数的输入参数为接口名称时,返回该接口对应的数据采集硬件的相关信息,例如:

```
>> myWinsound = daqhwinfo('winsound')
myWinsound =
          AdaptorDllName: 'D:\Program Files\MATLAB\R2013a\toolbox\daq\daq\private\
mwwinsound.dll'
       AdaptorDllVersion: '3.3 (R2013a)'
           AdaptorName: 'winsound'
            BoardNames: {'? '}
      InstalledBoardIds: {'0'}
   ObjectConstructorName: {'analoginput('winsound',0)'  'analogoutput('winsound',0)'  ''}
>> myWinsound.AdaptorDllName
ans =
D:\Program Files\MATLAB\R2013a\toolbox\daq\daq\private\mwwinsound.dll
```

11.4.2　创建设备对象

MATLAB 创建设备对象的函数如表 11-1 所列。

表 11 - 1　创建设备对象的函数

函　数	描　述
analoginput	创建模拟输入对象
analogoutput	创建模拟输出对象
digitalio	创建数字输入/输出对象

从函数的功能描述可以看出,创建的设备对象实际上与数据采集系统的相应子系统成对应关系,如图 11 - 5 所示。

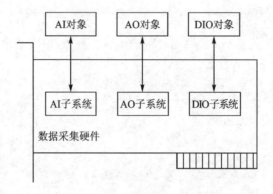

图 11 - 5　数据采集硬件系统结构

analoginput 函数的基本用法有如下几种:

```
AI = analoginput('adaptor')
AI = analoginput('adaptor',ID)
```

其中 adaptor 为接口名称,与 daqregister 函数的输入参数的取值范围相同。ID 为可选参数,当计算机连接了多个与 adaptor 参数相同的数据采集硬件时,若用户调用该函数,则通过 ID 来进行区分。例如当只有一个声卡时,其 ID 为 0,该参数可以缺省;当有多个声卡时,其 ID 依次为 0,1,2,…此时使用参数 ID 指明使用哪块声卡。输出参数 AI 为模拟输入对象,包含多个参数和方法。例如:

```
AI1 = analoginput('winsound');        % 为声卡创建模拟输入对象
AI2 = analoginput('nidaq','Dev1');    % 为 NI 采集卡创建模拟输入对象
```

analogoutput 和 digitalio 函数的用法与 analoginput 函数的用法类似。

11.4.3　添加通道或通路

设备对象创建完毕后必须为其添加通道或通路,否则数据采集或输出将无法进行。MATLAB 中针对模拟输入或输出对象的添加称为通道(channel),针对数字输入或输出对象的添加称为通路(line)。

在 MATLAB 中,为设备对象添加通道或通路的函数有三种,如表 11 - 2 所列。

表 11 - 2　为设备对象添加通道或通路的函数

函　数	描　述
addchannel	为模拟输入或输出对象添加通道
addline	为数字输入或输出对象添加通路
addmuxchannel	为基于 NI 公司多路转换器的模拟输入对象添加通道

addchannel 函数的调用方法有如下几种。

```
chans = addchannel(obj,hwch)
chans = addchannel(obj,hwch,index)
chans = addchannel(obj,hwch,'names')
chans = addchannel(obj,hwch,index,'names')
```

在输入参数中,obj 为模拟输入或输出的设备对象。hwch 为使用数据采集硬件设备的通道序列。index 为 MATLAB 中与实际物理通道序列对应的索引序列,该值不需要与 hwch 完全相同。例如,假设一个采集卡有 8 个通道,其通道序号依次为 0~7,添加第 2、7、4 这三个物理通道,并将这三个通道依次设为 MATLAB 通道对象 chans 的第 1~3 个子对象,那么输入参数 hwch 就应该设为[2 7 4],而 index 应该设为[1 2 3]。

names 为给这些通道指定的描述性名称,当添加一个通道时,names 为一个字符串,当添加多个通道时,names 为多个字符串组成的元组阵列。输出参数 chans 的数据类型为 aichannel,其本质是一个对象,描述了添加通道的信息。

下面的实例命令使用了 NI 公司提供的产品,包括 1 个 PXIe—1065 机箱和 8 块 PXI—6133 采集卡。这些采集卡依次安装在机箱的第 3、4、5、6、15、16、17、18 插槽内。获取其中第 1 块采集卡的通道 ID 序列的命令和结果如下。

```
>> daqinfo = daqhwinfo()  % 获取所有数据采集卡的简要信息
daqinfo =
ToolboxName：'Data Acquisition Toolbox'      % 工具箱名称
ToolboxVersion：'3.3 (R2013a)'               % 工具箱版本号
MATLABVersion：'8.1 (R2013a)'                % MATLAB 版本号
InstalledAdaptors：{3x1 cell}                % 安装的采集硬件
>> daqinfo.InstalledAdaptors
ans =
'nidaq'                                      % NI 采集卡
'parallel'                                   % 并行接口
'winsound'                                   % 声卡
>> nidaqinfo = daqhwinfo('nidaq')            % 获取所有 NI 数据采集卡的信息
nidaqinfo =
AdaptorDllName：
'C:\Program Files\MATLAB\R2013a\toolbox\daq\daq\private\mwnidaqmx.dll'
```

```
%  接口动态链接库的名称(包含路径)
AdaptorDllVersion: '3.3 (R2013a)'              %  动态链接库的版本号
AdaptorName: 'nidaq'                           %  硬件接口名称
BoardNames: {1x8 cell}                         %  板卡名称
InstalledBoardIds: {1x8 cell}                  %  板卡 ID
ObjectConstructorName: {8x3 cell}              %  采集卡对象创建方法
>> nidaqinfo.ObjectConstructorName{1}          %  获取 NI 采集卡对象创建方法
ans =
analoginput('nidaq','PXI1Slot3')
>> ai = analoginput('nidaq','PXI1Slot3');      %  为 NI 采集卡创建对象
>> out = daqhwinfo(ai)                         %  返回该对象对应的 NI 采集卡的详细信息
out =
AdaptorName: 'nidaqmx'                          %  硬件接口名称
Bits: 14                                        %  采样精度
Coupling: {'DC'}                                %  连接方式
DeviceName: 'PXI - 6133'                        %  设备型号
DifferentialIDs: [0 1 2 3 4 5 6 7]             %  通道 ID
Gains: [1 2 4 8]                                %  增益
ID: 'PXI1Slot3'                                 %  设备 ID
InputRanges: [4x2 double]                       %  输入范围
MaxSampleRate: 2500000                          %  最大采样率
MinSampleRate: 0.6                              %  最小采样率
NativeDataType: 'double'                        %  数据类型
Polarity: {'Bipolar'}                           %  极性
SampleType: 'SimultaneousSample'                %  采样类型
SingleEndedIDs: []
SubsystemType: 'AnalogInput'                    %  子系统类型
TotalChannels: 8                                %  通道总数
VendorDriverDescription: 'National Instruments NIDAQmx driver'
                                                %  驱动
VendorDriverVersion: '8.9'                      %  驱动版本号
>> out.DifferentialIDs                          %  返回该对象的通道 ID 序列
ans =
      0     1     2     3     4     5     6     7
```

　　从上述结果可以看到,安装在 3 号插槽('PXI1Slot3')上的 PXI—6133 采集卡有
8 个通道,其 ID 序列为[0 1 2 3 4 5 6 7]。在上述代码的基础上,为设备对象 ai 添加
若干通道的命令如下。

```
>> addchannel(ai,[0 1 2 3])
Index: ChannelName: HwChannel: InputRange: SensorRange: UnitsRange: Units:
   1     ''      0    [-10 10]    [-10 10]    [-10 10]    'Volts'
   2     ''      1    [-10 10]    [-10 10]    [-10 10]    'Volts'
   3     ''      2    [-10 10]    [-10 10]    [-10 10]    'Volts'
   4     ''      3    [-10 10]    [-10 10]    [-10 10]    'Volts'
>> addchannel(ai,[4 7 5],[2:4])
Index: ChannelName: HwChannel: InputRange: SensorRange: UnitsRange: Units:
   1     ''      0    [-10 10]    [-10 10]    [-10 10]    'Volts'
   2     ''      4    [-10 10]    [-10 10]    [-10 10]    'Volts'
   3     ''      7    [-10 10]    [-10 10]    [-10 10]    'Volts'
   4     ''      5    [-10 10]    [-10 10]    [-10 10]    'Volts'
   5     ''      1    [-10 10]    [-10 10]    [-10 10]    'Volts'
   6     ''      2    [-10 10]    [-10 10]    [-10 10]    'Volts'
   7     ''      3    [-10 10]    [-10 10]    [-10 10]    'Volts'
```

　　上述命令中,对设备对象两次添加通道。显示结果中的第一列为物理通道在设备对象中的索引号,第三列为物理通道自身的 ID,例如设备对象的第 2 个通道(Index 为 2)对应采集卡的第 4 个物理通道(HwChannel 为 4),这样可以更加灵活地添加通道。可以看出,调用函数 addchannel(obj,hwch,index)可在原有通道之间插入通道,并且物理通道与其在设备对象中索引的顺序可以是不一致的。

　　将 ai 对象中的某个通道删除的命令为:

```
delete(obj.Channel(index))
```

其中 index 为设备对象中的通道索引。将 ai 对象中的所有通道删除的命令为:

```
delete(obj.Channel)
```

　　接上述例子,将设备对象 ai 中添加的通道删除之后,再为 ai 对象添加通道并命名,代码及结果如下。

```
>> addchannel(ai,[1 2 3],{'ch1','ch2','ch3'})
Index: ChannelName: HwChannel: InputRange: SensorRange: UnitsRange: Units:
   1    'ch1'    1    [-10 10]    [-10 10]    [-10 10]    'Volts'
   2    'ch2'    2    [-10 10]    [-10 10]    [-10 10]    'Volts'
   3    'ch3'    3    [-10 10]    [-10 10]    [-10 10]    'Volts'
```

　　在上述命令产生的结果中,第二列为通道的名称,依次为 'ch1'、'ch2' 和 'ch3'。addline 函数与 addchannel 函数非常类似,其调用方式有如下几种。

```
lines = addline(obj,hwline,'direction')
lines = addline(obj,hwline,port,'direction')
lines = addline(obj,hwline,'direction','names')
lines = addline(obj,hwline,port,'direction','names')
```

　　在输入参数中,obj 为设备对象,hwline 为待添加的硬件设备通路的 ID 或 ID 序列,'direction' 的值只能为 'in' 或 'out',分别表示设备采集数据或输出数据。port 与 addchannel 函数中的 index 参数类似,表示各个设备通路 ID 对应于设备对象中的索引。'names' 为各个通路的描述性名称。

addmuxchannel 函数仅适用于 NI 的支持多路转换器的数据采集卡,其调用方式有以下几种。

```
addmuxchannel(obj)
addmuxchannel(obj,chanids)
chans = addmuxchannel(...)
```

在输入参数中,obj 为 NI 的设备对象,chanids 为硬件设备通道的 ID 或 ID 序列。返回参数 chans 描述了添加到设备对象中的通道。

11.4.4 获取和设置设备对象属性

与 MATLAB 中常见对象的属性获取和设置的方法类似,获取设备对象属性的方法有两种:get 函数和点操作符。设置属性的方法也有两种:set 函数和点操作符。

1. get 函数

get 函数用来获取设备对象的属性或设备对象通道或通路的属性,其基本用法有如下几种:

```
out = get(obj)
out = get(obj.Channel(index))
out = get(obj.Line(index))
out = get(obj,'PropertyName')
out = get(obj.Channel(index),'PropertyName')
out = get(obj.Line(index),'PropertyName')
```

其中 obj 为设备对象或设备对象阵列。obj.Channel(index) 和 obj.Line(index) 分别表示通道或通路。当 get 函数的输入参数仅有设备对象或设备对象的通道或通路时,返回值为设备对象或设备对象通道或通路的所有属性及其取值。当 get 函数有第二个参数 PropertyName 时,则返回 PropertyName 属性的值。

例如,为声卡创建一个设备对象并添加通道、查看其采样率属性和通道名称属性的命令如下。

```
>> ai = analoginput('winsound');
>> get(ai,'SampleRate')
ans =
        8000
>> addchannel(ai,1:2);
>> get(ai.Channel(1:2),'ChannelName')
ans =
    'Left'
    'Right'
```

可以看到,在笔者的计算机上,声卡对象 SampleRate 属性的默认取值为 8 000,而通道名称则分别为 Left 和 Right。

2. set 函数

set 函数的基本用法有以下几种:

```
set(obj)
set(obj,'PropertyName')
set(obj,'PropertyName',PropertyValue,...)
```

其中 set(obj)返回设备对象 obj 的可配置的属性列表。如果属性的取值范围为一个有限的集合,则 set(obj)返回列表中罗列其所有的取值选项。set(obj,'PropertyName')函数返回 obj 对象中名称为 PropertyName 的属性的取值范围。set(obj,'PropertyName',PropertyValue,...)函数将属性 PropertyName 的值设置为 PropertyValue,可以在一次调用 set 函数中设置多个属性的值,例如 set(obj,'Name1', Value1,'Name2', Value2, 'Name3', Value3)。

仍以声卡为例,查看 TriggerType 属性的取值范围,以及修改采样率属性的命令如下:

```
>> ai = analoginput('winsound');
>> addchannel(ai,1:2);
>> set(ai,'SampleRate')
The 'SampleRate' property does not have a fixed set of property values.
>> set(ai,'TriggerType')
[ Manual | {Immediate} | Software ]
>> get(ai,'SampleRate')
ans =
      8000
>> set(ai,'SampleRate',10000)
>> get(ai,'SampleRate')
ans =
      10000
```

可以看到,在执行 set(ai,'SampleRate')查看采样率的取值集合时,提示该属性的取值不是一个有限的集合。而 TriggerType 属性有三种取值:Manual、Immediate 和 Software,默认取值为"{"与"}"包含的 Immediate。上述命令还将声卡设备对象的采样率 SampleRate 属性设置为 10 000。

3. 点操作符

点操作符既可以获取设备对象及其通道或通路的属性值,也可以设置属性。在赋值表达式中,当点操作符连接的表达式作为右值出现时返回属性值,作为左值出现时设置属性值,单独出现时本质上仍为右值,即可以理解为 ans = obj. PropertyName,其中 ans 是默认结果变量,即当输入命令中没有显式地指定表达式的返回值为哪个变量时,MATLAB 会将运算结果自动存储在 ans 变量中。操作实例如下。

```
>> ai = analoginput('winsound');
>> addchannel(ai,1:2);
>> ai.SampleRate
ans =
        8000
>> ai.SampleRate = 10000;
>> ai.SampleRate
ans =
       10000
>> ai.Channel(1).ChannelName
ans =
       Left
>> ai.Channel(1).ChannelName = 'myLeft';
>> ai.Channel(1).ChannelName
ans =
       myLeft
```

在上述代码实例中,使用点操作符获取了声卡的默认采样率值为 8 000,又重新设置其值为 10 000;使用点操作符获取了声卡第一个通道的 ChannelName 属性值为 Left,又将其值修改为 myLeft。

11.4.5　启动设备对象

启动设备对象的基本命令是 start 函数,使用实例如下。

```
>> ai = analoginput('winsound');
>> addchannel(ai,1:2);
>> start(ai)
```

执行 strat 命令后,设备对象的只读属性 Running 的值自动更改为 On;当数据采集或输出完毕,或者执行 stop 命令停止设备对象后,该属性值自动变更为 Off。

11.4.6　采集或发送数据

对于不同的设备对象,处理数据的函数也不相同。

1. 模拟输入设备对象

对于模拟输入设备对象,主要处理数据的函数有 flushdata、peekdata、getdata、getsample 等。其中 flushdata 的作用是清空数据采集设备中的数据。其用法有:

```
flushdata(obj)
flushdata(obj,'mode')
```

其中 flushdata(obj)表示将数据采集设备中的数据全部清空。当在输入参数中设置第二个参数 mode 时,mode 的值有两种选择:all 或 triggers。当 mode 为默认值 all 时,表示清空全部数据,这与不设置 mode 参数的作用是相同的;当 mode 为 triggers

时,设备对象的 TriggerRepeat 属性必须大于 0,此时 flushdata 函数仅清空一个触发采集到的数据。

peekdata 函数的作用是预采集最近的若干数据。其用法有:

```
data = peekdata(obj,samples)
data = peekdata(obj,samples,'type')
```

其中 obj 为设备对象;samples 为采样点数;type 为数据类型,可取的值有 double 或 native,默认值为 double。需要注意的是,peekdata 函数获取样本后,并不会将获取的这些数据从硬件设备中清除。

getdata 函数的作用是从设备对象中读取数据,其常见用法有:

```
data = getdata(obj)
data = getdata(obj,samples)
data = getdata(obj,samples,'type')
```

其中 obj 为设备对象;samples 是采样点数;type 是数据类型,可取的值有 double 或 native,默认值为 double。如果只有一个输入参数 obj,那么 getdata 函数将获取设备中当前的所有数据。输出参数 data 为一个二维阵列,阵列的行数为各通道的采样点数 samples,列数为通道的个数。下面给出实例说明 getdata 与 peekdata 参数的不同。

```
>> ai = analoginput('winsound');
>> addchannel(ai,1);
>> ai.SamplesPerTrigger = 200;
>> start(ai)
>> predata = peekdata(ai,100);
>> data = getdata(ai);
>> figure;subplot(2,2,[1 2]);
>> plot(data);title('getdata(ai)');
>> subplot(2,2,4);plot(predata);title('peekdata(ai,100)');
>> axis([0 100 -0.01 0.04]);
>> data2 = getdata(ai)
??? OBJ is not running and no data is available. Use START before calling GETDATA.
Error in ==> analoginput.getdata at 196
        varargout{1} = getdata(uddobj,samples,dataformat);
>> clear;
```

运行结果如图 11-6 所示。

从运行命令中可以看到,在第二次执行 getdata 函数时产生了一个错误。这是因为 peekdata 函数获取的是当前设备内最后的若干个样本,但是该函数执行完毕后并不清空相应的数据缓存;而 getdata 函数获取的是最前面的若干个样本,并且该函数执行完毕后会清空缓存中相应的数据。所以在代码中执行第一次 getdata(ai) 函数后,ai 缓存中的数据已经被清空了,当再次执行 getdata(ai) 函数时,该函数向设备缓存中请求采集 200 个样本,但这时设备缓存中已经没有数据,所以产生了错误。

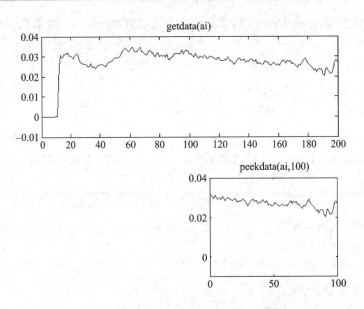

图 11 - 6 getdata 和 peekdata 函数实例运行结果

getsample 函数是从当前设备中的每个通道获取一个样本,其用法为:

```
sample = getsample(obj)
```

其中 obj 为设备对象,sample 为一个值(单通道)或一个向量(向量大小为通道数)。与 peekdata 函数相同的是,getsample 函数执行后并不会清除设备中已读过的数据。注意,getsample 函数不适用于声卡。

2. 模拟输出设备对象

在模拟输出设备对象中,数据操作的函数主要有 putsample 和 putdata。其中 putsample 函数的意义是为各个通道输出一个样本。其用法为:

```
putsample(obj,data)
```

例如,

```
ao = analogoutput('nidaq','Dev1');
addchannel(ao,0:1);
putsample(ao,[1 1])
```

putdata 函数是为各个通道输出若干个样本,其用法为:

```
putdata(obj,data)
```

其中 obj 为模拟输出设备对象,data 为列向量(单通道)或一个数据阵列,其行数为各个通道输出的样本点数,列数为通道的数目。例如,

```
>> ao = analogoutput('winsound');
>> addchannel(ao,1:2);
>> data = sin(2 * pi * [1:8000]/40);
>> data = data.';
>> putdata(ao,[data data])
>> start(ao)
```

此时可以在耳机或音箱中听到一个时长为 1 s 的单频信号。

3. 数字输入/输出设备对象

数字输入/输出设备对象的数据操作函数主要有两个：getvalue 和 putvalue，前者用来获取数据，后者用来输出数据。getvalue 函数的用法为：

```
out = getvalue(obj)
out = getvalue(obj.Line(index))
```

当输入参数为设备对象 obj 时，将获取所有通路的数据；当输入参数为通路对象 obj.Line(index)时，将获取指定一个通路或若干个通路的数据。

putvalue 函数的用法为：

```
putvalue(obj,data)
putvalue(obj.Line(index),data)
```

当第一个输入参数为设备对象 obj 时，将输出所有通路的数据；当第一个输入参数为通路对象 obj.Line(index)时，将获取指定一个通路或若干个通路的数据。data 为列向量（单通路）或数据阵列，阵列的行数为每个通路输出的样本点数，列数为设备对象的通路数目或者选定通路的数目。

11.4.7　停止设备对象

停止设备对象的函数为 stop，其用法为：

```
stop(obj)
```

当输入对象采集完设备中的数据，或者输出对象输出完队列中的数据后，设备会停止而不需要显式地执行 stop 函数。另外，当计时达到设备对象属性 Timeout 的值，或者产生一个运行错误时，设备对象也会停止。

11.5　设备对象的属性

用户利用设备对象完成数据采集和数据输出操作。设备对象拥有各自的属性，用户通过设备对象的属性来控制其工作方式、工作参数和工作状态等，下面对不同的设备对象进行说明。

11.5.1　属性的基本分类

数据采集的设备对象分为三类,即模拟输入对象、模拟输出对象和数字输入/输出对象。从属性上看,模拟输入对象与模拟输出对象的属性较为接近,可以大致分为如图 11-7 所示的几类。

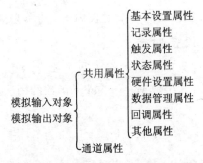

模拟输入对象
模拟输出对象

共用属性
　基本设置属性
　记录属性
　触发属性
　状态属性
　硬件设置属性
　数据管理属性
　回调属性
　其他属性

通道属性

图 11-7　模拟设备对象的属性分类

数字输入/输出对象的属性数量比模拟对象的少很多,因此仅分为共用属性和通路属性。

共用属性(common properties)指添加到某个设备对象中的所有通道或通路共同拥有的属性,其属性值的改变将适用于所有的通道或通路。而通道属性(channel properties)和通路属性(line properties)则仅适用于添加到某个设备对象中的一个通道或通路。

11.5.2　模拟输入/输出对象的共用属性

如前所述,共用属性适用于设备对象中添加的所有通道。以下分别按照图 11-7 所示的类别进行描述。

1. 基本设置属性(basic set properties)

模拟输入对象和模拟输出对象的基本设置属性如表 11-3 所列。

表 11-3　基本设置属性

属　　性	模拟输入	模拟输出	描　　述
SampleRate	√	√	各个通道的模拟数据转换为数字数据的采样率
SamplesPerTrigger	√	×	各个通道每次触发发生后的采样点数
TriggerType	√	√	触发执行的类型

注:√表示在这类对象中有该种属性,×表示在这类对象中没有该种属性,下同。

属性 SampleRate 为采样率,属性 SamplesPerTrigger 为通道触发后的采样点数,属性 TriggerType 为触发类型。关于 TriggerType 的详细说明,可参考本小节稍后介绍的"3.触发属性"的内容。属性 SampleRate 和 SamplesPerTrigger 的应用实例代码如下。

程序 11－1　AudioAcquisitionScript. m

```matlab
% 声音信号采集
ai = analoginput('winsound');
addchannel(ai,1);                        % 添加通道
set(ai,'timeout',5);                     % 定义超时值为 5 s
set(ai,'SamplesPerTrigger',32768);       % 设置采样点数为 32 768
start(ai);                               % 开启设备对象
fs = ai.SampleRate;                      % 获取采样率
[data time] = getdata(ai);               % 获得采样数据
Ns = ai.SamplesPerTrigger;               % 获取采样点数
t = [0:Ns-1]/fs;
stop (ai);                               % 关闭设备对象
delete(ai);                              % 删除设备对象
clear ai;
% 计算采集信号的功率谱
data = data - mean(data(:));
h = spectrum.welch;
Hpsd = psd(h,data,'Fs',fs);
% 绘图
figure;
subplot(211)
plot(t,data);                            % 绘制原始信号
xlabel('时间(s)');ylabel('幅度');
subplot(212);
plot(Hpsd);                              % 绘制功率谱
xlabel('频率(kHz)');ylabel('功率谱(dB/Hz)');
title('');
```

　　上述代码实现了利用声卡采集一段信号并进行简单的功率谱分析的功能。采样率为默认的 8 kHz,通过 set 函数将 SamplesPerTrigger 属性设置为 32 768 点,即大约 4 s 的数据。在计算功率谱时使用了 welch 窗函数。代码执行结果如图 11－8 和图 11－9 所示。

　　图 11－8 和图 11－9 的结果分别是办公室背景噪声的波形和频谱及某个哨音的波形和频谱,从运行结果可以看到,采集到的噪声集中在低频部分,峰值大致在 30 Hz 附近,该哨音的频谱分布在 2.2 kHz 附近。

2. 记录属性(logging properties)

　　记录属性是模拟输入设备独有的属性,用于设置数据存储的文件名称和存储的方式(内存或磁盘)等。这类属性如表 11－4 所列。

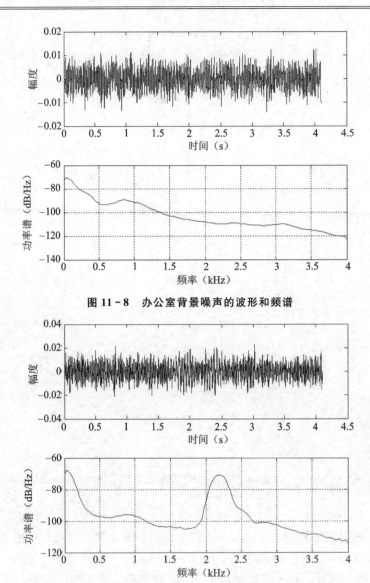

图 11 - 8　办公室背景噪声的波形和频谱

图 11 - 9　哨音的波形和频谱

表 11 - 4　记录属性

属　　性	模拟输入	模拟输出	描　　述
LogFileName	√	×	记录数据的文件名称
Logging	√	×	采集的数据是否在记录中
LoggingMode	√	×	设定采集数据被记录至内存还是硬盘文件
LogToDiskMode	√	×	设定采集数据写入文件的方式

当设置采集数据写入硬盘时,数据将写到由 LogFileName 属性指定的文件中。Logging 属性是一个只读属性,返回当前数据采集设备是否正在将数据存储到内存或磁盘中,如果数据正在被存储,则其值为 On;如果数据记录完毕,或者发生错误,或者调用 stop 命令停止了数据采集对象,那么其值为 Off。LoggingMode 属性的取值有三种:Disk、Memory 和 Disk&Memory,分别表示数据存储至磁盘、内存、磁盘和内存,默认值为内存。如果在进行数据存储时由 LogFileName 属性指定的文件已存在,则根据 LogToDiskMode 属性的设置进行处理。LogToDiskMode 属性可设置的值有两种:OverWrite 和 Index。前者表示文件将被覆盖;后者表示如果文件存在,则自动生成新的文件名。例如,如果文件名为 data.dat,那么数据将被存放在一个新的文件 data01.dat 中,如果 data01.dat 也存在,则继续向后索引 data02.dat,以此类推。执行下列命令。

```
>> ai = analoginput('winsound');     % 创建设备对象
>> addchannel(ai,1);                 % 添加通道
>> set(ai,'LoggingMode')             % LoggingMode 属性的取值集合
     [ Disk | {Memory} | Disk&Memory ]
>> set(ai,'Logging')
??? Error using ==> daqdevice.set at 149
Attempt to modify read-only property: 'Logging'.
>> ai.Logging
ans =
     Off
>> set(ai,'LogToDiskMode')
     [ {Overwrite} | Index ]
>> set(ai,'LogFileName','userdata.dat');
```

从上述命令可以看出 LoggingMode 属性的取值范围及其默认值;Logging 属性为只读属性,调用 set 函数将产生错误;LogToDiskMode 属性的取值范围为 OverWrite 和 Index。

3. 触发属性(trigger properties)

触发属性是模拟输入对象或输出对象操作过程中常用的属性之一。通过触发属性,可以在特定条件下执行用户指定的操作。

模拟输入对象或输出对象的触发属性如表 11-5 所列。

表 11-5　触发属性

属　性	模拟输入	模拟输出	描　述
InitialTriggerTime	√	√	返回第一次触发发生的绝对时间
ManualTriggerHwOn	√	×	设置是否通过手动触发启动硬件设备
TriggerChannel	√	×	设置哪个通道作为触发源

属　性	模拟输入	模拟输出	描　　述
TriggerCondition	√	×	设置触发类型,例如上升沿
TriggerConditionValue	√	×	设置触发执行所必须满足的电压阈值
TriggerDelay	√	×	设置数据记录的延时
TriggerDelayUnits	√	×	设置数据记录延时的单位,为秒或采样点数
TriggerFcn	√	√	声明触发发生时执行的回调函数
TriggerRepeat	√	×	设置触发额外执行的次数
TriggersExecuted	√	√	返回触发执行的次数
TriggerType	√	√	设置触发发生的类型,包括 Immediate、Manual 或 Software

表 11 - 5 中的 InitialTriggerTime 属性为只读属性,例如下面的代码打印第一次声卡信号采集触发发生的绝对时间。

程序 11 - 2　　PrintInitialTriggerTimeScript. m

```
ai = analoginput('winsound');
addchannel(ai,1);
start(ai);
abstime = ai.InitialTriggerTime;
t = fix(abstime);                        % 取整
sprintf('%d-%d-%d %d:%d:%d',t(1),t(2),t(3),t(4),t(5),t(6));
stop (ai);
delete(ai);
clear ai;
```

在上述代码中,abstime 是 InitialTriggerTime 属性的值,其类型为 double 型,是含 6 个元素的行向量,分别存放了触发发生时间的年、月、日、时、分、秒。sprintf 函数打印时间。实例的运行结果如下:

```
ans =
2013 - 12 - 19 0:1:52
```

ManualTriggerHwOn 属性值只有两种选择:Start 或 Trigger,默认值为 Start。这两种选择的意义分别为:如果为 Start,则硬件设备在执行 Start 函数后立即启动;如果为 Trigger,则硬件设备在 Start 函数和 Trigger 函数均被执行后才启动。ManualTriggerHwOn 属性只有在 TriggerType 属性设置为 Manual 时才起作用。

TriggerType 属性有三种选择:Immediate、Manual 或 Software,默认值为 Immediate。当属性值为 Immediate 时,表示触发将在执行 Start 函数后立即发生;为 Manual 时,表示触发在 Trigger 函数执行后发生;Software 选择仅适用于模拟输入设备,表示触发在满足相关的条件后才发生。对于特定的设备,TriggerType 的属性值也可能有其他选择。

TriggerCondition 属性值的可选范围与 TriggerType 属性的值有关。当 Trigger-Type 为 Immediate 或 Manual 时, TriggerCondition 的值只能为 None。当 Trigger-Type 为 Software 时, TriggerCondition 的值可以为 Rising、Falling、Leaving 或 Entering, 分别表示上升沿、下降沿、离开某个范围、进入某个范围, 默认值为 Rising。当 Trig-gerType 为 Software, 且 TriggerCondition 不为 None 时, TriggerConditionValue 属性发生作用, 其值为一个 double 型数字(适用于 TriggerCondition 的值为 Rising 或 Fall-ing)或含有两个元素的 double 向量(适用于 TriggerCondition 的值为 Leaving 或 Entering)。例如执行下列代码设置声卡的触发类型:

```
ai = analoginput('winsound');
ch = addchannel(ai,1);
set(ai,'TriggerChannel',ch)
set(ai,'TriggerType','Software')
set(ai,'TriggerCondition','Falling')
set(ai,'TriggerConditionValue',0.2)
```

TriggerDelay 属性设置了数据记录的延迟值, 默认值为 0。TriggerDelayUnits 属性则表示 TriggerDelay 值的单位, 可以有两种选择: Seconds 或 Samples, 分别表示秒或采样点数, 默认值为 Seconds。在不同的环境下, 用户可能需要在触发之前开始记录数据(pretrigger, 预触发), 也可能需要在触发之后开始记录数据(posttrigger, 后触发), 预触发时 TriggerDelay 的值为负数, 后触发时 TriggerDelay 的值为正数。但是当 TriggerType 属性值为 Immediate 时, TriggerDelay 的值不能为负数。预触发和后触发的示意图如图 11 - 10 所示。

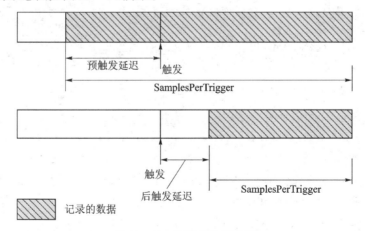

图 11 - 10　预触发和后触发

例如, 利用声卡采集 1 s 数据, 采样率为 32 768, 其中有 0.25 s 的数据(对应 8 192 点)为触发之前的采样, 0.75 s 的数据为触发之后的采样。若想完成上述采集任务,设备对象属性应当进行如下设置。

```
ai = analoginput('winsound');

ch = addchannel(ai,1);

set(ai,'SampleRate',32768);            % 设置采样率

set(ai,'TriggerType','Manual');         % 设置触发模式

set(ai,'SamplesPerTrigger',32768);     % 设置采样点数

set(ai,'TriggerDelayUnits','Seconds');  % 设置触发延迟的单位

set(ai,'TriggerDelay', - 0.25);         % 设置触发延迟
```

TriggerFcn 属性指定了触发发生时执行的回调函数,在默认情况下为空字符串。例如指定一个回调函数的基本用法是:

```
set(ai,'TriggerFcn',@myFunction);
```

其中回调函数 myfunction 的形式通常为:

```
myfunction(obj,event)
    % 函数体
end
```

该函数的输入参数 obj 为设备对象,event 为回调执行对应的事件,例如执行 start 命令。

TriggerRepeat 属性设置了触发额外发生的次数,默认值为 0。默认情况下触发函数只执行一次,如果 TriggerRepeat 不为零,则触发函数将执行 TriggerRepeat+1 次。TriggersExecuted 为只读属性,返回的是触发执行的次数。例如执行下述命令:

```
>> ai = analoginput('winsound');
>> ch = addchannel(ai,1);
>> set(ai,'TriggerRepeat',4)
>> start(ai)
```

间隔几秒后查看 TriggersExecuted 的值为:

```
>> ai.TriggersExecuted
ans =
    5
```

在上述命令中,设置 TriggerRepeat 的值为 4,即触发额外发生 4 次,最终返回触发发生的次数 TriggerExecuted 为 5。

4. 状态属性(status properties)

模拟输入设备和模拟输出设备的状态属性如表 11 - 6 所列。

表 11 - 6　状态属性

属　　性	模拟输入	模拟输出	描　　述
Logging	√	×	返回采集数据是否已被记录到硬盘文件或内存中
Running	√	√	返回设备对象是否正在运行
SamplesAcquired	√	×	返回每个通道已经采集的点数
SamplesAvailable	√	√	返回每个通道缓存中可采集或输出的点数
SamplesOutput	×	√	返回每个通道已输出的点数
Sending	×	√	返回数据是否已被输出至硬件设备

表 11 - 6 中的属性均为只读属性,通常用来判断或监视设备的工作状态。

5. 硬件设置属性(hardware configuration properties)

模拟输入或输出设备的硬件设置属性主要包括数据采集设备的采样率和时钟源等,对于顺序扫描的输入设备来说,还包括通道转换的时间及输入信号的类型等属性。硬件设置属性列表如表 11 - 7 所列。

表 11 - 7　硬件设置属性

属　　性	模拟输入	模拟输出	描　　述
ChannelSkew	√	×	顺序扫描硬件的通道转换时间
ChannelSkewMode	√	×	通道转换时间的模式
ClockSource	√	√	设置时钟源
InputType	√	×	模拟输入信号的类型,例如单端、差分等
SampleRate	√	√	采样率

在介绍 ChannelSkew 属性和 ChannelSkewMode 属性之前,首先给出通道转换时间的概念。很多数据采集设备只有一个 A/D 转换器,在多通道采集时,该转换器通过多路复用的方式进行工作,这时在一个采样周期中,第一个通道进行一次采样和 A/D 转换,其后第二个通道执行相同的工作,依序进行。在一个采样周期中,相邻两个通道进行采样的时间间隔称为通道转换时间,而这类设备则称为顺序扫描设备。通道转换示意图如图 11 - 11 所示。

对模拟输入设备来说,ChannelSkew 属性表示通道转换的时间。该属性仅适用于顺序扫描设备,例如 Measurement Computing 公司(MCC)和 NI 公司的大部分产品;而针对在一个采样周期内各通道同时采样的硬件则无效,例如声卡。Channel-Skew 属性与 ChannelSkewMode 属性结合使用,来共同设置通道转换的时间。对于各通道同时采样的硬件(如声卡),不存在通道转换的问题,此时 ChannelSkewMode 的值为 None,ChannelSkew 的值为 0,并且均不可以设置。对于顺序扫描硬件,不同公司的产品在这两个属性值的选择范围和默认值上具有差异:对于 Advantech(研

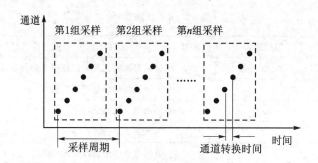

图 11-11　通道转换示意图

华)公司的产品,ChannelSkewMode 只能为 Equisample,表示通道转换时间为采样率
与通道数乘积的倒数,ChannelSkew 属性无效;对于 MCC 公司的产品,Channel-
SkewMode 可以取 Minimum 或 Equisample,默认值为前者,表示硬件支持的最小
值,Equisample 的含义与 Advantech 公司产品的相同,ChannelSkew 属性无效;对于
NI 公司的产品,ChannelSkewMode 可以取 Minimum、Equisample 或 Manual,默认
值为 Minimum,前两种取值的含义与 MCC 公司产品的相同,当取值为 Manual 时,
通道转换时间由 ChannelSkew 属性确定,并且只有当 ChannelSkewMode 取 Manual
时,ChannelSkew 属性才有效。

6. 数据管理属性(analog output data management properties)

数据管理属性仅适用于模拟输出设备,用来设置待输出数据的相关属性,属性列
表如表 11-8 所列。

表 11-8　数据管理属性

属　性	模拟输入	模拟输出	描　述
MaxSamplesQueued	×	√	返回硬件中可存放的最大采样点数
RepeatOutput	×	√	设置数据额外输出的次数
Timeout	√	√	设置从缓存读取数据或向缓存存入数据的时间

MaxSamplesQueued 属性为只读属性,返回当前硬件中可存放的最大采样点数。
该属性的值与 BufferingMode 属性和 BufferingConfig 属性有关,当 BufferingMode
为 Auto 时,MaxSamplesQueued 的值由硬件(主要是数据采集设备的内存资源)决
定,当 BufferingMode 为 Manual 时,MaxSamplesQueued 的值由 BufferingConfig 属
性决定,后者是一个二元素向量,此时 MaxSamplesQueued 的值为 BufferingConfig
中两个值的乘积。下面给出一个实例。

```
>> ao = analogoutput('winsound');      % 创建声卡模拟输出对象
>> addchannel(ao,1);                   % 添加通道
>> ao.MaxSamplesQueued                 % 返回默认最大采样点数
ans =
```

```
    267048448
  >> ao.BufferingMode                       % 返回缓存方式
ans =
Auto
  >> ao.BufferingConfig                     % 返回缓存默认规模
ans =
    512        2
  >> ao.BufferingMode = 'manual';           % 设置缓存方式为手动
  >> ao.BufferingConfig = [1024 1024];      % 设置缓存大小
  >> ao.MaxSamplesQueued                    % 返回更新后的最大采样点数
ans =
    1048576
  >> daqmem(ao)
ans =
winsound0 – AO
    UsedBytes  =      4.00 MB
    MaxBytes  =    509.35 MB
  >> hwinfo = daqhwinfo(ao);
  >> hwinfo.NativeDataType
ans =
int16
```

　　上述命令实例首先为声卡建立了一个模拟输出对象，并添加了两个通道。由默认 MaxSamplesQueued 的返回值可以看出，笔者计算机上可以为设备对象开辟的最大缓存可存储 267 048 448 个采样点。将 BufferingMode 设为 manual，并为 BufferingConfig 属性设置一个二元向量，此时最大缓存可存储的采样点数为 BufferingConfig 中两个元素的乘积。daqmem 函数用来查看该设备已使用的空间以及可开辟的最大缓存空间（509.35 MB），该值为默认的最大缓存可开辟采样点数的 2 倍，NativeDataType 返回了采样的数据类型，为 2 字节整型。

　　RepeatOutput 属性设置了数据额外输出的次数，其默认值为 0。若将该值设置为 N，则表示待输出的信号额外重复输出 N 次，即共输出 $N+1$ 次。例如执行下列代码。

程序 11 - 3　ReapeatOutputPropertyTest. m

```
ao = analogoutput('winsound');              % 创建模拟输出设备对象
addchannel(ao,1);                           % 添加通道
ao.SampleRate = 8000;                       % 设置采样率
t = linspace(0,1,8000);
y = chirp(t,500,1,2000);                    % 生成 chirp 信号
spectrogram(y,256,250,256,8000,'yaxis');    % 查看 chirp 信号的时频特性
putdata(ao,y');                             % 将信号载入缓存
```

```
    set(ao,'RepeatOutput',3);          %  设置额外输出的次数
    start(ao);                         %  启动模拟输出对象
    pause(15);                         %  暂停 15 秒以使信号有足够的输出时间
    stop (ao);
    delete(ao);
    clear ao;
```

上述命令中为声卡建立了一个模拟输出设备,并添加了一个通道,生成了一个
8 000 个采样点、长度为 1 s 的 chirp 信号,其时频特性如图 11 - 12 所示。使用 putdata
函数将数据存放在缓存中,并设置额外输出的重复次数为 3。执行 start(ao)函数后,
在喇叭或音箱中可以听到 4 次 chirp 信号。

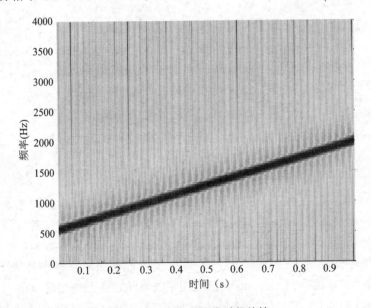

图 11 - 12　chirp 信号时频特性

Timeout 属性表示从模拟输入设备的缓存中读取数据或向模拟输出设备的缓存
中写入数据的时间,单位为秒,读取数据和写入数据的函数分别为 getdata 和 putdata。
例如对于声卡来说,执行下列命令来查看其默认的 Timeout 值。

```
>> ao = analogoutput('winsound');
>> addchannel(ao,1);
>> ao.Timeout
ans =
     1
```

从执行结果来看,通过该声卡创建的模拟输出设备,其默认数据写入缓存的时间
为 1 s。需要注意的是,如果在 Timeout 给定的时间内数据没有从缓存中读取完毕,
或者向缓存写入数据没有完毕,则将会产生一个超时事件,该超时事件将引起回调函

数 RuntimeErrorFcn 的执行,用户可以在此函数中加入错误处理代码。

7. 回调属性(callback properties)

事件和回调是一个非常重要的概念,利用事件和回调可以大大扩展程序的灵活性和应用范围。在数据采集或输出中常常会发生一些事件,例如采样点数达到特定量或超时等,这些事件会触发回调函数,因此可以利用回调函数进行错误处理和数据存储等,以扩展程序的功能,增加程序的灵活性。

数据采集设备对象的回调属性如表 11－9 所列。

表 11－9　回调属性

属　性	模拟输入	模拟输出	描　述
DataMissedFcn	√	×	数据丢失回调函数
InputOverRangeFcn	√	×	输入数据幅度超出预设范围后的回调函数
RuntimeErrorFcn	√	√	发生运行错误时的回调函数
SamplesAcquired	√	×	各通道采样数据量阈值
SamplesAcquiredFcn	√	×	各通道采样数据量达到阈值时的回调函数
SamplesOutputFcn	×	√	各通道输出样本量达到阈值时的回调函数
SamplesOutputFcnCount	×	√	各通道输出样本量阈值
StartFcn	√	√	设备对象启动前执行的回调函数
StopFcn	√	√	设备对象启动后执行的回调函数
TimerFcn	√	√	指定的时间延迟后执行的回调函数
TimerPeriod	√	√	设置时间回调函数的周期
TriggerFcn	√	√	触发发生时执行的回调函数

从上述回调属性可以看出,可以触发回调函数的事件有以下几类。

(1) 数据丢失

如果采集数据丢失,则调用 DataMissedFcn 属性指定的函数,默认为 daqcallback,该函数打印事件类型和设备对象名称。当发生数据丢失后,设备对象将会自动停止采集。

(2) 输入越界

在模拟输入设备对象的通道属性中,InputRange 属性指定了输入信号的幅度范围,如果输入信号幅度超出了这个范围,则产生输入越界事件,并执行属性 InputOverRangeFcn 指定的函数。需要注意的是,属性 InputOverRangeFcn 的默认值为空,只有当该属性指定了函数时,设备对象才会检测是否溢出。

(3) 运行错误

运行错误包括硬件错误和超时。当运行错误发生时将调用 RuntimeErrorFcn 属性指定的函数,默认值为 daqcallback。

(4) 通道输入数据量达到或超过阈值

当各通道采集到的样本数量达到阈值(由属性 SamplesAcquiredFcnCount 设定)时,即执行 SamplesAcquiredFcn 属性指定的函数。SamplesAcquiredFcnCount 的默认值为 1 024,SamplesAcquiredFcn 的默认值为空。

(5) 通道输出数据量达到或超过阈值

当各通道输出的样本数量达到阈值(由属性 SamplesOutputFcnCount 设定)时,即执行 SamplesOutputFcn 属性指定的函数。SamplesOutputFcnCount 的默认值为 1 024,SamplesOutputFcn 的默认值为空。

(6) 设备启动

执行 start 命令会产生一个事件。执行该命令后,首先调用 StartFcn 属性指定的回调函数,当该回调函数执行完毕后,才正式启动设备,默认情况下 StartFcn 为空。执行次序如图 11 – 13 所示。

图 11 – 13　设备启动顺序

(7) 设备对象运行结束

设备对象运行结束事件可以引起执行 StopFcn 属性指定的回调函数。引起设备对象运行结束事件的条件有下列几种:

● 执行 stop 命令。

● 对于模拟输入设备对象,已经采集到预设数量的数据或者数据丢失;对于模拟输出设备对象,已经输出了预设数量的样本。

● 产生了一个运行错误。

发生上述任何一种条件都会引起设备对象运行结束事件,从而引起执行 StopFcn 属性指定的回调函数。默认情况下 StopFcn 属性为空。

(8) 计　时

从设备对象开始运行时算起,经过属性 TimerPeriod 设定的时间后,产生一个计时事件,从而引起执行 TimerFcn 属性指定的回调函数。TimerPeriod 的单位是秒,默认值为 0.1。TimerFcn 的默认值为空。

(9) 触　发

有关触发事件的内容在本小节的"3.触发属性"中有详细介绍,这里不做赘述。

在上述九种事件中,数据丢失、输入越界、采集到指定数量的样本这三种事件仅适用于模拟输入设备对象,输出指定数量的样本仅适用于模拟输出设备对象,其余事件适用于模拟输入或模拟输出对象。

下面是对 SamplesAcquiredFcn 回调属性的使用实例,在当前工作目录下新建 audioDAQ_SamplesAcquiredFcn. m 函数文件,并在该函数文件中输入以下代码。

程序 11 - 4　audioDAQ_SamplesAcquiredFcn. m

```
function audioDAQ_SamplesAcquiredFcn()
% 测试 SamplesAcquiredFcn 回调函数
global ai;
global data;
global time;
ai = analoginput('winsound');
addchannel(ai,1);        % 添加通道
set(ai,'SamplesPerTrigger',8000);
set(ai,'SamplesAcquiredFcnCount',4000);
set(ai,'SamplesAcquiredFcn',@myGetdata);
duration = ai. SamplesPerTrigger / ai. SampleRate; % 持续时间
start(ai);
wait(ai,duration);
stop (ai);
delete(ai);
clear ai;
end      % end of function audioDAQ_SamplesAcquiredFcn()

function [] = myGetdata(obj,event)
global ai;
global data;
global time;
[data time] = getdata(ai,4000); %  获得采样数据
figure;
plot(time,data);
xlabel('时间(s)'); ylabel('幅度 ');
end  % end of function myGetdata()

% end of audioDAQ_SamplesAcquiredFcn. m
```

　　上述函数文件包含了一个内部函数 myGetdata,用来获取数据并对数据进行绘
图操作。在函数 audioDAQ_SamplesAcquiredFcn 中,设置采集的样本数为 8 000,但
是由于设置 SamplesAcquiredFcnCount 属性的值为 4 000,设置 SamplesAcquiredFcn
属性的值为@myGetdata,所以当每采集到 4 000 个样本时,将会调用一次 myGetdata
函数,因此一共调用两次 myGetdata 函数。运行的结果是绘制两幅采集到的原始信
号的时域图像,图 11 - 14 是某次采集噪声的执行结果。

8. 其他属性(general purpose properties)

　　除了以上提到的各类属性外,数据采集设备对象还包括如表 11 - 10 所列的
属性。

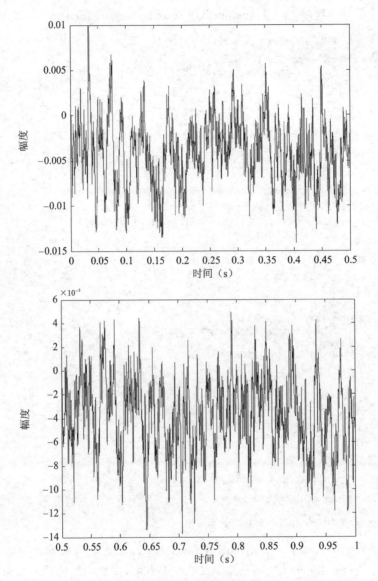

图 11 - 14　SamplesAcquiredFcn 回调实例运行结果

表 11 - 10　其他属性

属　性	模拟输入	模拟输出	描　述
BufferingConfig	√	√	设置每个通道分配的缓存空间
BufferingMode	√	√	设置分配缓存的方式：自动或手动
Channel	√	√	返回为设备对象添加的硬件通道
EventLog	√ ·	√	存储特定事件发生的提示信息

属　　性	模拟输入	模拟输出	描　　述
Name	√	√	设置设备对象的名称
OutOfDataMode	×	√	设置输出完毕后模拟输出子系统的数据状态
Tag	√	√	设置设备对象的标签
Timeout	√	×	设置采集数据的等待时间
Type	√	√	类型(值为 Analog Input 或 Analog Output)
UserData	√	√	用户数据

BufferingConfig 和 BufferingMode 属性的用法在数据管理属性的 Max Samples-Queued 属性中已有说明及实例。BufferingMode 的值可设为 auto 或 manual,前者表示自动为设备对象设置缓存大小,后者表示用户自己设置缓存大小。Buffering-Config 的值为一个二元向量[M N],其中 M 为缓存块的大小(单位为点数),N 为缓存块的数量。

EventLog 属性记录一次数据采集流程中发生的所有事件,例如执行下述命令:

```
>> ai = analoginput('winsound');
>> addchannel(ai,1:2);
>> start(ai);
>> wait(ai,2);  % 等待2s
>> events = ai.EventLog;
>> events
events =
1x3 struct array with fields:
    Type
    Data
>> {events.Type}
ans =
    'Start'    'Trigger'    'Stop'
>> {events.Data}
ans =
    [1x1 struct]    [1x1 struct]    [1x1 struct]
>> events(2).Data
ans =
       AbsTime: [2013 12 19 0 10 28.7299]
     RelSample: 0
       Channel: []
       Trigger: 1
>> events(3).Data
ans =
       AbsTime: [2013 12 19 0 10 29.7351]
     RelSample: 8000
```

从命令的执行结果可以看出,一共发生了三个事件:Start、Trigger 和 Stop。记录不同事件的 Data 结构体有不同的子域,Trigger 事件的 Data 结构体拥有 AbsTime、RelSample、Channel 和 Trigger 四个结构体子域,Stop 事件的 Data 结构体有 AbsTime 和 RelSample 两个结构体子域。命令中 wait 的作用是,令数据采集设备对象有足够的时间采集指定数量(默认为 8 000)的数据。

OutOfDataMode 属性用来说明当数据输出结束后,保存在模拟输出子系统中的值的类型。对于部分模拟输出设备,当数据阵列输出完毕后,在硬件中通常还会保持一个数值,如何选择该数值则由 OutOfDataMode 属性来控制。该属性有两个取值:Hold 或 DefaultValue,默认值为 Hold。Hold 表示数据输出结束后硬件中保存输出数据阵列的最后一个值;DefaultValue 表示数据输出结束后,硬件中保存属性 DefaultChannelValue 的值,该属性属于通道属性。

UserData 属性的基本作用是:存放与设备对象相关的数据,例如,如果对采集到的数据进行滤波操作,那么可以使用 UsersData 属性来存储滤波器的系数。命令如下所示。

```
>> ai = analoginput('winsound');
>> addchannel(ai,1);
>> coeff.a = 1.0;
>> coeff.b = -1.25;
>> set(ai,'UserData',coeff)
```

此外,UserData 属性还可以用于回调函数之间的数据传输。可通过 set 或 get 函数来设置或获取 UserData 属性的值。

11.5.3　模拟输入/输出对象的通道属性

与共用属性不同,模拟输入对象和模拟输出对象的通道属性属于单个通道。各个通道属性如表 11-11 所列。

表 11-11　通道属性

属　性	模拟输入	模拟输出	描　述
ChannelName	√	√	通道名称
DefaultChannelValue	×	√	数据输出完毕后保存在模拟输出系统中的值
HwChannel	√	√	设置选取的硬件通道 ID
Index	√	√	设置选取的通道在设备对象中的索引
InputRange	√	×	设置测量范围
NativeOffset	√	√	数字信号与 double 型数据转换的偏移量
NativeScaling	√	√	数字信号与 double 型数据转换的缩放比
OutputRange	×	√	设置输出范围
Parent	√	√	通道对象所属的设备对象

续表 11 - 11

属　性	模拟输入	模拟输出	描　述
SensorRange	√	×	设置传感器输出范围
Type	√	√	类型（值为 Channel）
Units	√	√	设置外界物理量单位
UnitsRange	√	√	设置外界物理量取值范围

属性 ChannelName 表示通道的描述性名称，以方便用户理解。HwChannel 和 Index 分别表示选取的硬件通道 ID 序列及其在设备对象中的索引，这两者通常是不同的，例如对于一个 8 通道采集卡，可以依序选择其中的第 2、7、4 三个通道，而其在设备对象中的索引则为 1、2、3，这时属性 HwChannel 的值为"[2 7 4]"，属性 Index 的值为"[1 2 3]"。这两个属性的使用实例见 11.4.3 小节。

属性 DefaultChannelValue 与表 11 - 10 中提到的属性 OutOfDataMode 结合使用，用来控制数据输出结束后保存在硬件中的数据。当 OutOfDataMode 属性为 Hold 时，数据输出结束后硬件中保存输出数据阵列的最后一个值，此时 DefaultChannelValue 属性没有意义；当 OutOfDataMode 属性为 DefaultValue 时，数据输出结束后，硬件中保存属性 DefaultChannelValue 的值。

属性 NativeScaling 和 NativeOffset 用来控制数据采集和输出过程中不同步骤数据之间的转换。如图 11 - 15 所示，在数据采集过程中，对模拟输入信号进行采样，获得时间离散信号，再进行 A/D 转换，获得数字信号，但数字信号的物理意义通常并不明确，这时需要对其进行标度变换，获得与原物理量对应的双精度数据。数据输出过程与数据采集过程刚好相反。

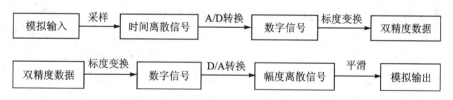

图 11 - 15　数据采集和输出过程中的信号流

设数字信号为 S_{dig}，双精度数据为 S_{dbl}，则对于模拟数据采集过程，变换关系为

$$S_{dbl} = S_{dig} \cdot NativeScaling + NativeOffset$$

对于模拟数据输出过程，变换关系为

$$S_{dig} = S_{dbl} \cdot NativeScaling + NativeOffset$$

例如，查看笔者计算机上声卡设备对象相关属性值的命令实例如下。

```
>> ai = analoginput('winsound');
>> addchannel(ai,1);
>> 1/ai.Channel.NativeScaling
```

```
ans =

    32767.5
>> 1/ai.Channel.NativeOffset
ans =

     65535
>> ai.Channel.InputRange
ans =

   -1        1
>> ao = analogoutput('winsound');
>> addchannel(ao,1);
>> ao.Channel.NativeScaling
ans =

    32767.5
>> ao.Channel.NativeOffset
ans =

  -0.5
>> ao.Channel.OutputRange
ans =

   -1        1
```

该声卡为 16 位采样,所以数字信号的取值范围为 $-32\,768 \sim 32\,767$。在模拟输入对象中,NativeScaling 的值为 $1/32\,767.5$,NativeOffset 的值为 $1/65\,535$,利用上述提供的标度变换关系式可得,双精度数据的范围为 $-1 \sim 1$,这与该声卡的输入范围(属性 InputRange 的返回值)相同。在模拟输出的情形下,NativeScaling 的值为 $32\,767.5$,NativeOffset 的值为 -0.5,在双精度数据取值范围为默认的 $-1 \sim 1$ 时,通过标度变换关系式可以计算得到数字信号的取值范围为 $-32\,768 \sim 32\,767$。

属性 UnitsRange、SensorRange、Units 和 InputRange 用来计算真实的外界物理量的大小。数据采集系统的前端通常是一个传感器,以将外界物理量转换为电信号,例如压电传感器将压力(单位为牛顿,N)转换为电压信号(单位为伏特,V),这里的压力就是外界物理量,而电压信号就是传感器数据,采集数据是采集系统最终获得的数据。通过设置外界物理量的取值范围(UnitsRange)和传感器数据的取值范围(SensorRange),再利用采集数据,最终可计算得到真实的外界物理量,具计算关系式为

$$\text{ScaledValue} = (\text{ADvalue}) \cdot (\text{UnitsRange})/(\text{SensorRange})$$

式中的 ADvalue 为采样数据,ScaledValue 为计算得到的物理量。

例如,设一个加速度计可测量的取值范围为 $-10g \sim +10g$(g 为重力加速度,$1g = 9.8 \text{ m/s}^2$),对应输出电压的取值范围为 $-2 \sim +2$ V,则属性 UnitsRange 的值为 $[-10\ 10]$,属性 SensorRange 的值为 $[-2\ 2]$。设使用 NI 公司的某种型号的采集卡进行采集,则执行下列命令可以对属性进行设置。

```
>> ai = analoginput('nidaq',1);
>> addchannel(ai,0);
>> ai.Channel.SensorRange = [-2 2];
>> ai.Channel.UnitsRange = [-10 10];
>> ai.Channel.Units = 'g (1g = 9.8m/s/s)';
```

属性 InputRange 的取值是一个有限的集合,对于选定的采集卡,该集合是确定的。例如,上述采集卡的 InputRange 属性的取值范围如下。

```
>> aiinfo = daqhwinfo(ai);
>> aiinfo.InputRanges
ans =
   -0.0500    0.0500
   -0.5000    0.5000
   -5.0000    5.0000
  -10.0000   10.0000
```

以上结果表示 InputRange 只能取上述四个值。在属性 SensorRange 的值确定后,InputRange 应设置为可以包含 SensorRange 的最接近的值。例如在上述加速度的实例中,SensorRange 取[-2 2],那么 InputRange 应设为[-5 5],即

```
>> ai.Channel.InputRange = [-5 5];
```

若某次测量中获得的采集数据为 1.2,则可得到加速度为 $1.2 \times 20/4g = 6g$。

11.5.4　数字输入/输出对象的共用属性

数字输入/输出对象的共用属性如表 11-12 所列。

表 11-12　数字输入/输出对象的共用属性

属　性	描　述
Line	为数字设备对象添加的通路
Name	添加的通路的名称
Running	设备对象运行状态
Tag	设备对象的标签
TimerFcn	计时回调函数
TimerPeriod	计时时间长度
Type	类型(值为 Digital IO)
UserData	用户数据

11.5.5　数字输入/输出对象的通路属性

数字输入/输出设备对象的通路属性如表 11-13 所列。

表 11 - 13　数字输入/输出对象的通路属性

属　性	描　述
Direction	设备对象的数据流方向（输入或输出）
HwLine	设置硬件通路 ID
Index	硬件通路的 MATLAB 索引
LineName	通路名称
Parent	通路所在的设备对象
Port	端口 ID
Type	类型（值为 Line）

下面对数字输入/输出对象的属性进行说明。首先使用下列命令获取当前计算机上可用的数据采集设备。

```
>> info = daqhwinfo
info =
          ToolboxName: 'Data Acquisition Toolbox'
       ToolboxVersion: '3.3 (R2013a)'
        MATLABVersion: '8.1 (R2013a)'
     InstalledAdaptors: {2x1 cell}
>> info.InstalledAdaptors
ans =
    'parallel'
    'winsound'
```

声卡是模拟设备，不能用于数字输入/输出对象的创建，执行下列命令将会产生错误。

```
>> dio = digitalio('winsound');
??? Error using ==> digitalio.digitalio at 115
The specified device ID does not support this subsystem.
```

parallel 表示并行接口，尝试执行下列命令。

```
>> dio = digitalio('parallel');
Warning: This Parallel adaptor ('parallel') will not be provided in future releases of
Data Acquisition Toolbox. Instead, it will be available as a separate download.
See Solution 1 - 5LI90A for details.
>> addline(dio,0:3,'in');
>> dio.Type
ans =
Digital IO
>> dio.Line
   Index:  LineName:  HwLine:  Port:  Direction:
   1       'Pin2'     0        0      'In'
   2       'Pin3'     1        0      'In'
   3       'Pin4'     2        0      'In'
   4       'Pin5'     3        0      'In'
```

从以上结果可以看到,并行接口支持数字输入/输出设备对象的创建,但是这里产生了一个警告,指出在以后更新的数据采集设备工具箱版本中,该并口设备将不再可以创建数字设备对象。

从执行结果中还可以看到部分数字输入/输出设备对象的属性及其通路属性。

数字输入/输出对象属性的操作方式与 analoginput 和 analogoutput 对象类似,这里不再做详细说明。

11.6　软件示波器

11.6.1　启动软件示波器

在进行数据采集的过程中,经常需要对各通道的数据进行查看和分析,采用MATLAB 提供的软件示波器功能可以很方便地完成这一功能。在 MATLAB 中,通过 softscope 函数启动软件示波器。softscope 函数的启动方法有以下三种。

（1）直接调用 softscope 函数

如果不输入参数,直接调用 softscope 函数,则函数启动后会自动启动硬件配置向导,如图 11-16 所示。用户可以根据需要选择合适的硬件设备,并正确进行参数设置。

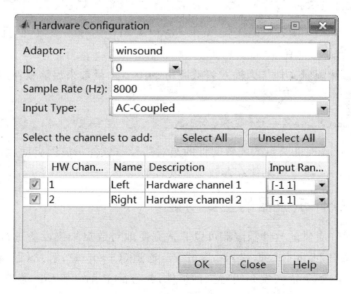

图 11-16　软件示波器硬件设置向导

通过如图 11-16 所示的硬件设置向导完成数据采集硬件的设置后,即启动了软件示波器界面,如图 11-17 所示。

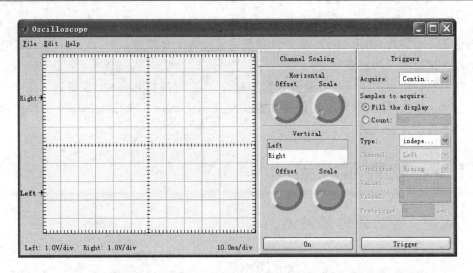

图 11-17　软件示波器界面

(2) 将 analoginput 对象作为输入参数调用 softscope 函数来启动软件示波器

实例命令如下。

```
>> ai = analoginput('winsound',0);
>> addchannel(ai,1);
>> softscope(ai);
```

注意,softscope 函数只能接收 analoginput 对象作为输入参数,而且该对象至少应当拥有一个输入通道。

(3) 将参数配置文件作为输入参数调用 softscope 函数来启动软件示波器

命令是:

```
>> softscope('d:\mysetting.si');
```

其中 d:\mysetting.si 为参数配置文件的绝对路径。软件示波器启动后,可以通过选择 File→Save As 菜单项来保存参数配置文件。

11.6.2　软件示波器的主要功能

MATLAB 提供的软件示波器可以非常方便地对数据采集设备进行控制。软件示波器的主要组件包括数据显示(display)、通道(Channel)、触发(Trigger)和测量(Measurement)。下面依次介绍后三种组件,并且简单介绍其 File 菜单项和 Edit 菜单项。

1. Channel Scaling(通道显示缩放)界面框

Channel Scaling 界面框用来控制左侧波形显示界面的坐标轴,它包含两部分:水平显示控制(Horizontal)和垂直显示控制(Vertical),分别对 X 轴(时间轴)和 Y 轴

（幅度轴）进行调节。

Offset 旋钮表示坐标轴偏置。Horizontal 下的 Offset 控制 X 轴（时间轴）的偏置，Vertical 下的 Offset 控制 Y 轴（幅度轴）的偏置。对于声卡来说，由于添加了 Left 和 Right 两个通道，所以选择不同通道将调节相应通道的幅度偏置。

Scale 旋钮用来对坐标轴进行缩放，即控制坐标轴上每刻度所表示的具体的时间值或幅度值。Horizontal 下的 Scale 控制 X 轴每刻度所表示的时间，Vertical 下的 Scale 控制 Y 轴每刻度所表示的幅度。

On 按钮控制所选通道是否在左侧的坐标系统中显示。

2. Triggers（触发）界面框

Triggers 界面框通过触发方式对数据采集行为进行控制。包括以下部分。

（1）Acquire（采样模式）下拉菜单

Acquire 下拉菜单用来控制数据采集的方式，包括三个选项：One Shot、Continuous 和 Sequence。One Shot 表示示波器在一个采集过程结束之后自动停止采样。一个采集过程的时间由 Triggers 界面框下的 Samples to acquire 选项和采样率决定。

Continuous 选项（连续采集）和 Sequence 选项（顺序采集）均为连续采集，但它们有所不同。Sequence 选项除了连续采集之外，其触发类型必须为 dependent，即依赖信号本身的特性，并且在每个采集过程都要进行触发。而对于 Continuous 选项，其触发方式可以为 independent 或 dependent，当触发方式选为 dependent 时，其只需满足第一个采集过程的触发条件即可进行连续采集。

（2）Samples to acquire（采样点数）选项

Samples to acquire 选项控制一个采集过程的采样点数。当选择 Fill the display 时，一个采集过程的时间长度为左侧坐标系 X 轴（时间轴）显示的长度。例如图 11-18 显示了默认时的 X 轴，右下角显示单位为 10.0 ms/div，即坐标系中每个灰色格子的宽度为 10 ms，X 轴上共有 12 个分割，那么时间总长度为 120 ms，即一个采集过程的时间长度为 120 ms。

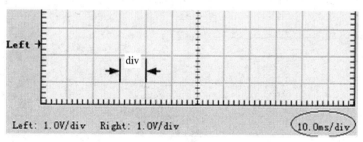

图 11-18　软件示波器波形界面

当选择 Count 时，可以在右侧的文本框中输入一定范围内的正整数，表示一次采集过程的采样点数。该范围的上限值为 100 000，下限值与采样率有关，为采样率乘以 0.008(ms) 后向下取整。采样点数除以采样率即为采集过程的时间。

(3) Trigger Type(触发类型)选项区

在 Trigger Type 选项区里有 Type、Channel、Condition、Value1、Value2 和 Pretrigger 等选项。

Type 选项为下拉菜单,有 dependent 和 independent 两种选择。前者表示触发与通道数据有关,数据需要满足相关选项设置的条件。后者表示数据采集过程的触发与数据无关,单击 Trigger 按钮后立即开始数据采集。当 Type 选择为 independent 时,相关的触发条件选项均变为灰色,即不可选取或设值。当 Type 选择为 dependent 时,触发与数据相关,此时 Type 下方的选项才能进行选取或设值。

Channel 下拉菜单用于选择触发通道。

Condition 下拉菜单列出了各类触发条件。对于声卡来说,如图 11 - 19 所示,其中包括 Rising(上升沿)、Falling(下降沿)、Leaving(离开)、Entering(进入)。当选择 Rising 或 Falling 时,可以编辑 Value1,其值表示信号上升沿或下降沿的幅度阈值,只有超过该值才能触发,而 Value2 则不可编辑。当选择 Leaving 或 Entering 时,Value1 和 Value2 都可以编辑,并且确定了一个区间,此时 Leaving 和 Entering 分别表示信号离开该区间或进入该区间时才能触发。

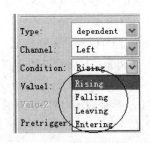

图 11 - 19　Value1 选项列表

Pretrigger 选项是一个文本编辑框,表示预触发延迟,默认值为 0 秒,可以填写正数。如图 11 - 20 所示,右下角设置 Type 为 dependent,触发通道为 Left,触发类型为上升沿,Value1 设置为 0.5,表示上升沿的幅度为 0.5,Value2 不可编辑,Pretrigger 设置为 0.1 秒。设置完毕后单击 Trigger 按钮,敲击麦克,采集到的信号如图 11 - 20 左侧波形界面所示。

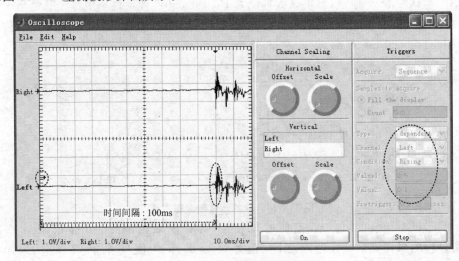

图 11 - 20　软件示波器信号采集界面

从执行结果可以看到,在采集信号的第 0.1 秒处开始出现较大幅度的波动,即为敲击麦克所产生的震动。由此可见,Pretrigger 选项设置了采集的预触发延迟。

3. Measurements 界面框

软件示波器提供的 Measurements 功能用来对采集到的数据波形进行基本的数值测量。Measurements 界面框在图 11 − 17 中尚未显示,选择 Edit→Measurement 菜单项,打开 Measurement Editor 对话框,如图 11 − 21 所示。

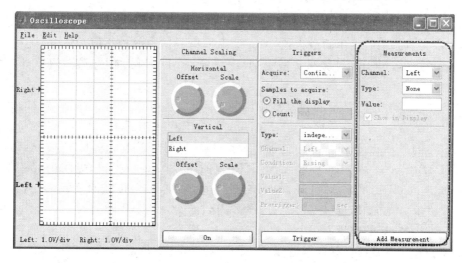

图 11 − 21　Measurement 界面框编辑窗口

在 Measurements 选项卡中,Channel 和 Type 下拉菜单按照默认值即可,也可以对这两个参数进行设置。方法是:单击 Add 按钮,然后单击 OK 按钮。此时在软件示波器界面中出现了 Measurements 界面框,如图 11 − 22 的右侧所示。

图 11 − 22　打开了 Measurements 界面框的软件示波器界面

在 Channel 选项的下拉菜单中列出了添加的通道名称,例如对于图 11 - 22 实例,包含了声卡的 Left 和 Right 两个通道。

在 Type 选项的下拉菜单中,列出了可以使用的测量或计算方法。例如其中的 Horiz 和 Vert 分别表示水平和竖直的测量光标,可以用来测量幅度和时刻。添加光标后,可以将鼠标移动到测量光标上,当鼠标形状变为手形时,则可以单击并拖动测量光标到需要的位置。例如图 11 - 23 显示了使用水平光标测量一段信号的峰-峰值。在坐标系中,为左通道采集到的波形信号添加了两个 Horiz 水平光标,移动光标至波形的峰值和谷值,可以看到测量的峰值为 0.466 67,谷值为-0.400 0,因此可以计算得到峰-峰值。

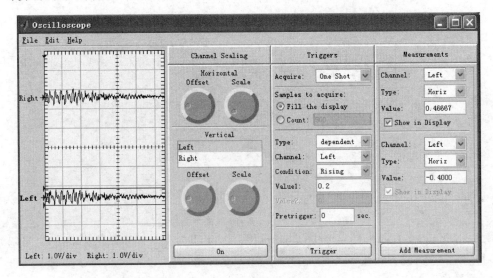

图 11 - 23　软件示波器采集信号

在 Type 下拉菜单中,除了 Horiz 和 Vert 以外,还有其他测量或计算的功能。例如,Max 计算采集数据中的最大值,Min 计算采集数据中的最小值,Mean 计算采集数据的平均值,Pk2Pk 计算采集数据的峰-峰值,RMS 计算均方根值,STD 计算标准差。

除了软件示波器自带的若干测量函数外,用户还可以自定义测量函数。选择 Edit→Measurements 菜单项,打开 Measurement Editor 对话框,如图 11 - 24 所示,选择其中的 Measurement Type 选项卡。在 Type 文本框中输入测量方法的名称;在 MATLAB function 文本框中输入 MATLAB 的函数;Cursor type 表示光标类型,可以选择 None(不使用光标)、Horizontal(水平光标)或 Vertical(垂直光标)。例如,图中定义计算方差的 Type 名称为 variance,用到的 MATLAB 函数为 var,不使用光标。因此,在以后的测量方法中可以选择 variance。

用户也可以直接在软件示波器中的 Measurements 界面框下的 Type 下拉菜单中选择 New 来打开新建测量函数的对话框,如图 11 - 25 所示。

图 11 - 24　Measurement Type 选项卡

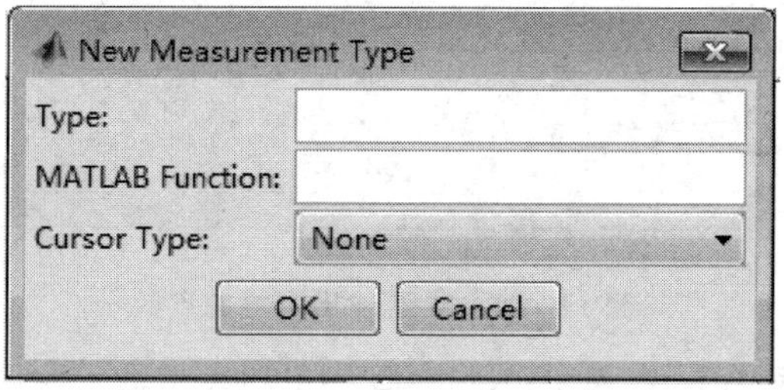

图 11 - 25　新建测量函数

在软件示波器的 Measurements 界面框中,单击下方的 Add Measurement 按钮可以添加更多的 Measurement 元素。

4. File 菜单

File 菜单下的重要命令是导出通道或测量结果中的数据,如图 11 - 26 所示。

依次选择 File→Export→Channels 菜单项,打开通道导出对话框,如图 11 - 27 所示。其中 Data destination 下拉菜单可以选择通道数据导出的方式,选项 Work-space(array)表示将选择的通道数据导出为数值阵列,Workspace(Scaling structure) 表示将数据输出为结构体,Figure 表示将数据输出为图像,MAT-file 表示将数据输出为 MAT 数据文件。Samples to export 选项可以设置输出数据的点数。

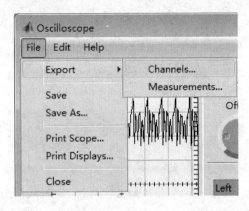

图 11 - 26　导出通道或测量数据

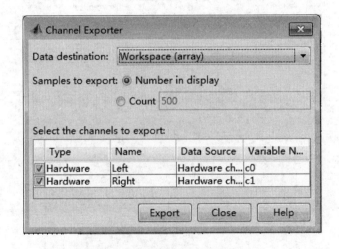

图 11 - 27　设置输出数据的点数

File→Export 菜单下的 Measurements 菜单项表示输出测量或计算得到的数据。

File 菜单下的 Save 和 Save As 菜单项分别表示对软件示波器执行保存和另存操作,软件示波器保存文件的扩展名为. si。Print Scope 用来打印软件示波器,Print Displays 用来打印软件示波器中数据显示的坐标系部分。

5. Edit 菜单

Edit 菜单的选项如图 11 - 28 所示。

Edit 菜单各选项的含义是:

- Sample Rate,设置采样率。
- Hardware,打开硬件设备对话框,选择硬件设备,并对其部分属性进行设置。
- Scope,打开示波器属性设置对话框。构成示波器的组件有 Display(坐标系显示部分)、Channel(通道)、Trigger(触发)、Measurement(测量)。用户可以在示波器属性对话框中对这些组件的属性进行设置。

- Channel,打开通道对话框,设置通道的详细属性。
- Measurement,打开测量对话框,设置测量的详细属性。
- Show Display Labels,显示坐标系中数据显示的标签。

图 11-28　编辑菜单

11.7　数据采集和数据输出实例

11.7.1　数据采集实例

数据采集过程中的一个重要概念是采集的时间长度,根据这个分类标准,数据采集通常可以分为两类:第一类是采集之前已经确定时间长度;第二类是采集之前时间未知,通过捕捉采集过程中发生的一些特定条件或事件来停止采集。下面给出两个实例,分别实现这两类采集过程。

1. 采集时长已确定

对数据采集对象并不能直接设置采集时间。对于已确定了时间长度的数据采集过程,关键是要正确设置采样率(属性 SampleRate)和采样点数(属性 SamplesPer-Trigger)。设采样时间为 T,采样率为 SampleRate,采样点数为 Samples,则有

$$T = \frac{\text{Samples}}{\text{SampleRate}}$$

下面的实例程序是使用声卡采集 10 s 的信号,代码如下。

程序 11-5　**AudioAcquisitionInFixedDuration.m**

```
duration = 10;                        % 数据采集时间长度
ai = analoginput('winsound');
addchannel(ai, 1);
sampleRate = get(ai, 'SampleRate');
requiredSamples = floor(sampleRate * duration);  % 数据采集点数
set(ai, 'SamplesPerTrigger', requiredSamples);
waitTime = duration * 1.1 + 0.5;
start(ai)                             % 启动
tic
```

```
wait(ai, waitTime);
toc
[data, time] = getdata(ai);        % 获取数据
figure;                            %%%% 绘图
plot(time,data);                   % 绘图
xlabel('时间(s)');                 % 设置 x 轴
ylabel('信号(V)');                 % 设置 y 轴
title('声卡采集得到的数据');        % 设置标题
grid on;                           % 显示网格
wavplay(data,sampleRate);          %%%% 播放采集到的信号
delete(ai);
clear ai;
```

执行上述代码,运行结果为:

```
>> Elapsed time is 10.019781 seconds.
```

在代码中,通过设置设备对象的 SamplesPerTrigger 属性,即采样点数,使其等于采样率与采集时长的乘积,从而确定了采样信号的时长。floor 函数是向下取整的。tic 和 toc 是成对使用的计时函数,返回它们之间代码的执行时间。wait 函数是等待模拟输入设备或模拟输出设备,直到设备停止运行。这里设置 wait 函数执行的时间长度为 11.5 s,然而执行结果显示仅使用了约 10.02 s,说明 wait 函数在采集或输出设备停止运行后立即返回。wavplay 函数用于播放数据,其中第二个输入参数为待播放数据的采样率。

采集到的信号的波形如图 11 - 29 所示。

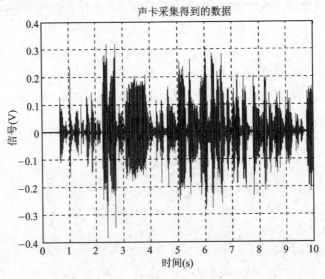

图 11 - 29　声卡采集数据实例结果

2. 采集时长不确定

第二类数据采集的时长在采集前是不确定的,设备进行连续采集,直至发生某个给定的条件时立即终止采集。这类数据采集的一个重要问题是,由于采集时长不确定,所以采集到的数据量也是不确定的。如果给定条件发生较晚,那么就会采集到大量数据,有可能超出初设缓存的大小。为此需要及时从缓存中取出数据,以防止发生数据溢出。在采集卡存储空间充足的情况下,可以利用对象的 UserDatat 域存储数据。

下面的实例来源于 MATLAB 提供的演示程序,它使用声卡采集声音数据,利用回调函数 TimerFcn 对数据进行监控,每 0.5 s 使用 getdata 函数读取一次数据。由于默认的采样率为 8 000,所以每 4 000 点进行读取数据和 FFT 处理,当在 2 500~3 000 Hz 频率范围内的信号幅度超过给定的阈值时即停止采集,并绘制采集到所有数据的时域图。

程序包含 3 个文件,以下一一进行说明。

程序 11-6　Continuously_Acquire_Data.m

```
ai = analoginput('winsound');
addchannel(ai,1);
set(ai,'SamplesPerTrigger',Inf);      % 设置采样点数为无限
set(ai,'TimerPeriod',0.5);            % 设置计时器回调函数执行周期
figure;                               % 绘制实时信号的频谱图
P = plot(zeros(1000,1));
T = title(['实时信号 FFT,回调函数执行次数:', num2str(0)]);
xlabel('频率(Hz)')
ylabel('幅度')
grid on;
set(ai,'TimerFcn',{@demoai_continuous_timer_callback,P,T});
start(ai);
while(strcmpi(get(ai,'Running'),'On'))  % 连续执行直至接收到 Stop 状态
    pause(0.5);
end
allData = get(ai,'UserData');

% 绘制采集到的所有数据
figure;
plot(allData.time,allData.data);
xlabel('时间(s)')
ylabel('信号幅度(Volts)')
title('采集数据');
grid on;

delete(ai);
clear all;  % 清除变量和设备对象
```

上述代码为主程序代码。设置 SamplesPerTrigger 为 Inf,表示采样点数为无

限,根据采样点数与采样时间的关系,采样时间也将是无限的,即采样时间不会对设备对象是否停止产生影响。设置 TimerPeriod 为 0.5,表示计时器回调函数每 0.5 s 执行一次。在设置 TimerFcn 属性时,将计时器回调函数设为 demoai_continuous_timer_callback 函数;P 和 T 分别为绘制曲线和标题的句柄,将其作为参数传入 demoai_continuous_timer_callback 函数,可以实时更新图像中的曲线和标题。

在 strcmpi 函数中,首先使用 get 函数获取当前设备对象的运行状态属性 Running 的值,并将其与字符串 'On' 比较,如果相等,表示当前设备正在执行,继续 while 循环;如果不等,表示当前设备已经停止执行(属性 Running 的值应为 'Off'),则跳出 while 循环。

主程序代码中用到的计时器回调函数 demoai_continuous_timer_callback 的代码如下。

程序 11-7　demoai_continuous_timer_callback. m

```
function demoai_continuous_timer_callback(obj,event,plotHandle,titleHandle)
persistent count;
persistent totalData;
if isempty(count)
    count = 0;
end
count = count + 1;
[data,time] = getdata(obj,obj.SamplesAvailable);
% 获取数据,并附加在变量 totalData 后
if isempty(totalData)
    totalData.time = time;
    totalData.data = data;
else
    totalData.time = [totalData.time;time];
    totalData.data = [totalData.data;data];
end
% 调用 demoai_continuous_fft 函数,检验是否满足条件
if(demoai_continuous_fft(data,plotHandle))
    set(obj,'UserData',totalData);
    stop(obj);
end
% 实时修改图像句柄的标题
set(titleHandle,'String',['实时信号 FFT,回调函数执行次数:', num2str(count)]);
end
```

在上述回调函数代码中,变量 count 和 totalData 的类型是 persistent 的。使用 persistent 创建的变量在函数退出后并不消亡,MATLAB 为这类变量开辟了特定的存储空间。当函数再次被调用时,persistent 变量的值将使用上一次退出时存储的

值。该性质与 global 变量类似。但与 global 变量不同的是，persistent 变量仅对声明它的函数可见，在函数外部则不能读取或改变该变量。

上述函数调用了 demoai_continuous_fft 函数，并将其返回值作为 if 语句的判断量，当该返回值为 1 时，表示产生了停止设备对象的条件（在 2 500～3 000 Hz 频率范围内的信号幅度超过给定的阈值），此时停止设备对象。

计时器回调函数中调用的 demoai_continuous_fft 函数代码如下，它对信号做 FFT 处理并进行频率成分检验。

程序 11 - 8　demoai_continuous_fft. m

```
function condition = demoai_continuous_fft(data,plotHandle)
lengthofData = length(data);
nPower2 = 2 ^ nextpow2(lengthofData);      % 不小于数据长度的最小的 2 的整数次幂
fs = 8000;                                 % 采样率
yDFT = fft(data,nPower2);                   % FFT 处理
freqRange = (0:nPower2 - 1) * (fs / nPower2);% 频率范围
gfreq = freqRange(1:floor(nPower2 / 2));   % 因实信号 FFT 具有共轭对称性,故只取一半
h = yDFT(1:floor(nPower2 / 2));
abs_h = abs(h);
threshold = 10;                            % 频率检验阈值
set(plotHandle, 'ydata',abs_h,'xdata',gfreq);  % 更新频谱图的数据
drawnow;                                   % 更新频谱图
val = max(abs_h(gfreq > 2500 & gfreq < 3000));
                                           % 获取 2 500～3 000 Hz 频率范围中的最大值
if (val > threshold)
    condition = 1;
else
    condition = 0;
end
end
```

上述代码中，nextpow2 函数用来获取不小于输入参数的最小的 2 的整数次幂，例如 nextpow2(5) 返回 8，nextpow2(8) 返回 8，nextpow2(9) 返回 16。drawnow 函数用于更新图像窗口以实现结果的实时显示。

执行主程序代码的命令为：

```
>> Continuously_Acquire_Data
```

在程序执行过程中可人为制造一些声音，例如某次执行的结果如图 11 - 30 和图 11 - 31 所示。

从结果中可以看出，计时器回调函数执行到第 18 次时检验到 2 500～3 000 Hz 频率范围之间有超过阈值的成分，此时即停止采集，并给出了一共 9 s 的采集信号的时域波形图。

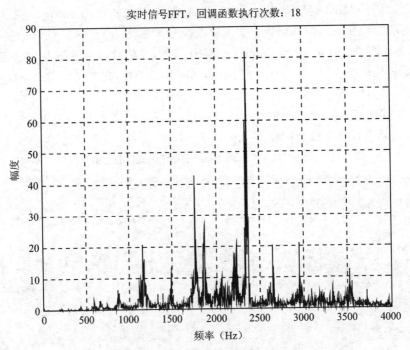

图 11 - 30   实时信号 FFT

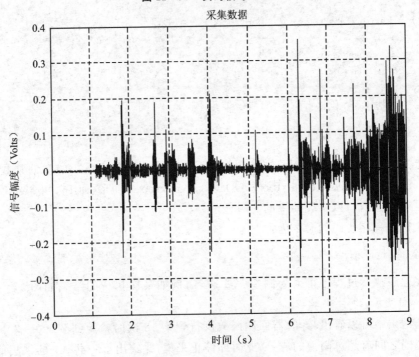

图 11 - 31   采集数据

11.7.2　数据输出实例

音频播放是一种重要的数据输出方式,其中声卡是关键的硬件设备。在下面的实例中,使用模拟输出设备对象操作声卡,输出一段音频。实例包含两个文件,分别对其进行说明。

程序 11 - 9　wavPutout. m

```
function [] = wavPutout()
[y, Fs] = wavread([matlabroot ...
    '\toolbox\sl3d\vrealm\program\worlds\audio\tms.wav']);
ao = analogoutput('winsound', 0);
addchannel(ao, [1 2]);
set(ao, 'SampleRate', Fs);
data = [y y];
putdata(ao, data);
figure;
P = plot(zeros(500,1));
set(ao,'TimerPeriod',500/Fs); % 每 500 点绘制一次波形
set(ao,'TimerFcn',{@wavPutout_callbackFcn,P,y});
start(ao);
end
```

上述代码为主程序函数,首先使用 wavread 函数读取了一个 MATLAB 安装目录下的 WAV 格式的音频波形文件,获得其中的音频数据和采样率。然后创建模拟输出设备对象并为其添加通道。由于为设备对象添加了两个通道,所以输出数据 data 对波形数据 y 进行双倍复制。利用 putdata 函数将数据存放到音频引擎中,执行 start 函数后开始播放音频文件。通过调用计时器回调函数,实现了音频波形的实时绘制。

程序 11 - 10　wavPutout_callbackFcn. m

```
function wavPutout_callbackFcn(obj,event,plotHandle,y)
startindex = 1;
increment = 500;
while isrunning(obj) %  实时绘制音频波形
    while (obj.SamplesOutput < startindex + increment - 1), end
    try
        x = obj.SamplesOutput;
        set(plotHandle, 'ydata',y(x;x + increment - 1));
        set(gca, 'YLim', [ - 0.8 0.8], 'XLim',[1 increment])
        drawnow;
        startindex =   startindex + increment;
    end
```

```
end
stop(obj);
delete(obj);
end
```

上述代码为计时器回调函数,其中最外层的 while 循环的功能是每 500 点绘制一次波形。当输出完毕后,设备对象的运行状态变为 Off,同时 while 循环也结束。

在 MATLAB 命令行窗口中执行下列命令即可正确播放音频文件并绘制波形。

```
>> wavPutout();
```

音频波形显示过程中的一个截图如图 11 - 32 所示。

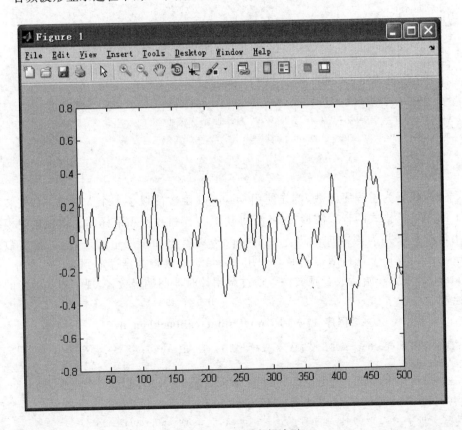

图 11 - 32　显示音频波形

值得注意的是,在执行 wavPutout 函数后,MATLAB 的命令行窗口立即回到可编辑状态,即出现输入提示符" >> ",这是由于调用了时间回调函数,并将数据输出设备对象的停止和删除在回调函数中实现。其优点是在播放音频的同时,并不影响在 MATLAB 环境下进行其他工作。

11.8　MATLAB 对硬件设备的支持

MATLAB DAQ 工具箱可支持两类硬件接口:一类是传统接口(legacy interface),另一类是基于会话的数据接口(session-based interface)。MATLAB 对不同生产厂商提供的硬件设备的支持情况有所不同,此外,32 位 MATLAB 和 64 位 MATLAB 也有所不同。MATLAB 对硬件设备的支持情况如表 11 - 14 所列,读者在进行 MATLAB 调试时需要注意自己的设备与 MATLAB 的兼容情况,例如使用 MATLAB 当前的 64 位版本无法对声卡进行操作。

表 11 - 14　MATLAB 对硬件设备的支持情况

设备或设备供应商	基于会话接口		传统接口	
	32 位	64 位	32 位	64 位
National Instruments	√	√	√	—
Digilent Analog Discovery	√	√	—	—
Measurement Computing	—	—	√	—
Winsound	—	—	√	—
Advantech	—	—	√	—
Data Translation	—	—	√	—
其他供应商	—	—	√	—

附录 A ASCII 字符集

ASCII 字符集如表 A-1 所列。表 A-1 左侧的数字是字符编码十进制值(0~127)的高位,上侧的数字是字符编码十进制值的低位。例如,'A' 的字符代码是 65,'{' 的字符代码是 123。

表 A-1 ASCII 字符集

低位 / 高位	0	1	2	3	4	5	6	7	8	9
0	nul	soh	stx	etx	eot	enq	ack	bel	bs	ht
1	nl	vt	ff	cr	so	si	dle	dcl	dc2	dc3
2	dc4	nak	syn	etb	can	em	sub	esc	fs	gs
3	rs	us	sp	!	"	#	$	%	&	'
4	(	)	*	+	,	-	.	/	0	1
5	2	3	4	5	6	7	8	9	:	;
6	<	=	>	?	@	A	B	C	D	E
7	F	G	H	I	J	K	L	M	N	O
8	P	Q	R	S	T	U	V	W	X	Y
9	Z	[	\	]	^	`		a	b	c
10	d	e	f	g	h	i	j	k	l	m
11	n	o	p	q	r	s	t	u	v	w
12	x	y	z	{	·		}	~	del		

附录 B　正则表达式

B.1　概　述

文本处理最常用的模式是匹配,比如查找字符串中是否包含特定字符或字符串。文本中匹配的概念有两种,一种是精确匹配,比如字符串"AB+1.23C"中包含"+1.23"字符串;另一种是条件匹配,比如字符串"AB+1.23C"中包含数值。

在 MATLAB 中,精确匹配可以通过 strfind 函数实现,命令如下所示。

```
>> strfind('AB+1.23C','+1.23')
ans =
     3
```

strfind 函数的返回值为 3,表明在字符串的位置 3 处发现字符串"+1.23"。

相对于精确匹配而言,条件匹配可以实现更为复杂的功能。例如字符串"AB+1.23C"中包含数值,其中数值的概念很宽泛,并不仅仅局限于+1.23,下面的字符串均可以满足"包含数值"这一条件匹配:"AB20C"、"AB−1.51EF"、"D350F"、"EF4.111ZZ",等等。

上述条件匹配可以看做是一种模式,而采用正则表达式(regular expression)则可以很方便地实现这种模式。下面给出一个正则表达式,用于描述上述条件匹配的模式:

$$[+-1234567890]+[.1234567890]*$$

在上述正则表达式中:

● "[+−1234567890]"表示选择[]中的任意字符,即当前位置可以为[]中的任意字符。

● "[+−1234567890]+"中的"+"表示前面字符可以出现一次或多次。

● "[.1234567890]*"中的"*"表示前面字符可以出现零次或多次。

因此,"[+−1234567890]+[.1234567890]*"可以匹配任意数值字符串。通过 MATLAB 的 regexp 函数可以查找字符串中与正则表达式"[+−1234567890]+[.1234567890]*"相匹配的子字符串,命令如下所示。

```
>> regexp('B + 123.668CD','[ + − 1234567890] + [.1234567890] ∗ ', 'match')
ans =
    '+ 123.668'
>> regexp('B − 123.CD','[ + − 1234567890] + [.1234567890] ∗ ','match')
ans =
    '− 123.'
>> regexp('B12300CD','[ + − 1234567890] + [.1234567890] ∗ ','match')
ans =
    '12300'
```

从上述操作可以看出,正则表达式可以采用一个符合一定规则的字符串来描述一类字符模式。因此,采用正则表达式可以很容易地实现文本中字符串的检索和替换等功能。实际上,很多用户都使用过正则表达式,例如在 Windows 下用于文件查找的通配符(∗ 和?,"∗"代表任意的字符串,而"?"则代表任意一个字符)即可以理解为简单的正则表达式,例如搜索 ∗.doc 可以搜索到所有的 DOC 文档。

到现在为止,可以使用通俗的语言来定义正则表达式,即:

① "正则表达式"为一个字符串。

② "正则表达式"字符串中的字符符合一定的规则。

③ "正则表达式"采用一个字符串可以表示一组符合某种模式的字符串。

上面关于"正则表达式"的定义未必严谨,但是有利于快速理解和应用正则表达式。

B.2　regexp 函数

在介绍 MATLAB 正则表达式之前,首先介绍 regexp 函数的使用方法。如果已知正则表达式 matchExpr,则在字符串 parseStr 中匹配正则表达式 matchExpr 的方法如下。

```
regexp(parseStr, matchExpr)
```

在这种调用方式下,上述表达式返回匹配的位置,如果 parseStr 中没有包含可与 matchExpr 匹配的字符串,则返回空。实例程序如下所示。

```
>> regexp('B12300CD','[ + − 1234567890] + [.1234567890] ∗ ')
ans =
    2
```

如果用户需要返回 parseStr 中与正则表达式匹配的字符串,则可以采用如下方式调用 regexp 函数。

```
regexp(parseStr, matchExpr, 'match')
```

实例程序如下所示。

```
>> regexp('B12300CD','[ + - 1234567890] + [.1234567890] * ','match')
ans =
    '12300'
```

B.3　正则表达式的语法规则

在正则表达式中存在两种字符：一种是普通字符，普通字符的含义即精确匹配；另一种是特殊字符，特殊字符可以描述较为复杂的模式。比如，正则表达式"[0-9]0[0-9]"表示一种包含三个数字字符的字符串模式，其中第一个字符用"[0-9]"表示，其含义是任意0～9之间的数字；第二个字符用"0"表示，其含义是只能为字符"0"；第三个字符的含义与第一个字符的含义相同。在上述正则表达式中，"["和"]"为特殊字符，用"["和"]"表示字符选择功能。采用特殊字符和普通字符构建的正则表达式"[0-9]0[0-9]"表达了一种字符串模式，下面的字符串均符合这种模式："000"，"001"，"202"，"305"，…。

正则表达式中类似"["的特殊字符有多个，掌握这些特殊字符是利用正则表达式构建字符串模式的关键。在 MATLAB 中称这些特殊字符为操作符。

B.3.1　字符类操作符

在表 B-1 中列出了 MATLAB 支持的字符类操作符。

表 B-1　正则表达式中字符类操作符语法列表

操作符	含　义
.	匹配任意一个字符，包括空白符
$[c_1 c_2 c_3]$	匹配 c_1 或 c_2 或 c_3 中的任意一个字符，字符数目可以是任意的，这里只取三个以做示例，例如[aoieu]用来匹配任意一个元音字母
$[\hat{}c_1 c_2 c_3]$	匹配除 c_1、c_2、c_3 外的任意一个字符
$[c_1 - c_2]$	匹配从 c_1 到 c_2 范围内的任意一个字符，例如[a-z]匹配任意一个小写字母
\s	匹配任意一个空白字符，等价于[\f\n\r\t\v]，依次表示换页符、换行符、回车符、制表符、垂直制表符
\S	匹配任意一个除空白符之外的字符，等价于[^\f\n\r\t\v]
\w	匹配任意一个字母、数字或下划线，在英语语言下，等价于[a-zA-Z_0-9]
\W	匹配任意一个除字母、数字和下划线以外的字符，在英语语言下，等价于[^a-zA-Z_0-9]
\d	匹配任意一个数字字符，等价于[0-9]
\D	匹配任意一个非数字字符，等价于[^0-9]

下面对表 B-1 中的操作符进行详细说明。

(1) "."操作符

"."操作符表示包括空格在内的任意一个字符，"."操作符可以匹配"A"、"B"、"0"等，命令如下所示。

```
>> regexp('ABC + .','.','match')
ans =
    'A'    'B'    'C'    '+'    '.'
```

在上述操作实例的"ABC＋."字符串中，正则表达式"."可以匹配"A"、"B"、"C"、"＋"、"."五个子字符串。

(2) "["和"]"操作符

"["和"]"两个操作符组合使用表示选择操作，即匹配"[]"中包含的某一字符。比如正则表达式"[abc]"可以匹配"a"、"b"、"c"。关于"["和"]"操作符的应用实例参见 B.1 节和 B.2 节。

(3) "^"操作符

"^"操作符表示"非"，即正则表达式"[^ABC]"表示除了 ABC 以外的任意字符。在 MATLAB 中，"^"操作符与"[]"操作符应联合使用。如：

```
>> regexp('12345A223B44C55','[^0123456789]','match')
ans =
    'A'    'B'    'C'
```

在上述实例中，正则表达式"[^0123456789]"表示任意非数字字符。

(4) "-"操作符

在"[]"操作符中，有时候需要指定一系列字符，如果这些字符的 ASCII 码值连续，则可以采用"-"操作符简化输入。比如"[0-9]"的含义为 0～9 的所有数字字符，即"[0123456789]"。如：

```
>> regexp('银行存款 565 万元 ','[0-9]','match')
ans =
    '5'    '6'    '5'
```

(5) 简化操作符

在 MATLAB 正则表达式中，还定义了一些简化的操作符。通过这些简化的操作符可以增加正则表达式书写的便利性，如"\d"为"[0-9]"的简化，"\D"为"[^0-9]"的简化。简化操作符的唯一特点就是书写简单，其他方面与普通操作符的应用相同。命令如下所示。

```
>> regexp('银行存款 565 万元 ','\d','match')
ans =
    '5'    '6'    '5'
```

(6) 利用"["和"]"查找具有一定规律的英文单词

利用"["和"]"查找具有一定规律的英文单词的实例如下。首先创建字符串：

```
>> str = 'The rain in Spain falls mainly on the plain.';
```

在字符串 str 中查找以 ain 结尾的单词的命令如下所示。

```
>> expr = '..ain';
>> [startIndex matchStr] = regexp(str,expr,'start','match')
startIndex =
     4    13    24    39
matchStr =
    'rain'    'Spain'    'main'    'plain'
```

上例中的正则表达式"..ain"用来匹配长度为 5 的子字符串,并且它的后三个字符为"ain",前两个字符为任意。

再如:

```
>> str = 'The rain in Spain falls mainly on the plain.';
>> expr = '[rmp]ain';
>> [startIndex matchStr] = regexp(str,expr,'start','match')
startIndex =
     5    14    25
matchStr =
    'rain'    'pain'    'main'
```

上例给出了查询子字符串"rain"、"pain"或"main"的正则表达式为"[rmp]ain"。

B.3.2 转义字符

转义字符通过反斜线引导,用来表示一些特殊的符号,例如回车、换行等,以及反斜线本身和被 MATLAB 用做操作符的特殊字符等。除此之外,采用转义字符可以直接采用 ASCII 码值表示字符。如\x61 表示字符"a",\x103 表示字符"?"等。表 B-2 列出了 MATLAB 支持的转义字符。

表 B-2 转义字符语法列表

操作符	含　义
\a	警报
\\	反斜线
\ $	美元符号
\b	退格键
\f	换页符
\n	换行符

操作符	含　义
\r	回车键
\t	制表符
\v	垂直制表符
\oN 或\o{N}	八进制数值 N 对应的字符
\xN 或\x{N}	十六进制数值 N 对应的字符
\char	如果一个字符在正则表达式中有特殊的含义,那么在其前面添加反斜线

例如:

```
>> str = 'There are three items. The item number is 1,2 and 3.';
>> regexp(str,'\d\x2c. * \x2E','match')
ans =
    '1,2 and 3.'
```

查询 ASCII 码表(附录 A)可以知道,0x2C 的值为 44,对应于字符",";0x2E 的值为 46,对应于字符"."。所以正则表达式"\d\x2c.＊\x2E"表示的模式为:首字符为数字,次字符为",",末尾字符为".",次字符和末字符之间为任意数量的任意字符,因此 regexp 函数的执行结果为"1,2 and 3."。

B.3.3　数量操作符

无论是"["和"]"引导的选择操作符,还是转义字符,这些操作符在正则表达式中只能表示一个字符。通过数量操作符,可以大大简化正则表达式的编写。例如当用户采用正则表达式表示一个七位电话号码时,如果不采用数量操作符,则需要采用如下正则表达式"\d\d\d\d\d\d\d";如果采用数量操作符,则匹配 7 位电话号码的正则表达式可以简化为"\d{7,7}"。实例如下所示。

```
>> regexp('小明家电话号码为 62656775,......','\d{7,7}','match')
ans =
    '6265677'
```

MATLAB 支持的数量操作符如表 B-3 所列。

表 B-3　正则表达式中的数量操作符语法列表

操作符	含　义
expr{m,n}	匹配 expr 的子字符串连续出现的次数不小于 m 次、不大于 n 次
expr{m,}	匹配 expr 的子字符串连续出现的次数不小于 m 次
expr{n}	匹配 expr 的子字符串连续出现的次数刚好为 n 次

续表 B-3

操作符	含 义
expr?	匹配 expr 的子字符串连续出现的次数为 0 次或 1 次,等价于 expr{0,1}
expr *	匹配 expr 的子字符串连续出现的次数不小于 0 次,等价于 expr{0,}
expr+	匹配 expr 的子字符串连续出现的次数不小于 1 次,等价于 expr{1,}
q_expr?	本表上述各类数量操作符后如果添加"?",则成为懒惰模式

在应用 MATLAB 数量操作符时,应当注意两种模式,一种是贪婪模式(greedy);另一种是懒惰模式(lazy)。在默认情况下,MATLAB 采用贪婪模式,即正则表达式尽可能多地匹配字符。命令如下所示。

```
>> str = 'A3 4F D4 25 C8 F5 F5 57 E6 B7 C4';
>> regexp('tacbefbd','a. * b','match')
ans =
    'acbefb'
```

在上述实例中,正则表达式"a. * b"可以匹配"acb"和"acbefb"两个字符串,其中第一个字符串又是第二个字符串的子串。但在默认情况下,MATLAB 采用正则表达式进行匹配时采用贪婪模式,即尽可能多地匹配字符,所以 regexp 的输出结果为"acbefb"。

如果用户不希望采用贪婪模式,则可以采用"?"操作符将正则表达式设置为懒惰模式。只需将"?"操作符附加在表 B-3 中任何正则表达式之后,就可以将正则表达式设置为懒惰模式。命令如下所示。

```
>> regexp('tacbefbd','a.* ?b','match')
ans =
    'acb'
```

上述实例中由于采用了懒惰模式,因此 regexp 的输出结果为"acb"。

B.3.4　分组操作符

在正则表达式的应用中,数量操作符不仅可以应用于单个字符,而且借助于分组操作符也可以应用于连续的多个字符。在 MATLAB 正则表达式中,采用"()"作为分组符号,即将正则表达式中的子表达式确定一个分组。分组操作符的定义方法如表 B-4 所列。

表 B-4　正则表达式中的分组操作符语法列表

操作符	含 义
(expr)	匹配 expr 并获取标记
(?:expr)	匹配 expr,但不获取标记
expr1│expr2	匹配 expr1 或 expr2

　　下面给出一个利用分组操作符的实例。比如在一组十六进制数字字符串中,查找符合一定规律的十六进制字符串。命令如下所示。

```
>> regexp(str,'([A-F]\d\s){2}','match')
ans =
    'C8 F5 '    'E6 B7 '
```

　　在上述实例中,通过"()"操作符将正则表达式"[A-F]\d\s"分为一组,并采用数量操作符"{2}"进行连续匹配。在表 B-4 中提出了"标记"这一新概念,该概念在后续内容中将会有更详细的介绍。在此结合"()"操作符做一简单介绍。

　　通过标记,在正则表达式中可以使用已经完成的匹配结果。如表 B-4 所列,"(expr)"操作符匹配 expr 并获取该匹配,在 MATLAB 中,可以通过"\1""\2"…来使用已经获取的标记。其中"\1"表示第一个标记,"\2"表示第二个标记,等等。

　　下面给出一个应用分组和标记的实例。在 HTML 文件中,文本标签一般都成对使用,比如表示超链接的<a>标签。下面是一个<a>标签的实例。

```
<a href = "www.MATLABclub.com">MATLAB 俱乐部</a>
```

　　从上述实例可以看出,配对使用的标签具有一个特点,即标签的名称相同,因此利用分组和标记功能可以完成 HTML 标签的匹配功能。获取 HTML 网页中标签的正则表达式为:

```
"<(\w+).*?>.*?</\1>"
```

其中的"(\w+)"是一个获取标记的分组,后面的"\1"表示使用已经获取的第一个标记,其含义是在"\1"位置匹配的子字符串与"(\w+)"匹配的字符串完全相同。在使用 regexp 函数时,利用 'tokens' 控制参数还可以单独获取这些分组。例如:

```
>> hstr = '<!comment><a href = "www.MATLABclub.com">MATLAB 俱乐部</a><b>
Default</b><br>';
>> expr = '<(\w+).*?>.*?</\1>';
>> [mat tok] = regexp(hstr, expr, 'match', 'tokens');
>> mat{2}
ans =
<b>Default</b>
>> mat{1}(1:end-1)
ans =
<a href = "www.MATLABclub.com">MATLAB 俱乐部</a
```

　　"(?:expr)"是一个非获取匹配,即不存储该匹配,常用于使用"或"字符的"(|)"操作符来组合一个模式的各个部分。例如表达式"industr(?:y|ies)"就比"industry|industries"更为简略。

　　"expr1|expr2"能匹配 expr1 或 expr2。例如"cat|dog"可以匹配"cat"或"dog",

"com(e|ing)"可以匹配"come"或"coming"。

B.3.5　注释操作符

注释操作符可以在正则表达式中插入注释,注释在匹配时将被忽略。注释操作符的用法如表 B-5 所列。

表 B-5　正则表达式中的注释操作符语法列表

操作符	含　义
(?♯comment)	在表达式中插入注释,在匹配时注释被忽略

下面的实例采用正则表达式匹配字符串中首字母大写的单词,在正则表达式中应用了注释操作符。

```
>> pstr = 'Marge lets Norah see Sharon''s telegram';
>> regexp(pstr,'(?♯匹配首字母大写的单词)[A-Z]\w+','match')
ans =
    'Marge'    'Norah'    'Sharon'
```

上述实例中,正则表达式"(?♯匹配首字母大写的单词)[A-Z]\w+"查找首字母大写、其余字母小写的词汇,其中的"(?♯匹配首字母大写的单词)"为一个注释,在匹配时被忽略,仅用于说明表达式的具体作用。

B.3.6　位置操作符

通常,正则表达式的匹配是基于内容的,即字符串中是否包含与正则表达式相同模式的字符串。然而在某些情况下,需要执行基于位置的正则表达式匹配。例如,判断某字符串是否出现在字符串的首部,或者判断某字符串是否出现在字符串的尾部。MATLAB 通过位置操作符支持位置匹配操作,具体用法如表 B-6 所列。

表 B-6　正则表达式中的位置操作符语法列表

操作符	含　义
^expr	仅当 expr 的匹配发生在字符串的首部才能成功
expr$	仅当 expr 的匹配发生在字符串的尾部才能成功
\<expr	仅当 expr 的匹配发生在一个单词的开始时才能成功
expr\>	仅当 expr 的匹配发生在一个单词的结束时才能成功
\<expr\>	仅当 expr 完全匹配一个单词才能成功

下面给出位置操作符的应用实例。例如,在字符串中查找开头为 m 或 M、结尾为 m 的单词。命令如下所示。

```
>> pstr = 'Marge lets Norah see Sharon''s telegram';
>> regexp(pstr, '^(m|M)\w * |\w * m$ ', 'match')
ans =
    'Marge'    'telegram'
```

在下述实例中,采用位置操作符查找字符串中的单数形式单词 cat。

```
>> str = 'one cat, two cats, three cats...';
>> [matchstr startIndex] = regexp(str,'cat\>','match','start')
matchstr =
    'cat'
startIndex =
    5
```

上例中,仅查找单数形式的"cat"。因为使用了位置操作符"\>",所以,如果在含有"cat"的单词的后面连接有复数形式的"s",那么它将被忽略。

B.3.7　预查操作符

通过预查(lookaround)操作符,可以查看当前位置之前或之后是否满足匹配条件。预查操作符不改变当前位置,仅用于条件判断。预查操作符的用法如表 B-7 所列。

表 B-7　正则表达式中的预查操作符语法列表

操作符	含　义
(?=expr)	正向肯定预查,即以当前位置为基准,测试当前位置之前是否与 expr 相匹配
(?!expr)	正向否定预查,即以当前位置为基准,判断当前位置之前是否与 expr 不匹配
(?<=expr)	反向肯定预查,即以当前位置为基准,测试当前位置之后是否与 expr 相匹配
(?<!expr)	反向否定预查,即以当前位置为基准,测试当前位置之后是否与 expr 不匹配

例如,正向肯定预查的表达式"Windows(?=95|98|NT|2000)"能够匹配"Windows2000"中的"Windows",但不能匹配"Windows3.1"中的"Windows"。而正向否定预查的表达式"Windows(?!95|98|NT|2000)"能够匹配"Windows3.1"中的"Windows",但不能匹配"Windows2000"中的"Windows"。反向肯定预查的表达式"(?<=95|98|NT|2000)Windows"能够匹配"2000Windows"中的"Windows",但不能匹配"3.1Windows"中的"Windows"。

下面的实例通过正则表达式来在字符串中查找区号为 010 的电话号码和机主,代码如下所示。

```
>> phone_list = '010 - 62656451  王军;010 - 62753123  刘沛;021 - 78732451  李佳;025 - 24152389  赵东;';
>> regexp(phone_list, '(?<=010 - ).* ?(?= ;)', 'match')
ans =
    '62656451  王军'    '62753123  刘沛'
```

上例中有三个关键点：

① 采用预查操作符确认待提取字符串的起始位置；

② 采用".*?"操作符匹配电话号码和机主姓名，其中"?"表示采用懒惰模式匹配字符串；

③ 采用预查操作符确认待提取字符串的结束位置。

B.3.8　标记操作符

如 B.3.4 小节所述，通过"()"操作符可以将子表达式确定为一个分组。在通常情况下，圆括号不仅可以形成分组，还具有生成标记的功能。所谓标记，即 MATLAB 在进行正则表达式匹配时，遇到标记以后会自动保存匹配结果，以备在后续正则表达式中引用。标记的基本用法如表 B-8 所列。

表 B-8　正则表达式中的标记语法列表

操作符	含　义
(expr)	匹配 expr 子表达式，并为这个分组产生一个标记
\N	匹配第 N 个标记对应分组的子表达式
$N	插入第 N 个标记对应分组的表达式，除了动态正则表达式（详见 B.3.11 小节）外，仅适用于 regexprep 函数
(?(N)s1|s2)	判断第 N 个标记是否存在，若存在，则匹配 s1，否则匹配 s2

采用标记可以在正则表达式中使用已经执行的匹配结果。比如，如果用户希望在字符串中查找单词中出现重复字母的情况，就可以采用标记操作符。下面实例中采用的正则表达式为"\<[a-zA-Z]*([a-zA-Z])\1[a-zA-Z]*\>"，其中"(a-zA-Z)\1"中的"(a-zA-Z)"即为一个分组标记操作符，"\1"用于获取第一个标记字符串。该实例的意义为通过标记操作符获取包含重复字母的单词。以 nodded 为例，"(a-zA-Z)"匹配字母 d，此时"\1"对应的标记为 d。实例的具体代码如下所示。

```
>> poestr = 'While I nodded, nearly napping, suddenly there came a tapping,';
>> regexp(poestr,'\<[a-zA-Z]*([a-zA-Z])\1[a-zA-Z]*\>','match')
ans =
    'nodded'    'napping'    'suddenly'    'tapping'
```

B.3.9　标记命名操作符

在 B.3.4 小节和 B.3.8 小节中，分别介绍了分组和标记在正则表达式中应用的方法。在分组和标记操作符中，可以使用"()"操作符将一个子表达式进行分组并标记，并且可以使用操作符"\N"来捕获该标记。在应用操作符"\N"捕获标记时，当分组较多时，使用"\N"不直观，容易出现错误。为了避免这种情况的发生，可以为分组命名,这样在获取标记时可以采用分组名称,从而使正则表达式更加容易理解。表 B-9 给出了正则表达式中应用标记命名操作符的方法。

表 B-9　正则表达式中应用标记命名操作符的语法列表

操作符	含　义
(?<name>expr)	匹配 expr,获取该匹配为一个标记,并为其添加名称 name
\k<name>	匹配由 name 指代的标记
$<name>	仅用于函数 regexprep,插入由 name 指代的标记
(?(name)s1|s2)	判断 name 指代的标记是否存在,若存在则匹配 s1,否则匹配 s2

标记命名操作符的使用方法与标记操作符的应用方法类似(普通的标记操作符采用编号命名)。仍以 B.3.8 小节的例子为例,采用标记命名操作符获取字符串中包含重复字母单词的代码如下所示。

```
>> poestr = 'While I nodded, nearly napping, suddenly there came a tapping,';
>> regexp(poestr,'\<[a-zA-Z]*(?<letter>[a-zA-Z])\k<letter>[a-zA-Z]*\>','match')
ans =
      'nodded'    'napping'    'suddenly'    'tapping'
```

在上述实例中,将标记命名为 letter,并采用"\k<letter>"获取名称为 letter 的标记。

B.3.10　条件操作符

除了顺序匹配之外,正则表达式还支持条件判断。条件操作符的含义和用法如表 B-10 所列。

表 B-10　正则表达式中的条件操作符语法列表

操作符	含　义
(?(cond)expr)	如果条件 cond 为真,则匹配 expr
(?(cond)expr1|expr2)	如果条件 cond 为真,则匹配 expr1,否则匹配 expr2

采用条件操作符的关键是设置条件 cond,在 MATLAB 中可以通过三种方式设置条件,分别通过实例说明如下。

(1) 通过标记设置

通过标记设置条件的方法有两种,一种是将 cond 设置为标记索引,另一种是将 cond 设置为标记名称。如果 cond 设置的标记成功匹配,则 cond 为真;如果 cond 设置的标记没有成功匹配,则 cond 为假。

例如,可以通过条件操作符判断英语语句中的所有格是否对应正确的性别。比如男性用 Mr 称呼,其所有格用 his 表示;女性用 Mrs 称呼,其所有格用 her 表示。如下面的语句：

Mr. Clark went to see his son.

为了完成上述操作，构造正则表达式"Mr(s?)\..*?(?(1)her|his) son"来判断句中所有格是否匹配。在此正则表达式中，"(s?)"为分组标记，由于没有指定名称，所以将标记索引设置为条件操作符的条件。实例代码如下所示。

```
>> expr = 'Mr(s?).*?(?(1)her|his) son';
>> regexp('Mr. Clark went to see his son',expr,'match')
ans =
    'Mr. Clark went to see his son'
>> regexp('Mr. Clark went to see her son',expr,'match')
ans =
    {}
```

在上述实例代码中，若语句中的所有格使用正确，则匹配成功，返回该语句；若不匹配，则返回空字符串。

（2）通过预查操作符设置

为了说明如何通过预查操作符来设置条件，对 B.3.7 小节的实例进行修改。通过正则表达式查找区号为 010 的电话号码，以及区号为 021 和 025 的所有信息，命令如下所示。

```
>> phone_list = '010 - 62656451  王军;010 - 62753123  刘沛;021 - 78732451 李佳;025 - 24152389  赵东;';
>> regexp(phone_list, '(?(?<=010 -)\d*|02\d-.*?;)', 'match')
ans =
    '62656451'    '62753123'    '021 - 78732451 李佳;'    '025 - 24152389  赵东;'
```

（3）通过动态正则表达式的返回值设置

可以通过"(?@cmd)"动态正则表达式来设置条件操作符的条件。例如，"(?@isequal($1,'010'))"判断捕获的标记为 1 的字符串是否为 010。具体实例代码如下所示。

```
>> phone_list = '010 - 62656451  王军;010 - 62753123  刘沛;021 - 78732451 李佳;025 - 24152389  赵东;';
>> func = @(in)isequal(in,'010 - ');
>> regexp(phone_list, '(\d+-)(?(?@func( $1))\d*|.*?;)', 'match')
ans =
    '010 - 62656451'    '010 - 62753123'    '021 - 78732451 李佳;'    '025 - 24152389  赵东;'
```

在上述实例中，变量 func 为一个匿名的函数句柄，用户可以将其理解为一个函数，输入参数为 in。上述实例中应用的正则表达式共分为两部分，其中第一部分"(\d+-)"用于匹配区号，并创建编号为 1 的标记；第二部分为条件操作，条件即为动态正则表达式"(? @func($1))"，"$1"在此处指代编号为 1 的标记。如果获取的标记与字符串"010 -"相同,则只获取电话号码;否则获取电话号码和姓名。

B.3.11　动态正则表达式

使用动态正则表达式可以在匹配或者替换中利用已经匹配得到的结果进行进一步处理。这使正则表达式的应用更加灵活。

MATLAB 在使用正则表达式进行替换操作时,支持一种动态正则表达式操作符,如表 B-11 所列。

表 B-11　替换操作中的动态正则表达式操作符

操作符	含　义
$\{cmd\}	在正则表达式中添加一个 MATLAB 命令 cmd

下例实现获取一句话中两个数值中的最大值,并将获得的值附加在原字符串之后。

```
>> match_expr = '(\d+\.*\d*?)(\D+)(\d+\.*\d*?)(\D+)';
>> rep_expr = '$1$2$3$4${num2str(max(str2num($1),str2num($3)))}';
>> a = regexprep('The max num of 34 and 56 is ', match_expr, rep_expr);
>> b = regexprep('The max num of 3.14 and 2.72 is ', match_expr, rep_expr);
>> a
a =
The max num of 34 and 56 is 56
>> b
b =
The max num of 3.14 and 2.72 is 3.14
```

上例在正则表达式中包含了一个"${num2str(max(str2num($1),str2num($3)))}",其含义为将获得的标记为 $1 和标记为 $3 的数值字符串转换为数字,并在获取二者中的较大值后,再转换为字符串,附加在原字符串之后。从处理结果中可以看到,不论比较的两个数字中的较大值在前还是在后,正则表达式都能正确地找到它,并修改原字符串。

MATLAB 在使用正则表达式进行匹配操作时,支持三种动态正则表达式操作符,它们的用法和含义如表 B-12 所列。

表 B-12　匹配操作中的动态正则表达式操作符

操作符	含　义
(??expr)	分析表达式 expr,并插入到匹配表达式中
(??@cmd)	执行 cmd 命令,并将结果插入到表达式中
(?@cmd)	在匹配过程中执行 cmd 命令,执行结果不插入匹配表达式中

(1)"(??expr)"操作符使用实例

例如,某类字符串由一个数字和紧邻的若干个字符"X"组成,例如"5XXXXX"。形如这样的字符串组成了一个元组,查询该元组中的字符串,看哪些字符串中"X"的数目与其前面的数字相同。由于这里"X"字符的个数是未定的,所以使用正则表达式"X{n}"不能实现需求,而使用动态正则表达式"(??expr)"则可以实现需求。实例代码如下。

```
>> str = {'5XXXXXXX', '8XXXXXXXX', '1X'};
>> regexp(str, '^(\d+)(??X{$1})$', 'match', 'once')
ans =
    ''      '8XXXXXXXX'      '1X'
```

在上述正则表达式中,"(\d+)"匹配一位或更多位的整数,并获取这个标记。在"(??X{$1})$"中使用了动态正则表达式,并且使用了之前获取的标记。末尾的"$"表示匹配发生在字符串的末尾,可参看 B.3.6 小节相关内容。

(2)"(??@cmd)"操作符及其使用实例

正则表达式中的"(??@cmd)"利用 MATLAB 中的系统函数或用户自定义函数,将函数的返回结果(类型必须为字符串)插入到匹配表达式中。下例在一个字符串中寻找长度超过 6 的回文子字符串。回文字符串的含义是按顺序罗列的各个字符与按逆序罗列的各个字符是相同的。命令如下所示。

```
>> str = lower('Find the palindrome Never Odd or Even in this string');
>> str = regexprep(str, '\W*', '')
str =
findthepalindromeneveroddoreveninthisstring
>> palstr = regexp(str, '(.{3,}).?(??@fliplr($1))', 'match')
palstr =
    'neveroddoreven'
```

实例中使用 lower 函数将字符串中的大写字符转换为小写字符,使用 regexprep 函数将字符串中的空格去除。在 regexp 函数的正则表达式中,"(.{3,})"匹配任意三个或更多的字符并获取标记。".?"匹配 0 个或 1 个字符,表示回文子字符串包含偶数个或奇数个字符。"(??@fliplr($1))"中的 fliplr 函数为 MATLAB 中的自带函数,表示对获取的标记 $1 对应的字符串进行逆序排列。

除了直接调用 fliplr 函数外,还可以使用如下的方式。

```
>> fun = @fliplr;
>> palstr = regexp(str, '(.{3,}).?(??@fun($1))', 'match')
palstr =
    'neveroddoreven'
```

(3) "(?@cmd)"操作符及其使用实例

正则表达式中的"(?@cmd)"执行 cmd 命令,但是执行结果并不插入到匹配表达式中。另外值得注意的是,不论匹配是否成功,在匹配过程中总是执行 cmd 命令,直至匹配结束。如下例所示。

```
>> regexp('mississippi', '\w * (\w)(?@disp( $ 1))\1\w * ','match')
i
p
p
ans =
    'mississippi'
```

在上例的正则表达式中,"\w *"匹配 0 个或更多的英文字符、数字或下划线。"(\w)"匹配一个英文字符、数字或下划线,并获取标记。"(?@disp($ 1))"打印获取标记的字符串。"\1"表示之前匹配获取的第一个标记,即一个英文字符、数字或下划线。最后的"\w *"表示匹配 0 个或更多的英文字符、数字或下划线。

注意到在表达式最开始的"\w *"中使用了贪婪模式的数量操作符" * ",所以匹配过程可以使用表 B-13 来描述。

表 B-13　"(?@cmd)"操作符实例(贪婪模式)的匹配过程

匹配过程	\w *	(\w)	(?@disp($ 1))	\1	\w *	匹配结果
1	mississippi					失败
2	mississipp	i	打印"i"			失败
3	mississip	p	打印"p"	i		失败
4	mississi	p	打印"p"	p	i	成功

如果对表达式句首的"\w *"使用懒惰模式,即更改为"\w * ?",则执行结果如下所示。匹配过程如表 B-14 所列。

```
>> regexp('mississippi', '\w * ?(\w)(?@disp( $ 1))\1\w * ','match')
m
i
s
ans =
    'mississippi'
```

表 B-14　"(?@cmd)"操作符实例(懒惰模式)的匹配过程

匹配过程	\w * ?	(\w)	(?@disp($ 1))	\1	\w *	匹配结果
1		m	打印"m"	i		失败
2	m	i	打印"i"	s		失败
3	mi	s	打印"s"	s	issippi	成功

B.4　MATLAB 中的正则表达式函数

在附录 B 前面的实例中,大部分实例均采用 regexp 函数进行说明。除了 regexp 函数之外,MATLAB 还支持 regexpi、regexprep 和 regexptranslate 函数。本节对 MATLAB 支持的这些正则表达式函数进行详细说明。上述四个正则表达式函数的主要功能分别是:

- regexp,完全匹配正则表达式。
- regexpi,匹配正则表达式,忽略大小写。
- regexprep,利用正则表达式进行字符串替换。
- regexptranslate,将字符串翻译为正则表达式。

下面分别对上述四个正则表达式函数进行详细说明。

B.4.1　regexp 函数

regexp 函数用来完全匹配正则表达式。其调用方式有如下几种:

```
regexp(parseStr, matchExpr)
[start, end, extents, match, tokens, names, split] = regexp(parseStr, matchExpr)
[v1, v2, ...] = regexp(str, expr, q1, q2, ...)
[v1 v2 ...] = regexp(str, expr, ..., options)
```

在上述调用方式中,parseStr 为待处理的字符串,matchExpr 为正则表达式。

1. 第一种调用方式

命令如下。

```
regexp(parseStr,matchExpr)
```

第一种调用方式返回一个数值向量,该数值向量包含正则表达式成功匹配的子字符串在 parseStr 中的位置。如果 matchExpr 没有匹配 parseStr 中的任何子字符串,则返回空矩阵。parseStr 和 matchExpr 也可以是字符串矩阵。例如:

```
>> str = 'bat cat can car COAT court cut ct CAT - scan';
>> regexp(str, 'c[aeiou] + t')
ans =
     5      28
```

2. 第二种调用方式

命令如下。

```
[start, end, extents, match, tokens, names, split] = regexp(parseStr, matchExpr)
```

依序返回各个输出参数。但是当用户只需要其中的部分输出结果,并且希望按照自定义的顺序输出时,就需要采用调用方式[v1, v2, ...] = regexp(str, expr, q1, q2, ...)了。其中 q1, q2, … 分别对应字符串 'start'、'end'、'tokens'、'tokensExtents'、'match'、'names'、'split' 之一,v1,v2,…为相应的输出结果,这些参数的功能说明是:

- start,parseStr 中 matchExpr 成功匹配的子字符串的起始位置;
- end,parseStr 中 matchExpr 成功匹配的结束位置;
- tokens,parseStr 中 matchExpr 成功匹配的标记的子字符串;
- tokensExtents,parseStr 中 matchExpr 成功匹配的标记的起始和结束位置;
- match,parseStr 中 matchExpr 成功匹配的子字符串;
- names,parseStr 中 matchExpr 成功匹配的命名标记的标记名称;
- split,以 parseStr 中 matchExpr 子字符串为分割符,输出分割后的子字符串。

(1) match、start 和 end 的应用实例

命令如下。

```
>> str = 'regexp helps you relax';
>> [m s e] = regexp(str, '\w * x\w * ', 'match', 'start', 'end')
m =
    'regexp'    'relax'
s =
    1    18
e =
    6    22
```

上述代码中利用正则表达式查找语句中含有字母 x 的单词,从中可以看出参数 match、start 和 end 的用法。

(2) tokens、tokensExtents 和 names 的应用实例

tokens 返回标记的内容,tokensExtents 通知 regexp 函数返回标记的索引。在正则表达式中,任何一部分表达式都可以用圆括号包含起来作为一个标记。下面给出一段分析 HTML 代码中标签名的方法。

```
>> str = ['if <code>A</code> == x<sup>2</sup>, <em>disp(x)</em>']
str =
if <code>A</code> == x<sup>2</sup>, <em>disp(x)</em>
>>   expr = '<(\w + ).* ?>.* ?</\1>';
>> [tok,extent,mat] = regexp(str, expr, 'tokens', 'tokenExtents','match')
tok =
    {1x1 cell}    {1x1 cell}    {1x1 cell}
extent =
```

```
          [1x2 double]      [1x2 double]      [1x2 double]
mat =
      '<code>A</code>'     '<sup>2</sup>'      '<em>disp(x)</em>'
>> extent{1}
ans =
      5       8
>> str(5:8)
ans =
code
>>
>> tok{1}
ans =
    'code'
```

在正则表达式"<(\w+).*?>.*?</\1>"中,"(\w+)"即为一个分组标记,
该标记对应的匹配字符串可以通过 tok 参数返回。对于其他两个返回参数,extent
元组返回标记的起始和结束位置,mat 返回正则表达式匹配的字符串。

此外,当使用 names 选项时,可以返回 parseStr 中 matchExpr 成功匹配的命名
标记的标记名称。下例采用正则表达式匹配语句中姓名的姓或者名。

```
>> str = 'John Davis\nRogers, James';
>> expr = '(?<first>\w+)\s+(?<last>\w+)|(?<last>\w+),\s+(?<first>\w+)';
>> [tokens,names] = regexp(str, expr, 'tokens', 'names');
>> tokens{:}
ans =
    'John'    'Davis'
ans =
    'nRogers'    'James'
>> names(:,1)
ans =
    first: 'John'
     last: 'Davis'
>> names(:,2)
ans =
    first: 'James'
     last: 'nRogers'
```

在正则表达式中可以看到,每一个被圆括号包含的命名标记的名称都会在使用
names 参数时返回。

(3) split 的应用实例

通过 split 选项可以对字符串进行分割,下面给出一个利用"^"符号分割字符串
的实例。

```
>> s1 = ['Use REGEXP to split ^this string into ' 'several ^individual pieces'];
>> s2 = regexp(s1, '\^', 'split')
s2 =
    'Use REGEXP to split '    'this string into several '    'individual pieces'
```

在上述实例中,利用正则表达式"\^"匹配字符串中的"^"字符串。然后,在 split 选项设置后,regexp 函数将正则表达式匹配子字符串作为分割符,通过分割符对输入字符串进行分割。

3. 第三种调用方式

命令如下。

```
[v1 v2 ...] = regexp(str, expr, ..., options)
```

上述调用方式中的 options 可以是如下三种选择中的一种或多种:

- mode,这里的 mode 只是一个代称,其取值较多,将在下面进行罗列;
- 'once',仅返回第一个匹配正则表达式的字符串及其相关信息(如位置);
- 'warnings',返回正则表达式中不符合句法规则的警报。

mode 给出了进行正则表达式匹配时可进行选择的一些模式,在 regexp 函数或 regexpi 函数中,mode 可以是一个或多个进行控制的字符串,包括如下几类。

(1) 大小写敏感与否

大小写敏感与否模式有两种选项,如表 B-15 所列。

表 B-15　大小写敏感与否模式控制参数列表

模　式	标　志	含　义
'matchcase'	(?-i)	大小写敏感(regexp 函数的默认值)
'ignorecase'	(?i)	大小写不敏感(regexpi 函数的默认值)

例如:

```
>> str = 'A string with UPPERCASE and lowercase text.';
>> regexp(str, 'case', 'match')
ans =
    'case'
>> regexp(str, 'case', 'ignorecase', 'match')
ans =
    'CASE'    'case'
```

当未指定该参数时,regexp 函数默认是大小写敏感的,所以在 str 字符串中,大写的"CASE"不匹配;而当使用了"ignorecase"参数时,regexp 函数将对大小写不敏感,这时小写的"case"和大写的"CASE"都将返回。

(2) 句点匹配

在正则表达式中,句点"."匹配任意一个字符。MATLAB 提供的句点匹配模式有如表 B-16 所列的两种选项。

表 B-16　句点匹配模式控制参数列表

模　式	标　志	含　义
'dotall'	(?s)	句点匹配任意字符(默认值)
'dotexceptnewline'	(?-s)	句点匹配除换行符以外的任意字符

(3) 首尾锚记匹配

在设置该参数时,可以决定符号"^"和符号"$"分别匹配一个字符串的首尾,或者匹配一行的首尾。它有两种选项,如表 B-17 所列。

表 B-17　首尾锚记匹配模式控制参数列表

模　式	标　志	含　义
'stringanchors'	(?-m)	"^"和"$"匹配一个字符串的首尾(默认值)
'lineanchors'	(?m)	"^"和"$"匹配一行的首尾

为了说明一个字符串的首尾和一行文本的首尾,请参看下面的例子:

```
>> str = sprintf('% s\n% s','LINE : the first','LINE : the second')
str =
LINE : the first
LINE : the second
>> regexp(str,'\w + $ ','match','stringanchors')
ans =
    'second'
>> regexp(str,'\w + $ ','match','lineanchors')
ans =
    'first'    'second'
```

上列代码的含义是搜索一个字符串或一行文本的最后一个单词并返回。从结果可以看出,在 'stringanchors' 模式下,"$"将匹配整个字符串的末尾,即使该字符串包含若干行文本。而在 'lineanchors' 模式下,"$"则匹配每一行文本的末尾。

(4) 空格和注释

在空格和注释的模式选择中,MATLAB 采用不同的方式处理正则表达式中的空格和注释字符串,如表 B-18 所列。注释由符号"#"及其同一行右侧的内容组成。

表 B-18　空格和注释模式控制参数列表

模　式	标　志	含　义
'literalspacing'	(?-x)	将正则表达式中的空格和"#"看做普通字符(默认值)
'freespacing'	(?x)	忽略正则表达式中的空格和注释

（5）关于模式和标志

在上述关于 regexp 函数的 mode 参数的各说明表格中，列出了模式名称和其对应的标志项。在调用 regexp 函数时，有两种方式使模式项生效。一种是在 regexp 函数中，通过 mode 参数进行设置；另一种是在正则表达式中使用模式标志项。例如，要想实现 freespacing 模式项生效，可以采用 'freespacing' 模式项和（?x）模式标志项两种方式设置。

正确使用 freespacing 选项可以增加正则表达式编写的便利性。例如，如果用户需要编写比较复杂的正则表达式，则可以增加注释，并采用 freespacing 选项忽略注释。下面在 regexpr.txt 文件中编写了一个匹配语句中包含重复字母单词的正则表达式，如图 B-1 所示。

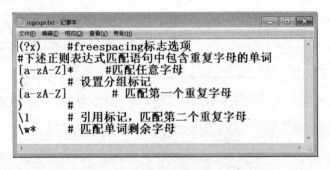

图 B-1   regexpr.txt 文件中的正则表达式

在实际应用中，可以通过 fileRead 函数从文件中读取正则表达式，并通过 freespacing 忽略"#"及注释项，以完成正则表达式的匹配功能。命令如下所示。

```
>> regexpr = fileread('regexpr.txt');
>> regexpr
regexpr =
(?x)      # freespacing 标志选项
# 下述正则表达式匹配语句中包含重复字母的单词
[a-zA-Z]*      # 匹配任意字母
(      # 设置分组标记
[a-zA-Z]          # 匹配第一个重复字母
)      #
\1      # 引用标记,匹配第二个重复字母
\w *      # 匹配单词剩余字母
>> str = ['Looking for words with letters that appear twice in succession. '];
>> regexp(str, regexpr, 'match')
ans =
    'Looking'    'letters'    'appear'    'succession'
```

B. 4. 2　regexpi 函数

regexpi 函数与 regexp 函数的用法完全相同,但 regexpi 函数在匹配时忽略大小写,因此输出结果与 regexp 函数的可能不同。用户可以参照 regexp 函数的用法使用 regexpi 函数。

B. 4. 3　regexprep 函数

regexprep 函数用于替换正则表达式匹配的子字符串。其调用方式有以下几种:

```
s = regexprep('str', 'expr', 'repstr')
s = regexprep('str', 'expr', 'repstr', options)
```

其中 str 是待处理的字符串,expr 是正则表达式,repstr 是替换部分。options 用于设置 regexprep 函数的选项,如表 B - 19 所列。

表 B - 19　regexprep 函数选项列表

options	含　义
mode	mode 参数的设置与 regexp 函数的相同,参见 B. 4. 1 小节
N	只匹配第 N 个与 expr 匹配的子字符串
'once'	仅替换第一个匹配正则表达式的子字符串
'ignorecase'	匹配和替换时忽略大小写
'preservecase'	匹配时忽略大小写,替换时保持原子字符串的大小写
'warnings'	输出 regexprep 函数执行过程中的警告信息

在默认状态下,匹配和替换都是对大小写敏感的,下面以 'preservecase' 选项为例,说明 regexprep 控制选项使用的实例。

```
>> str = 'My flowers may bloom in May';
>> pat = 'm(\w*)y';
>> regexprep(str, pat, 'April')
ans =
My flowers April bloom in May
>> regexprep(str, pat, 'April', 'preservecase')
ans =
April flowers april bloom in April
```

从上述实例的执行结果可以看出,由于采用了 'preservecase' 选项,所以替换后的字符串仍然保持了原字符串的大小写风格。

B. 4. 4　regexptranslate 函数

用户编写正则表达式时需要考虑对特殊字符采用转义字符的问题。为了便于正则表达式的编写和自动生成，MATLAB 提供了 regexptranslate 函数用于将字符串转换为正则表达。将字符串通过 regexptranslate 函数转换为正则表达式以后，可以将其输入到 regexp 和 regexprep 等函数中。regexptranslate 函数的调用方式是：

```
s2 = regexptranslate(type, s1)
```

其中 s1 为待转换字符串，s2 为输出的正则表达式。type 给出了转换选项，不同的转换选项对应不同的转换方式。regexptranslte 函数转换选项的含义如表 B‐20 所列。

表 B‐20　regexptranslate 函数转换选项控制参数列表

type	含　义
'escape'	将所有特殊字符通过转义字符转换为普通字符，如 '$'、'.'、'?'、'['，均转换为 "\$"、"\."、"\?"、"\["
'wildcard'	转换通配符" * "为".*"，转换单字符通配符"?"为"."。将特殊字符"."转换为普通字符"\."

如：

```
>> str = '*.doc';
>> regexptranslate('wildcard',str)
ans =
.*\.doc
>> str = '$83.75';
>> regexptranslate('escape',str)
ans =
\$83\.75
```

应用 regexptranslate 函数可以方便地创建正则表达式，比如查找文件列表中的所有 MAT 文件，可以采用如下方式完成。

```
>> files = ['test1.mat, myfile.mat, newfile.txt, ' ...
'jan30.mat, table3.xls'];
>> regexp(files, regexptranslate('wildcard', '*.mat'), 'match')
ans =
    'test1.mat, myfile.mat, newfile.txt, jan30.mat'
```

参考文献

[1] MATLAB Documentation Center[DB/OL]. http://www.mathworks.com/help/index.html.

[2] Ying Bai. The Windows Serial Port Programming Handbook[M]. Boca Raton,Florida:AUER-BACH Publications,2005.

[3] Chapman S J. MATLAB Programming for Engineers[M]. 2nd ed. San Francisco:Thomson Learning,2002.

[4] Data Acquisition Toolbox Quick Reference Guide[R]. http://www.mathworks.com.

[5] 刘维. 精通 Matlab 与 C/C++混合程序设计[M]. 3 版. 北京:北京航空航天大学出版社,2012.

[6] Stevens W R. TCP/IP 详解:卷1 协议[M]. 范建华,等译. 北京:机械工业出版社,2000.

[7] Bryant R E,O'Hallaron D R. 深入理解计算机系统[M]. 龚奕利,等译.北京:机械工业出版社,2011.

[8] 张泽清.浅析 Windows 内存映射文件[J]. 福建师范大学福清分校学报,2006(2):20-25.

[9] 张桂林,张烈平.基于声卡和 Matlab 的虚拟信号发生器[J]. 现代电子技术,2005(8):75-76.

[10] BMP 格式文件[DB/OL]. http://zh.wikipedia.org/wiki/BMP.

[11] 正则表达式[DB/OL]. http://zh.wikipedia.org/wiki/正则表达式.